流體力學-原理與應用

黃立政　編著

全華圖書股份有限公司

自 序

下著雨的黃昏，風不停的吹著
我望著搖擺的樹枝，沉思萬物的偉大
—— 泰戈爾(1861-1941) 漂鳥集

　　雨與風是自然界的現象與景物，吾人平常之所能體會；然而詩人見之有感而發，進而沉思萬物之偉大；科學家則將思索其成因與影響，進而有組織有系統的建立流體行為之模式；工程師則將致力於以合理可靠之技術為人類尋求一個棲風避雨之安全場所；此三者所見非一，或見其美，或尋其因，或導其力，而雨與風之存在自有其值得探索者也。

　　流體力學堪稱物理力學中較為艱澀難懂之一門科學；其本身行為及現象即較固體複雜，相關之數學模式又往往為非線性者，初學者總覺難以掌握，或失之固守公式而不知變通，或失之捨煩就簡而管中窺豹，或失之撿拾片段而難覓真理，終易心生畏懼導致半途而廢；而流體力學實為促使世界先進各國科學昌盛、工業發達、文明進步之重要基礎學科，於土木水利、航空造船、機械磨潤、化工熱傳等諸多方面影響深遠，允為相關科系學生必修之重要力學課程之一，早有共識。

　　流體力學內容涵蓋甚廣，從水力學，空氣動力學至黏性流，邊界層流，氣體動力學，分離流動力學，多相流等等，研究方法又包括數學解析，數值計算與實驗研究；每一單元皆足以自成專門課程，堪稱博大深奧，可以想見，如何規畫適當之基礎流體力學課程，引介流體力學之基本觀念與分析方法，誠為流體力學概論課程所應努力關照者；目前一般大專教學大抵直接使用外文書籍，雖可擴大語文能力，助於學術交流，然在初學階段一方面費心於外國語文之了解，一方面致力於物理觀念之建立，難免左支右絀，停滯難通；國內雖有數本著作，且不乏名山佳作，然大抵偏於水力學之介紹；以今之觀點，即土木工程師除水力知識外，亦應了解空氣力學，以掌握日漸增多之高層建築受風行為。筆者有感於此，將數年授課講義加上思考心得，重新規畫架構，編為是書，以為初學者入門之參考，如有所進益其知，則幸甚矣。

本書之安排，首章儘可能完整簡介流體之物理性質，第二章全章說明流體靜力學之原理、問題、分析方法與結果。第三章則介紹流體運動學之觀念，以為下一章推導流體動力學基本方程式之基礎。第五章則為流體動力學分析之應用，分別探討簡化之一維理想流體與實際流體(含黏性流與可壓縮流)之分析過程；第六章旨在完整說明生活應用上常見之管流分析及管系設計；第七章為明渠流分析之引介，最後在第八章說明因次分析與動力相似之概念。在內容上除強調物理觀念之建立，分析方法之學習外，也儘可能說明工程設計之應用與日常生活上之實例。各單元主題之內容儘可能完整，敘述則力求條理分明，行文簡潔，並採用許多圖表協助讀者加強印象與理解。

在編排方面，每章前有[本章學習要點]，勾勒全章輪廓以助學習；每章末有[本章重點整理]，摘記該章重要觀念以助複習。為加強理論與實務之連結，本書特別精心設計[觀察實驗]，教師可於課堂演練，讀者亦得自行操作，均簡易而可驗證原理者，為作者創意之發揮，讀者宜深入體會，當能對流體之現象與原理有更深刻之洞察。此外並精選[學後評量]習題以供演練，有些習題為電子計算機在流力分析與設計之應用，適宜對自己有高期待之讀者練習。對於實務工程師而言，本書提供一個流體力學分析與設計之理論基礎，對科學研究之學生而言，每一主題相關之重要論文亦以註腳型式附記以供查考；書後之[進階參考書目]為對流體力學進一步知識與論題有興趣者提供一個分類查閱的門徑。

本書撰寫期間，昔日恩師之教誨時時浮現，而令我懷想感念不已。成大土木系所譚建國教授在工程數學，數值模擬，固體力學領域之啓迪引領，以及勇於探索其他領域知識與持續自我教育之典範與鼓勵，徐德修教授在科技教育與人文心靈之關懷默化，成大航太所陸鵬舉教授在空氣彈性力學與氣控彈研究領域之指導，謝勝己教授之空氣動力學，苗君易教授之黏性流體力學，王振源教授之微擾方法等，皆深刻難忘，尤其是客座教授 Karamcheti, K. 在流體力學完整嚴謹之教導，暑假還義務額外給我們幾位對流體力學有興趣的學生上課，總是令人緬懷思念。其他在計算流體力學與實驗流體力學孜孜不倦研討探究之老師，學長，學弟等都予筆者或深或淺之觀念旁通與見識增長。此外，感謝任教以來黃校長廣志博士與歷任科系主任之關照提攜，同仁師友之愛護鼓勵，歷屆學生之教學相長，以及所有曾經幫助過我的每一個人。本書之完成亦應特別感謝沈永年老師之引介，黃雄華老師之慨允封面題字，全華圖書公司全體同仁之協助，撰寫期間家人之關懷與吾妻文芳之照顧等。

　　每讀烏山頭水庫規畫工程師八田與一之故事，輒對其治事之專注精勤，擘畫之高瞻遠矚，犧牲自我造福人群之工程師精神感動不已，科技專知誠應能造福這片土地上現有及未來之全體人群。謹以此書獻予有志於研讀流體力學之工程科系學生，期待在未來有更多懷抱理想與使命的工程師，共同為創造更美好的生活空間與人文關照而勤奮努力；在水利工程有更多為全民造福的大禹，在航空工程有更多的萊特兄弟，在流體力學相關領域有更多精益求精，實事求是的科學家與工程師，有為者立志其時歟！

黃立政
謹識於國立高雄科學技術學院土木工程系

編輯部序

　　「系統編輯」是我們的編輯方針，我們所提供給您的，絕不只是一本書，而是關於這門學問的所有知識，它們由淺入深，循序漸進。

　　流體力學內容涵蓋甚廣，作者將數年授課講義加上思考心得，重新規劃整理，編著此書。本書將流體的特性、流體力學分析原理與實務應用完整呈現，配合每章前的「本章學習要點」及每章末的「本章重點整理」，協助掌握學習方向，再加上獨創的「觀察實驗」與「進階參考書目」，引領讀者進入「流體力學」的專精領域。是一本啟發式、生活化的流體力學專書，適合各大專院校土木、水利、機械、化工、航空、造船等科系之「流體力學」課程使用；亦適合相關領域之專業工程師自我進修。

　　若您在這方面有任何問題，歡迎來函連繫，我們將竭誠為您服務。

目　錄

第六章　管　流　　　6-1

第七章　明渠流　　　7-1

第一章

流體之物理性質

本章學習要點

　　本章主要簡介流體之重要物理特性及力學相關參數，如密度、單位重、壓力強度、黏滯度、容積彈性模數等，並說明影響流體最重要之幾項因素，最後一節簡介流體力學研究之三種途徑；讀者宜注意重要物理性質之定義、符號、單位(因次)及其對流體行為之影響。

◢1-1　流體力學定義及分類

　　流體力學(Fluid Mechanics)為探討各種流體在靜止或運動中行為之學科。而**流體**(Fluids)為一種**在剪應力**(Shearing Stresses)作用之下會產生連續變形而在**靜止時沒有剪應力**存在之物質。

　　根據行為之不同，流體基本上可區分為**液體**(Liquids)及**氣體**(gases)兩大類別；兩者最大之差異在其可壓縮性(Compressibility)，此一性質在本章容積彈性模數及第三章流體運動學中會加以說明。常見之液體如水(Water)，牛奶(Milk)，油(Oils)等，常見之氣體如空氣(Air)，氦氣(He)等。

　　由於探討之對象及狀態之不同，流體力學也有許多分支學門，以下僅舉數例說明：

　　1. **水力學**(Hydraulics)：

　　　　探討水之力學性質與行為及流體機械設計之學科；

　　(1)　水靜力學(Hydrostatics)：水為靜止(Water At Rest)，例如：靜止水壩之靜水壓力合力與合力矩之分析，如圖 1-1(a)。

　　(2)　水動力學(Hydrodynamics)：水為運動狀態(Water in Motion)，例如：溢洪道及下游之水躍現象(Water Jump)，如圖 1-1(b)。

　　2. **空氣力學**：

　　　　探討物體在空氣中運動所產生之力學特性與相關設計之學科：

⑴　空氣動力學(Aerodynamics)，如圖 1-1(c)。

⑵　氣體動力學(Gasdynamics)，如圖 1-1(d)。

3.　**兩相流(Two-Phase Flow)**：例如油與氣體，水與水氣共存之流體力學問題。

4.　**電磁流體力學(Magnetohydrodynamics)**：電磁場與流體交互作用現象。

5.　**空氣彈性力學(Aeroelasticity)與流體彈性力學(Hydroelasticity)**：彈性體在空氣或液體中彈性力，慣性力與流體動力之交互作用。

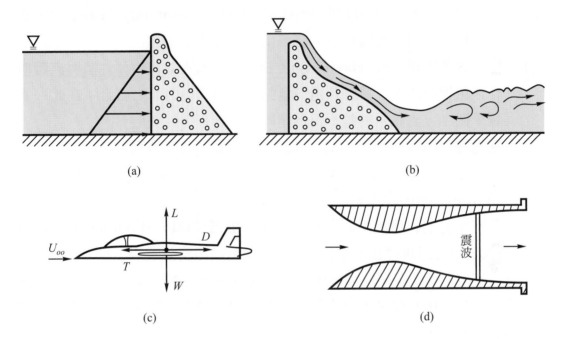

圖 **1-1**　流體力學之分類與舉例(a)水靜力學(b)水動力學(c)空氣動力學(d)氣體動力學

◢1-2　流體力學在工程科學中之重要性

流體力學在工程應用上非常廣泛，對流體力學的原理與觀念充份掌握與理解乃是分析與設計與流體作用相關系統之基礎，以下列舉一些流體力學之應用：

1.　**航空工程**：機翼與機身、飛彈、火箭等空氣動力設計。

2.　**造船工程**：輪船、潛艇、水翼船等船體穩定性分析，推進器槳葉設計。

3. **機械工程**：磨潤(Lubrication)、熱流、風扇、馬達、汽車等設計。

4. **土木工程**：渠道(Open Channels)、涵管(Closed Conduits)、溢洪道(Spillways)、貯水堰(Reservoirs)等設計。

5. **化工工程**：油管、輸送管路等設計。

　　值得注意的是，流體力學本身是一門專業學科，但卻不是處於孤立的獨自的地位；流體力學的研究也常藉助於固體力學中有關粒子運動與變形，應力與應變之觀念，以及熱力學中之基本定律與對狀態的描述；尤其後期許多物理與工程問題逐漸需要兩種學科整合分析(Interdisciplinary Analysis)，流體力學常常扮演不可忽視的角色，茲舉兩例以說明之：

1. **空氣彈性力學(Aeroelasticity)**：探討飛行體在氣流中彈性體與流體耦合作用與行為之學科，乃是空氣動力學與彈性力學之結合；在此一領域學門中，流體中物體不視為剛體而是具有彈性變形。

2. **空氣聲學(Aeroacoustics)**：探討空氣擾動與聲音傳遞，衰減等現象之學科，乃是空氣動力學與聲學之結合，在此一領域中空氣動力噪音(Aerodynamic Noise)之產生與壓制為一重要課題。

　　工業或家庭上利用流體的機械稱為**流體機械(Fluid Machinary)**；包括馬達(吸入水或空氣再送往較高位置)，鼓風機(鼓出空氣或煤氣)，渦輪機(利用蒸氣或水力迴轉螺旋槳或發電機)，水車，風車，油壓液壓機等；可知流體與我們生活有密切的關係，因此我們若要掌握流體之行為及力學特性，有必要研讀流體力學。

◤1-3　流體與固體

　　固態，**液態**，**氣態**為物質之三態；固態物質為固體，液態與氣態物質為流體。例如水之三相變化可由三相圖說明，如圖 1-2。

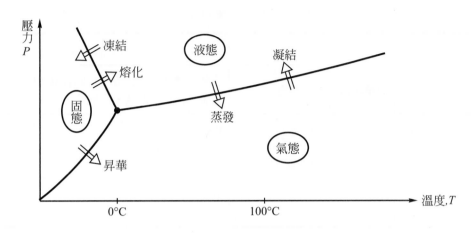

圖 1-2 典型水之三相圖

至於**物質之三相變化**可由分子之間作用力,分子排列等比較如表 1-1 所示:

表 1-1 物質三相之性質比較

	分子間作用力	分子隨機移動級次	分子排列	所需分析力學
固　態	強	$\ll d_0$	規則有序	量子力學
液　態	中等	d_0	局部規則	量子力學及古典力學
氣　態	弱	$\gg d_0$	不規則無序	古典力學

[註]: d_0 為兩相鄰分子作用力由排斥力(Repulsive Force)轉為吸引力(Atrractive Force)之分子間距離。

如由外在形狀,應力種類及變化比較,**固體與流體之差異**可由表 1-2 說明:

表 1-2 固體與液體特性之比較

	固　　　體	流體(液體、氣體)
外在形狀	體積與形狀不易改變	液體：體積不易改變，形狀容易改變 氣體：體積形狀皆易改變
靜止時(自重作用)	有正向應力及剪應力	無剪應力
承受剪應力	產生剪應變(彈性或非彈性)	產生連續且永久之變形
內聚力	最大	液體：次之 氣體：最小

　　固體與流體承受**剪應力**時其行為之不同可由圖 1-3 說明；如圖 1-3(a)為固體，當其承受一剪應力時發生一剪力變形，外力除去則物體恢復原狀(假設此應力在彈性範圍之內)；但如圖 1-3(b)所示，對流體而言，此一剪力變形乃持續發生且即使外力後來除去其變形亦無法回復。

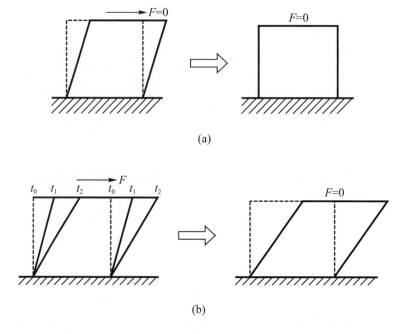

(a)

(b)

圖 1-3 固體與流體剪力變形之比較(a)固體(b)流體

◢1-4　流體之物理性質

　　與流體之物理現象有關之性質甚多，以下將較爲重要者一一條列其定義，常用符號，單位(含 SI 及 FPS 制)及相關觀念與公式等，以供讀者參考，至於常見之水與空氣流體物理性質請參見**附錄 A**。

1.　**質量(Mass)**：

⑴　定義：構成流體物質之量，或表現流體慣性效應(Inertia Effect)之量。

⑵　符號：m。

⑶　單位：Kg[Slug]。

⑷　相關觀念：牛頓第二定律：

$$m = \frac{F}{a} \tag{1-1}$$

　　其中F爲力，其單位爲 N[lb]，a爲加速度，其單位爲 m/s^2[ft/s^2]。

2.　**密度(Density)**：

⑴　定義：單位體積所包含之質量。

⑵　符號：ρ[讀音：rho]。

⑶　單位：kg/m^3[Slug/ft^3]。

⑷　相關觀念：

$$\rho = \frac{M}{V} \tag{1-2}$$

　　對**不可壓縮流場**(Incompressible Flow)而言，分析時可視流體之密度爲常數；但對**可壓縮流場**(Compressible Flow)而言，其密度爲一變量[關於壓縮性之定義可參見本節後面之說明，至於壓縮性對流場之影響則在第三章流體運動學及第五章一維眞實流體運動中探討]。

　　在一大氣壓下攝氏 4 度之水其密度爲

　　$\rho_W = 1$ g/cm^3 = 1000 kg/m^3 = 1.94 slugs/ft^3

3. **重量(Weight)**：

    (1) 定義：流體物質由於地心引力在重力場中所受之重力(Gravitational Force)。

    (2) 符號：W。

    (3) 單位：N[lb]。

    (4) 相關觀念：重量(W)與質量(m)之關係可由牛頓第二定律：

$$W = mg \qquad\qquad (1\text{-}3)$$

    其中$g = 9.8\text{m/s}^2 = 32.2\text{ft/s}^2$爲重力加速度(Gravitational Acceleration)。

4. **單位重(Unit Weight；Specific Weight)**：

    (1) 定義：流體單位體積之重量。

    (2) 符號：γ[讀音：gamma]。

    (3) 單位：N/m³[lb/ft³]。

    (4) 相關觀念：單位重(γ)與密度(ρ)之關係爲：

$$\gamma = \frac{W}{V} = \frac{mg}{V} = \rho\, g \qquad\qquad (1\text{-}4)$$

    在一大氣壓下攝氏4度之水其單位重爲

$$\gamma_w = 9810\text{N/m}^3 = 62.4\ \text{lb/ft}^3$$

5. **比重(Specific Gravity)**：

    (1) 定義：一物質密度(單位重)與4℃水之密度(單位重)之比值。

    (2) 符號：S或 sg。

    (3) 單位：無因次

    (4) 相關觀念：

$$S = \frac{\rho}{\rho_W\big|_{4℃}} = \frac{\gamma}{\gamma_W\big|_{4℃}} \qquad\qquad (1\text{-}5)$$

【範例 1-1】

3立方公尺的油，質量爲2850kg，求(1)密度，(2)單位重，(3)比重。

解：由定義可知

(1)密度：

$$\rho = \frac{M}{V} = \frac{2850\text{kg}}{3\text{m}^3} = 950\text{kg/m}^3$$

(2)單位重：

$$\gamma = \rho g = 950(9.81) = 9319.5\text{N/m}^3$$

(2)比重：

$$S = \frac{\gamma}{\gamma_W} = \frac{9319.5}{9810} = \frac{\rho}{\rho_W} = \frac{950}{1000} = 0.95 \ [\text{無單位}]$$

其比重比水小，若將油置於水中將浮於水之上層。

觀察實驗 1-1

　　取四個塑膠桶(透明的更佳)裝水至半滿，分別取各種物質置於水中，觀察物質在水中之位置，並判斷其比重小於水或大於水。

(1) A 桶：固體(小木塊，小鋼珠，橡皮擦)。

(2) B 桶：液體(沙拉油，煤油，清潔劑)。

(3) C 桶：液體(濃鹽水，米酒)。

(4) D 桶：氣體(取一吸管伸入水中吹氣，觀察氣泡是否浮出或沉入水中)。

[注意]：取用易燃油品時，小心火燭，並注意安全。

6.　**壓力強度(Pressure Intensity；Pressure)**：

(1)　定義：單位面積上之正向作用力(Normal Force)。

(2)　符號：p。

(3) 單位：N/m² = Pascal = Pa[lb/ft² ; psi=pound per square inch = lb/in²]。

(4) 相關觀念：由壓力之定義：

$$p = \frac{N}{A} \tag{1-6a}$$

有時壓力強度會以密度為 ρ 流體之相當高度表示，稱為**壓力頭 (Pressure Head)**，其關係如下：

$$h = \frac{p}{\gamma} = \frac{p}{\rho g} \tag{1-6b}$$

其單位為 m[ft]。

標準大氣壓力之表示方式有許多種：

$$
\begin{aligned}
1 \text{ atm} &= 1031.28 \text{mB} \\
&= 1.01321 \times 10^5 \text{N/m}^2 (\text{Pa}) \\
&= 14.7 \text{psi} \\
&= 760 \text{mmHg}
\end{aligned}
$$

值得注意的是，對靜止中的流體而言，在同一高度其壓力強度相等[證明請參閱第二章流體靜力學]，且在每一點其各方向之壓力強度亦相等；但在運動中之流體其壓力可能隨位置及時間而改變[參見第四章流體動力學]。

此外，流體壓力強度之度量與表示方式基本上有兩種：

(1) **絕對壓力(Absolute Pressure)**：以壓力之絕對零值為基準者。

(2) **相對壓力(Relative Pressure)**或**錶示壓力(Gauge Pressure)**：以當地之大氣壓力為相對零值基準者。

兩者之關係如下：

$$p_{\text{abs}} = p_{\text{atm}} + p_{\text{gauge}} \tag{1-7}$$

或如圖 1-4 所示。值得注意的是，絕對壓力恆為正值，但錶示壓力則可能為正值(絕對壓力大於大氣壓力)，零值(絕對壓力等於大氣壓力)或負值(絕對壓力小於大氣壓力)。

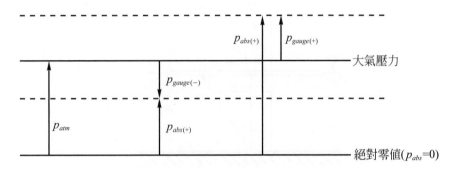

圖1-4 絕對壓力與錶示壓力之關係

【範例1-2】

絕對壓力為225KPa，若當地大氣壓力為101KPa，求錶示壓力。

解：$p_{gauge} = p_{abs} - p_{atm}$

$= 225 - 101$

$= 124KPa(正值)$

正值代表其絕對壓力較當地之大氣壓力為高。

7. **黏滯度(Viscosity)，動力滯度(Dynamic Viscosity)或絕對滯度(Absolute Viscosity)：**

(1) 定義：由於流體分子間相互吸引力作用而產生抵抗運動趨勢的一種性質。

(2) 符號：μ(讀音：mu)。

(3) 單位：$N \cdot s/m^2$或$g/cm \cdot s = poise[lb.s/ft^2]$。

(4) 相關觀念：動力滯度可由**牛頓滯度定律(Newton's Viscosity Law)**：

$$\tau = \mu \frac{du}{dy} \tag{1-8}$$

其中τ為剪應力(單位為 N/m²)，*du/dy*為速度梯度(Velocity Gradient)(單位為(m/sec)/m)。如圖 1-5 所示。

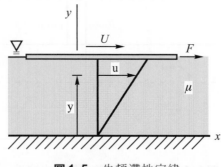

圖 1-5　牛頓滯性定律

值得注意的是，我們常用**泊(Poise)**或**百分泊(Centipoise)**表示**動力滯度**：

$$1 \text{ poise} = 1 \text{ g/cm} \cdot \text{s} = 0.1 \quad \text{N} \cdot \text{s/m}^2 = 0.1 \text{ Pa} \cdot \text{s}$$
$$1 \text{ centipoise} = 10^{-2} \text{ poise} = 0.001 \text{ Pa} \cdot \text{s}$$

另一個在流體動力學中常用到的黏滯度為**運動滯度(Kinematic Viscosity)**，其符號為*v*(讀音為 nu)，單位為 cm²/s = stoke[ft²/s]。

$$v = \frac{\mu}{\rho} \tag{1-9}$$

常用之運動滯度之單位表示為**史托克(Stoke)**或**百分史托克(Centistoke)**：

$$1 \text{ stoke} = 1 \text{cm}^2/\text{s} = 10^{-4} \text{m}^2/\text{s}$$
$$1 \text{ centistoke} = 10^{-2} \text{ stoke} = 10^{-6} \text{m}^2/\text{s}$$

此外，根據剪應力與速度梯度之關係，流體可區分為：

(1)　**牛頓型流體(Newtonian Fluids)**：

剪應力與速度梯度成正比(直線關係)，如水，空氣，汽油等。

(2)　**非牛頓型流體(Non-Newtonian Fluids)**：

剪應力與速度梯度不成正比(非直線關係)，如血液，牙膏等。

以流變學(Rhelogy)之觀點，參見圖 1-6，物質承受剪應力後其速度梯度之關係表為次方定律(Power-Law)的型式：

$$\tau = A \left(\frac{du}{dy} \right)^n + B\tau_Y$$

則物質可區分為：

(1)　$A = 0$，$B = 0$：**理想流體(Ideal Fluids)**，圖 1-6 中之 X 軸[直線 A]，流體完全沒有剪應力。

(2)　$A \neq 0$，$n < 1$，$B = 0$：**擬塑性流體(Psudo-Plastic Fluids)**，如圖 1-6 中之曲線 B。

(3)　$A \neq 0$，$n = 1$，$B = 0$：**牛頓型流體(Newtonian Fluids)**，如圖 1-6 中之曲線 C，剪應力與速度梯度成正比，如水，空氣，汽油等。

(4)　$A \neq 0$，$n > 1$，$B = 0$：**膨脹型流體(Dilatant Fluids)**，如圖 1-6 中之曲線 D。

(5)　$A \neq 0$，$n = 1$，$B = 1$：**理想賓漢塑性(Ideal Bingham Plastic Fluids)**，如圖 1-6 中之曲線 E，剪應力小於降伏應力(Yielding Stress)時沒有變形，超過降伏應力後表現出流體之性質。

(6)　Y 軸：**彈性固體(Elastic Solid)**，直線 F。

有些**非牛頓型流體**其**剪應力**(或黏滯度)隨時間變化，而不是維持一個定值，如圖 1-7 所示。曲線 A 表示其剪應力隨時間增加而漸減，稱為觸變流質(Thixotropic Fluids)，例如油墨，染料，油漆，糖漿等；曲線 B 為常數；曲線 C 之流體其剪應力隨時間增加而增大，稱為膠凝流質(Rheopectic Fluids)或反觸變流質(Antithixotropic Fluids)，此種流體並不多見。

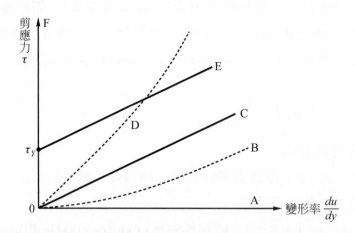

圖 1-6 流變圖(Rheological Diagram)(a)*A*理想流體(b)*B*擬塑性流體(c)*C*牛頓型流體(d)*D*膨脹型流體(e)*E*理想賓漢塑性流體(f)*F*彈性固體

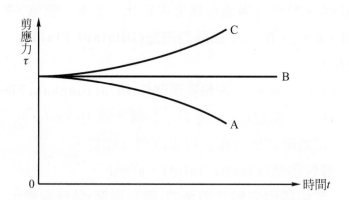

圖 1-7 非牛頓型流體之剪應力與時間之關係(a)*A*觸變流質(b)*B*常數(c)*C*反觸變流質

即使對**牛頓型流體**而言，**黏滯度亦為溫度之函數**；水之黏滯度隨溫度上升而下降；但空氣之黏滯度隨溫度上升而上升，如表 1-3 及圖 1-8 所示。

表1-3　水及空氣之動力滯度與溫度之關係(單位：百分泊)

$T(°C)$	0	4	10	20.2	30	40	60	80	100	150
水	1.792	1.567	1.308	1	0.8007	0.6560	0.4688	0.3565	0.2838	0.184
空氣	0.0174	0.0176	0.0178	0.0183	0.0189	0.0194	0.0199	0.0210	0.0217	0.0239

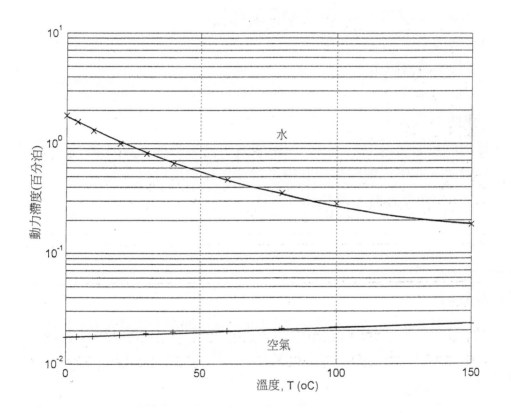

圖1-8　水及空氣動力滯度與溫度之關係

觀察實驗 1-2

(1)以指尖沾取少量之重油，水，泥巴，粉筆灰等，並在指尖輕輕摩擦，仔細體會其在指尖之感覺；注意各種物質對指尖滑動之抵抗力。

(2)取四個塑膠桶(透明的更佳)分別裝半桶下列物質，並將其傾倒，觀察物質流動的快慢，並判斷其黏滯度的大小。

　①A桶：水。

　②B桶：濃食鹽水。

　③C桶：沙拉油。

　④D桶：濃墨汁。

(3)持兩個透明深長 1m 之圓柱型塑膠管，分別承滿水及甘油，將一鋼珠同時置入管中，觀察那一管中之鋼珠先行到達管底？

[注意]：取用墨汁時，避免沾及衣物。

【範例 1-3】

　　一竹筏長 8m，寬 4m，在深度 0.1m 之靜止池面上以速度 $U = 1m/s$ 拖行；水溫為攝氏 20 度，動力滯度為 1.005 百分泊，如圖 1-9；試估計拖行竹筏所需之力。

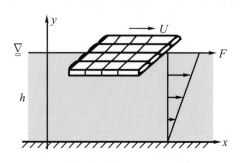

圖 1-9　牛頓黏滯定律之應用

解：竹筏之速度為U，池底速度為零，假設為線性變化，則竹筏下方之速度分佈為

$$u(y) = \frac{U}{h}y$$

竹筏下方水中之速度梯度為

$$\frac{du}{dy} = \frac{d}{dy}\left(\frac{Uy}{h}\right) = \frac{U}{h}$$

則由牛頓滯度定律知

$$F = \tau A = \mu\left(\frac{du}{dy}\right)A = \mu\left(\frac{U}{h}\right)A$$

$$= 1.005 \times 10^{-2} \times 0.1\,\frac{\text{N}\cdot\text{s}}{\text{m}^2}\left(\frac{1\text{m/s}}{0.1\text{m}}\right)(4\text{m} \times 8\text{m})$$

$$= 0.3216\text{N}$$

8. **容積彈性模數(Bulk Modulus of Elasticity)**：

(1) 定義：壓力改變量造成單位體積改變量之難易程度。

(2) 符號：E。

(3) 單位：$\text{N/m}^2[\text{psi}]$。

(4) 相關觀念：由定義可知

$$E = \frac{-\Delta p}{\Delta V/V} = \frac{-dp}{dV/V} \tag{1-10}$$

容積彈性模數其實也是流體壓縮性之度量，可定義其倒數為**壓縮性(Compressibility)**，以符號β(讀音 beta)表示，即：

$$\beta = \frac{1}{E} \tag{1-11}$$

可看出容積彈性模數愈高，則壓縮性愈低；事實上，流體之中壓縮性乃是液體與氣體之最大區別；如圖1-10所示，生活中之案例中，打氣筒可以持續壓縮空氣灌入輪胎之中，但注射針筒卻完全表現出液體的不可壓縮性。

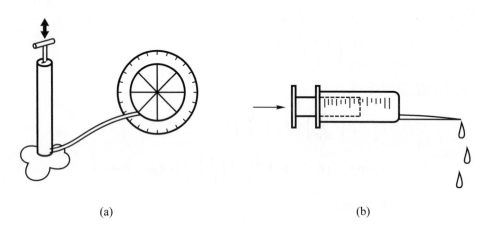

(a)   (b)

圖 1-10　流體壓縮性之案例(a)可壓縮之氣體(b)不可壓縮之液體

水之容積彈性模數如表1-4所示。

表 1-4　水之容積彈性模數(ksi)

壓力(ksi)	溫	度	(℉)		
	32	68	120	200	300
0.015	292	320	332	308	......
1.5	300	330	342	319	248
4.5	317	348	362	338	271
15	380	410	426	405	350

對**氣體**而言，**容積彈性模數與壓力之關係**可以推導如下：

(1) 等溫過程(Isothermal Process)：

由 Boyle 定律：

$pV = $ 常數

$pdV + Vdp = 0$

代入得

$$E = \frac{-dp}{dV/V} = \frac{-dp}{-dp/p} = p \qquad (1\text{-}12a)$$

(2) 絕熱過程(Adiabatic Process)：

由

$pV^K = $ 常數

其中 $K = Cp/Cv = 1.4$。

$pKV^{K-1}dV + V^K dp = 0$

代入得

$$E = \frac{-dp}{dV/V} = \frac{-dp}{-dp/Kp} = Kp \qquad (1\text{-}12b)$$

【範例 1-4】

一圓柱型筒，壓力為 $p = 1\text{MN/m}^2$ 時體積為 $V = 1000\text{cm}^3$，壓力增加為 $p = 2\text{MN/m}^2$ 時體積為 $V = 996\text{cm}^3$，求容積彈性模數。

解：
$$E = \frac{-dp}{dV/V} = \frac{(2-1)\text{MN/m}^2}{(996-1000)/1000\text{cm}^3} = 250\text{MN/m}^2$$

9. **汽化壓力(Vapor Pressure)：**
    (1) 定義：密閉空間中流體由於蒸發作用逸出自由液面產生蒸汽分子所造成之壓力。
    (2) 符號：p
    (3) 單位：N/m^2[psi]
    (4) 相關觀念：當逸出與返回之分子數目相等時稱為飽和蒸汽壓(Saturated Vapor Pressure)。當液體表面上之壓力為蒸汽壓時，稱為沸騰(Boiling)。在68°F時，水之汽化壓力為 0.339 psi，水銀為 0.0000251 psi。

    　　汽化壓力隨溫度上升而增大，因為溫度上升，分子活動力增大。水之汽化壓隨溫度之變化如表1-5所示：

表 1-5　水之汽化壓力

T(℃)	0	10	20	40	60	80	100	105
N/m^2	613	1226	2335	7377	19924	47363	101376	120869
psi	0.0889	0.1779	0.3384	1.0695	2.8893	6.8576	14.6984	17.5239

10. **表面張力(Surface Tension)：**
    (1) 定義：使流體相鄰分子互相靠近而維持最小表面積趨勢的吸引力。
    (2) 符號：σ(讀音：sigma)。
    (3) 單位：N/m[lb/ft]
    (4) 相關觀念：在生活中常常可以見到液體表面張力的例子：例如圖1-11(a)之盛滿水之杯子其水面可以構成一凸面；如圖 1-11(b)之荷葉上水珠形成圓球狀，及圖 1-11(c)縫衣針可以輕輕的浮在水面上。

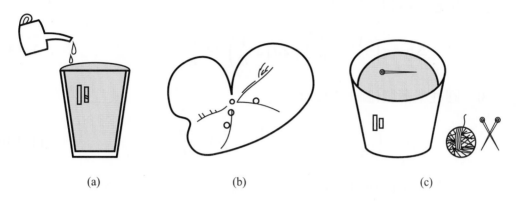

(a) (b) (c)

圖 1-11　表面張力之案例

水之表面張力如表 1-6 所示：

表 1-6　水之表面張力

T(℃)	0	10	20	30	40
g/cm	0.0756	0.0742	0.0727	0.0711	0.0695
lb/ft	0.00518	0.00508	0.00497	0.00486	0.00475

此外，與 20℃(68°F)空氣接觸之液體之表面張力如表 1-7 所示。

表 1-7　與 20℃(68°F)空氣接觸之液體之表面張力

	水銀(空氣)	水銀(真空)	水銀(水中)	水	潤滑油	原　油	四氯化碳	酒　精
N/m	0.5137	0.4857	0.3926	0.0731	0.0350～0.0379	0.0233～0.0379	0.0267	0.0223
lb/ft	0.0352	0.0333	0.0269	0.00501	0.0024～0.0026	0.0016～0.0026	0.00183	0.00153

維持薄膜內外壓差之**表面張力與曲率半徑有關**：

⑴　兩向曲率之曲面(圖 1-12a)：

$$\Delta p = \sigma \left(\frac{1}{R_1} + \frac{1}{R_2} \right) \tag{1-13a}$$

(2) 肥皂泡(圖 1-12b)：

$$\Delta p = \sigma \left(\frac{1}{R_1} + \frac{1}{R_2} \right) = 2\sigma \left(2\frac{1}{R} \right) = 4\frac{\sigma}{R} \tag{1-13b}$$

(3) 圓柱型薄膜(圖 1-12c)：

$$\Delta p = \sigma \left(\frac{1}{R_1} + \frac{1}{R_2} \right) = \sigma \left(\frac{1}{\infty} + \frac{1}{R} \right) = \frac{\sigma}{R} \tag{1-13c}$$

(4) 球型薄膜(圖 1-12d)：

$$\Delta p = \sigma \left(\frac{1}{R_1} + \frac{1}{R_2} \right) = \sigma \left(2\frac{1}{R} \right) = 2\frac{\sigma}{R} \tag{1-13d}$$

由以上可知，薄膜與肥皂泡之半徑愈小其內外壓差愈大。

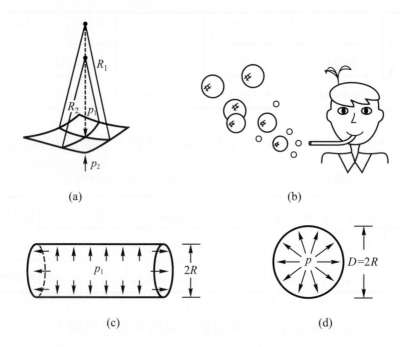

(a)

(b)

(c)

(d)

圖 1-12　表面張力與壓差

觀察實驗 1-3

(1) 準備四個玻璃杯，分別標上 A，B，C，D；A 裝水至 2/3 滿；B 裝市售飲料(如可樂)；C 裝 40 %酒；D 裝濃食鹽水；準備四隻縫衣針輕輕放於四杯液體之上。仔細觀察縫衣針是否可以停留在表面上；如可以，仔細觀察針與液體之接觸部份。

(2) 將少許洗衣粉或清潔劑緩緩加入四杯流體之中，觀察有何現象發生？

(3) 討論：加入洗衣粉及清潔劑有何作用？由所加洗衣粉之用量粗略判定何者之表面張力最大。

[注意]：取用縫衣針時，小心避免刺傷(可先折斷)。

11. **附著力(Adhesive Force)**：

(1) 定義：流體於其接觸固體表面間之吸引力。

(2) 符號：常以接觸角(Contact Angle)α(讀音: alpha)表示。

(3) 單位：Degree(度)。

(4) 相關觀念：對水產生正之附著力之固體稱為**親水質(Hydrophibe)**，其接觸角小於 90 度，例如石英，土粒，普通玻璃等；對水產生負之附著力之固體稱為**疏水質(Hydrophobe)**，其接觸角大於 90 度，例如石蠟；至於銀對水為 90 度。如圖 1-13 所示。

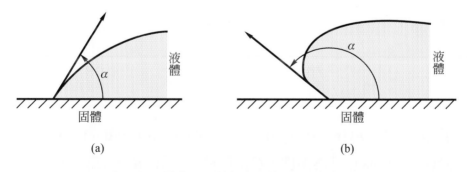

(a)　　　　　　　　　　　　　(b)

圖 1-13　附著力與接觸角(a)親水質(b)疏水質

12. **聲速(Speed of Sound)：**

(1) 定義：聲波在流體中傳遞之速度。

(2) 符號：c。

(3) 單位：m/s [ft/s]

(4) 相關觀念：聲波是一種微小擾動造成之壓力變化，經由介質而波動得以傳遞，聲波是一種疏密波，在流體中其速度為

$$c = \sqrt{\frac{dp}{d\rho}} = \sqrt{\frac{E}{\rho}} \qquad\qquad (1\text{-}14)$$

對氣體而言，在絕熱過程中我們有

$$c = \sqrt{\frac{Kp}{\rho}} = \sqrt{KRT} \qquad\qquad (1\text{-}15)$$

13. **導熱性(Thermal Conductivity)：**

(1) 定義：單位時間內流過單位容積之熱量。

(2) 符號：k。

(3) 單位：Cal/s·cm·℃。

(4) 相關觀念：由熱傳導

$$q = - k \frac{\partial T}{\partial n} \qquad\qquad (1\text{-}16)$$

或

$$\frac{Q}{A} = k \frac{T_1 - T_2}{L} \qquad\qquad (1\text{-}17)$$

其中 k 為熱傳導係數(Coefficient of Thermal Conductivity)；q 為熱通量(Heat Flux)，T 為溫度，Q 為熱量，A 為面積，L 為長度。

典型水及空氣**熱導係數隨溫度之變化**如圖 1-14 所示。

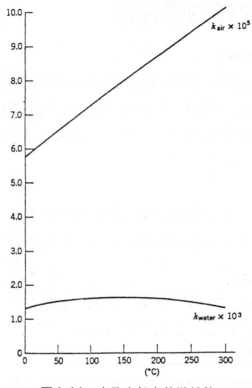

圖 1-14　水及空氣之熱導係數

14. **毛細效應(capillarity)**：

(1) 定義：由於流體附著力，表面張力與吸引力之聯合作用使流體在細小管中上升或下降之趨勢。

(2) 範例：水在細管中上升，水銀在細管中下降；如圖 1-15(a)與 1-15(b)。

(3) 分析：參見第二章流體靜力學(2-9 節)。

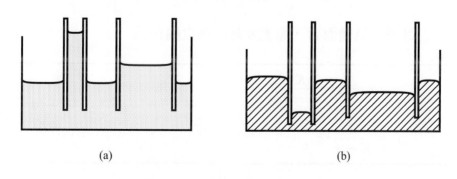

圖 1-15　毛細現象(a)水(b)水銀

◢1-5 流體之熱力學性質

1. **流體之熱力學性質：**

　　對靜止或運動中之液體或氣體而言，流體中每一點之密度(Density)，壓力 (Pressure)，溫度 (Temperature)，內能 (Internal Energy)，焓 (Enthalpy)及熵(Entropy)等都視爲一種狀態(State)。一般而言，每一狀態爲位置及時間的函數。

2. **狀態方程式：**

　　流體之熱力學性質及狀態之間彼此並非獨立，它們之間的函數關係稱爲特性方程式(Characteristic Equations)或狀態方程式(Equations of State)。對液體而言，難以用一個簡單之方程式加以描述；但對**理想氣體(Perfect Gases)**而言，其狀態方程式可寫爲

$$p = \rho RT \tag{1-18}$$

其中 p 爲絕對壓力 (Absolute Pressure)，T 爲絕對溫度 (Absolute Temperature)(以 Kelvin 或 Rankine 量度)，ρ 爲密度，R 爲氣體常數 (Characteristic Gas Constant)；對任意分子量爲 M 之氣體

$$R = \frac{8312}{M} \frac{\text{m} \cdot \text{N}}{\text{kg} \cdot \text{K}}$$

$$= \frac{1545 \times 32.174}{M} \frac{\text{ft} \cdot \text{lb}}{\text{slug} \cdot \text{R}}$$

對理想氣體而言，常數 R 與比熱之關係爲

$$c_P = c_V + R = \frac{K}{K-1} R$$

$$c_V = \frac{R}{K-1} \tag{1-19}$$

其中c_P，c_V分別為定壓及定容比熱；$K = c_P/c_V$為兩者之比值，空氣及雙原子氣體之$K = 1.4$。

3. **理想氣體之狀態改變過程**：

(1) **等溫過程(Isothermal Process)**：

$$\frac{P}{\rho} = pV = 常數 \tag{1-20a}$$

此即**玻義爾定律(Boyle's Law)**：

$$\frac{p_1}{\rho_1} = p_1 V_1 = p_2 V_2 = \frac{p_2}{\rho_2} \tag{1-20b}$$

(2) **等壓過程**：

$$p = \rho RT = \frac{1}{V} RT = 常數 \tag{1-21a}$$

此即**查理定律(Charles's Law)**：

$$\frac{T_1}{V_1} = \rho_1 T_1 = \rho_2 T_2 = \frac{T_2}{V_2} \tag{1-21b}$$

(3) **絕熱等熵過程(Adiabatic and Isentropic Process)**：

$$\frac{p}{\rho^K} = 常數 \tag{1-22a}$$

上式合併狀態方程式可得

$$\frac{T_1}{\rho_1^{K-1}} = \frac{T_2}{\rho_2^{K-1}} \tag{1-22b}$$

或

$$\frac{T_1}{p_1^{(K-1)/K}} = \frac{T_2}{p_2^{(K-1)/K}} \tag{1-22c}$$

▲1-6　影響流體運動之因素

影響流體運動之因素甚多，今歸納分類如下：

1. **屬於流體之物理性質者：**

   流場之密度(質量)乘上速度之後即具有慣性(Inertia Effect)；因此流體之密度與速度將影響流場之行為；但慣性效應並非單獨之影響，而是考慮與其它物理性質之相對大小。

   流體之黏滯性是影響流場行為非常重要之因素，真實流體無論多小都具有黏滯性；但某些流場中黏滯效應與慣性效應相比甚小，則其作用可以忽略，流體可視為沒有黏滯性處理，分析將獲得簡化，否則黏滯作用必須加以考慮。

   流體之壓縮性也是影響流場特性的重要因素，在工程流體力學應用中，一般均將液體及低速氣流視為不可壓縮流體，但高速氣體之壓縮性效應將非常顯著；此外，即使是液體，若考慮液體中壓力波(如聲波)之傳遞，則液體之可壓縮性亦扮演著重要之角色。

   表面張力之效應在具有自由液面且界面尺度很小之情況，此時表面張力與慣性效應具有相同等級之影響，因此必須加以考慮；例如：土層內部孔隙之毛細作用(Capillary Effect)，經過細小孔口之射流等。

   汽化壓力則在流場中有內部壓力過低至發生穴化作用(Cavitation)時才需加以考慮；例如水力抽水機及蒸汽渦輪機槳葉間之流場。

2. **屬於問題之邊界條件者：**

   流場邊界之幾何形狀對流動情形影響甚大；例如流體流經流線形(Streamlined Bodies)或鈍體(Blunt Bodies)所表現出來之流場行為及特性有時差別甚大。對黏性流而言，邊界之粗糙度(Roughness)也會影響摩擦阻力之大小。流體與邊界之相對位置也使流場區分為外流場(External Flows)與內流場(Internal Flows)，兩者所關心之主題大不相同；此外，邊界上之溫度，吹氣及本身之振動在某些空氣動力學分析與設計上均為重要之課題。

3. **屬於外來因素者：**

　　例如重力(Gravitational Force)對許多流場均是非常重要的考慮因素；例如渠流(Open Channel Flows)，水波(Water Waves)，水躍現象(Water Jump)等具有自由液面之流動中，重力效應扮演著重要之角色。

　　對於極音速(Hypersonic)之流場，有些氣體分子已經發生電離，帶有偶極之分子或離子會受磁場之影響；這是太空力學探討的課題之一。

4. **屬於問題之尺度者：**

　　流體力學各個物理性質與影響因素與問題之尺度有關，一個直徑0.6cm的塑膠小球在黏滯度為 $0.89g/cm \cdot s$ 密度為 $1g/cm^3$ 之水中以速度55cm/s 下降與一個直徑100cm 的大氣球在黏滯度為 $0.0018g/cm \cdot s$ 密度為 0.0012 之空氣中以速度5.4cm/s 上升時兩者有相近之阻力[事實上兩者之雷諾數非常相近，前者為37，後者為36；關於雷諾數及其意義在往後介紹]。但是同樣的塑膠球若其直徑為 100cm 也在水中，則其性質將大不相同。

　　重力效應，表面張力，毛細作用及固體在流體中振動特性等也受尺度之影響。

◢1-7　流體力學研究方法

1. **理論流體力學(Theoretical Fluid Dynamics)：**

　　許多流體力學問題經由適當之假設，引用基本之物理原理，可用偏微分方程式(Partial Differential Equations)來描述流場之各種場量，如速度，壓力，溫度等；配合邊界條件(Boundary Conditions)及初始條件(Initial Conditions)，構成邊界值問題(Boundary Value Problems)或初始值問題(Initial Value Problems)。對單純之流場與簡單之幾何邊界，利用數學分析的技巧可以求解出嚴密之解析結果；此一分析方法之優點是能掌握流場中每一位置(或時刻)的各場量，而且數學結果也很方便分析隱含之物理意義與變數間函數關係；缺點是對於複雜之問題或不規則之幾何形狀，嚴密之解析結果往往無法求得。

2. **實驗流體力學(Experimental Fluid Dynamics)：**

藉助實驗的方法了解流場特性或量度場量也是流體力學研究中非常重要的方法；研究可能是定性的(Qualitative)，也有定量的(Quantitative)，包括流場觀察(Flow Visualization)及流場量測(Flow Measurement)，前者主要在觀察流場之型態及變化，後者則量度重要之物理與力學性質如壓力與速度等。在流體力學研究中水洞(Water Tunnels)及風洞(Wind Tunnels)廣為應用於流場中物體之升力與阻力實驗研究，而水工試驗構造模型則常用來探討溢洪道，港灣，河道，攔沙壩等模擬研究。實驗研究著重重要參數之掌握，幾何相似與動力相似之建立，缺點是成本高，實驗誤差消除需要高度之注意。

3. **計算流體力學(Computational Fluid Dynamics；CFD)：**

晚近由於高速電子計算機之快速發展與進步神速，利用計算機計算快速與儲存能力強大之優點，配合數學上近似分析之技術，可以數值的方法(Numerical Methods)分析流體力學之微分方程式(線性或非線性)及複雜不規則之邊界條件；在這一研究領域中，有限差分法(Finite Difference Methods)，有限元素法(Finite Element Methods)，有限體積法(Finite Volume Methods)及邊界元素法(Boundary Element Methods)為較知名之數值分析方法。

三種途徑之優缺點如表 1-8 所示：

表 1-8 三種研究方法之比較

方 法	優 點	缺 點
理論(Theoretical)	1. 物理量間函數關係有明確的表示式 2. 場量之物理意義與變化有清楚之描述	1. 受限於簡單之幾何形狀與物理問題 2. 非線性問題難以求解
實驗(Experimental)	1. 可以探討真實之流體 2. 不需引入假設	1. 需要設備 2. 尺度問題 3. 風洞校正 4. 需要精密量測技術 5. 成本高昂
計算(Computational)	1. 不限於線性問題 2. 可以處理複雜之物理問題 3. 可以模擬不規則之幾何邊界問題	1. 截尾誤差 2. 需要計算機設備及成本 3. 計算結果為數值，有時不容易掌握物理意義

本章重點整理

1. 流體與固體最大之差別在於流體承受剪應力後會產生連續而持續之變形，固體則只是暫時變形，外力除去會回復原狀。

2. 流體包含液體與氣體，兩者最大之差別在於可壓縮性(容積彈性模數)；但在流場特性中，低速之氣流其壓縮性效應並不顯著，可以忽略。

3. 根據剪應力與變形速度梯度之關係，流體可區分為牛頓型流體與非牛頓型流體等。

4. 壓力有絕對壓力與錶示壓力(相對壓力)兩種表示方式。

5. 黏滯度有動力滯度(絕對滯度)與運動滯度兩種，前者以poise為單位，後者以stoke為單位。

◢學後評量

1-1 試說明以下問題與流體力學之關係：

(1)賽跑選手跑步姿勢與速度之影響。

(2)游泳選手游泳姿勢與速度之影響。

(3)鐵餅，標槍投擲角度與飛行姿態對距離之影響。

1-2 以下問題與流體之何種物理性質有關？

(1)鋼筆寫字。

(2)氣球可以任意捲曲扭弄成各種形狀。

(3)翻倒沙拉油與水時兩者流動速度不同。

(4)水蜘蛛可以在水面上行走。

1-3 試說明以下流體之定義：

(1)理想氣體(Perfect Gases)。

(2)理想流體(Ideal Fluids)。

(3)牛頓型流體(Newtonian Fluids)。

(4)可壓縮流體(Compressible Fluids)。

1-4 試描述下列三者之定義及差異：

(1)固體(剛體，可變形體，彈性體，非彈性體，黏彈性體，塑性體)。

(2)流體(理想流體，真實流體)。

(3)氣體(理想氣體)。

1-5 一流場中之速度分佈為

$$u = 10 \sin(5\pi y) \quad y \le 0.1 \text{m}$$

若流體之動力滯度為 5 poise，計算(1)$y = 0$ (2)$y = 0.05$ (3)$y = 0.1$ 處之剪應力。

1-6 方形板 50cm×50cm，重 200N，在 1/2.5 之斜坡上以速度 0.5m/s 滑移；板與斜坡間油之厚度為 0.55cm，(1)試估計油之動力滯度(2)若油之比重為 0.8，試求其運動滯度。

1-7　計算下列兩者之內外壓差⑴直徑 1cm 空氣氣泡⑵直徑 1cm 肥皂泡泡；已知空氣與水之表面張力為 0.073N/m；肥皂與空氣之表面張力為 0.088N/m。

1-8　一理想氣體若將其壓力加倍，體積減為 1/3，若原來溫度為 30℃，求後來之溫度。

1-9　⑴一流體原來體積為 0.2m³，壓力為 300KPa，加壓至 60000KPa，體積減少 0.2％，計算其容積彈性模數⑵若此流體為水銀，計算水銀中之聲速。

1-10　試著討論及回答以下問題：

⑴高爾夫球為甚麼要做成凹凸不平？這樣會比光面的飛得遠嗎？

⑵汽車擾流板有何作用？它會省油嗎？它會增加穩定性嗎？

⑶機車與汽車速度快較省油還是速度慢較省油(只考慮風阻)？

⑷風箏為甚麼可以升空？為甚麼要與氣流維持一個角度？與機翼原理有何相近之處？

⑸直昇機與飛機有何不同？

⑹大魚與小魚何者阻力大？

⑺為何極細微的生物跑不快？(為何其阻力大)？

⑻為何潛艇要做成流線形？魚類的體型為何是扁平狀？

第二章

流體靜力學

本章學習要點

　　本章主要簡介流體在靜止狀態中壓力強度之變化及其作用於平板及曲板之液壓合力與作用點，壓力之量測等；此外對潛體與浮體所受之液體浮力與穩定性分析亦加以介紹；讀者特別注意壓力強度隨高程變化與液壓合力之計算與穩定性之分析。

◢ 2-1　引　言

　　本章所探討的課題都是屬於流體在**靜止**或**運動但卻無相對剪力變形**之情形；在此種情況下，**流體中即使有黏滯度卻不會存在剪應力，因此只有壓力強度(Pressure Intensity)存在**，流體表現出來之力學性質**主要係由重力場所引發之隨高程變化之壓力**，本章首先將說明此一壓力強度之意義及特性，進一步導出分析之公式，並簡介各種壓力計之量測原理；接著說明此一壓力強度(正向應力)對固體平板或曲面所造成之靜壓合力分析。對固體完全或部份潛沒於流體中所受到之浮力與其穩定性分析是水中與水上結構物與船舶設計之重要問題，本章亦將加以探討。最後簡介幾個僅需靜力分析之流體力學問題。

◢ 2-2　靜壓強度

1. **流體中靜壓強度(Hydrostatic Pressure)存在之說明：**

　　如圖 2-1(a)之一桶水，由於重力場的存在，水的全部重量作用於桶底；而每一水平切面都承受其上方之全部水重，將此重量除以其切面面積即為平均壓力，可見靜止之流體由於重力作用，會有靜壓力存在。又如圖 2-1(b)，若在桶底開洞，則除了重力之外並無施加其他外力而流體仍然會受到壓擠而噴出，這也是壓力存在的證明(此處我們不考慮流動的現象，至於流動的討論留至第四章流體動力學中探討)。

圖 **2-1**　流體靜壓力存在之實例

2.　**平均靜壓強度(Averaged Hydrostatic Pressure)：**

面積 ΔA 上作用正向靜液壓力 ΔF，則平均靜壓強度為

$$p_{ave} = \frac{\Delta F}{\Delta A} \qquad\qquad (2\text{-}1)$$

3.　**流體中某一點之靜壓強度：**

流體中某一點之靜壓強度為其平均靜壓強度中面積趨近於無限小之極限值(參見圖 2-2)：

$$p = \lim_{\Delta A \to 0} \frac{\Delta F}{\Delta A} \qquad\qquad (2\text{-}2)$$

圖 **2-2**　壓力強度

4.　**帕斯卡原理(Pascal's Principle)：**

靜態流體中任一點在各方向之壓力強度均相等(壓力強度與方向無關)。

証 明

如圖 2-3，取一靜態流體中之一微小元體，因無剪應力存在，僅有重力與垂直於各斷面之正向壓力作用於元體上；由 y 及 z 兩方向之平衡

$$\Sigma F_y = 0 = p_y\,(dxdz) - p_s\,(dsdx)\sin\theta = 0$$

$$\Sigma F_z = 0 = p_z\,(dxdy) - p_s\,(dsdx)\cos\theta - \gamma\frac{dxdydz}{2} = 0$$

然而 $ds\sin\theta = dz$，$ds\cos\theta = dy$ 因此上式可化簡得

$$(p_y - p_s)\,dxdz = 0$$

$$\left(p_z - p_s - \frac{\gamma dz}{2}\right)dxdy = 0$$

當小元體趨近於一點，$dz/2 \to 0$，我們有

$$p_y = p_z = p_s = p \tag{2-3}$$

小元體為任意選取，因此我們得證任一點各方向之壓力強度相同。

值得注意的是，若流體為運動狀態時，此時剪應力存在，流體各方向之壓力強度不再相同，此時壓力強度可定為三個方向正向應力之平均值

$$p = \frac{p_x + p_y + p_z}{3} = \frac{\sigma_{xx} + \sigma_{yy} + \sigma_{zz}}{3} \tag{2-4}$$

在固體力學中，此一平均壓應力也是造成元體體積變化的因素。

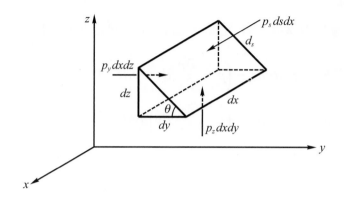

圖 **2-3**　Pascal原理之證明

觀察實驗 **2-1**

(1)取一透明玻璃杯盛水至八分滿，將身邊容易取得不溶於水又能懸浮水
中之小物體[你可以多試幾次；例如小塑膠顆粒，細沙粒] 置於水中，
讓其靜止懸浮於水中，觀察該物是否可以靜止不動？輕輕搖晃杯子，
觀察物體的情況，等杯子中的水停止晃動後，注意小物體是否又靜止
不動？

(2)討論： 靜止狀態下之水是否每一點各方向之壓力均相同？

[注意]：搖晃水杯時，避免掉落。

◢2-3　靜壓強度之變化

1. **靜態流體沿水平方向壓力之變化：**

　　　靜態流體沿水平方向壓力之變化率爲零，亦即**流體靜止時同一水
平面上任意兩點之壓力強度相等。**

證 明

考慮如圖 2-4 之小元體，由 x 及 y 方向之平衡知

$$\Sigma F_x = (p)dydz - \left(p + \frac{\partial p}{\partial x}dx\right)dydz = 0$$

$$\Sigma F_y = (p)dxdz - \left(p + \frac{\partial p}{\partial y}dy\right)dxdz = 0$$

可得

$$\frac{\partial p}{\partial x} = 0$$

$$\frac{\partial p}{\partial y} = 0$$

$$(2-5)$$

上兩式即表示**壓力在** x **及** y **方向之變化率(梯度)為零。**

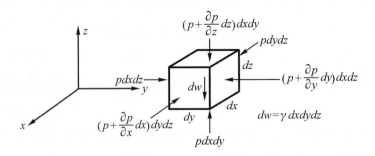

圖 **2-4**　靜態流體中之小元體壓力之變化

2. **靜態流體沿垂直方向壓力之變化：**

　　靜態流體沿垂直方向壓力之變化率為流體單位重的負值，亦即流體靜止時垂直面上任意兩點之壓力強度不相等。

證　明

考慮如圖 2-4 之小元體，由 z 方向之平衡知

$$\Sigma F_z = (p)dxdy - \left(p + \frac{\partial p}{\partial z}\,dz\right)dxdy - (\gamma)dxdydz = 0$$

可得

$$\frac{\partial p}{\partial z} = -\gamma = -\rho g \tag{2-6}$$

上式即表示**壓力在 z 方向之變化率(梯度)為** $-\gamma$。此式為流體靜止時之基本方程式。

討　論

① 若太空中重力場為零之處，靜態流體各方向之變化率為零。

② 由第四章流體動力學中將可看出(2-6)式為伯努利方程式在靜止流體的特例。

③ 在數學的描述中，(2-5)與(2-6)可合併寫為

$$-\nabla P = -\operatorname{grad} p = \gamma\,\vec{k} = (0, 0, \gamma)$$

④ (2-5)及(2-6)式之推導並未限制流體壓縮性之條件，故可壓縮流體(如空氣)及不可壓縮流體(如水)皆適用，但兩者在使用上稍有不同。

(1) **不可壓縮流體：**

對不可壓縮流體而言，質量不變體積不變，密度與單位重均為常數，因此(2-6)式為

$$dp = -\gamma\,dz$$

兩邊積分得

$$p_2 - p_1 = -\gamma(z_2 - z_1) \tag{2-7a}$$

或記為

$$\Delta p = -\gamma \Delta z \tag{2-7b}$$

注意此處係定義為z向上為正。由(2-7)式可知靜止之不可壓縮流體中壓力與高程之變化為一直線變化關係。

(2) **可壓縮流體：**

對可壓縮流體而言，質量不變但體積會變，密度與單位重均不為常數，但由理想氣體壓力與密度之關係可以建立壓力與高程之關係，但狀態之改變依過程而定：

① 等溫過程(Isothermal Process)：

因

$$\frac{\rho}{\rho_0} = \frac{p}{p_0}$$

故

$$dz = -\frac{dp}{\gamma} = -\frac{1}{g}\frac{dp}{\rho} = -\frac{p_0}{g\rho_0}\frac{dp}{p}$$

積分之得

$$z - z_0 = \int_{z_0}^{z} dz = \int_{p_0}^{p}\left(-\frac{p_0}{g\rho_0}\frac{dp}{p}\right)$$

$$= -\frac{p_0}{g\rho_0}\int_{p_0}^{p}\frac{dp}{p}$$

$$= -\frac{p_0}{g\rho_0}\ln\frac{p}{p_0} \tag{2-8a}$$

或寫成

$$p = p_0 \exp\left[-\frac{\rho_0 g}{p_0}(z - z_0)\right] \tag{2-8b}$$

可知等溫過程中氣體氣壓隨高程之變化為一指數遞減(Exponential Decay)之型式，而非如(2-7)式之直線變化。

② 絕熱可逆過程(Adiabatic and Reversible Process)：

因

$$\frac{\rho}{\rho_0^K} = \frac{p}{p_0^K}$$

故

$$dz = -\frac{dp}{\gamma} = -\frac{1}{g}\frac{dp}{\rho} = -\frac{p_0^{1/K}}{g\rho_0}\frac{dp}{p^{1/K}}$$

積分之得

$$z - z_0 = \int_{z_q}^{z} dz = \int_{p_0}^{p}\left(-\frac{p_0^{1/K}}{g\rho_0}\frac{dp}{p^{1/K}}\right)$$

$$= -\frac{p_0^{1/K}}{g\rho_0}\int_{p_0}^{p}\frac{dp}{p^{1/K}}$$

$$= -\frac{p_0^{1/K}}{g\rho_0}\left(\frac{K}{K-1}\right)\left[p^{(K-1)/K}\right]\bigg|_{p_0}^{p}$$

$$= -\frac{p_0^{1/K}}{g\rho_0}\left(\frac{K}{K-1}\right)\left[p^{(K-1)/K} - p_0^{(K-1)/K}\right] \qquad (2\text{-}9a)$$

或將氣體之狀態方程式代入寫成

$$z - z_0 = \frac{K}{K-1}\frac{-R}{g}(T - T_0) \qquad (2\text{-}9b)$$

由(2-9b)可知等熵過程中氣體溫度隨高程之變化為一直線關係，但壓力則為非線性關係如(2-9a)。

【範例 2-1】

三支管子分別裝盛三種液體如圖 2-5，求 A，B，C 三管管底之錶示壓力。

(1) 20cm 之水。

(2) 比重為 0.8 之油，高度為 10cm。

(3) 比重為 13.6 之水銀，高度為 4cm。

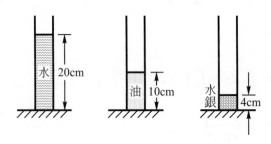

圖 **2-5** 不同流體之壓力

解：(1)A管：

$$p = \gamma_w\, h_w = 9810 \times 0.2 = 1962 \text{N/m}^2$$

(2)B管：

$$p = \gamma_1\, h_1 = (0.8 \times 9810) \times (0.1) = 784.8 \text{N/m}^2$$

(3)C管：

$$p = \gamma_m\, h_m = (13.6 \times 9810) \times (0.04) = 5336.64 \text{N/m}^2$$

討　論

(1) 若 A 管高度改為 30cm，20cm，10cm 其壓力分別為何？你可由此看出壓力與高程之關係。

(2) 若 A，B，C 三管均為 20cm，三者之壓力分別為何？你可由此看出壓力與單位重(密度之關係)。

(3) 試比較 A 管在地球與月球上管底之壓力有何不同？

【範例 2-2】

一個深度 8m 之圓桶，面積爲 1m²，先後倒入 4 立方公尺之水及 2 立方公尺比重爲 0.8 之油，如圖 2-6。

(1)　求 1，2，3，4 四點之錶示壓力，並繪出壓力隨高程之變化。

(2)　若大氣壓力爲 1 atm，求 1，2，3，4 四點之絕對壓力，並繪出壓力隨高程之變化。

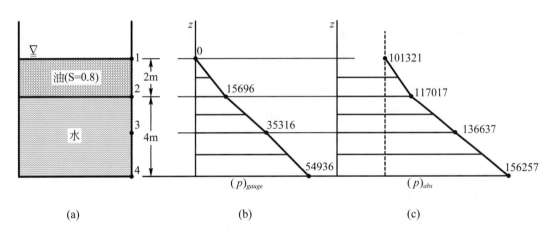

圖 2-6　液壓變化分析

解：水及油皆爲不可壓縮流體，又因油比水輕，故水在下層高度爲 4/1＝4m，油在上層高度爲 2/1＝2m，如圖 2-6(a)所示。

(1)錶示壓力之計算：

$$(p_1)_{\text{gauge}} = 0$$

$$(p_2)_{\text{gauge}} = \gamma_1\, h_1 = (9810 \times 0.8) \times (2) = 15696\text{Pa}$$

$$(p_3)_{\text{gauge}} = (p_2)_{\text{gauge}} + \gamma_w\, h_2 = 15696 + (9810) \times (2)$$
$$= 13696 + 19620 = 35316\text{Pa}$$

$$(p_4)_{\text{gauge}} = (p_3)_{\text{gauge}} + \gamma_w\, h_3 = 35316 + (9810) \times (2)$$
$$= 35316 + 19620 = 54936\text{Pa}$$

繪出變化如圖 2-6(b)。

(2)絕對壓力之計算：

$$(p_1)_{abs} = (p_1)_{gauge} + p_{atm} = 0 + 101321 = 101321 \text{Pa}$$

$$(p_2)_{abs} = (p_2)_{gauge} + p_{atm} = 15696 + 101321 = 117017 \text{Pa}$$

$$(p_3)_{abs} = (p_3)_{gauge} + p_{atm} = 35316 + 101321 = 136637 \text{Pa}$$

$$(p_4)_{abs} = (p_4)_{gauge} + p_{atm} = 54936 + 101321 = 156257 \text{Pa}$$

繪出變化如圖 2-6(c)。

【範例 2-3】

假設爲等溫過程，若已知高程在 500m 之氣壓爲 95000Pa，密度爲 1.1677kg/m³，(1)求高程 2500m 之氣壓與密度(2)求海平面高程 0m 之氣壓與密度(3)繪出 0m～2500m 之氣壓與高程之變化關係。

解：(1) 2500m 處之氣壓與密度：由(2-8b)式

$$p = p_0 \exp\left[-\frac{\rho_0 g}{p_0}(z - z_0) \right]$$

$$= 95000 \exp\left[-\frac{1.1677 \times 9.81}{95000}(2500 - 500) \right]$$

$$= 95000 \exp(-0.2412)$$

$$= 74640.03 \text{Pa}$$

$$\rho = \frac{p}{p_0}\rho_0 = \frac{74640.03}{95000}(1.1677) = 0.9174 \text{kg/m}^3$$

因此愈高空之處空氣愈稀薄。

(2)海平面 0m 處之氣壓與密度：由(2-8b)式

$$p = p_0 \exp\left[-\frac{\rho_0 g}{p_0}(z - z_0) \right]$$

$$= 95000 \exp\left[-\frac{1.1677 \times 9.81}{95000}(0 - 500) \right]$$

$$= 95000 \exp(-0.06029)$$

$$= 100903.73 \text{Pa}$$

$$\rho = \frac{p}{p_0}\rho_0 = \frac{100903.73}{95000}(1.1677) = 1.24027 \text{kg/m}^3$$

(3)氣壓與高程之關係如圖 2-7 所示：

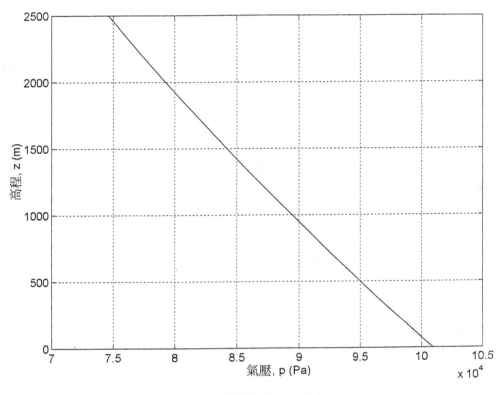

圖 2-7　氣壓隨高程之變化

◢2-4　流體壓力計

　　對流體力學問題與應用而言，如何測定一靜態流體之壓力實為一重要之課題與技術；常用之壓力量測儀器有水銀氣壓計(Mercury Barometer)，盒式氣壓計(Aneroid Barometer)，Bourdon 壓力計(Bourdon Gauge)，靜壓管計(Piezometer)，差壓計(Differential Manometer)，測微壓力計(Micromanomter)，傾斜壓力計(Inclined Manometer)等。

1. **水銀氣壓計(Mercury Barometer)：**

　　水銀氣壓計常用來量度當地之大氣壓力值，以長 1m 均勻內徑之直玻璃管注滿水銀後倒置水銀漕中，如圖 2-8 所示，水銀柱高度為 H，則當地之大氣壓力為

$$p_a = p_v + \gamma_m H \qquad\qquad (2\text{-}10)$$

上式中，p_v 為水銀之蒸氣壓力。

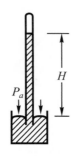

圖 **2-8**　水銀氣壓計

2. **盒式氣壓計(Aneroid Barometer)：**

　　有些量度當地大氣壓力乃是採用空氣盒式氣壓計，由指針直接讀取壓力大小，使用上甚為方便。

圖 **2-9**　盒式氣壓計

3. **Bourdon 壓力計(Bourdon Gauge)：**

　　此為使用最為廣泛的壓力量計，量計中有一圓形或螺旋形之Bourdon 管，管中壓力增加將使得管子有些許的改變，因而牽動指針；通常設計成當壓力為大氣壓力時指針為零，因此量得的壓力為錶示壓力(Gauge Pressure)，如圖 2-10 所示。

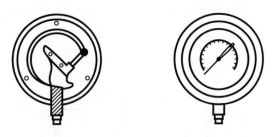

圖 **2-10**　Bourdon壓力計示意圖

4. **靜壓管計(Piezometer)**：

量測液體之壓力常用 U 形管壓力計(U-tube Piezometer)，如圖 2-11 所示，0 點之壓力可利用壓力與高程之關係式(2-7)逐步推求：

$$(p_0)_{gauge} = (p_0)_{abs} - (p_a)_{abs} = \gamma_2\, h_2 - \gamma_1\, h_1 \tag{2-11}$$

其中γ_1為待測壓力之流體單位重量，γ_2為量計流體(Gauge Fluid)單位重量。其值之正負亦表示相對壓力之正負。

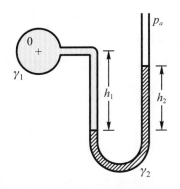

圖 **2-11**　U-形管壓力計

5. **差壓計(Differential Manometer)**：

差壓計只能量測兩容器壓力之差值，如圖 2-12 之一代表性差壓計，其A，B兩點之壓力差可以下式表示：

$$\Delta p = p_A - p_B = \sum_{i=1}^{N} \gamma_i\, h_i \tag{2-12}$$

其中h_i為各接觸面之高程差，向下為正，向上為負；γ_i為各流體之單位重量。

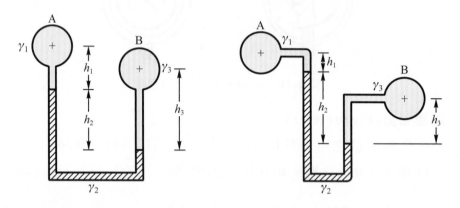

圖 **2-12**　差壓計

6.　**測微壓力計(Micromanometer)**：

測微壓力計是用以更精密的量度較細微之壓力變化，常見的有雙液測微壓力計(Two Gauge Liquid Micromanometer)，傾斜壓力計(Inclined Manometer)等。

雙液測微壓力計中，A，B兩管裝滿不同之液體，微小之壓力差可造成明顯的讀數變化，讀者可推證得

$$p_A - p_B = R\left[\gamma_3 - \gamma_2\left(1 - \frac{d}{D}\right) - \gamma_1\frac{d}{D}\right] \tag{2-13}$$

典型之傾斜壓力計如圖 2-14 所示，利用微小之高程變化相當於較大之傾斜面上距離變化，

$$p_A - p_B = \Delta p = \gamma(\Delta L \sin\theta + \Delta h)$$
$$= \gamma\Delta L \sin\theta \tag{2-14}$$

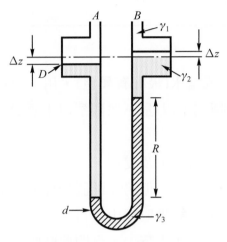

圖 **2-13**　雙液壓力計

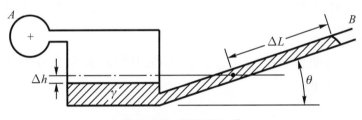

圖 **2-14**　傾斜壓力計

7. **其他壓力量測：**

　　尚有許多實驗室常用之壓力量測元件，例如：應變規壓力轉換計
(Strain Gauge Pressure Transducer)，線性可變差壓轉換計(Linear
Variable Differential Transformer, LVDT transducer)，壓電壓力轉
換計(Piezoelectric Pressure Transducer)，石英共振壓力轉換計(Quartz
Resonator Pressure Transducer)，固態薄膜矽電阻壓力感測器(Solid
State Thin Film Silicon Pressure Sensor)等，常用來將壓力量測之物
理量轉化爲電子訊號作爲儲存及後續處理。

觀察實驗 2-2

(1)取一杯咖啡，紅茶或糖水(最好有顏色)，用一只透明吸管吸取，但不必吸入口中，控制吸水的力量，並觀察口中感覺之壓力及吸管中高程之關係。

(2)輕輕吹氣，觀察氣泡的產生及變化。

(3)再拿另一只吸管含在口中，但另一端置於杯外，兩管同時含在口中吸取，試試看此時是否仍能吸取杯中飲料？

(4)將一只吸管中央弄破，如步驟(1)，試問此時吸管能吸取飲料嗎？如破洞處沉沒在飲料中時，情形又如何？

[討論]：醫院中之點滴瓶爲何必須高於病患之身體？與本觀察實驗有何關聯？

[注意]：飲料可能會吞食口中，因此需採用新鮮安全之飲料，吸管也要保持清潔。

◢2-5 作用於平面上之流體壓力合力

在土木工程及水利工程上常需計算沉浸於流體中之固體平面上流體壓力之合力，合力矩及合力作用點，作爲結構及接頭設計之依據。在進行壓力合力之計算之前，首先對固體上靜止流體壓力之變化特性整理如下：

1. 流體壓力必定**垂直於固體邊界**，但**大小隨深度而線性變化**。

2. 液壓爲一種**分佈力(Distributed Loads)**。

3. 液壓合力作用於**壓力中心(Pressure Center)**，乃是代表性的合力作用點，其位置未必在形心。

壓力合力爲

$$F = \int_A dF = \int_A p(z)\,dA \tag{2-15}$$

F 之作用點(即壓力中心)至指定軸之距離可用力矩合成之觀念推導：

$$F \cdot \bar{s} = \int_A s\, dF = \int_A s(z)p(z)dA \tag{2-16}$$

對於作用於平板上之流體壓力合力計算將分成三種情況：

(1)　**水平平面(Horizontal Plane)**：

如圖 2-15 所示一水平平板，沒入流體深度為 H，則平板上流體之靜壓力為

$$p_C = \gamma H = 常數 \tag{2-17a}$$

平板上之靜壓合力為

$$F = \int_A dF = \int_A p(z)dA = \gamma H \int_A dA = \gamma HA = p_C A \tag{2-17b}$$

壓力中心之位置在 $(x_P，y_P)$：

$$x_P = \frac{\int_A px\,dA}{p\,dA} = \frac{\gamma H \int_A x\,dA}{\gamma H \int_A dA} = \frac{\int_A x\,dA}{\int_A dA} = x_C$$

$$\tag{2-17c}$$

$$y_P = \frac{\int_A py\,dA}{\int_A p\,dA} = \frac{\gamma H \int_A y\,dA}{\gamma H \int_A dA} = \frac{\int_A y\,dA}{\int_A dA} = y_C$$

故可歸納如下：

作用於水平平面上之液壓力合力等於作用於形心之壓力強度(亦為全板上之壓力強度)與平板面積之乘積；壓力中心即為平板之形心。

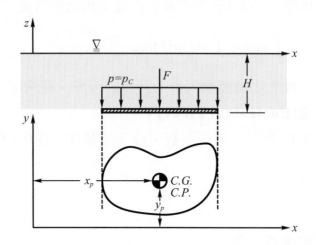

圖 **2-15** 水平平板

⑵ **垂直平面(Vertical Plane)**：

如圖 2-16 所示一垂直平面，取 z 向上為正，h 向下為正，則平板上流體之靜壓力為

$$p = -\gamma z = \gamma h \tag{2-18a}$$

平板上之靜壓合力為

$$F = \int_A dF = \int_A p(z)dA = \gamma \int_A h dA = \gamma h_c A = p_c A \tag{2-18b}$$

其中 $p_c = \gamma h_c$ 為垂直平板形心位置之流體靜壓力。

壓力中心之位置在 (z_P, y_P)：

$$z_P = \frac{\int_A pz\,dA}{p\,dA} = \frac{-\gamma \int_A z^2\,dA}{-\gamma \int_A z\,dA} = \frac{I_Y}{h_C A}z_P$$

$$= \frac{\overline{I}_Y + h_C^2 A}{h_C A} = \frac{\overline{I}_Y}{h_C A} + h_C$$

$$y_P = \frac{\int_A py\,dA}{\int_A p\,dA} = \frac{-\gamma \int_A yz\,dA}{-\gamma \int_A z\,dA} = \frac{I_{YZ}}{h_C A}$$

$$= \frac{\overline{I}_{YZ} + h_C y_C A}{h_C A} = \frac{\overline{I}_{YZ}}{h_C A} + y_C$$

(2-18c)

故可歸納如下：

作用於垂直平板上之液壓力合力等於作用於形心之壓力強度與
平板面積之乘積；壓力中心即為平板之形心下方 $\overline{I}_Y/(h_C A)$ 處。

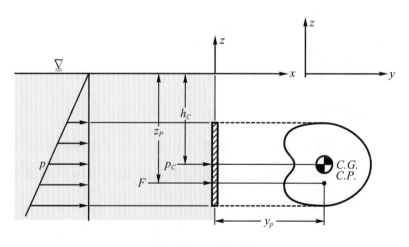

圖 **2-16** 　垂直平板

(3)　**傾斜平面(Inclined Plane)：**

如圖 2-17 所示一傾斜平面，沒入流體角度為 θ，可選取座標系
統 (t,s) 如圖，則平板上流體之靜壓力為

$$p = \gamma h = \gamma s \sin \theta \tag{2-19a}$$

平板上之靜壓合力爲

$$F = \int_A dF = \int_A p\, dA = \gamma \int_A s \sin \theta\, dA = \gamma \sin \theta\, s_C A$$

$$= \gamma\, h_C\, A = p_C A \tag{2-19b}$$

其中$h_C = s_C \sin \theta$爲平板形心處之垂直水深。

壓力中心之位置在(s_P, t_P)：

$$s_P = \frac{\int_A p\, s\, dA}{\int_A p\, dA} = \frac{\gamma \sin \theta \int_A s^2\, dA}{\gamma \sin \theta \int_A s\, dA} = \frac{I_T}{s_C A}$$

$$= \frac{\overline{I}_T + s_C^2 A}{s_C A} = \frac{\overline{I}_T}{s_C A} + s_C$$

$$t_P = \frac{\int_A p\, t\, dA}{\int_A p\, dA} + \frac{\gamma \sin \theta \int_A t\, s\, dA}{\gamma \sin \theta \int_A s\, dA} = \frac{I_{ST}}{s_C A} \tag{2-19c}$$

$$= \frac{\overline{I}_{ST} + s_C\, t_C\, A}{s_C A} = \frac{\overline{I}_{ST}}{s_C A} + t_C$$

故可歸納如下：

作用於傾斜平板上之液壓力合力等於作用於形心之壓力強度與平板面積之乘積；壓力中心即爲平板之形心一段距離(由 2-19c 計算)。

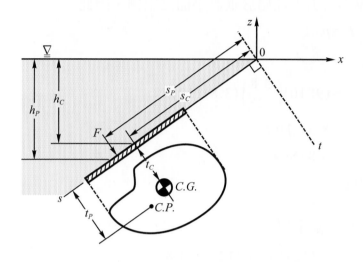

圖 **2-17** 傾斜平板

【範例 2-4】

一儲水槽高度 $H = 3.8\text{m}$，長度 $L = 12\text{m}$，水之單位重為 $\gamma = 9810\text{N/m}^3$，如圖 2-18 所示：

(1) 計算作用於槽邊上之靜水壓力合力。

(2) 求壓力中心之位置。

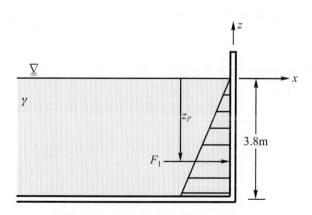

圖 **2-18** 儲水槽靜水壓力合力分析

解：(1)靜水壓力合力：此屬於垂直平面之案例，因此

$$F = p_c A$$
$$= \gamma h_c A$$
$$= (9810)\left(\frac{3.8}{2}\right)(3.8)(12)$$
$$= 8.5 \times 10^5 \text{N}$$
$$= 0.85 \text{MN}$$

(2)壓力中心：

$$z_P = \frac{\overline{I}_Y}{h_c A} + h_c$$
$$= \frac{(12)(3.8)^3 / 12}{(3.8/2)(3.8)(12)} + \frac{3.8}{2}$$
$$= 0.63 + 1.9$$
$$= 2.53$$

亦即壓力中心在形心下方 0.63 公尺，距水面為 2.53 公尺。

注意：可由三角形之形心計算：

$$z_P = \frac{2}{3}H = \frac{2}{3}(3.8) = 2.53$$

【範例 2-5】

一水壩貯存水，水壩長度 $L = 30\text{m}$，水深為 $H = 8\text{m}$，壩面傾斜角為 60 度，如圖 2-19。

(1) 計算作用於壩面之靜水壓力合力。

(2) 找出壓力中心。

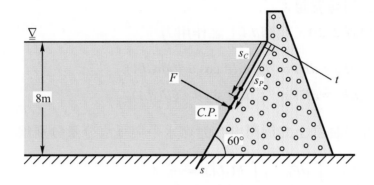

圖 **2-19** 　水壩靜水壓力合力分析

解：(1)靜水壓力合力：此屬於傾斜平面，斜面之寬度為

$$s = \frac{H}{\sin 60} = \frac{8}{\sin 60} = 9.2376$$

$$F = \gamma \sin \theta \, s_C \, A = \gamma \, h_C \, A$$

$$= (9810) \left(\frac{8}{2} \right) (9.2376 \times 30)$$

$$= 1.087 \times 10^7 \text{N}$$

$$= 10.87 \text{MN}$$

(2)壓力中心之位置：

$$s_P = \frac{\overline{I_T}}{s_C \, A} + s_C$$

$$= \frac{(30)(9.2376)^3/12}{(9.2376/2)(9.2376 \times 30)} + \frac{9.2376}{2}$$

$$= 1.5396 + 4.6188$$

$$= 6.1584$$

因此壓力中心在傾斜壩面上距水面6.1584m處。

◢2-6 　作用於曲面上之流體壓力合力

作用於曲面上之流體壓力其方向隨曲面而變化，但若**採取水平分量及垂直分量分開計算**，再利用向量和求出靜壓力合力則甚為簡便。以下分為兩種情形說明之：

1. **曲面上方有流體：**

   如圖 2-20，元體 dA 上之作用力

   $$dF_H = dF \cos \theta = pdA \cos \theta = \gamma h(dA)_V$$
   $$dF_V = dF \sin \theta = pdA \sin \theta = \gamma h(dA)_H$$

   故作用於曲面上之靜壓力合力之水平與垂直分量分別為

   $$F_H = \int_A dF_H = \gamma \int_A h(dA)_V = \gamma h_C A_V$$

   $$F_V = \int_A dF_V = \gamma \int_A h(dA)_H = \gamma V_{ABCDEFA} = W_{ABCDEFA}$$

   $$(2\text{-}20)$$

(2-20)式中可看出，**水平分量**為曲面垂直投影面積形心壓力強度與垂直投影面積之乘積；**垂直分量**為曲面上方至液面之間流體之總重量。總靜壓力合力為

$$F = \sqrt{F_H^2 + F_V^2}$$

$$\phi = \tan^{-1}\left(\frac{F_V}{F_H}\right)$$

$$(2\text{-}21)$$

壓力中心之決定：水平分量部份壓力中心相當於垂直平面之壓力中心，其決定與計算如 2-5 節。垂直分量部份，壓力合力係通過曲面上方至液面間流體體積之形心。

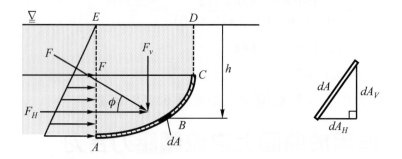

圖 **2-20** 曲面上方有流體之靜壓力合力

2. **曲面下方有流體：**

　　如圖 2-21，流體係在曲面之下方，元體 dA 上之作用力

$$dF_H = dF \cos \theta = p dA \cos \theta = \gamma h(dA)_V$$

$$dF_V = dF \sin \theta = p dA \sin \theta = \gamma h(dA)_H$$

故作用於曲面上之靜壓力合力之水平與垂直分量分別為

$$F_H = \int_A dF_H = \gamma \int_A h(dA)_V = \gamma h_C A_V$$

$$F_V = \int_A dF_V = \gamma \int_A h(dA)_H = \gamma V_{EFG} = W_{EFG}$$

$$(2\text{-}22)$$

(2-22)式中可看出，**水平分量**為曲面垂直投影面積形心壓力強度與垂直投影面積之乘積；**垂直分量**為曲面上方至液面之間虛擬流體之總重量(想像曲面上存在相同於曲面下之流體)。總靜壓力合力為

$$F = \sqrt{F_H^2 + F_V^2}$$

$$\phi = \tan^{-1} \left(\frac{F_V}{F_H} \right)$$

$$(2\text{-}23)$$

　　壓力中心之決定：水平分量部份壓力中心相當於垂直平面之壓力中心，其決定與計算如 2-5 節。垂直分量部份，壓力合力係通過曲面上方至液面間虛擬流體體積之形心。

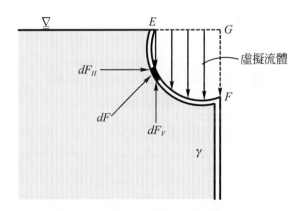

圖 **2-21**　曲面上方有流體之靜壓力合力

【範例 2-6】

　　一水槽長度為 $L = 12\text{m}$，斷面形狀及尺寸如圖 2-22 所示：求靜水壓力合力之水平分量，垂直分量，總合力及其方向，並繪出壓力合力作用位置。

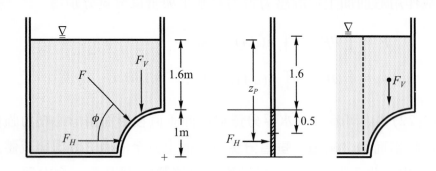

圖 **2-22**　曲面上方有水之案例

解：

$$F_H = \gamma h_c A_V$$

$$= (9810)\left(1.6 + \frac{1}{2}\right)(1 \times 12)$$

$$= 0.2472\text{MN}$$

$$F_V = \gamma V$$

$$= (9810)\left[(1.6 + 1) \times 1 - \frac{\pi}{4} \times 1 \times 1\right](12)$$

$$= 0.2139\text{MN}$$

$$F = \sqrt{F_H^2 + F_V^2}$$

$$= \sqrt{(0.2472)^2 + (0.2139)^2} \quad = 0.3269\text{MN}$$

$$\phi = \tan^{-1}\left(\frac{F_V}{F_H}\right) = \tan^{-1}\left(\frac{0.2139}{0.2472}\right) = 40.87°$$

水平分量作用位置：

$$z_P = \frac{\overline{I}_Y}{h_C A} + h_C$$

$$= \frac{(12)(1)^3/12}{(1.6+0.5)(1 \times 12)} + (1.6+0.5)$$

$$= 0.003968 + 2.1$$

$$= 2.103968$$

垂直分量作用於曲面至水面體積形心：如圖 2-22 所示。

【範例 2-7】

一水槽長度為 $L = 12\text{m}$，斷面形狀及尺寸如圖 2-23 所示：求靜水壓力合力之水平分量，垂直分量，總合力及其方向，並繪出壓力合力作用位置。

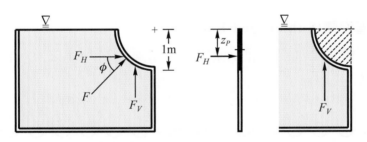

圖 **2-23**　曲面下方有水之案例

解：想像有水充填於曲面之上

$$F_H = \gamma h_C A_V$$

$$= (9810)\left(\frac{1}{2}\right)(1 \times 12)$$

$$= 0.05886\text{MN}$$

$$F_V = \gamma V$$

$$= (9810)\left(\frac{\pi}{4} \times 1 \times 1\right)(12)$$

$$= 0.092457\text{MN}$$

$$F = \sqrt{F_H^2 + F_V^2}$$

$$= \sqrt{(0.05886)^2 + (0.092457)^2} = 0.1096\text{MN}$$

$$\phi = \tan^{-1}\left(\frac{F_V}{F_H}\right) = \tan^{-1}\left(\frac{0.092457}{0.05886}\right) = 57.52°$$

水平分量作用位置：

$$z_P = \frac{\overline{I}_Y}{h_C\,A} + h_C$$

$$= \frac{(12)(1)^3/12}{(0.5)(1 \times 12)} + (0.5)$$

$$= 0.1667 + 0.5$$

$$= 0.6667$$

垂直分量作用於曲面至水面體積形心：如圖 2-23 所示。

2-7 浮　力

1. **完全潛沒體(Submerged Body)：**

    固體完全沉沒在靜止流體中，如圖 2-24 所示之魚，潛艇，深水構造物等。

圖 **2-24**　完全潛沒體之案例

2. **部份潛沒體(Partially Submerged Body)：**

    固體只有一部份沉沒在靜止流體中，如圖 2-25 所示之魚，輪船，鑽油平台等。

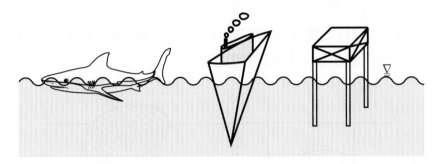

圖 **2-25**　部份潛沒體之案例

3. 浮力(Buoyant Force)：

靜止流體作用於潛沒或浮升物體的合力，稱為浮力。關於浮力，以下幾點特性：

(1) 浮力無水平分量。因為潛沒部份的垂直投影各方向總合為零。

(2) 浮力係垂直向上。

(3) **固體在液體中所獲得的浮力等於固體所排開同體積液體的重量**，此為**阿基米德原理(Archimede's Principle)**，又稱為**浮力原理(Principle of Buoyancy)**。

證　明

如圖 2-26(a)之完全潛沒體(Submerged Body)，由前一節曲面上之靜水壓力分析知，因DAB與DCB兩段曲面之垂直投影皆為BD，合力之水平分量將互相抵消，故

$$F_H = 0 \tag{2-24}$$

但作用於ADC(向下)與ABC(向上)兩曲面之垂直合力差值為

$$
\begin{aligned}
F_V &= (F_V)_{ABC} - (F_V)_{ADC} \\
&= \gamma V_{ABCEFA} - \gamma V_{ADCEFA} \\
&= \gamma V_{ABCD} \\
&= W_{ABCD} \\
&= F_B
\end{aligned}
\tag{2-25}
$$

即為物體在流體中所獲得之浮力。

如圖 2-26(b)之部份潛沒體(Partially Submerged Body)，亦可推證浮力為潛沒部份所排開液體之重量。

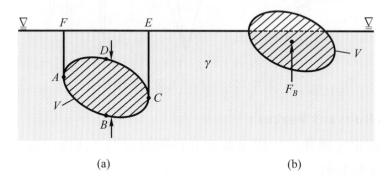

(a)　　　　　　　　　　(b)

圖 **2-26**　阿基米德原理：(a)完全潛沒體(b)部份潛沒體

4. **浮力中心(Center of Buoyancy)**：

浮力作用於潛沒體合力作用點，稱為浮力中心。浮心一般通過固體排開液體體積之形心。

5. **固體潛沒於兩種流體之間之浮力**：

如圖 2-27，可證得物體之浮力為

$$F_B = \gamma_1 V_1 + \gamma_2 V_2 \tag{2-26}$$

而浮力中心通過排開流體之質量中心(Center of Mass)，而非體積形心。

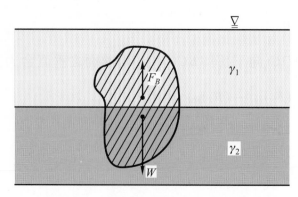

圖 **2-27**　不同之兩種流體中之潛沒體

6. **利用浮力原理量測不規則固體之體積：**

⑴　固體重量已知：

假設固體重量為W，將其置於單位重為γ，測得重量為W_F，如圖 2-28，則固體之體積為

$$V = \frac{F_B}{\gamma} = \frac{W - W_F}{\gamma} \tag{2-27}$$

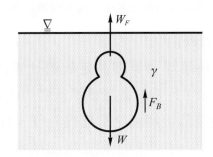

圖 **2-28**　利用浮力原理推求不規則物體之體積

⑵　固體重量未知：

將固體分別置於單位重為γ_1，γ_2之兩種流體中，秤得重量分別為 W_1，W_2，如圖 2-29，則由平衡方程式

$$\begin{aligned} W - W_1 &= \gamma_1 V \\ W - W_2 &= \gamma_2 V \end{aligned} \tag{2-28}$$

可解得固體之體積與重量分別為

$$\begin{aligned} V &= \frac{-(W_1 - W_2)}{\gamma_1 - \gamma_2} \\ W &= \frac{W_2\,\gamma_1 - W_1\,\gamma_2}{\gamma_1 - \gamma_2} \end{aligned} \tag{2-29}$$

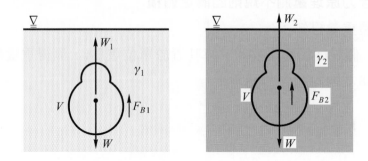

圖 **2-29**　利用浮力原理推求不規則物體之體積與重量

7. **比重計(Hydrometer)**：

　　比重計乃是利用浮力原理測定液體比重(Specific Gravity)之工具。如圖 2-30 所示，比重計置於標準流體中(如 4℃，一大氣壓力下之純水)時比重計與液面接觸面之刻度為 $S = 1$，將比重計置於比重為 S 之流體中其刻度應為 S，比重計上段之斷面積為 a，則標桿之高度差值可以下列方式推求：

　　當置於標準液體中

$$W = F_B = \gamma_0 V_0 \tag{2-30a}$$

當置於比重為 S 之流體中

$$W = F_{BS} = \gamma_0 S (V_0 - a\Delta h) \tag{2-30b}$$

將(2-30a)代入(2-30b)可解得

$$\Delta h = \frac{V_0}{a} \frac{S - 1}{S} \tag{2-31}$$

此式即為比重 S 與比重計標桿刻度高差之關係。

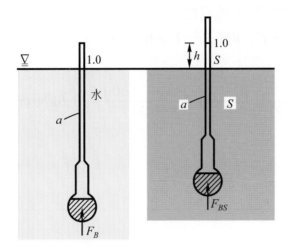

圖 **2-30**　比重計原理

【範例 2-8】

　　一正立方體,邊長為 0.5m,重量為 $W = 2450$N,置入未知流體中,彈簧秤的拉力為 $T = 1000$N,如圖 2-31,求未知液體之單位重量及比重。

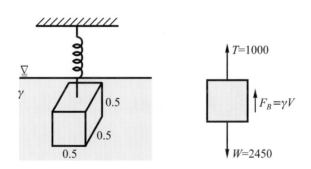

圖 **2-31**　浮力原理之應用

解：由浮力原理及靜力平衡方程式

$$\Sigma F_Y = T - W + F_B = T - W + \gamma V = 0$$

可知

$$\gamma = \frac{F_B}{V} = \frac{W - T}{V} = \frac{2450 - 1000}{(0.5)^3} = 11.6\,\text{kN/m}^3$$

比重為

$$S = \frac{\gamma}{\gamma_W} = \frac{11.6}{9.81} = 1.182$$

【範例 2-9】

一物體形狀不規則，空氣中重量為 10N，置於水中重量為 6.5N，求物體之體積及比重。

解：利用浮力原理可求得固體之體積為

$$V = \frac{F_B}{\gamma_W} = \frac{W - W_W}{\gamma_W} = \frac{10 - 6.5}{9810} = 3.57 \times 10^{-4}$$

因此其單位重為

$$\gamma_S = \frac{W}{V} = \frac{10}{3.57 \times 10^{-4}} = 28011.2$$

比重為

$$S = \frac{\gamma_S}{\gamma_W} = \frac{28011.2}{9810} = 2.855 > 1$$

觀察實驗 2-3

(1)取一大型透明塑膠或玻璃杯,裝水至八分滿,分別置入以下物體並觀察其在水中之潛沒情形,記錄那些是完全潛沒體,那些是部份潛沒體。①橡皮擦②小木塊③鉛筆④原子筆⑤迴紋針⑥粉筆⑦其他你方便取得之不溶於水之固體。

(2)另取一個透明塑膠或玻璃杯,裝沙拉油至八分滿,放入與(1)中相同大小之木塊,觀察木塊在兩種流體中之位置。你能判斷沙拉油之比重小於或大於水嗎?

[討論]:

①浮力的重要性?

②浮力對人類於水中運動或生活有何意義?

③空氣亦為流體,我們生活在空氣中,為何感覺不出浮力,但在水中就可明顯感覺浮力?

④阿基米德如何利用浮力原理判定國王之王冠並非純金打造?

[注意]:取用沙拉油時避免沾污衣物。如無沙拉油可用,可考慮其他安全之替代流體,如牛奶,濃食鹽水等。

◢2-8 潛體與浮體之穩定性

1. 穩定性之物理意義:

若一個物理系統其狀態以一個小球來表示,則如圖2-32(a)所示為一穩定(Stable)狀態,因小球受一微小之擾動(位移),當擾動移除後系統必然回到原來位置;圖2-32(b)所示則為中性穩定(Neutrally Stable),無論小球在任何位置都會停駐在該新的位置,不會增大也不會回到初始狀態;圖2-32(c)所示則為不穩定(Unstable)狀態,因為即使是一個小小的擾動,系統將偏離原來之狀態而無法回復。

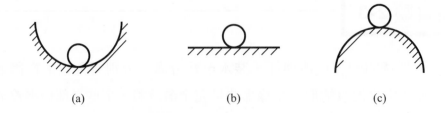

圖 **2-32** 物理系統穩定性之情況(a)穩定(b)中性穩定(c)不穩定

2. **線性穩定性(Linear Stability)：**

　　浮體在液體中，在任何方向有一微小之線性位移(Linear Displacement)，若產生回復力(Restoring Forces)傾向於使物體回復原來之位置時，稱此物體具有線性穩定性(Linear Stability)。對浮體而言，若物體上移則因排開液體之體積減少，浮力減少，物體之重力將促使物體向下回到原來位置；若物體下移則因排開液體之體積增加，浮力增加，增加之浮力將促使物體向上回到原來位置；因此浮體具有線性穩定性。

3. **旋轉穩定性(Rotational Stability)：**

　　浮體在液體中，在任何方向有一微小之角位移(Angular Displacement)，若產生回復力矩(Restoring Moments)傾向於使物體回復原來之位置時，稱此物體具有旋轉穩定性(Rotational Stability)。

4. **潛體之旋轉穩定性判別：**

　　潛體之旋轉穩定性主要看**重心(Center of Gravity;C.G.)**與**浮心(Center of Buoyancy;C.B.)**之相對位置而定。實際之案例如潛水艇(Submarines)。

　(1) 重心(C.G.)在浮心(C.B.)下方為穩定：如圖 2-33(a)，當旋轉一個微小角位移時，重力(W)與浮力(F_B)構成一對回復力矩促使潛體回復原位。

　(2) 重心(C.G.)與浮心(C.B.)重合為中性穩定：如圖 2-33(b)，當旋轉一個微小角位移時，重力(W)與浮力(F_B)永遠互相抵消，使得潛體停留在新的位置。

⑶ 重心(C.G.)在浮心(C.B.)上方為不穩定： 如圖2-33(c)，當旋轉一個微小角位移時，重力(W)與浮力(F_B)構成一對傾覆力矩(Overturning Moment)促使潛體產生更大之角位移，終使物體傾倒。

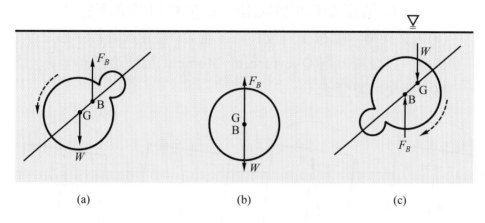

圖 **2-33** 潛體穩定性之判別(a)穩定(b)中性穩定(c)不穩定

5. **浮體之旋轉穩定性判別：**

　　浮體之旋轉穩定性判別主要看**重心(Center of Gravity；C.G.)**與**定傾中心(Metacenter；M.C.)**之相對位置而定。所謂**定傾中心(Metacenter)**即浮體旋轉時浮力中心位移軌跡之曲率中心，在微小角位移之情形下可取**新位置浮力作用線與原來重心浮心連線之交點**。實際之案例如船舶(Ships)。

⑴ 重心(C.G.)在浮心(C.B.)及定傾中心(M.C.)下方為穩定： 如圖2-34(a)，當旋轉一個微小角位移時，重力(W)與通過新浮心之浮力(F_B)構成一對回復力矩促使潛體回復原位。

⑵ 重心(C.G.)在浮心(C.B.)上方，但在定傾中心(M.C.)下方為穩定： 如圖2-34(b)，當旋轉一個微小角位移時，重力(W)與通過新浮心之浮力(F_B)構成一對回復力矩促使潛體回復原位。

(3) 重心(C.G.)在浮心(C.B.)上方，但與定傾中心(M.C.)重合為中性穩
定：如圖 2-34(c)，當旋轉一個微小角位移時，重力(W)與通過新浮
心之浮力(F_B)永遠互相抵消，不產生力矩，使得潛體停留在新的位置。

(4) 重心(C.G.)在浮心(C.B.)與定傾中心(M.C.)上方為不穩定：如圖 2-34
(d)，當旋轉一個微小角位移時，重力(W)與通過新浮心之浮力(F_B)
構成一對傾覆力矩(Overturning Moment)促使潛體產生更大之角位
移，終使物體傾倒。

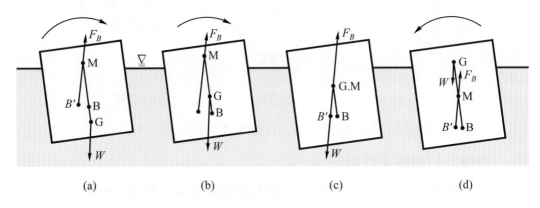

(a)　　　　　(b)　　　　　(c)　　　　　(d)

圖 **2-34**　浮體穩定性之判別(a)穩定(b)穩定(c)中性穩定(d)不穩定

(1) 平行均勻斷面浮體之定傾中心：

如圖 2-35 之平行均勻斷面柱體，浮心(B)永遠在排開液體體積
之質量中心。當柱體有一微小角位移時，新浮心(B)在梯形$ABCD$之
形心處，浮力通過新浮心而與原來 BG 連線之交點為M，即為定傾
中心。距離MG稱為**定傾中心高(Metacentric Height)**，可用以直接
量度浮體之旋轉穩定性。由圖 2-35 可知回復力矩為

$$\text{R.M.} = W\,\overline{MG}\,\sin\theta \tag{2-32}$$

而穩定性判別如下：

① $MG > 0$(M.C.在 C.G.上方)：穩定。

② $MG = 0$(M.C.與 C.G.重合)：中性穩定。

③ $MG < 0$(M.C.在 C.G.下方)：不穩定。

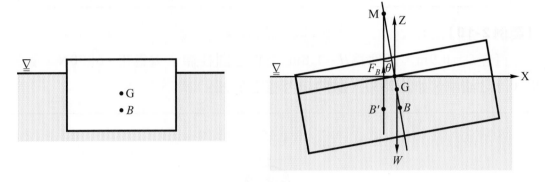

圖 **2-35**　具均勻斷面之浮體定傾中心

(2)　變化斷面柱體之定傾中心：

如圖 2-36 具變化斷面之浮體，其定傾中心高可由下式計算：

$$(\overline{MG})_{XZ} = \frac{I_Y}{V} - \overline{GB}$$

$$(2\text{-}33)$$

$$(\overline{MG})_{YZ} = \frac{I_X}{V} - \overline{GB}$$

上式中 V 爲浮體沒水部份之體積，I_Y 爲吃水線斷面積對 Y 軸之慣性矩 (Moment of Inertia)，I_X 爲吃水線斷面積對 X 軸之慣性矩。此處 Z 軸係向上爲正，X 軸與 Y 軸爲吃水截面上之座標。(2-33)式可看出 I_Y 影響對 XZ 面(Y 軸)之滾轉(Rolling)穩定性；I_X 影響對 YZ 面(X 軸)之俯仰 (Pitching)穩定性。

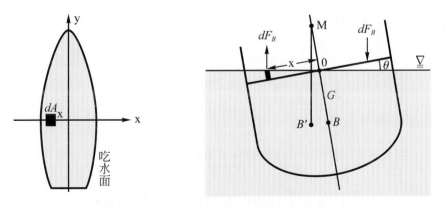

圖 **2-36**　具變化斷面之浮體定傾中心

【範例 2-10】

直徑 $D = 0.9\text{m}$，高度為 $H = 1.8\text{m}$ 之實心圓柱體，重為 $W = 6800\text{N}$，置於 $S = 0.9$ 之油中，如圖 2-37，試問是否穩定？

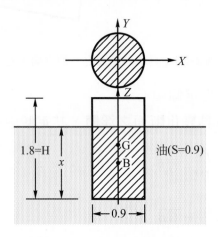

圖 2-37　浮體穩定性判別案例

解：(1)決定浮心(C.B.)之位置：利用浮力原理，假設沒水深度為 x

$$F_B = W = \gamma_{\text{OIL}} \, V$$

$$6800 = (0.9 \times 9810)\left(\frac{\pi}{4} \times 0.9^2 \times x\right)$$

解得

$$x = 1.2107\text{m}$$

故

$$\overline{B}\,\overline{G} = \frac{1.8}{2} - \frac{1.2107}{2} = 0.2947\text{m}$$

(2)決定定傾中心高：

$$I_Y = \frac{\pi}{64}D^4 = \frac{\pi}{64}(0.9)^4 = 0.0322\text{m}^4$$

$$V = \frac{\pi}{4}D^2 x = \frac{\pi}{4}(0.9)^2 (1.2107) = 0.7702\text{m}^3$$

故

$$(\overline{MG})_{XZ} = \frac{I_Y}{V} - \overline{G}\,\overline{B}$$

$$= \frac{0.0322}{0.7702} - 0.2947 = -0.2529 < 0$$

此圓柱浮體為不穩定。

【範例 2-11】

　　一平底船重量為 $W = 9.81 \times 10^6\text{N}$，浮力中心在水面下 2m，重心在水面下 0.5m，如圖 2-38，(1)求此船對 YY 軸滾轉之穩定性；(2)求此船對 XX 軸俯仰之穩定性；(3)比較(1)與(2)何者穩定性較高？

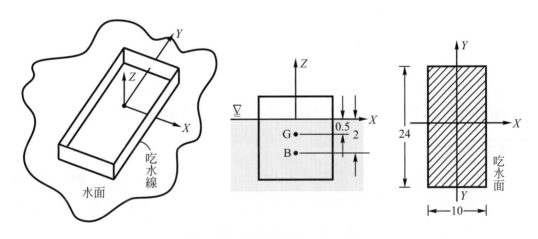

圖 **2-38**　浮體穩定性判別案例

解：　　　　　　$\overline{G}\,\overline{B} = 2 - 0.5 = 1.5\text{m}$

(1)決定滾轉(YY軸)穩定性：

$$I_Y = \frac{1}{12}BH^3 = \frac{1}{12}(24)(10)^3 = 2000\text{m}^4$$

$$V = \frac{W}{\gamma} = \frac{9.81 \times 10^6}{9810} = 1000\text{m}^3$$

故

$$(\overline{MG})_{XZ} = \frac{I_Y}{V} - \overline{G}\,\overline{B}$$

$$= \frac{2000}{1000} - 1.5 = 0.5 > 0$$

此船對YY軸滾轉為穩定。

(2)決定俯仰(XX軸)穩定性：

$$I_X = \frac{1}{12}HB^3 = \frac{1}{12}(10)(24)^3 = 11520\,\text{m}^4$$

$$V = \frac{W}{\gamma} = \frac{9.81 \times 10^6}{9810} = 1000\,\text{m}^3$$

故

$$(\overline{MG})_{YZ} = \frac{I_X}{V} - \overline{GB}$$

$$= \frac{11520}{1000} - 1.5 = 10.02 > 0$$

此船對XX軸俯仰為穩定。

(3)由(1)與(2)之定傾中心高比較可知，此船對XX軸之穩定性較大。

生活中之應用

(1)　一般船隻大都設計成對俯仰(Pitching)有較高之穩定性，因此去遊樂區划船時若遇快艇通過或狂風引起之湧浪時，應調整船頭使船頭垂直波浪之方向可以增加穩定性，如圖 2-39(a)所示。

(2)　搭渡船時儘可能讓遊客均勻分佈在各處，除避免超載外，應避免全部人因觀賞風景或其他原因同時聚集在船的一側，如此很容易造成翻船意外，如圖 2-39(b)所示。

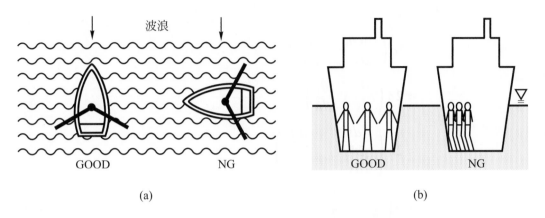

圖 **2-39** 浮體穩定性生活中之應用(a)划船遇到湧浪(b)搭船

觀察實驗 **2-4**

(1)取一大型透明塑膠或玻璃杯，盛水至八分滿，取一圓錐體之木塊，將
其正放及倒放，觀察其是否可保持旋轉之穩定性。

(2)取一圓球形物體(乒乓球，小皮球，塑膠球等)，在一直徑圓周上畫一
圈作上記號，將其置於杯中，任意輕輕轉動之，觀察其是否中性穩定？

[注意] : 小心避免打破玻璃杯。

◤2-9 流體靜力學之相關問題

1. **表面張力問題:**

具有兩個方向曲率不同的元體，如圖 2-40 所示，則壓力差與表面
張力之關係可由靜力平衡方程式

$$\Sigma F_Y = p_1 \, ds \, dn - 2\sigma \, dn \sin \theta_1 - 2\sigma \, ds \sin \theta_2 = 0$$

推導得

$$\Delta p = p_1 - p_2$$

$$= 2\sigma \left(\frac{\sin \theta_1}{ds} + \frac{\sin \theta_2}{dn} \right)$$

$$\approx 2\sigma \left(\frac{\theta_1}{ds} + \frac{\theta_2}{dn} \right)$$

$$\approx 2\sigma \left(\frac{\dfrac{ds}{2R_1}}{ds} + \frac{\dfrac{dn}{2R_2}}{dn} \right)$$

$$\approx \sigma \left(\frac{1}{R_1} + \frac{1}{R_2} \right) \tag{2-34}$$

式中 σ 爲表面張力，R_1，R_2 爲兩方向之曲率半徑，(2-34)式即爲(1-13a)式。

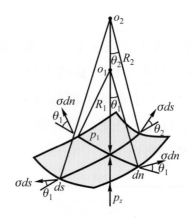

圖 **2-40** 表面張力與壓力差之關係

若有某一方向爲平直面，則曲率半徑爲無限大。讀者可依(2-34)進一步推導(1-13b)，(1-13c)，(1-13d)等肥皂泡，圓柱薄膜，球型薄膜等三種案例之公式。

【範例 2-12】

　　一肥皂泡直徑 2cm，若肥皂與空氣介面之表面張力為 0.088N/m，求肥皂泡內壓力強度。

解： 肥皂泡有兩個界面，

$$\Delta p = 2\sigma\left(\frac{1}{R} + \frac{1}{R}\right) = 4\frac{\sigma}{R} = 4\frac{0.088}{\frac{0.02}{2}} = 35.2 \text{N/m}^2$$

2.　**毛細水高問題：**

　　　關於毛細現象已於 1-4 節簡介，此處旨在說明如何決定毛細水高。假設直徑為 D 之圓柱形玻璃管，置於單位重為 γ 之流體中，表面張力為 σ，接觸角為 α，如圖 2-41，則毛細水上升之高度可由靜力平衡知

$$\Sigma F_z = F - W = (\pi D)(\sigma)\cos\alpha - \gamma\left(\frac{\pi D^2}{4}\right)h = 0$$

因此

$$h = \frac{4\sigma\cos\alpha}{\gamma D} \tag{2-35}$$

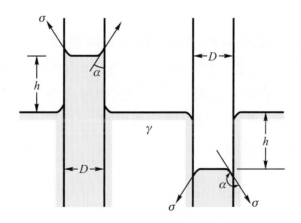

圖 **2-41**　毛細水高

由(2-35)可看出如接觸角小於90度，h為正值，毛細水上升；如接觸角大於90度，h為負值，毛細水下降；如為90度則高度不變。

【範例2-13】

黏土層中土粒間隙之平均直徑為$D = 0.005$mm，假設空氣與水界面之表面張力為0.073N/m，接觸角為0度，試估計毛細水高。

解：

$$h = \frac{\sigma \cos \alpha}{\gamma D} = \cdots$$

3. **相對平衡問題：**

(1) **達蘭勃特原理(d'Alembert's Principle)：**

質量為m之物體受外力ΣF之作用產生加速度為$a = \Sigma F / m$之運動，可視為受原來外力加上與運動方向相反之慣性力$-ma$而處於平衡狀態。此種平衡稱為動平衡(Dynamic Equilibrium)。以方程式描述為

$$\Sigma F^* = \Sigma F + (-ma) = 0 \tag{2-36}$$

有些流體力學之問題雖然有加速度存在，但若流體分子之間並無相對運動存在，此時整體可視為剛體運動，若引用達蘭勃特原理，則流體內之壓力分析可以類似本章靜態流體力學之觀念處理。

(2) **剛體位移(Rigid Body Translation)問題：**

流體具有整體一致之線性加速度(Uniform Linear Acceleration)，有如剛體之移動，流體分子之間無相對運動，因此無剪應力出現。對此種問題，若將座標系統定義為z向上為正，x向右為正，y指入紙面，可分三種情況：

① 僅有加速度a_x：

　　在此種情形下，液體受到重力加速度g及$-a_x$之聯合作用，容器內每一點均受到$m\,\vec{a_1} = m\,(\vec{g} - \vec{a_x})$之力，所有等壓線將垂直於$\vec{a_1}$的方向，如圖 2-42。

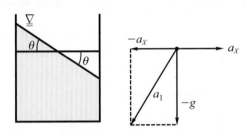

圖 **2-42**　剛體移動：僅有水平加速度

壓力梯度為

$$\frac{\partial p}{\partial x} = -\gamma\,\frac{a_x}{g}$$

$$\frac{\partial p}{\partial y} = 0$$

$$\frac{\partial p}{\partial z} = -\gamma$$

積分之，並代入當$(x,z) = (0,0)$時$p = p_0$，則容器內各點之壓力為

$$p - p_0 = -\gamma\,\frac{a_x}{g}\,x - \gamma z = -\gamma\left(\frac{a_x}{g}\,x + z\right) = \gamma h \tag{2-37}$$

式中h為液體內各點量至液面之高程。

　　自由液面之方程式可由(2-37)中令$p = p_0$得

$$z = -\frac{a_x}{g}\,x \tag{2-38}$$

為一條直線，其斜率為

$$m = \tan\theta = \frac{z}{x} = -\frac{a_x}{g} \tag{2-39}$$

若容器封閉無自由液面，則可假想一個自由液面。

② 僅有加速度a_z：

在此種情形下，液體受到重力加速度g及$-a_z$之聯合作用，容器內每一點均受到$m\vec{a_1} = m(\vec{g} + \vec{a_z})$之力，所有等壓線將垂直於原來$g$的方向，如圖 2-43。(注意向上加速則$a_z$爲正，向下加速則$a_z$爲負)。

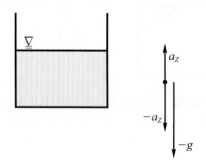

圖 **2-43** 剛體移動：僅有垂直加速度

壓力梯度爲

$$\frac{\partial p}{\partial x} = 0$$

$$\frac{\partial p}{\partial y} = 0$$

$$\frac{\partial p}{\partial z} = -\gamma\left(1 + \frac{a_z}{g}\right)$$

積分之，並代入當$(x, z) = (0, 0)$時$p = p_0$，則容器內各點之壓力爲

$$p - p_0 = -\gamma z\left(1 + \frac{a_z}{g}\right) = -\gamma\left(1 + \frac{a_z}{g}\right)z = \gamma_1 h \tag{2-40}$$

式中$\gamma_1 = \gamma(1 + a_z/g)$爲流體之視單位重(Apparent Unit Weight)，h爲液體內各點量至液面之高程。

自由液面之方程式可由(2-40)中令$p = p_0$得

$$z = 0 \tag{2-41}$$

爲一條斜率爲零之水平直線，換言之其液面仍維持原狀。

③　同時具有加速度a_x及a_z：

如圖2-44，將加速度分解至水平及垂直分量，垂直部份加上重力之作用。

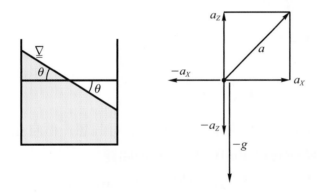

圖 **2-44**　剛體移動：具有水平及垂直加速度

壓力梯度爲

$$\frac{\partial p}{\partial x} = -\gamma\,\frac{a_x}{g}$$

$$\frac{\partial p}{\partial y} = 0$$

$$\frac{\partial p}{\partial z} = -\gamma\left(1 + \frac{a_z}{g}\right)$$

積分之，並代入當$(x, z) = (0, 0)$時$p = p_0$，則容器內各點之壓力爲

$$p - p_0 = -\gamma \frac{a_x}{g} x - \gamma \left(1 + \frac{a_z}{g}\right) z$$

$$= -\gamma \left(1 + \frac{a_z}{g}\right)\left(\frac{a_x}{g + a_z} x + z\right)$$

$$= \gamma_1 h \tag{2-42}$$

式中 $\gamma_1 = \gamma (1 + a_z/g)$ 爲流體之視單位重(Apparent Unit Weight)，h 爲液體內各點量至液面之高程。

自由液面之方程式可由(2-42)中令 $p = p_0$ 得

$$z = -\frac{a_x}{g + a_z} \tag{2-43}$$

爲一條直線，其斜率爲

$$m = \tan\theta = \frac{z}{x} = -\frac{a_x}{g + a_z} \tag{2-44}$$

若容器封閉無自由液面，則可假想一個自由液面。

(3) **剛體旋轉(Rigid Body Rotation)問題**：

流體具有整體一致之角加速度(Uniform Angular Acceleration)，有如剛體之旋轉，流體分子之間無相對運動，因此無剪應力出現。此種旋轉流動稱爲強制渦流(Forced Vortex Motion)，有別於自由渦流(Free Vortex Motion)，後者流體分子間有剪應力存在。

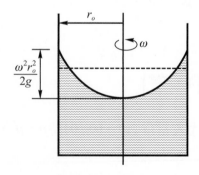

圖 **2-45**　剛體旋轉

如圖 2-45，流體質點承受向心加速度 $a_r = \omega^2 r$，慣性力為 $-ma_r = -m\omega^2 r$ 與重力 mg 聯合作用，其合力與 z 軸之夾角為

$$\tan\theta = \frac{z}{r} = \frac{a_r}{g} = \frac{\omega^2}{g} r \tag{2-45}$$

可見斜率與元體至轉動中心之距離成正比。壓力梯度為

$$\frac{\partial p}{\partial r} = \gamma \frac{\omega^2}{g} r$$

$$\frac{\partial p}{\partial z} = -\gamma$$

積分之，並代入當 $(r, z) = (0, 0)$ 時 $p = p_0$，則容器內各點之壓力為

$$p - p_0 = \gamma \frac{\omega^2}{2g} r^2 - \gamma z \tag{2-46}$$

$z = 0$ 時

$$\frac{p - p_0}{\gamma} = h = \frac{\omega^2}{2g} r^2 \tag{2-47}$$

可知等壓面為一二次拋物線旋轉體(Paraboloid)。自由表面之函數為(2-46)中令 $p = p_0$，即

$$z = \frac{\omega^2}{2g} r^2 \tag{2-48}$$

在固定 r 處之元體同一垂直面上每一點都是維持靜水壓力高程之關係。

在兩不同距離 r_1, r_2 處液體之高程差為

$$z_2 - z_1 = \frac{\omega^2}{2g}(r_2^2 - r_1^2) \tag{2-49}$$

由於旋轉拋物體(Paraboloid)之體積為其外接圓柱體積之一半，因此沿壁上升之液體與中央下降之液體體積相等。

【範例 2-14】

一容器 $ABCDEF$ 盛滿水，有一向右之加速度 a_x，假設 A 點有一小孔使該點為大氣壓力，如圖 2-46。⑴求使 E 點壓力為大氣壓力之加速度⑵在此情況下之 B，C，D，E，F 各點之錶示壓力值。

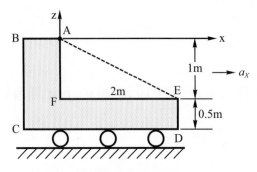

圖 2-46　剛體移動之壓力分析

解：⑴欲使 E 點錶示壓力為零，則假想之自由液面必須通過 AE 兩點，其斜率為

$$m = \tan\theta = \frac{-a_x}{g} = \frac{-a_x}{g} = -\frac{1}{2}$$

故知

$$a_x = \frac{9.81}{2} = 4.905 \, \text{m/s}^2$$

⑵各點錶示壓力

取 A 點座標為 $(0，0)$ 則各點座標為 $B(-0.5,0)$，$C(-0.5,-1.5)$，$D(2,-1.5)$，$E(2,-1)$，$F(0,-1)$；由式(2-37)可知

$$p_B = -\gamma\left(\frac{a_x}{g} x_B + z_B\right)$$

$$= -9810\left[\frac{1}{2}(-0.5) + 0\right]$$

$$= -9810(-0.25)$$

$$= 2452.5 \, \text{Pa}$$

$$p_C = -\gamma\left(\frac{a_x}{g}x_C + z_C\right)$$

$$= -9810\left[\frac{1}{2}(-0.5)+(-1.5)\right]$$

$$= -9810(-1.75)$$

$$= 17167.5\,\mathrm{Pa}$$

$$p_D = -\gamma\left(\frac{a_x}{g}x_D + z_D\right)$$

$$= -9810\left[\frac{1}{2}(2)+(-1.5)\right]$$

$$= -9810(-0.5)$$

$$= 4905\,\mathrm{Pa}$$

$$p_E = -\gamma\left(\frac{a_x}{g}x_E + z_E\right)$$

$$= -9810\left[\frac{1}{2}(2)+(-1)\right]$$

$$= -9810(0)$$

$$= 0\,\mathrm{Pa}$$

$$p_F = -\gamma\left(\frac{a_x}{g}x_F + z_F\right)$$

$$= -9810\left[\frac{1}{2}(0)+(-1)\right]$$

$$= -9810(-1)$$

$$= 9810\,\mathrm{Pa}$$

上式中每一式之第四項中(0.25)，(1.75)，(0.5)，(0)，(1)分別為B，C，D，E，F點至自由液面之高程。

【範例 2-15】

一開口圓柱容器直徑為 0.8m，高 2m，盛水至 1.5m，如圖 2-47，求不致使水溢出桶外之最大角速度及此時C，S兩點之壓力。

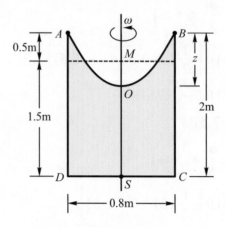

圖 **2-47**　剛體旋轉之壓力分析

解：(1)設原來水位在M點，則

$$z_A = 2\,\overline{O}\,\overline{M} = 2(2 - 1.5) = 1$$

代入(2-48)式得

$$1 = \frac{\omega^2\,(0.4)^2}{2 \times 9.81}$$

$$\omega = 11.07\text{rad/s}$$

相當於每分鐘之轉數為$N = 60\omega/2\pi = 105.745\text{rpm}$。

(2)C點之壓力：

$$p_C = \gamma\,h_C = 9810(2) = 19620\text{Pa}$$

S點之壓力

$$p_S = \gamma h_S = 9810(1) = 9810\text{Pa}$$

本章重點整理

1. 流體靜止時無剪應力存在。

2. 靜態流體壓力強度之特性：
   (1)在任一點各方向均相等。
   (2)沿水平方向變化率為零。
   (3)沿垂直方向為流體單位重之負值。

3. 壓力計之壓力計算可用靜壓強度隨深度變化之關係逐一推算。
   $$\Delta p = -\gamma \, \Delta z$$

4. 流體中平面上靜壓合力作用於壓力中心，其位置在壓力稜體之形心。

5. 流體作用於曲面之靜壓力合力可分解為水平分量與垂直分量分析。

6. 潛體與浮體之浮力 $F_B = \gamma V$。

7. 潛體之穩定性視浮心(C.B.)與重心(C.G.)之相對位置而定。分別有穩定，中性穩定，不穩定三種情形。

8. 浮體之穩定性視定傾中心(M.C.)與重心(C.G.)之相對位置而定。定傾中心高度為
   $$\overline{MG} = \frac{I}{V} - \overline{GB}$$

9. 相對平衡中之流體問題(剛體平移或旋轉)可用達蘭勃特原理分析視為靜力問題處理。

◢學後評量

2-1　解釋名詞(說明以下定義)：
(1)壓力中心。
(2)浮力中心。
(3)定傾中心。

2-2 推導三度空間情形下,靜態流體中任一點內所有方向之壓力強度均相同。

2-3 一汽油槽斷面積為 $1m^2$ 盛裝比重 $S = 0.68$ 之汽油 $0.5m^3$,然因下雨滲入雨水,汽油浮於水上,如圖 P2-3 所示。(1)求汽油上方空氣之壓力,(2)求桶底承受之總壓力合力。

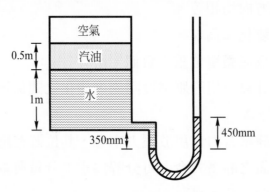

圖 P2-3 汽油槽壓力分析

2-4 組合式壓力計如圖 P2-4 所示,求 A,B 兩點之壓力。

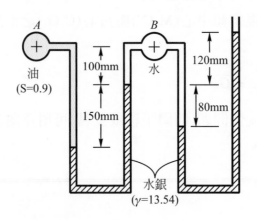

圖 P2-4 組合式壓力計

2-5 一簡便淋浴裝置如圖 P2-5 所示,水槽斷面為 $50cm \times 50cm$,水深 $2m$,槽底側邊有一直徑 $10cm$ 之垂直圓閥,閥之上端為鉸鏈,閥中心距底端 $20cm$,欲以 F 之力打開圓閥,求 F 之值。

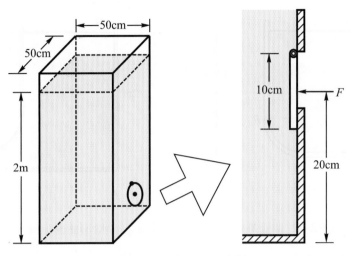

圖 **P2-5**　壓力合力分析

2-6　一游泳池池邊有一圓形閥門在頂部鉸接如圖 P2-6 所示，閥門重 2500N，試求⑴作用於閥門上之靜水壓力合力⑵靜水壓力合力作用點⑶開啓閥門之水平力 H 大小。

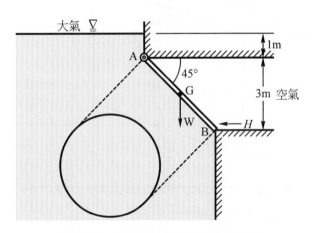

圖 **P2-6**　游泳池閥門壓力合力分析

2-7　求作用於圖 P2-7(a)與(b)中圓弧 AB 之靜水壓力合力。

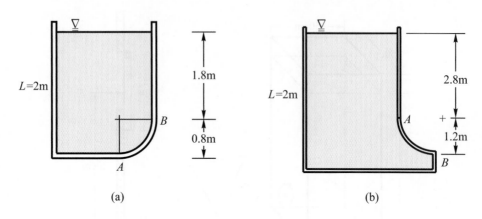

圖 **P2-7**　曲面靜水壓力分析(a)曲面上有水(b)曲面上無水

2-8　海水單位重爲 10.05kN/m³，一沉箱重 250N，尺寸如圖 P2-8 所示，沉箱完全沒入水中，以鋼索連接至海底，求鋼索中之拉力。

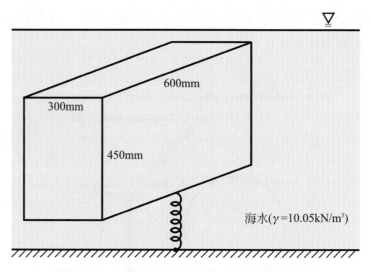

圖 **P2-8**　沉箱繩索拉力分析--浮力原理之應用

2-9　一平底船重量爲 1000 公頓，吃水面之斷面如圖 P2-9 所示，船之重心在水面下 0.6m，浮力中心在水面下 2.1m，試求俯仰與滾轉之定傾中心高並決定其穩定性。

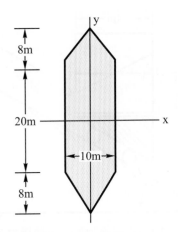

圖 **P2-9**　平底船穩定性分析

2-10　一矩形木塊，斷面邊長爲a及b，深h，比重爲S，置於水中如圖P2-10所示。求使木塊爲穩定之a/h比值。

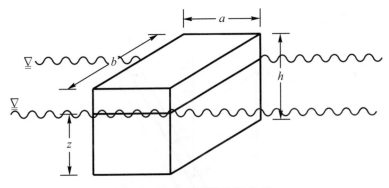

圖 **P2-10**　木塊穩定性分析

2-11　一水桶盛水，水深2m，求水桶側邊之壓力合力。⑴水桶以$a_z = 2.5\,\text{m/s}^2$向上加速。⑵水桶以$a_z = 2.5\,\text{m/s}^2$向下加速。

2-12　一桶盛水如圖 P2-12 所示，以$a = 2\,\text{m/s}^2$沿斜面向上加速。⑴求自由液面之斜率。⑵求A，B兩點之壓力。

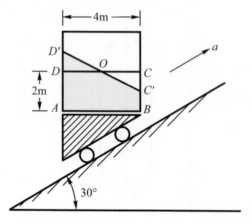

圖 **P2-12** 沿斜面加速之流體壓力分析

2-13 一直管長度爲 2m，底端封閉，內盛純水，管對垂直軸傾斜 30 度，繞中心垂直軸等速旋轉，角速度爲 $\omega = 8\text{rad/s}$，如圖 P2-13 所示。(1)試決定假想零壓力面之方程式及頂點與管頂之垂直距離(2)求管底之壓力(3)求管中 B 點處之壓力。

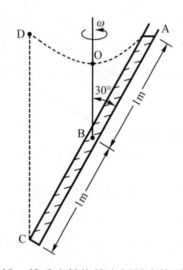

圖 **P2-13** 繞垂直軸旋轉之傾斜直管壓力分析

2-14 推導等溫過程中氣體在相對平衡剛體平移之壓力爲

$$\frac{p_0}{\gamma_0} \ln \frac{p}{p_0} = -\frac{a_x}{g} x - \left(1 + \frac{a_z}{g}\right) z$$

2-15　推導等溫過程中氣體在相對平衡剛體旋轉之壓力為

$$\frac{p_0}{\gamma_0} \ln \frac{p}{p_0} = -z - \frac{\omega^2}{2g} r^2$$

2-16　試用作用於曲面上之靜水壓力分析方法(先求分量F_H及F_V再求合力 $F = \sqrt{F_H^2 + F_V^2}$)求取傾斜面上之靜壓力合力，並將結果與式(2-19b)比較。

2-17　試說明水平平板之靜壓合力其實亦為其板上方之水重(無論上方空間是否完全填滿流體)。

第三章

流體運動學

本章學習要點

　　本章主要簡介流體運動時之重要物理量如位移、速度與加速度以及兩種流體運動之描述方法。隨後介紹流線、徑線與煙線三者之差異,並說明各種流場之分類及特性;最後簡介流體分析中常見之流線函數及勢位函數等。讀者宜注意此章之重要觀念為往後流體動力學分析之基礎。

◢3-1　引　言

　　流體運動學(Fluid Kinematics)旨在探討流體運動時質點**位移(Displacement)**,**速度(Velocity)與加速度(Acceleration)**等物理量關係,僅牽涉到運動量而**與作用力無關**;涉及作用力之探討則屬流體動力學(Fluid Dynamics)探討之範疇。當然對流體各運動物理量之了解亦為流體動力分析之基礎。

　　若以流體質點運動之牛頓運動定律而言,流體靜力學、流體運動學與流體動力學涵蓋之範圍為

$$\underbrace{\text{流體靜力學}}{\Sigma \overrightarrow{F} = \overrightarrow{0}} \tag{3-1a}$$

$$\Sigma \overrightarrow{F} = \underbrace{m\,\overrightarrow{a} = m\,\frac{d\,\overrightarrow{v}}{d\,t} = m\,\frac{d^2\,\overrightarrow{s}}{d\,t^2}}_{\text{流體運動學}} \tag{3-1b}$$
$$\text{流體動力學}$$

　　由以上可知,在流體靜力學中流體質點無相對運動發生,因之壓力僅與空間位置有關;流體運動學則討論空間與時間之相關問題,但不涉及引發運動之原因;流體動力學則討論引起運動之成因及效果。

　　本章首先簡介流體運動時質點位移,速度與加速度之定義及計算,其次流線,徑線與煙線之區別,接著說明各種流場之分類,最後再簡介兩個流場分析之重要函數——流線函數與勢位函數。

▲3-2　位移、速度與加速度

1. **參考座標系統(Reference Coordinate Systems)：**

　　描述流體運動需要設定參考座標系統，如果此一座標系統係固定於空間中，則稱爲**固定座標系統(Fixed Coordinate Systems)**，例如由地面觀察空氣中飛機之飛行或水面上船隻之航行，相對於固定不動之星體如恆星之固定座標系統又稱爲**慣性參考系統(Inertia Reference System)**，大多數流體運動之情形採用固定於地面即可；若一座標系統本身係處於運動中則稱爲**移動座標系統(Moving Coordinate Systems)**，如將座標設定在飛行中之飛機上或航行中之船隻上。

　　以分析飛機上之空氣動力爲例，假設飛機在固定高程以固定速度飛行。如圖 3-1 所示，如採用固定於地面之座標系統，則流場在不同時間不同空間均爲不同之場量，因此流場爲非穩態(Unsteady Flow)[1]；但如圖 3-2 所示，若將座標系統固定於飛機上，則流場中速度等物理量將與時間無關，因此流場爲穩態流(Steady Flow)。對此例而言，採用移動座標系統描述問題當然比較簡單。這也是空氣動力學(Aerodynamics)中何以較常採用固定於飛行器上之座標系統之原因。

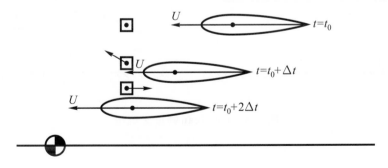

圖3-1　固定於地面之座標系統中非穩態流場

---

[1]　關於非穩流之說明請參見 3-4 節。

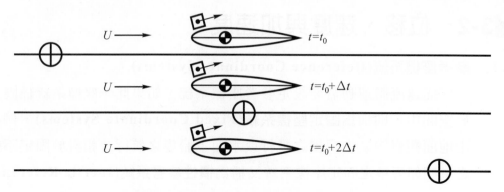

圖3-2　固定於飛機之座標系統中穩態流場

2.　**伽利略轉換(Galilean Transformation)：**

　　　　有兩座標系統，若第二個座標系統相對於第一個座標系統爲等速運動，則質點相對於兩座標系統之加速度相等。兩座標系統之間的轉換稱爲伽利略轉換(Galilean Transformation)。

　　　　除了 *1.* 中所述之情況外，此一轉換也說明了風洞實驗(Wind Tunnel Test)中爲何可以等速氣流吹向固定之飛機來模擬分析於靜止大氣中固定速度飛行之飛機流場，如圖 3-3。

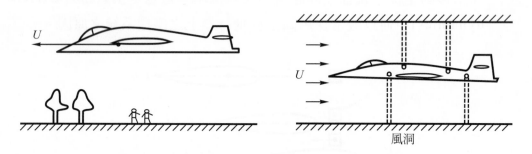

圖3-3　Galilean轉換之應用

3. **座標系統：**

　　對特定之物理問題選擇合適之座標系統將有助於分析，常見之座標系統有以下幾種：

(1)　卡氏座標(Cartesian Coordinates)：

　　爲最常見之直角座標系統，空間中某一點之位置以(x, y, z)表示，如圖3-4所示。

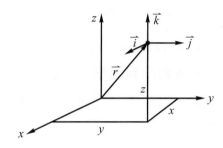

圖 3-4　卡氏座標系統

(2)　圓柱座標(Cylindrical Coordinates)：

　　常見之曲線座標系統之一種，空間中某一點之位置以(r, θ, z)表示，如圖3-5所示。此一座標系統適用於分析圓桶形流場之行爲。

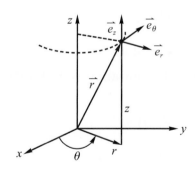

圖 3-5　圓柱座標系統

(3)　球體座標(Spherical Coordinates)：

　　爲常見之曲線座標系統之一種，空間中某一點之位置以(r, θ, ϕ)表示，如圖3-6所示。

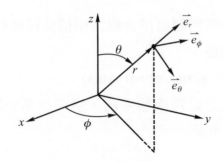

圖 3-6 球體座標系統

4. **拉格蘭治描述(Lagrangian Description)：**

　　在此種描述中，**流體所有場量**如位移，速度及加速度**均表示為位置向量與時間之函數**，對流場之描述係針對個別質點。

　　質點之位移可寫為

$$\vec{r} = \vec{r}\,(\vec{r}_0, t) \tag{3-2a}$$

或以分量之路徑參數式表示

$$
\begin{aligned}
x &= F_1\,(a, b, c, t) \\
y &= F_2\,(a, b, c, t) \\
z &= F_3\,(a, b, c, t)
\end{aligned}
\tag{3-2b}
$$

其中 a，b，c 由初始條件決定。

　　質點之瞬時速度(Instantaneous Velocity)為

$$\vec{V} = \frac{d\vec{r}}{dt} = \vec{V}(\vec{r}_0, t) \tag{3-3a}$$

或寫成分量 $\vec{V} = (u, v, w)$

$$u = \frac{dx}{dt}$$

$$v = \frac{dy}{dt} \qquad (3\text{-}3b)$$

$$w = \frac{dz}{dt}$$

質點之瞬時加速度(Instantaneous Acceleration)為

$$\vec{a} = \frac{d\vec{V}}{dt} = \frac{d^2\vec{r}}{dt^2} = \vec{a}\,(\vec{r_0}, t) \qquad (3\text{-}4a)$$

或寫成分量 $\vec{a} = (a_X, a_Y, a_Z)$

$$a_X = \frac{du}{dt} = \frac{d^2 x}{dt^2}$$

$$a_Y = \frac{dv}{dt} = \frac{d^2 y}{dt^2} \qquad (3\text{-}4b)$$

$$a_Z = \frac{dw}{dt} = \frac{d^2 z}{dt^2}$$

5. **尤拉描述(Eulerian Description)：**

在此一描述方法中，流體之運動係以固定在空間一點之時間變化。例如速度場可寫為

$$u = u(x, y, z, t)$$
$$v = v(x, y, z, t) \qquad (3\text{-}5)$$
$$w = w(x, y, z, t)$$

因此，由鏈微法則(Chain Rule)可導出加速度為

$$a_X = a_X(x, y, z, t)$$

$$= \frac{du}{dt}$$

$$= \frac{\partial u}{\partial x}\frac{dx}{dt} + \frac{\partial u}{\partial y}\frac{dy}{dt} + \frac{\partial u}{\partial z}\frac{dz}{dt} + \frac{\partial u}{\partial t}$$

$$= \underbrace{u\frac{\partial u}{\partial x} + v\frac{\partial u}{\partial y} + w\frac{\partial u}{\partial z}}_{\text{位變加速度}} + \underbrace{\frac{\partial u}{\partial t}}_{\text{時變加速度}} \tag{3-6a}$$

其中前三項與質點空間之變化有關，稱為**位變加速度(Convective Acceleration)**；最後一項只與流體速度對時間之變化有關，稱為**時變加速度(Temporal Acceleration)**或**區域加速度(Local Acceleration)**。另外兩個加速度分量可寫為

$$a_Y = a_Y(x, y, z, t)$$

$$= \frac{dv}{dt}$$

$$= \frac{\partial v}{\partial x}\frac{dx}{dt} + \frac{\partial v}{\partial y}\frac{dy}{dt} + \frac{\partial v}{\partial z}\frac{dz}{dt} + \frac{\partial v}{\partial t}$$

$$= \underbrace{u\frac{\partial v}{\partial x} + v\frac{\partial v}{\partial y} + w\frac{\partial v}{\partial z}}_{\text{位變加速度}} + \underbrace{\frac{\partial v}{\partial t}}_{\text{時變加速度}} \tag{3-6b}$$

$$a_Z = a_Z(x, y, z, t)$$

$$= \frac{dw}{dt}$$

$$= \frac{\partial w}{\partial x}\frac{dx}{dt} + \frac{\partial w}{\partial y}\frac{dy}{dt} + \frac{\partial w}{\partial z}\frac{dz}{dt} + \frac{\partial w}{\partial t}$$

$$= \underbrace{u\frac{\partial w}{\partial x} + v\frac{\partial w}{\partial y} + w\frac{\partial w}{\partial z}}_{\text{位變加速度}} + \underbrace{\frac{\partial w}{\partial t}}_{\text{時變加速度}} \tag{3-6c}$$

仔細觀察以上三式可發現，位變加速度項中有速度量與導數之乘積，如果此項存在(不為零)，則描述流場之微分方程式為非線性(Nonlinear)，使得理論之分析變成困難。

在尤拉描述中，位移場可由速度場對時間積分而得。

6. **物質導數(Substantial Derivative；Material Derivative)：**

由尤拉描述中可知任一流場場量(壓力，密度，速度等)均寫為空間與時間之函數

$$F = F(x, y, z, t) \tag{3-7}$$

而其對時間之導數記為

$$\underbrace{\frac{DF}{Dt}}_{物質導數} = \underbrace{u\frac{\partial F}{\partial x} + v\frac{\partial F}{\partial y} + w\frac{\partial F}{\partial z}}_{位變導數} + \underbrace{\frac{\partial F}{\partial t}}_{區域導數}$$

$$= \underbrace{(\vec{V} \cdot \nabla)F}_{位變導數} + \underbrace{\frac{\partial F}{\partial t}}_{區域導數} \tag{3-8}$$

上式中 DF/Dt 稱為物質導數 (Substantial Derivative；Material Derivative；Particle Derivative)；等號右邊前三項稱為位變導數 (Convective Derivative)，因其表示由於質點由某一點至另一點之位置變化造成 F 之改變；最後一項表示固定空間中因為時間改變而造成 F 之改變，故稱為區域導數(Local Derivatives)。

7. **加速度座標系統(Accelerating Reference Systems)：**

若一移動座標系統原點相對於固定慣性座標系統之加速度為 $\vec{a}_{M/F}$，且以角速度 $\vec{\Omega}$ 相對旋轉，設 $\vec{V}$ 表示質點相對於固定座標之速度，$\vec{q}$ 表示在加速座標系統之速度，如圖 3-7，則流體質點相對於固定座標之速度為

$$\vec{V} = \vec{q} + \frac{d\vec{R}}{dt} + \vec{\Omega} \times \vec{R} \tag{3-9}$$

而流體質點相對於固定座標之加速度為

$$\vec{a}_F = \vec{a}_{M/F} + \frac{D\vec{q}}{Dt} + 2\vec{\Omega} \times \vec{q} + \vec{\Omega} \times (\vec{\Omega} \times \vec{r}) + \frac{d\vec{\Omega}}{dt} \times \vec{r} \qquad (3\text{-}10)$$

上式中 $2\vec{\Omega} \times \vec{W}$ 項稱為科氏加速度(Coriolis Acceleration)，$\vec{\Omega} \times (\vec{\Omega} \times \vec{r})$ 稱為向心加速度(Centrifugal Acceleration)。最後一項 $\frac{d\vec{\Omega}}{dt} \times \vec{r}$ 為切向加速度(Tangential Acceleration)。

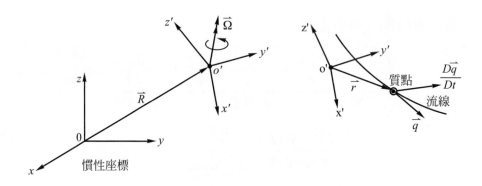

圖 3-7　慣性與加速座標系統之關係

【範例 3-1】

某一流場質點之路徑為 $x = 12 + t^2$，$y = 6t^2 - 2t + 20$，$z = 0$，求

(1)　此為何種描述方式？

(2)　任意時間 t 時之質點位置，速度與加速度。

(3)　時間 $t = 3\,\text{sec}$ 時之質點位置，速度與加速度。

解：(1)由位移向量之表示式可知此為拉格蘭治描述方式。

(2)位置向量

$$\vec{r} = x\,\vec{i} + y\,\vec{j} + z\,\vec{k}$$

$$= (12 + t^2, 6t^2 - 2t + 20, 0)$$

速度向量

$$\vec{V} = \frac{d\vec{r}}{dt} = (2t, 12t-2, 0)$$

加速度向量

$$\vec{a} = \frac{d\vec{V}}{dt} = (2, 12)$$

(3)將 $t = 3\,\text{sec}$ 代入(2)中之各式中

位置向量

$$\vec{r} = (12+t^2, 6t^2-2t+20, 0) \mid_{t=3} = (21, 68, 0)$$

速度向量

$$\vec{V} = \frac{d\vec{r}}{dt} = (2t, 12t-2, 0) \mid_{t=3} = (6, 34, 0)$$

其大小為

$$V = \sqrt{u^2+v^2+w^2} = \sqrt{(6)^2+(34)^2+0^2} = 34.5254\,\text{m/s}$$

加速度向量

$$\vec{a} = \frac{d\vec{V}}{dt} = (2, 12)$$

其大小為

$$a = \sqrt{a_X^2+a_Y^2+a_Z^2} = \sqrt{(2)^2+(12)^2+0^2} = 12.1655\,\text{m/s}^2$$

【範例 3-2】

某一流場質點之速度為 $u = 2y+t$，$v = x-2t$，$w = 0$，求

(1)　此為何種描述方式？

(2)　任意時間空間與時間之質點速度與加速度分量與大小。

(3)　在空間 $(1,2,0)$ 與時間 $t = 3\,\text{sec}$ 時之質點速度與加速度分量與大小。

解：(1)此為尤拉描述方式。

(2)速度向量：

$$\vec{V} = (u, v, w) = (2y + t, x - 2t, 0)$$

其大小爲

$$V = \sqrt{u^2 + v^2 + w^2} = \sqrt{(2y + t)^2 + (x - 2t)^2 + 0^2}$$

加速度向量

$$\vec{a} = (a_x, a_Y, a_z)$$

其中

$$a_x = a_x(x, y, z, t)$$

$$= u \frac{\partial u}{\partial x} + v \frac{\partial u}{\partial y} + w \frac{\partial u}{\partial z} + \frac{\partial u}{\partial t}$$

$$= (2y + t)(0) + (x - 2t)(2) + (0)(0) + 1$$

$$= 2x - 4t + 1$$

$$a_Y = a_Y(x, y, z, t)$$

$$= u \frac{\partial v}{\partial x} + v \frac{\partial v}{\partial y} + w \frac{\partial v}{\partial z} + \frac{\partial v}{\partial t}$$

$$= (2y + t)(1) + (x - 2t)(0) + (0)(0) + (-2)$$

$$= 2y + t - 2$$

$$a_z = a_x(x, y, z, t)$$

$$= u \frac{\partial w}{\partial x} + v \frac{\partial w}{\partial y} + w \frac{\partial u}{\partial z} + \frac{\partial w}{\partial t}$$

$$= (2y + t)(0) + (x - 2t)(0) + (0)(0) + (0)$$

$$= 0$$

而其大小爲

$$a = \sqrt{a_x^2 + a_Y^2 + a_z^2} = \sqrt{(2x - 4t + 1)^2 + (2y + t - 2)^2 + 0^2}$$

(3)當$(x, y, z) = (1, 2, 0)$且$t = 3$時，由(2)可知

速度向量爲

$$\vec{V} = (u, v, w) = (2y + t, x - 2t, 0) = (7, -5, 0)$$

其大小爲

$$V = \sqrt{u^2 + v^2 + w^2} = \sqrt{(7)^2 + (-5)^2 + 0^2} = \sqrt{74} = 8.6023 \text{m/s}$$

加速度向量為

$$\vec{a} = (a_x, a_Y, a_z) = (2x - 4t + 1, 2y + t - 2, 0)$$

$$= (-9, 5, 0)$$

而其大小為

$$a = \sqrt{a_x^2 + a_Y^2 + a_z^2} = \sqrt{(2x - 4t + 1)^2 + (2y + t - 2)^2 + 0^2}$$

$$= \sqrt{(-9)^2 + (5)^2 + (0)^2} = \sqrt{106} = 10.30\text{m/s}^2$$

如圖 3-8 所示。

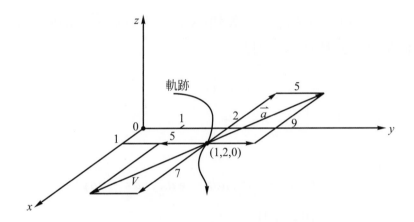

圖 3-8　速度向量與加速度向量

▲3-3　流線、徑線與煙線

1. **流場(Flow Field)：**

   許多流體質點所佔有之空間稱為流場(Flow Field)。

2. **流線(Stream Lines)：**

   在某一特定時刻將每一位置速度之方向標出，則**每一條與各點速度方向相切曲線所組成之曲線族稱為流線(Stream Lines)**。如圖 3-9 所示為一條代表性之流線。

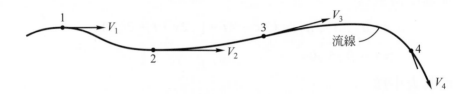

圖 3-9　流線之定義

　　流線之數學表示式可如以下方式推導。在某一特定時刻，在位置為 $\vec{r} = (x, y, z)$ 處流線之微小元素為 $\vec{ds} = (dx, dy, dz)$，速度向量為 $\vec{V} = (u, v, w)$，由流線之定義知 $\vec{ds}$ 必然平行於 $\vec{V}$，由向量分析知兩平行向量之叉乘積為零，因此

$$\vec{ds} \times \vec{V} = \begin{vmatrix} \vec{i} & \vec{j} & \vec{k} \\ dx & dy & dz \\ u & v & w \end{vmatrix}$$

$$= (w\,dy - v\,dz,\ u\,dz - w\,dx,\ v\,dx - u\,dy)$$

$$= (0, 0, 0) \tag{3-11}$$

亦可表為

$$\frac{dx}{u} = \frac{dy}{v} = \frac{dz}{w} \tag{3-12}$$

此處要留意 u, v, w 為 x, y, z, t 之函數。由(3-12)積分可求得流線之數學表示式。

3. **徑線(Path Lines)：**

　　流場中**單一質點位移之軌跡**稱為徑線(Path Lines；Trajectory Lines)，如圖 3-10 所示。徑線可用染料追蹤觀察。

　　徑線可由將質點位置向量表為時間函數而求得。由

$$\frac{dx}{dt} = u(x,y,z,t)$$

$$\frac{dy}{dt} = v(x,y,z,t) \tag{3-13}$$

$$\frac{dz}{dt} = w(x,y,z,t)$$

配合初始條件(Initial Condition)$x(t_0)=x_0$，$y(t_0)=y_0$，$z(t_0)=z_0$可解出 $x=x(t)$，$y=y(t)$，$z=z(t)$。

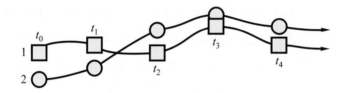

圖 **3-10**　徑　線

4. **煙線(Streak Lines)：**

　　某一瞬間，同時將流經同一空間位置之若干流體質點位置之連線稱為煙線，如圖 3-11。由煙囪出口之煙即是煙線之範例。

　　煙線可用拉格蘭治描述方法來決定。利用參數式假設參數a，b，c由已知條件

$$F_1(a,b,c,t_0) = x_0$$

$$F_2(a,b,c,t_0) = y_0 \tag{3-14}$$

$$F_3(a,b,c,t_0) = z_0$$

可解出

$$x = F_1(a,b,c,t)$$

$$y = F_2(a,b,c,t) \tag{3-15}$$

$$z = F_3(a,b,c,t)$$

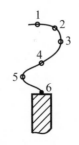

圖 3-11 煙 線

5. 穩態流之流線、徑線與煙線：

在穩態流(Steady Flow)中流場中，任一點之速度向量為固定值，而不隨時間改變，因此流線亦固定於空間中；此時徑線即單一質點之軌跡與煙線即通過同一位置之質點連線將重合；亦即在**穩態流中，流線、徑線與煙線三者合而為一**，如圖 3-12 所示。

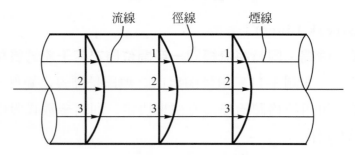

圖 3-12 穩態流之流線、徑線與煙線

6. 非穩態流之流線、徑線與煙線：

對**非穩態流(Unsteady Flow)**而言，任何一點之流速與方向均非定值而隨時間改變，因之流線隨時間改變，同樣的徑線與煙線亦不斷改變，**三者未必重合**。參見圖 3-13 所示之一振動平板所造成之流場其流線，徑線與煙線，請留意三者是不重合的。

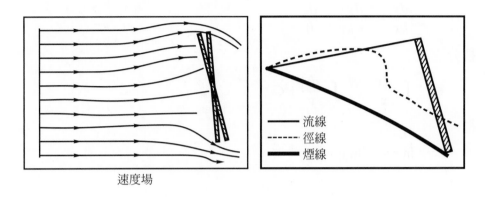

速度場

圖 3-13　振動平板非穩態流場之流線，徑線與煙線

7.　**流線管(StreamTubes)：**

包圍一束流線之管狀空間稱為流線管(Stream Tubes)，如圖 3-14。對穩態流而言，**流線不會穿越流線管**，因之在流線管內流線之數目為定值。

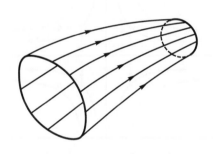

圖 3-14　流線管

【範例 3-3】

若一流場之速度向量為 $\vec{V} = (u, v, w) = (kx, -ky, 0)$，求流線方程式並繪出圖形。

解：由 $w = 0$ 可知此為一個二維流場(Two-Dimensional Flow)。由(3-12)

$$\frac{dx}{u} = \frac{dy}{v} = \frac{dz}{w}$$

$$\frac{dx}{kx} = \frac{dy}{-ky} = \frac{dz}{0}$$

積分之

$$\int \frac{dx}{x} = - \int \frac{dy}{y} + C$$

得

$$\ln x = - \ln y + C$$

或

$$\ln (xy) = C = \ln C_0$$

因此流線函數為

$$xy = C_0$$

為雙曲線族，如圖 3-15 所示。

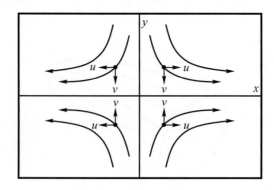

圖 3-15 流線分析案例

【範例 3-4】

某一流場之速度分佈為

$$u = u(x, y, z, t) = \frac{x}{1 + t}$$

$$v = v(x, y, z, t) = \frac{y}{1 + 2t}$$

$$w = w(x, y, z, t) = 0$$

假設 $t = 0$ 時流體之位置在 $(x_0, y_0, 0)$，求此一流場之流線，徑線與煙線數學表示式。

解：由 $w = 0$ 知此為一個二維流場(Two-Dimensional Flow)。

⑴流線：

由(3-12)式

$$\frac{dx}{u} = \frac{dy}{v} = \frac{dz}{w} = ds$$

可得

$$\frac{dx}{ds} = u = \frac{x}{1+t}$$

$$\frac{dy}{ds} = v = \frac{y}{1+2t}$$

改寫為

$$\frac{dx}{x} = \frac{ds}{1+t}$$

$$\frac{dy}{y} = \frac{ds}{1+2t}$$

積分得

$$x = \exp\left(C_1 + \frac{s}{1+t}\right) = A_1 \exp\left(\frac{s}{1+t}\right)$$

$$y = \exp\left(C_2 + \frac{s}{1+2t}\right) = A_2 \exp\left(\frac{s}{1+2t}\right)$$

代入初始條件 $s = 0$，$x = x_0$，$y = y_0$ 可知 $A_1 = x_0$，$A_2 = y_0$，因此

$$x = x_0 \exp\left(\frac{s}{1+t}\right)$$

$$y = y_0 \exp\left(\frac{s}{1+2t}\right)$$

此為流線之參數表示式。若欲消去參數 s，可將上兩式表成 s 之關係令其相等可得

$$(1 + t) \ln \frac{x}{x_0} = (1 + 2t) \ln \frac{y}{y_0}$$

整理寫爲

$$\frac{y}{y_0} = \left(\frac{x}{x_0} \right)^{\frac{1+t}{1+2t}}$$

(2)徑線：

由(3-13)可知

$$\frac{dx}{dt} = u(x, y, z, t) = \frac{x}{1+t}$$

$$\frac{dy}{dt} = v(x, y, z, t) = \frac{y}{1+2t}$$

$$\frac{dz}{dt} = w(x, y, z, t) = 0$$

分離變數並積分之可得

$$x = A_1(1+t)$$

$$y = A_2(1+2t)$$

代入初始條件 $t = 0$，$x = x_0$，$y = y_0$ 可知 $A_1 = x_0$，$A_2 = y_0$，因此

$$x = x_0(1+t)$$

$$y = y_0(1+2t)^{1/2}$$

此爲徑線之參數表示式。消去 t 可得

$$y = y_0 \left[1 + 2 \left(\frac{x}{x_0} - 1 \right) \right]^{1/2}$$

(3)煙線：

令 $T < t$ 且當 $T = t$，$x = x_0$，$y = y_0$ 因此由徑線參數式

$$x_0 = A_1(1+t)$$

$$y_0 = A_2(1+2T)^{1/2}$$

解得

$$A_1 = \frac{x_0}{1+T}$$

$$A_2 = \frac{y_0}{1+2T}$$

因此煙線之參數表示式為

$$x = F_1(x_0, T, t) = \frac{x_0}{1+T}(1+t)$$

$$y = F_2(y_0, T, t) = \frac{y_0}{(1+2T)^{1/2}}(1+2t)^{1/2}$$

消去 T 得

$$\frac{x_0}{x}(1+t) - 1 = \frac{1}{2}\left[(1+2t)\left(\frac{y}{y_0}\right)^2 - 1\right]$$

或寫為

$$\left(\frac{y_0}{y}\right)^2 = \frac{2\dfrac{x_0}{x}(1+t) - 1}{1+2t}$$

討　論

(1)　讀者可仔細比較此例中(非穩態流場)流線、徑線、煙線數學表示式之差異。

(2)　將此問題改為穩態流場，令 $t = 0$ 亦即

$$u = x$$
$$v = y$$
$$w = 0$$

依本題分析方法試求流線，徑線與煙線，比較三者是否相同。

觀察實驗 3-1

(1)在一緩慢流動乾淨的水溝上，將小樹葉或粉筆灰垂直置於水流中央，觀察流動的軌跡。

(2)在透明塑膠瓶中裝滿水，置入乾淨細沙，用力搖晃使細沙均勻懸浮充滿分佈於瓶中，在瓶底側邊以鑽子鑽一小孔(可事先鑽好，以膠布黏貼，此時撕開膠布)，讓水流從孔洞中流出，觀察細沙流動之情形。

(3)在教室空地上某一位置擺上一個椅子(或放一張廢棄報紙)表示空間某一點，請四至五位同學列隊從另一位置出發，隨意走動，但均需通過椅子(或報紙)，在適當時間後，讓同學停止走動，觀察此時數位同學之連線。

[討論]：以上(1)(2)(3)中可以觀察到流線、徑線或煙線？

[注意]：①中站立水溝邊及②中使用鑽子時應小心③中通過椅子時要注意避免絆倒。

◢3-4 流體運動之分類

流體運動可以流場之觀念來分析，廣義而言，流場中之各物理量如速度場，密度場、壓力場、溫度場等可寫為位置及時間之函數：

$$\vec{V} = \vec{V}(x, y, z, t)$$
$$\rho = \rho(x, y, z, t)$$
$$p = p(x, y, z, t) \tag{3-16}$$
$$T = T(x, y, z, t)$$

其中速度場為向量場(Vector Field)，其它三者為純量場(Scalar Field)。另外，應力場為張量場(Tensor Field)亦可寫為位置與時間之函數。因此通式可表為

$$Q = Q(x, y, z, t) \tag{3-17}$$

在實際流體運動之情形，由於場量之特性，我們可將流體運動加以分類，有助於對流體運動特性之掌握：

1.　**以時間影響因素區分：**

⑴　**穩態流(Steady Flow)[2]**：所有場量與時間無關，如圖 3-16(a)所示。

$$\frac{\partial Q}{\partial t} = 0 \tag{3-18a}$$

即

$$Q = Q(x, y, z) \tag{3-18b}$$

⑵　**非穩態流(Unsteady Flow)[3]**：所有場量與時間有關，如圖 3-16(b)所示。

$$\frac{\partial Q}{\partial t} \neq 0 \tag{3-19a}$$

即

$$Q = Q(x, y, z, t) \tag{3-19b}$$

---

[2]　有些人將此稱為定量流。嚴格而言，此種稱呼應該只對不可壓縮之穩態流具有貼切之意義，因為此時流速為定值，流量為定值。

[3]　或稱為變量流，說明如註 2。

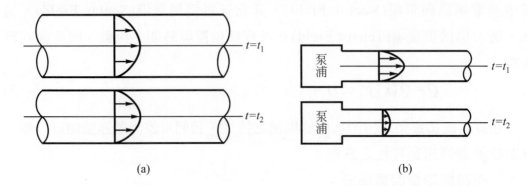

(a)　　　　　　　　　　　　　　(b)

圖 3-16　(a)穩態流(定量流)(b)非穩態流(變量流)

2. **以流體速度向量之維度區分：**

(1) **一維流(One-Dimensional Flow)**：如圖 3-17(a)所示長導管之流場。

$$\vec{V} = \vec{V}(x) \quad 或 \quad \vec{V} = \vec{V}(x,t) \tag{3-20}$$

(2) **二維流(Two-Dimensional Flow)[4]**：如圖 3-17(b)所示非常長之機翼中段之氣流可視爲二維流場。

$$\vec{V} = \vec{V}(x,y) \quad 或 \quad \vec{V} = \vec{V}(x,y,t) \tag{3-21}$$

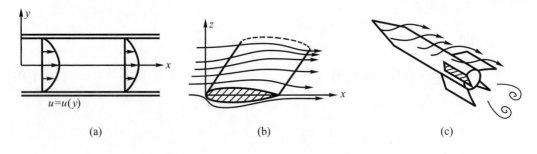

(a)　　　　　　　　　(b)　　　　　　　　　(c)

圖 3-17　(a)一維流(b)二維流(c)三維流

---

[4] 或稱爲平面流(Planar Flow)。

⑶　**三維流(Three-Dimensional Flow)**：如圖 3-17(c)所示飛彈彈身之氣流。

$$\vec{V} = \vec{V}(x,y,z) \quad 或 \quad \vec{V} = \vec{V}(x,y,z,t) \tag{3-22}$$

3.　**以流體速度之空間變化區分：**

⑴　**均勻流(Uniform Flow)**[5]：如圖 3-18(a)所示，速度沿流跡為常數。

$$\frac{\partial \vec{V}}{\partial s} = \vec{0} \tag{3-23}$$

⑵　**非均勻流(Non-uniform Flow)**[6]：如圖 3-18(b)所示，速度沿流跡不為常數。

$$\frac{\partial \vec{V}}{\partial s} \neq \vec{0} \tag{3-24}$$

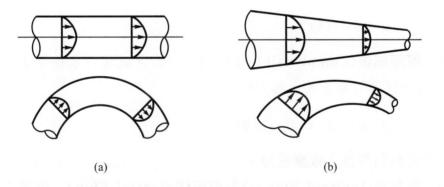

(a)   (b)

圖 3-18　(a)均勻流(等速流)(b)非均勻流(變速流)

4.　**以流體旋轉特性區分：**

⑴　**非旋性流(Irrotational Flow)**：如圖 3-19(a)所示。

$$\overline{\omega} = \frac{1}{2}\nabla \times \vec{V} = \vec{0} \tag{3-25}$$

---

[5] 或譯為等速流。

[6] 或譯為變速流。

(2) **旋性流(Rotatitonal Flow)**：如圖 3-19(b)所示。

$$\vec{\omega} = \frac{1}{2} \nabla \times \vec{V} \neq \vec{0} \tag{3-26}$$

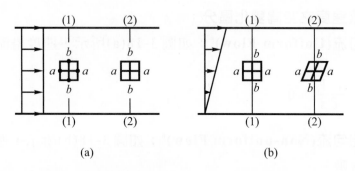

圖 3-19 (a)非旋性流(b)旋性流

5. **以流體壓縮性之大小區分**：

(1) **不可壓縮流(Incompressible Flow)**：如水、空氣(速度很小)，此時

$$\rho = \rho_0 = 常數 \tag{3-27}$$

(2) **可壓縮流(Compressible Flow)**：一般之氣流及水在急速壓縮振動 (如地震引發之動水壓力)，此時

$$\rho = \rho(x, y, z, t) \neq 常數 \tag{3-28}$$

6. **以流體黏滯性之效應區分**：

(1) **非黏流(Inviscid Flow)或勢位流(Potential Flow)**：流體流動過程 中，層與層間之剪應力小至可以忽略，此種流動稱為非黏流，因為 可用勢位函數來分析，又稱為勢位流。古典水動力學一般以此為主 要探討出發點。

(2) **黏性流(Viscous Flow)或剪力流(Shear Flow)**：真實流體之剪應力 不可忽略時，此種流場之分析中需考慮黏滯效應，稱為黏性流。

值得注意的是，黏滯效應的大小並不是單純由流體之黏滯度(Viscosity)決定，而是檢查雷諾數(Reynolds Number)之相對數值，此在以後章節討論。

7.　**以流體流動形狀及雷諾數範圍區分：**

⑴　**層流(Laminar Flow)**[7]：如圖 3-20(a)所示，流體流動時層與層間保持穩定次序者，層與層間無明顯之動量交換。通常發生在黏性流之雷諾數(Reynolds Number)較低的情況下。

⑵　**紊流(Turbulent Flow)**：如圖 3-20(b)所示，流體流動時無法維持層與層之次序，使得層與層間有明顯之動量交換。通常發生在黏性流之雷諾數(Reynolds Number)較高的情況下。

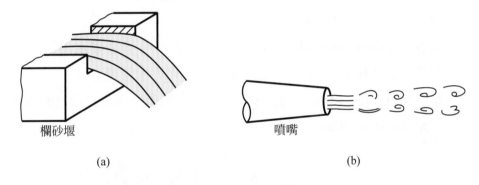

欄砂堰　　　　　　　　　　　　噴嘴

(a)　　　　　　　　　　　　　　(b)

圖 3-20　(a)層流(片流)(b)紊流

8.　**以流體與固體邊界之相對位置區分：**

⑴　**內部流(Internal Flow)**：如圖 3-21(a)所示，流體在固體內部流動稱之。

⑵　**外部流(External Flow)**：如圖 3-21(b)所示，流體在固體外部流動稱之。

---

[7]　或譯為片流或線流。

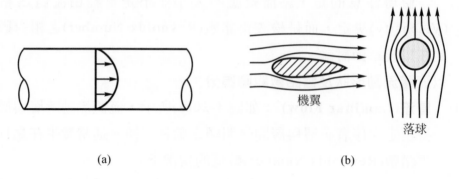

(a)　　　　　　　　　(b)

圖3-21　(a)內部流(b)外部流

9. **以流體之環境區分：**

(1) **管流(Pipe Flow)**：如圖 3-22(a)所示血管(Blood Vessels)或水管(Water Pipes)之流動。

(2) **渠流(Open-Channel Flow)**：如圖3-2(b)所示之排水溝。

(3) **射流(Jet Flow)**：如圖3-22(c)所示之消防水管噴流。

(4) **滲流(Seepage Flow)**：經過多孔介質之流動，如圖3-22(d)所示之地下水(Ground Water Flow)。

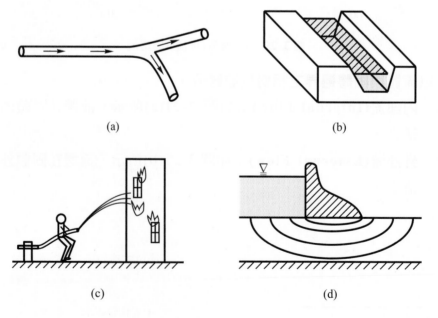

(a)　　　　　　　　　(b)

(c)　　　　　　　　　(d)

圖3-22　(a)管流(b)渠流(c)射流(d)滲流

觀察實驗 3-2

(1)經過河流時，仔細觀察流水及河岸，你能依據本節之分類方法說明你所見到的河流是何種流場嗎？(根據不同之分類準則，一流場可能具有好幾個特性，例如非穩態三維渠流等)

(2)使用水龍頭時，調整出水量之大小，仔細觀察流動形態之改變，你能看出層流與紊流之不同嗎？它與流速之關係為何？以環境區分此為何種流場？

[注意]：觀察河流時不要站立河邊太近，進行水龍頭水流觀察時避免沾溼衣服。

◣ 3-5 流線函數

對二維流(Two-Dimensional Flow)而言，流線函數滿足

$$\frac{dx}{u} = \frac{dy}{v} \tag{3-29}$$

或寫為

$$vdx - udy = 0 \tag{3-30}$$

因此若引入一函數 Ψ[8] 使得

$$
\begin{aligned}
u &= \frac{\partial \Psi}{\partial y} \\
v &= -\frac{\partial \Psi}{\partial x}
\end{aligned}
\tag{3-31}
$$

---

[8] 希臘字母，讀音為 psi。

則(3-30)式可表爲

$$d\Psi = \frac{\partial \Psi}{\partial x} dx + \frac{\partial \Psi}{\partial y} dy = 0 \qquad (3-32)$$

此爲一全微分，積分可得

$$\Psi(x, y) = C_0 = 常數 \qquad (3-33)$$

$\Psi = \Psi(x, y)$即表示流場之流線函數(Stream Function)。

由速度場求流線函數需用到積分，由流線函數求速度場則直接由(3-31)式微分即可。

【範例 3-5】

已知二維速度場爲$u = u(x, y) = kx$，$v = v(x, y) = -ky$，$w = 0$，求此流場之流線函數$\Psi = \Psi(x, y)$。

解：由(3-31)得

$$\frac{\partial \Psi}{\partial x} = -v = ky$$

$$\frac{\partial \Psi}{\partial y} = u = kx$$

積分之得

$$\Psi = kxy = C_0$$

爲雙曲線族，與範例 3-3 相同。

【範例 3-6】

已知一流場之流線函數爲$\Psi(x, y) = 3x^2 - y^3$，求點$(3, 1)$之速度向量及大小。

解：由(3-21)可知

$$u = \frac{\partial \Psi}{\partial y} = -3y^2$$

$$v = -\frac{\partial \Psi}{\partial x} = -6x$$

故速度向量為

$$\overrightarrow{V} = (u, v) = (-3y^2, -6x)$$

在點(3,1)之速度為

$$\overrightarrow{V} = (-3, -18)$$

$$|\overrightarrow{V}| = \sqrt{(-3)^2 + (-18)^2} = \sqrt{333} = 18.2483 \text{m/s}$$

討　論

(1)　流場中速度分量均為零之點稱為停滯點(Stagnation Points)，將為流線函數之奇異點(Singular Points)。你能找出範例3-5及3-6中流場之停滯點嗎？

(2)　三維流亦存在流線函數，但其決定方法較為複雜。

◤3-6　勢位函數

旋性(Vorticity)之定義：

一流場之角速度(Angular Velocity)定義為

$$\overrightarrow{\omega} = (\omega_X, \omega_Y, \omega_Z) = \frac{1}{2} \nabla \times \overrightarrow{V}$$

$$= \frac{1}{2} \begin{vmatrix} \overrightarrow{i} & \overrightarrow{j} & \overrightarrow{k} \\ \dfrac{\partial}{\partial x} & \dfrac{\partial}{\partial y} & \dfrac{\partial}{\partial z} \\ u & v & w \end{vmatrix} \tag{3-34}$$

或寫成分量式

$$\omega_X = \frac{1}{2}\left(\frac{\partial w}{\partial y} - \frac{\partial v}{\partial z}\right)$$

$$\omega_Y = \frac{1}{2}\left(\frac{\partial u}{\partial z} - \frac{\partial w}{\partial x}\right) \tag{3-35}$$

$$\omega_Z = \frac{1}{2}\left(\frac{\partial v}{\partial x} - \frac{\partial u}{\partial y}\right)$$

以 x-y 平面之元體為例,對 z 軸之旋轉可由圖 3-23 所示,由 3-23(a) 之矩形元體變形至 3-23(b) 之元體。

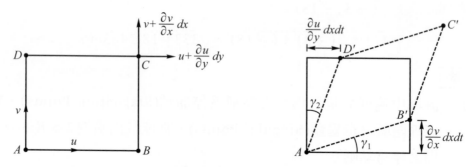

圖 3-23 旋性之定義

流場之旋性(Vorticity)定義為

$$\vec{\zeta} = 2\vec{\omega} = \nabla \times \vec{V} \tag{3-36}$$

對二維非旋流(Two-Dimensional Irrotational Flow)而言,

$$\omega_Z = \frac{1}{2}\left(\frac{\partial v}{\partial x} - \frac{\partial u}{\partial y}\right) \tag{3-37}$$

因此可引入一勢位函數(Potential Function)$\Phi = \Phi(x, y)$[9]:

$$u = \frac{\partial \Phi}{\partial x}$$

$$v = \frac{\partial \Phi}{\partial y} \tag{3-38}$$

---

[9] 希臘字母,讀音為 phi。

則(3-37)式自動滿足。

若爲三維非旋流，則(3-38)式相當於向量式

$$\vec{V} = \text{grad } \Phi = \nabla \Phi = \left(\frac{\partial \Phi}{\partial x}, \frac{\partial \Phi}{\partial y}, \frac{\partial \Phi}{\partial z} \right) \tag{3-39}$$

(3-39)式代表三個存量表示式。

【範例 3-7】

一流場速度分量爲$u = x + y$，$v = x - y$，$w = 0$，試分析此流場爲非旋性流或旋性流。如爲非旋性流，試求出勢位函數。

解： 由(3-37)式

$$\omega_z = \frac{1}{2} \left(\frac{\partial v}{\partial x} - \frac{\partial u}{\partial y} \right) = \frac{1}{2}(1 - 1) = 0$$

故爲非旋性流(Irrotational Flow)。

勢位函數由(3-38)知

$$\frac{\partial \Phi}{\partial x} = u = x + y$$

$$\frac{\partial \Phi}{\partial y} = v = x - y$$

積分之得

$$\Phi(x, y) = \frac{1}{2}x^2 + xy - \frac{1}{2}y^2$$

【範例 3-8】

一流場速度分量爲$u = -cx/y$，$v = c \ln(xy)$，$w = 0$，試分析此流場爲非旋性流或旋性流。如爲非旋性流，試求出勢位函數。

解： 由(3-37)式

$$\omega_z = \frac{1}{2} \left(\frac{\partial v}{\partial x} - \frac{\partial u}{\partial y} \right) = \frac{1}{2} \left(\frac{c}{x} - \frac{cx}{y^2} \right) \neq 0$$

故爲旋性流(Rotational Flow)。

本章重點整理

1. 流場之描述方式有 Lagrangian 與 Eulerian 兩種。

2. 流體場量之導數中物質導數(Material Derivative)為位變導數(Convective Derivative)與區域導數(Local Derivative)之和。因此加速度亦可分為位變加速度與時變加速度。

3. 與流體流速向量相切之線為流線(Stream Lines);單一質點之軌跡形成徑線(Path Lines);通過同一位置之流體質點之連線稱為煙線(Streak Lines)。

4. 非穩態流中流線、徑線、煙線三者不同;穩態流中三者重合。流線滿足

$$\frac{dx}{u} = \frac{dy}{v} = \frac{dz}{w}$$

5. 依據不同之特性,流體有許多種分類。例如:由與時間之關係分為穩態流與非穩態流等。

6. 二維流中可以很容易決定流線函數:

$$u = \frac{\partial \Psi}{\partial y}$$

$$v = -\frac{\partial \Psi}{\partial x}$$

7. 非旋流中可以求出勢位函數,在二維情形下:

$$u = \frac{\partial \Phi}{\partial x}$$

$$v = \frac{\partial \Phi}{\partial y}$$

◢學後評量

3-1 說明 Lagrangian Description 與 Eulerian Description 有何差異。

3-2 推導圓柱座標系統之加速度分量為

$$a_r = v_r \frac{\partial v_r}{\partial r} + \frac{v_\theta}{r} \frac{\partial v_r}{\partial \theta} + v_z \frac{\partial v_r}{\partial z} - \frac{v_\theta^2}{r} + \frac{\partial v_r}{\partial t}$$

$$a_\theta = v_r \frac{\partial v_\theta}{\partial r} + \frac{v_\theta}{r} \frac{\partial v_\theta}{\partial \theta} + v_z \frac{\partial v_\theta}{\partial z} + \frac{v_r v_\theta}{r} + \frac{\partial v_\theta}{\partial t}$$

$$a_z = v_r \frac{\partial v_z}{\partial r} + \frac{v_\theta}{r} \frac{\partial v_z}{\partial \theta} + v_z \frac{\partial v_z}{\partial z} + \frac{\partial v_z}{\partial t}$$

3-3 簡單回答以下問題：

(1)寫下流線，徑線與煙線之定義，在何種流場中三者合而為一？

(2)穩態流、非穩態流、均勻流、非均勻流各有何特性？

(3)依據黏滯效應的大小是否可以忽略，流場可區分為那兩種？

(4)勢位函數存在的流場特性為何？

3-4 已知流場之速度場為

$$u = 2xy \text{，} v = k^2 + x^2 - y^2$$

(1)求流線函數 $\Psi(x, y)$ (2)若 $k = 1$ 求 $\Psi(2, 1)$。

3-5 求出角速度分量或旋性分量，並判斷以下流場為非旋性流或旋性流，如為非旋性流試求其勢位函數：

(1) $u = \frac{y^3}{3} + 2x - x^2 y$，$v = xy^2 - 2y - \frac{x^3}{3}$，$w = 0$。

(2) $u = xyz$，$v = zx$，$w = \frac{1}{2} yz^2 - xy$。

(3) $u = xy$，$v = \frac{1}{2}(x^2 - y^2)$，$w = 0$。

3-6　一引擎噴嘴中之速度向量爲

$$U = 2t\left(1 - \frac{x}{2L}\right)^2$$

如圖P3-6所示。(1)求位變加速度，區域加速度及總加速度表示式(2)當 $t = 3\text{sec}$，$x = 0.5\text{m}$，$L = 0.8\text{m}$時，求(1)之各加速度量(3)以流場之分類，此流場之特性爲何？

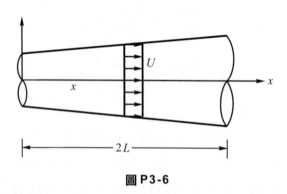

圖 P3-6

3-7　一噴流如圖P3-7所示，初速爲V_0，仰角爲α_0，不計空氣阻力，但重力加速度爲g(向下)，(1)求任意$P(x,y)$點之流速分量(2)x，y與V_0，g之關係。

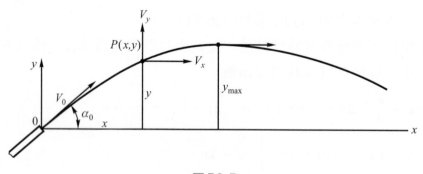

圖 P3-7

3-8　一旋轉之草地灑水器，旋轉臂長 1m，角速度為$\omega = 0.5\text{rad/s}$，假設水流離開管口之速度為對管 2m/s，如圖 P3-8 所示，求離開管口之水流加速度分量。

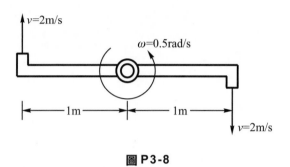

圖 P3-8

第四章

流體動力學之基本方程式

本章學習要點

　　本章主要簡介流體動力分析之重要觀念、守恆原理並推導基本方程式；讀者宜注意控制體積之意義及應用，三種流率之定義，三個基本方程式——連續方程式，能量方程式與動量方程式之推導(含積分形式及微分形式)及應用等。

▲4-1 引　言

　　流體動力學(Fluid Dynamics)為探討各種流體在運動中行為之學科，包括引起運動之成因及其影響結果。

　　流體之運動極其複雜，但力學家努力試圖以數學之方式依據物理原理推導出流體流動分析之基本方程式進而求解之，對許多流體運動問題而言，其相關之基本方程式往往為非線性(Nonlinear)而無法獲得解析解(Analytical Solutions)，除了仰賴實驗方法外，近年來計算流體力學(Computational Fluid Dynamics)獲得快速之進展，非線性之問題與三維問題都可成功的加以模擬；對許多問題經過適當線性化過程，可以得到線性之統御方程式，進而求得嚴密解(Exact Solutions)，讓流體力學家或工程師能清楚掌握影響流體運動之因素；以上無論何者，對基本方程式之了解實為各種流體動力分析之基礎。

　　本章首先簡介流體動力分析之許多基本觀念，包括控制體積、流率、物理原理、邊界條件、介面條件、初始條件等。隨後再分別介紹連續方程式，能量方程式，動量方程式(運動方程式)，**三者所牽涉之物理守恆原理為**：

質量守恒(Conservation of Mass)　　　　　⇒ 連續方程式(純量式)

能量守恒(Conservation of Energy)　　　　⇒ 能量方程式(純量式)

動量守恒(Conservation of Momentum)　⇒ 動量方程式(運動方程式)
　　　　　　　　　　　　　　　　　　　　　　　　(向量式)

值得注意的是，三種基本方程式都有積分形式(Integral Form)與微分形式(Differential Form)兩種。

▲4-2　流體運動之基本觀念

1. **系統(System)：**

　　佔據某一空間具有一定量之物質而可與周圍物質區隔者。對流體分析而言，系統可能代表一微小質量(Infinitesimal Mass)，亦可能為許多質點構成之有限體積流體，以分析者之選取決定。

2. **控制體積(Control Volume；C.V.)：**

　　為流體運動分析之方便，選擇適當之空間區域(系統)，流體流進流出此區域，並藉**控制表面(Control Surface;C.S.)**與其他區域隔開。如圖 4-1 所示為一代表性之控制體積與流體系統。

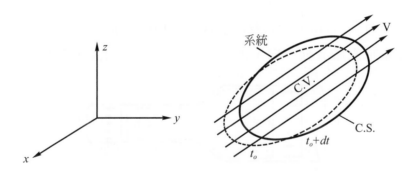

圖 4-1　控制體積，控制表面與流體系統

　　控制體積在流體動力學分析上之角色相當於自由體(Free Body Diagram)在質點，剛體力學與結構力學分析之地位。雖然控制體積之大小及形狀可以任意選取，但對於特定之問題，選擇合宜的控制體積可以簡化分析，使問題變得容易求解，在理論推導上也可用來建立流體動力學之基本方程式。

3. **選擇控制體積之技巧：**

⑴ 如果有固體邊界(Solid Boundary)存在，則使一部份之控制表面與固體邊界重合，如此將使流體垂直於該部份控制表面之速度分量為零，亦即流體無流進流出於該部份，因此該部份在分析中自動滿足條件。如圖 4-2 所示。

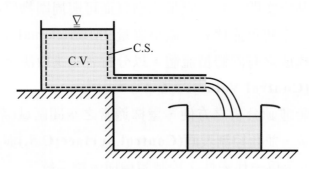

圖 4-2 控制體積選取技巧之一：與固體邊界重合

⑵ 如果有入流(In Flow)或出流(Out Flow)情形，在該部份之控制表面儘量垂直於流動方向，如此可簡化分析。如圖 4-3 所示。

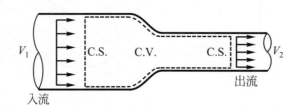

圖 4-3 控制體積選取技巧之二：與入流與出流垂直

⑶ 如果在某一範圍內流場場量為一變化值，則控制體積應將變化區域涵蓋在內，以簡化分析。如圖 4-4 所示，控制體積應將邊界層整個涵蓋在內。

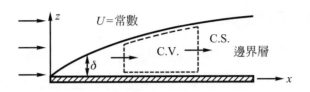

圖4-4　控制體積選取技巧之三：涵蓋變化範圍

4. **流體系統與控制體積中需滿足之條件：**

(1) **質量守恆(Conservation of Mass)**：在牛頓力學系統中(不考慮相對論力學)物理系統之質量維持不變。

(2) **能量守恆(Consevation of Energy)**：不管能量之形式如何改變，物理系統之總能量(涵蓋消耗之能量)維持不變。

(3) **動量守恆(Conservation of Momentum)**：包括線動量(線性運動)及角動量(旋轉運動)。

(4) **熱力學第一定律(First Law of Thermodynamics)**：系統熱量之增加與外界對系統作功之總合等於系統內能之增加。

(5) **熱力學第二定律(Second Law of Thermodynamics)**：物理系統之變化一定朝 Entropy 增加之方向進行。

(6) **狀態方程式(Equation of State)**：對於可壓縮流(如氣體)之分析常需引用，以於第一章討論。

(7) **滯性定律(Law of Viscosity)**：對黏性流與剪力流(層流或紊流)都存在剪應力。

(8) **邊界條件(Boundary Conditions)**：如內部流之固體邊界，外部流之固體邊界與無窮遠條件。

(9) **介面條件(Interface Conditions)**：有兩種不同流體如空氣--水介面，水--油介面等處需滿足變形連續條件與作用力平衡條件。

(10) **初始條件(Initial Conditions)**：對於非穩態流場之分析，因與時間有關，常需給定初始條件。

值得注意的是，並非每一個問題都需引入以上全部條件，例如單一流體之穩態不可壓縮勢位流場分析中，(6)(7)(9)(10)不必引用。

◢4-3　連續方程式

在本節中我們將先簡介三種流率之定義與觀念，再推導及討論連續方程式，最後說明流線函數與勢位函數加入連續方程式條件之結果。

1. **流體流率：**

在隨後之連續方程式中將用到新的物理量——流體流率，我們先了解其意義：

⑴　**質量流率(Mass Flow Rate)：**

①　定義：單位時間內流經截面A之流體質量。

②　符號：$\dot{m}$。

③　單位：kg/sec(slug/sec)。

④　相關觀念：質量流率與密度、速度、面積之關係可推導如下。

$$
\begin{aligned}
\dot{m} &= \frac{d}{dt}(m) \\
&= \frac{d}{dt}(\rho\, d\mathcal{V}) \\
&= \frac{d}{dt}(\rho\, A\, ds) \\
&= \frac{d}{dt}(\rho\, A\, V_n\, dt) \\
&= \rho\, A\, V_n \\
&= \rho\, \overrightarrow{V} \cdot \overrightarrow{A}
\end{aligned}
\tag{4-1}
$$

其中$d\mathcal{V}$為微小時段內流體運動的體積改變量，ds為位移量，V_n為速度垂直於面積A之分量，$\overrightarrow{A}$為面積之法向量，如圖 4-5 所示。由式(4-1)可看出，**質量流率**其實為**速度向量**與**面積向量之點乘積(Dot Product; Inner Product)再乘以密度**，因此其物理意義即為**單位時間內通過截面之流體質量**。

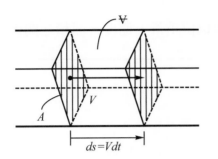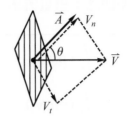

圖 4-5　質量流率之定義

(2)　**體積流率(Volume Flow Rate)：**

①　定義：單位時間內流經截面 A 之流體體積。

②　符號：Q。

③　單位：$m^3/sec(ft^3/sec)$。

④　相關觀念：體積流率與速度，面積之關係可推導如下。

$$
\begin{aligned}
Q &= \frac{d}{dt}(d\,∀) \\[2mm]
&= \frac{d}{dt}(A\,ds) \\[2mm]
&= \frac{d}{dt}(A\,V_n\,dt) \\[2mm]
&= A\,V_n \\[2mm]
&= \vec{V} \cdot \vec{A}
\end{aligned}
\tag{4-2}
$$

其中 $d\,∀$，ds，V_n，$\vec{A}$ 如(1)中之定義。由式(4-2)可看出，**體積流率**其實為**速度向量與面積向量之點乘積**，因此其物理意義即為**單位時間內通過截面之流體體積**。

(3)　**重量流率(Weight Flow Rate)：**

①　定義：單位時間內流經截面 A 之流體重量。

②　符號：$\dot{W}$。

③ 單位：N/sec(lb/sec)。

④ 相關觀念：重量流率與單位重量、速度、面積之關係可推導如下。

$$
\begin{aligned}
\dot{W} &= \frac{d}{dt}(W) \\
&= \frac{d}{dt}(\gamma\, d\,\forall) \\
&= \frac{d}{dt}(\gamma\, A\, ds) \\
&= \frac{d}{dt}(\gamma\, A\, V_n\, dt) \\
&= \gamma\, A\, V_n \\
&= \gamma\, \vec{V} \cdot \vec{A}
\end{aligned}
\tag{4-3}
$$

其中 $d\,\forall$，ds，V_n，$\vec{A}$ 如⑴中之定義。由式(4-3)可看出，**重量流率其實為速度向量與面積向量之點乘積再乘以流體之單位重量**，因此其物理意義即為**單位時間內通過截面之流體重量**。

重量流率 $\dot{W}$，體積流率 Q 與質量流率 $\dot{m}$ 三者之關係為：

$$
\dot{W} = \gamma\, Q = \dot{m}\, g
\tag{4-4}
$$

類似於重量，體積與質量之關係 $W = \gamma\,\forall = mg$。

【範例 4-1】

如圖 4-6 一儲水槽之水經一導管流至集水桶，導管半徑為 $R = 300\text{mm}$，量測得導管中之平均流速為 $V = 0.2653\text{m/s}$，求⑴體積流率⑵質量流率⑶重量流率。

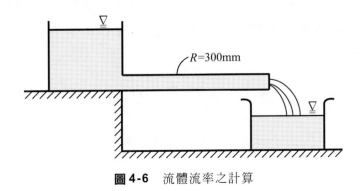

圖 4-6 流體流率之計算

解：(1)體積流率：

$$Q = \vec{V} \cdot \vec{A} = VA = (0.2653)(\pi)(0.3)(0.3) = 0.075 \text{m}^3/\text{sec}$$

(2)質量流率：

$$\dot{m} = \rho\, \vec{V} \cdot \vec{A} = \rho\, Q = 1000(0.075) = 75 \text{kg/sec}$$

(3)重量流率：

$$\dot{W} = \gamma\, \vec{V} \cdot \vec{A} = \gamma\, Q = 9810(0.075) = 735.75 \text{N/sec}$$

討 論

(1) $\vec{V} \cdot \vec{A}$ 中速度向量與面積向量之夾角有何影響？試從 0 度至 360 度討論。

(2) 自行寫出 $\dot{m}$ 與 Q，$\dot{W}$ 三者之關係。

(3) 自行寫出 Q 與 $\dot{m}$，$\dot{W}$ 三者之關係。

2. **雷諾傳輸定理(Reynolds Transportation Principle)：**

控制體積之分析方法是一種尤拉描述方式，亦即選擇一個固定於空間之控制體積，而流體流進流出，進而分析流體之變化。雷諾傳輸定理提供系統與控制體積間之轉換關係，換言之，一流體系統任一場量均可依此一轉換關係建立其變化率。

流體之外延性質(Extended Property)係表現在一個系統(可大可小)之整體物理量，內延性質(Internal Property)為每單位質量之物理量；因此若 K 代表某一外延性質，則 $k = K/m$ 為內延性質。

考慮如圖 4-7 所示，流體在時間t時系統為控制體積$ABCD$（Ⅰ＋Ⅱ），經過運動，流體之系統為控制體積$A'B'C'D'$（Ⅱ＋Ⅲ），因此K之改變率為

$$\frac{DK}{Dt} = \lim_{\Delta t \to 0} \frac{K_{\text{SYS}}(t + \Delta t) - K_{\text{SYS}}(t)}{\Delta t}$$

$$= \lim_{\Delta t \to 0} \frac{K_{\text{CV}}(t + \Delta t) + K_{\text{III}}(t + \Delta t) + K_{\text{I}}(t + \Delta t) - K_{\text{CV}}(t)}{\Delta t}$$

$$= \lim_{\Delta t \to 0} \frac{K_{\text{CV}}(t + \Delta t) - K_{\text{CV}}(t) + K_{\text{III}}(t + \Delta t) - K_{\text{I}}(t + \Delta t)}{\Delta t}$$

$$= \lim_{\Delta t \to 0} \frac{K_{\text{CV}}(t + \Delta t) - K_{\text{CV}}(t)}{\Delta t} + \lim_{\Delta t \to 0} \frac{K_{\text{III}}(t + \Delta t)}{\Delta t}$$

$$\quad - \lim_{\Delta t \to 0} \frac{K_{\text{I}}(t + \Delta t)}{\Delta t}$$

$$= \frac{\partial K}{\partial t} + \dot{K}_{\text{OUT}} - \dot{K}_{\text{IN}}$$

$$= \frac{\partial}{\partial t} \iiint_{\text{CV}} k(\rho \, d\,\forall) + \oiint_{\text{CS-OUT}} k(\rho \, \vec{V} \cdot d\vec{A})$$

$$\quad - \oiint_{\text{CS-IN}} k(\rho \, \vec{V} \cdot d\vec{A})$$

$$= \frac{\partial}{\partial t} \iiint_{\text{CV}} k(\rho \, d\,\forall) + \oiint_{\text{CS}} k(\rho \, \vec{V} \cdot d\vec{A}) \tag{4-5}$$

此方程式之物理意義為：**一流體系統K之時間變化率**等於**控制體積內K之時變率**以及**通過控制表面之K淨流出率**(Net Rate of Out Flux)。

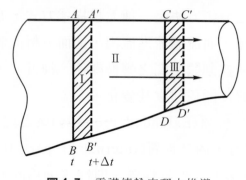

圖 4-7 雷諾傳輸定理之推導

【範例 4-2】

　　如圖 4-8 之一圓形水槽直徑為 D，上端以直徑 d_1 之圓形水管注入密度為 ρ 之液體，入流為速度為 V_1，側方以直徑 d_2 之圓形水管流出，出流為速度為 V_2，假設 $V_1 > V_2$，水之高度為 $h(t)$，試求水槽中質量之變化率。

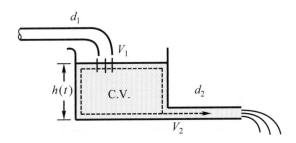

圖 4-8　雷諾傳輸定理之應用

解：控制體積如圖 4-8 中之虛線所示。欲求質量之變化率，取外延性質為 $K = m$，因此內延性質為 $k = 1$，由(4-5)式得

$$\frac{Dm_{\text{CV}}}{Dt} = \frac{\partial}{\partial t} \iiint_{\text{CV}} \rho \, d\forall + \oiint_{\text{CS}} \rho \, \vec{V} \cdot d\vec{A}$$

$$= \rho \left(\frac{\pi}{4} D^2 \right) \dot{h}(t) + \rho V_2 \left(\frac{\pi}{4} d_2^2 \right) - \rho V_1 \left(\frac{\pi}{4} d_1^2 \right)$$

3. **連續方程式(積分型式)推導**：

　　　由質量守恆原理(Conservation of Mass)：**系統內質量不隨時間而變**，亦即

$$\frac{D m_{\text{CV}}}{D t} = 0 \tag{4-6}$$

取外延性質為 $K = m$，因此內延性質為 $k = 1$，由(4-5)式得

$$\frac{Dm_{\text{CV}}}{Dt} = \frac{\partial}{\partial t} \iiint_{\text{CV}} \rho \, d\forall + \oiint_{\text{CS}} \rho \, \vec{V} \cdot d\vec{A} = 0 \tag{4-7}$$

式(4-7)為一般性之連續方程式之積分型式(控制體積表示式)，**適用於任何型態之流場**，此一方程式為一**純量式**，且因無牽涉作用力，故僅為流體運動之關係式(Kinematic Relations)。

| 特 例 |

某些特別之情形下，(4-7)式可以獲得簡化：

(1) **穩態流：**

對穩態流而言，

$$\frac{\partial}{\partial t} \iiint_{cv} \rho \, d\forall = 0$$

因此(4-7)式變成

$$\oiint_{cs} \rho \, \overrightarrow{V} \cdot d\overrightarrow{A} = 0 \tag{4-8}$$

(2) **穩態流流線管：**

對穩態流之一束流線管，入流面積為A_1，流速為V_1，出流面積為A_2，流速為V_2，如圖 4-9，則(4-8)式進一步簡化為

$$\dot{m}_1 = \rho_1 V_1 A_1 = \rho_2 V_2 A_2 = \dot{m}_2 \tag{4-9}$$

亦即**入口與出口之質量流率相等**。

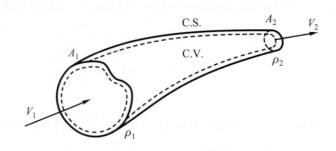

圖 4-9 穩態流流線管之連續方程式

(3)　**不可壓縮穩態流流線管：**

對不可壓縮流而言，密度爲常數，因此(4-9)式進一步簡化爲

$$Q_1 = V_1 A_1 = V_2 A_2 = Q_2 \qquad\qquad (4\text{-}10)$$

亦即入口與出口之體積流率相等。

【範例 4-3】

一圓形水管，在斷面 1 處之速度爲 $V_1 = 4\text{m/sec}$，直徑爲 $D_1 = 0.5\text{m}$，在斷面 2 處之直徑爲 $D_2 = 0.75\text{m}$，如圖 4-10，求斷面 2 處之流速，體積流率，質量流率與重量流率。

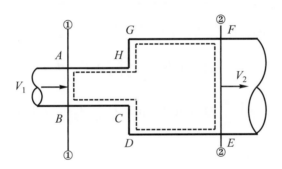

圖 4-10　連續方程式(積分形式)之應用

解：取控制體積如圖 $ABCDEFGHA$ 虛線所示區域，由題意判斷此爲不可壓縮穩態流，且除了上游(AB)及下游(EF)上有流體流入流出之外，其餘控制表面上並無流體出入，因此連續方程式如(4-10)所示。已知

$$Q_1 = V_1 A_1 = V_1 \left(\frac{\pi D_1^2}{4}\right) = (4)\left(\frac{\pi}{4}\right)(0.5)(0.5) = 0.7854\text{m}^3/\text{sec}$$

故在 2 處之體積流率爲

$$Q_2 = Q_1 = 0.7854\text{m}^3/\text{sec}$$

而其速度爲

$$V_2 = \frac{Q_2}{A_2} = \frac{Q_2}{\frac{\pi D_2^2}{4}} = \frac{0.7854}{\frac{\pi(0.75)(0.75)}{4}} = 1.7778 \text{m/sec}$$

斷面2處之質量流率爲

$$\dot{m}_2 = \rho Q_2 = \dot{m}_1 = \rho Q_1 = 1000(0.7854) = 785.4 \text{kg/sec}$$

斷面2處之重量流率爲

$$\dot{W}_2 = \gamma Q_2 = \dot{W}_1 = \gamma Q_1 = 9810(0.7854) = 7704.774 \text{N/sec}$$

【範例 4-4】

範例4-2中，若入流$d_1 = 15$mm，$V_1 = 2$m/sec，出流$d_2 = 12$mm，$V_2 = 1$m/sec，液體爲水，初始水深1m，求注滿直徑爲$D = 5$m高度爲$H = 2$m之水槽需要多少時間？

解：此爲不可壓縮非穩態流之案例，由(4-7)式

$$\frac{Dm_{CV}}{Dt} = \frac{\partial}{\partial t} \iiint_{CV} \rho \, d\forall + \oiint_{CS} \rho \vec{V} \cdot d\vec{A}$$

$$= \rho\left(\frac{\pi}{4} D^2\right)\dot{h}(t) + \rho V_2\left(\frac{\pi}{4} d_2^2\right) - \rho V_1\left(\frac{\pi}{4} d_1^2\right)$$

$$= 0$$

故

$$\frac{dh}{dt} = \frac{1}{\frac{\pi D^2}{4}}\left[V_1\left(\frac{\pi}{4} d_1^2\right) - V_2\left(\frac{\pi}{4} d_2^2\right)\right]$$

$$= \frac{1}{D^2}[V_1 d_1^2 - V_2 d_2^2]$$

$$= \frac{1}{(5)(5)}[(2)(0.015)(0.015) - (1)(0.012)(0.012)]$$

$$= 2.224 \times 10^{-5}$$

積分之得

$$h(t) = 1.224 \times 10^{-5} t + C$$

代 $t = 0$，$h = C = 1$ 可知

$$h(t) = 1.224 \times 10^{-5} t + 1$$

至滿水位所需時間

$$t = \frac{2 - 1}{1.224 \times 10^{-5}} = 81699.35 \text{sec} = 22.6943 \text{hr}$$

討　論

　　將此分析應用由估計游泳池或家中浴缸進水或排水的時間。如果流速固定，你可依此估計出容器之滿水容量，而不需測量其體積。

4.　**連續方程式(微分型式)推導：**

　　考慮流場中之一代表性元體 $dx\,dy\,dz$ 如圖 4-11 所示，設 $\rho = \rho(x,y,z,t)$，$\vec{V} = (u,v,w) = \vec{V}(x,y,z,t)$，單位時間內由 x,y,z 三面之淨流入量總合為

$$\left[-\frac{\partial (\rho u)}{\partial x} dx \right] dydz + \left[-\frac{\partial (\rho v)}{\partial y} dy \right] dzdx + \left[-\frac{\partial (\rho w)}{\partial z} dz \right] dxdy$$

由質量守恆原理知，此量應等於元體之質量改變率

$$\frac{\partial}{\partial t} \left[\rho\, dxdydz \right]$$

因此連續方程式之微分型式為

$$\frac{\partial \rho}{\partial t} + \frac{\partial (\rho u)}{\partial x} + \frac{\partial (\rho v)}{\partial y} + \frac{\partial (\rho w)}{\partial z} = 0 \tag{4-11a}$$

或寫為

$$\frac{\partial \rho}{\partial t} + \nabla \cdot (\rho \vec{V}) = 0 \tag{4-11b}$$

若由向量之恆等式

$$\nabla \cdot (\rho \, \vec{V}) = \rho \, \nabla \cdot \vec{V} + \nabla \rho \cdot \vec{V}$$

則(4-11b)式亦可寫成

$$\frac{\partial \rho}{\partial t} + \nabla \cdot (\rho \, \vec{V}) = \underbrace{\frac{\partial \rho}{\partial t} + \vec{V} \cdot \nabla \rho}_{\dfrac{D\rho}{Dt}} + \rho \, \nabla \cdot \vec{V}$$

$$= \frac{D\rho}{Dt} + \rho \, \nabla \cdot \vec{V} = 0 \qquad\qquad (4\text{-}11c)$$

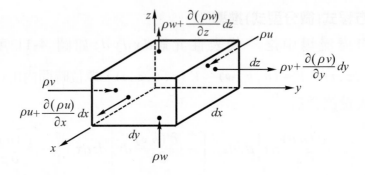

圖 4-11 流場中之微小元體

特　例

　　某些特別之情形下，(4-11)式可以獲得簡化：

(1)　**穩態流：**

　　　對穩態流而言，

$$\frac{\partial \rho}{\partial t} = 0$$

　　　因此(4-11)式變成

$$\frac{\partial (\rho u)}{\partial x} + \frac{\partial (\rho v)}{\partial y} + \frac{\partial (\rho w)}{\partial z} = \nabla \cdot (\rho \, \vec{V}) = 0 \qquad\qquad (4\text{-}12)$$

(2)　**不可壓縮穩態流：**

　　　對不可壓縮穩態流而言，密度爲常數，因此(4-12)式進一步簡化爲

$$\frac{\partial u}{\partial x} + \frac{\partial v}{\partial y} + \frac{\partial w}{\partial z} = \nabla \cdot \overline{V} = 0 \qquad\qquad (4\text{-}13)$$

在此情形下，連續方程式即爲速度場之散度(Divergence)爲零。

討　論

(1)　方程式(4-7)爲連續方程式之積分型式，式(4-11)爲微分型式，兩者雖型式不同，但均代表相同之物理意義，即質量守恆。兩者所涵蓋之系統僅大小不同，積分型式爲有限之控制體積，微分型式爲無限小之一點。

(2)　微分型式之連續方程式(4-11)可由積分型式(4-7)經由向量分析中之高斯散度定理(Gauss Divergence Theorem)推導如下：

　　　由(4-7)式

$$\frac{\partial}{\partial t} \iiint_{\text{cv}} \rho \, d \forall + \oiint_{\text{cv}} \rho \, \overrightarrow{V} \cdot d\overrightarrow{A} = 0$$

由高斯散度定理，上式第二項可寫爲

$$\oiint_{\text{cs}} \rho \, \overrightarrow{V} \cdot d\overrightarrow{A} = \iiint_{\text{cv}} \nabla \cdot (\rho \, \overrightarrow{V}) d \forall$$

因此

$$\iiint_{\text{cv}} \left[\frac{\partial \rho}{\partial t} + \nabla \cdot (\rho \, \overrightarrow{V}) \right] d \forall = 0$$

積分內必須爲零，故得(4-11)式。

(3)　由(4-11)式可看出**連續方程式僅連結流體中之兩種物理量，密度(爲純量)及速度向量**，兩者在一般之情形下均爲位置與時間之函數。

(4)　連續方程式之成立也意謂著流體在任何時刻均為連體(Continuum)，不會有不連續發生。

【範例 4-5】

假設密度為常數，試證明速度場

$$u = \frac{-x}{x^2 + y^2}$$

$$v = \frac{-y}{x^2 + y^2}$$

滿足連續方程式。

解： 由速度場觀察可知，此為二維不可壓縮(密度為常數)穩態流，因此速度場需滿足連續方程式(4-13)，試加以檢核：

$$\frac{\partial u}{\partial x} + \frac{\partial v}{\partial y} = \frac{\partial}{\partial x}\left[\frac{-x}{x^2 + y^2}\right] + \frac{\partial}{\partial y}\left[\frac{-y}{x^2 + y^2}\right]$$

$$= \frac{-(x^2 + y^2) + x(2x)}{(x^2 + y^2)^2} + \frac{-(x^2 + y^2) + y(2y)}{(x^2 + y^2)^2}$$

$$= 0$$

因此此一速度場滿足連續方程式。

5.　穩態二維不可壓縮非旋流場之**流線函數**與**勢位函數**：

由(3-11)知，二維流場之流線函數

$$u = \frac{\partial \Psi}{\partial y}$$

$$v = -\frac{\partial \Psi}{\partial x}$$

(4-14)

自動滿足穩態不可壓縮流場之連續方程式：

$$\frac{\partial u}{\partial x} + \frac{\partial v}{\partial y} = \frac{\partial}{\partial x}\left[\frac{\partial \Psi}{\partial y}\right] + \frac{\partial}{\partial y}\left[-\frac{\partial \Psi}{\partial x}\right] = 0 \tag{4-15}$$

由非旋性之條件

$$\frac{\partial v}{\partial x} - \frac{\partial u}{\partial y} = -\left[\frac{\partial}{\partial x}\left(\frac{\partial \Psi}{\partial x}\right) + \frac{\partial}{\partial y}\left(\frac{\partial \Psi}{\partial y}\right)\right] = 0 \tag{4-16}$$

可知在此條件下，流線函數$\Psi(x, y)$滿足拉普拉斯方程式(Laplace Equation)：

$$\nabla^2 \Psi = \frac{\partial^2 \Psi}{\partial x^2} + \frac{\partial^2 \Psi}{\partial y^2} = 0 \tag{4-17}$$

此外，由(3-38)知非旋流存在一勢位函數，使得

$$u = \frac{\partial \Phi}{\partial x}$$
$$v = \frac{\partial \Phi}{\partial y} \tag{4-18}$$

代入不可壓縮流之連續方程式

$$\frac{\partial u}{\partial x} + \frac{\partial v}{\partial y} = \left[\frac{\partial}{\partial x}\left(\frac{\partial \Phi}{\partial x}\right) + \frac{\partial}{\partial y}\left(\frac{\partial \Phi}{\partial y}\right)\right] = 0 \tag{4-19}$$

可知在此條件下勢位函數$\Phi(x, y)$亦滿足拉普拉斯方程式(Laplace Equation)：

$$\nabla^2 \Phi = \frac{\partial^2 \Phi}{\partial x^2} + \frac{\partial^2 \Phi}{\partial y^2} = 0 \tag{4-20}$$

討　論

(1) 滿足拉普拉斯之函數稱為諧合函數(Harmonic Functions)。

(2) 對穩態二維不可壓縮非旋流場(簡稱為勢位流)而言,勢位函數與流線函數將構成一組互相正交之曲線,數學上可利用複變函數(Theory of Complex Variables)配合保角變換(Conformal Mapping Techniques)解析各種流場,可參考高等工程數學。

(3) 許多古典之水動力學(Hydrodynamics)與空氣動力學(Aerodynamics)係基於此一方程式,配合邊界條件,獲得各種重要的結論。

【範例 4-6】

(1) 驗證流線函數 $\Psi = Axy$ 確為非旋流流場之流線函數。

(2) 驗證勢位函數 $\Phi = B(x^2 - y^2)$ 為合理之勢位函數。

解：(1) 因

$$\frac{\partial \Psi}{\partial x} = Ay \qquad \frac{\partial \Psi}{\partial y} = Ax$$

$$\frac{\partial^2 \Psi}{\partial x^2} = 0 \qquad \frac{\partial^2 \Psi}{\partial y^2} = 0$$

由式(4-17)

$$\nabla^2 \Psi = \frac{\partial^2 \Psi}{\partial x^2} + \frac{\partial^2 \Psi}{\partial y^2} = 0$$

故此為一合理之非旋性流場流線函數。

(2) 因

$$\frac{\partial \Phi}{\partial x} = 2Bx \qquad \frac{\partial \Phi}{\partial y} = -2By$$

$$\frac{\partial^2 \Phi}{\partial x^2} = 2B \qquad \frac{\partial^2 \Phi}{\partial y^2} = -2B$$

由式(4-20)

$$\nabla^2\,\Phi = \frac{\partial^2\,\Phi}{\partial\,x^2} + \frac{\partial^2\,\Phi}{\partial\,y^2} = 2B - 2B = 0$$

故此爲一合理之勢位函數。

▲4-4　能量方程式

1. **功與能**：

　　功(Work)是力向量與沿其作用線運行距離向量之點乘積(Dot Product)。功的來源有許多種，如壓力功(Work Done by Pressure)，剪力功(Work Done by Shear)，機械功(Work Done by Mechanical Force)等。**能(Energy)**爲系統具有作功之一種潛在勢量。能有許多型式，如動能（Kinetic Energy），重力位能（Gravitational Potential Energy)，壓力能(Pressure Energy)，內能(Internal Energy)，熱能(Thermal Energy)，機械能(Mechanical Energy)等。

2. **能量守恆原理**：

　　流體系統之能量不會增減，只會以不同的型式轉換。

3. **熱力學第一定律(The First Law of Thermodynamics)**：

　　對一系統而言，系統熱量之增加與外界對系統所作之功之總合等於系統內能之增加。此內能之變化與過程及路徑無關，只與最後與最初之值有關。

$$\delta Q + \delta W = \delta E \tag{4-21}$$

4. **熱力學第二定律(The Second Law of Thermodynamics)**：

　　系統之反應一定朝 Entropy 增加之方向進行。

$$\frac{ds}{dt} \geq \frac{\dot{Q}}{T} \tag{4-22}$$

5. **能量方程式(積分型式)推導：**

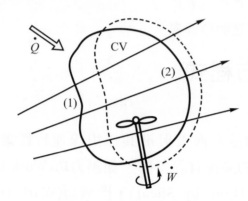

圖 4-12 能量方程式推導

　　如圖 4-12 一代表性之控制體積，對能量而言，外延性質為 $K=E$，內延性質 $k=E/m=e$，由雷諾傳輸定理(4-5)式得

$$\frac{DE}{Dt} = \frac{\partial}{\partial t} \iiint_{\mathrm{CV}} \rho \, e \, d\forall + \oiint_{\mathrm{CS}} \rho \, e \, \overrightarrow{V} \cdot d\overrightarrow{A} \tag{4-23a}$$

熱力學第一定律(4-21)式得

$$\frac{DE}{Dt} = \delta \dot{Q} - \delta \dot{W} = \frac{\partial}{\partial t} \iiint_{\mathrm{CV}} \rho \, e \, d\forall + \oiint_{\mathrm{CS}} \rho \, e \, \overrightarrow{V} \cdot d\overrightarrow{A} \tag{4-23b}$$

若將外界對系統所作之功之時變率分成：

$$\delta \dot{W} = \delta \dot{W}_P + \delta \dot{W}_F + \delta \dot{W}_{\mathrm{VISCOUS}} + \delta \dot{W}_M \tag{4-24}$$

其中

$\delta \dot{W}_P$ = 控制表面壓力所作功之時變率

　　$= \oiint_{\mathrm{CS}} p \, \overrightarrow{V} \cdot d\overrightarrow{A}$

$\delta \dot{W}_F$ = 控制體積徹體力(Body Force)所作功之時變率

　　$= \iiint_{\mathrm{CV}} \rho \, \overrightarrow{f} \cdot \overrightarrow{V} \, d\forall$

$\delta \dot{W}_{\mathrm{VISCOUS}}$ = 控制體積剪應力所作功之時變率

$\delta \dot{W}_M$ = 控制體積內外界所作機械功之時變率

熱量輸入之時變率亦可區分爲

$$\delta \dot{Q} = \delta \dot{Q}_F + \delta \dot{Q}_{\text{VISCOUS}} \tag{4-25}$$

其中

$\delta \dot{Q}_F =$ 控制體積內熱量輸入之時變率

$\qquad = \iiint_{\text{CV}} \rho \dot{q} \, d\forall$

$\delta \dot{Q}_{\text{VISCOUS}} =$ 控制體積黏滯力產生之熱量之時變率

單位質量之能量也可分爲三部份：

$$e = e_{IE} + e_{PE} + e_{KE} \tag{4-26}$$

其中

$e_{IE} =$ 單位質量之內能(Internal Energy) $= u$

$e_{PE} =$ 單位質量之位能(Potential Energy) $= gz$

$e_{KE} =$ 單位質量之動能(Kinetic Energy) $= \dfrac{V^2}{2}$

(4-24)及(4-25)代入(4-23)得

$$
\underbrace{\iiint_{\text{CV}} \rho \dot{q} \, d\forall + \delta \dot{Q}_{\text{VISCOUS}}}_{\delta \dot{q}}
$$

$$
\underbrace{- \oiint_{\text{CS}} p \vec{V} \cdot d\vec{A} + \iiint_{\text{CV}} \rho \vec{f} \cdot \vec{V} \, d\forall + \delta \dot{W}_{\text{VISCOUS}} + \delta \dot{W}_M}_{\delta \dot{w}}
$$

$$
= \underbrace{\frac{\partial}{\partial t} \iiint_{\text{CV}} \rho e \, d\forall + \oiint_{\text{CS}} \rho e \vec{V} \cdot d\vec{A}}_{\delta e} \tag{4-27}
$$

或

$$\delta\dot{Q}_{\text{VISCOUS}} + \delta\dot{W}_{\text{VISCOUS}} + \delta\dot{W}_M + \iiint_{\text{CV}}\rho\left(\dot{q}+\vec{f}\cdot\vec{V}\right)d\mathbb{V}$$

$$=\frac{\partial}{\partial t}\iiint_{\text{CV}}\rho\,e\,d\mathbb{V} + \oiint_{\text{CS}}\rho\left(e+\frac{p}{\rho}\right)\vec{V}\cdot d\vec{A}$$

$$=\frac{\partial}{\partial t}\iiint_{\text{CV}}\rho\,e\,d\mathbb{V} + \oiint_{\text{CS}}\rho\left(u+gz+\frac{V^2}{2}+\frac{p}{\rho}\right)\vec{V}\cdot d\vec{A} \qquad (4\text{-}28)$$

式(4-27)及(4-28)為一般性能量方程式之積分型式。

對穩態非黏性流之流場而言，(4-28)式成為

$$\delta\dot{W}_M + \iiint_{\text{CV}}\rho\left(\dot{q}+\vec{f}\cdot\vec{V}\right)d\mathbb{V}$$

$$=\oiint_{\text{CS}}\rho\left(u+gz+\frac{V^2}{2}+\frac{p}{\rho}\right)\vec{V}\cdot d\vec{V} \qquad (4\text{-}29)$$

6. **能量方程式(微分型式)推導：**

表面力所作之功，由高斯散度定理可化為

$$\delta\dot{W}_P = \oiint_{\text{CS}}p\,\vec{V}\cdot d\vec{A}$$

$$=\iiint_{\text{CV}}\nabla\cdot(p\,\vec{V})\,d\mathbb{V}$$

$$=\iiint_{\text{CV}}(\nabla p\cdot\vec{V}+p\,\nabla\cdot\vec{V})\,d\mathbb{V}$$

又

$$\frac{\partial}{\partial t}\iiint_{\text{CV}}\rho\,e\,d\mathbb{V} + \oiint_{\text{CS}}\rho\,e\,\vec{V}\cdot d\vec{A}$$

$$=\iiint_{\text{CV}}\left[\frac{\partial}{\partial t}(\rho\,e)+\nabla\cdot(\rho\,e\,\vec{V})\right]d\mathbb{V}$$

$$=\iiint_{\text{CV}}\left[\frac{\partial}{\partial t}(\rho\,e)+\vec{V}\cdot\nabla(\rho\,e)+\rho\,e\,\nabla\cdot\vec{V}\right]d\mathbb{V}$$

$$=\iiint_{\text{CV}}\left[\frac{D(\rho\,e)}{Dt}+\rho\,e\,\nabla\cdot\vec{V}\right]d\mathbb{V}$$

因此

$$\iiint_{CV} [\delta \dot{q}_{\text{VISCOUS}} + \delta \dot{q}_H + \delta \dot{w}_{\text{VISCOUS}} + \delta \dot{w}_M + \rho (\vec{f} \cdot \vec{V})] \, d\Psi$$

$$= \iiint_{CV} \left\{ \left[\frac{D(\rho e)}{Dt} + \rho e \nabla \cdot \vec{V} \right] + \nabla p \cdot \vec{V} + p \nabla \cdot \vec{V} \right\} d\Psi \quad (4\text{-}30)$$

整理得

$$\frac{D(\rho e)}{Dt} + \rho e \nabla \cdot \vec{V}$$

$$= \frac{\partial (\rho e)}{\partial t} + \nabla \cdot (\rho e \vec{V})$$

$$= \rho \vec{f} \cdot \vec{V} - \nabla p \cdot \vec{V} - p \nabla \cdot \vec{V} + \delta \dot{q}_{\text{VISCOUS}} + \delta \dot{q}_H$$

$$+ \delta \dot{w}_{\text{VISCOUS}} + \delta \dot{w}_M \quad\quad (4\text{-}31)$$

式(4-31)即為一般性能量方程式之微分型式。

對穩態非黏性流，若無熱量輸出輸入，則式(4-31)化簡為

$$\nabla \cdot (\rho e \vec{V})$$

$$= \rho \vec{f} \cdot \vec{V} - \nabla p \cdot \vec{V} - p \nabla \cdot \vec{V} \quad\quad (4\text{-}32)$$

7.　穩態流流線管之能量方程式：

　　參見圖4-13，對穩態流流場而言，若僅考慮一代表性之流線管，則除上下游表面之外，其餘控制表面並無流體出入，若假設在斷面 1 與斷面 2 處之流體速度以其平均速度表示，則式(4-29)變成

$$\delta \dot{Q}_H + \delta \dot{W}_M = \oiint_{CS} \rho \left(u + gz + \frac{V^2}{2} + \frac{p}{\rho} \right) \vec{V} \cdot d\vec{A}$$

$$= \left[u + gz + \frac{V^2}{2} + \frac{p}{\rho} \right]_2 \rho_2 Q_2$$

$$- \left[u + gz + \frac{V^2}{2} + \frac{p}{\rho} \right]_1 \rho_1 Q_1$$

$$= \left[u + gz + \frac{V^2}{2} + \frac{p}{\rho} \right]_2 \dot{m}_2$$

$$- \left[u + gz + \frac{V^2}{2} + \frac{p}{\rho} \right]_1 \dot{m}_1 \qquad (4\text{-}33)$$

由質量守恆知 $\dot{m}_2 = \dot{m}_1 = \dot{m}$，定義單位質量之熱量輸入為 $\delta \dot{q}_H = \delta \dot{Q}_H / \dot{m}$，而單位質量之機械功為 $\delta w_M = \delta \dot{W}_M / \dot{m}$，則(4-33)可寫成

$$\left[u + gz + \frac{V^2}{2} + \frac{p}{\rho} \right]_1 + \delta \dot{q}_H + \delta \dot{w}_M = \left[u + gz + \frac{V^2}{2} + \frac{p}{\rho} \right]_2 \qquad (4\text{-}34)$$

式(4-34)為穩態(可壓縮或不可壓縮)流體流線管之能量方程式。式中每一項之因次單位為[能量／質量] = [J/kg] = [m²/sec²]。

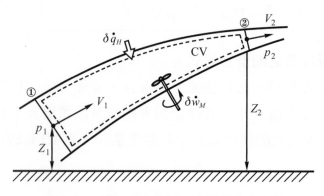

圖 4-13 穩態流流線管之能量方程式推導

8. **不可壓縮穩態流流線管之能量方程式：**

對不可壓縮流場而言，$\rho_1 = \rho_2 = \rho$，定義單位重量之熱量輸入為 $h_H = \delta\dot{Q}_H/\dot{W}$，而單位重量之機械功為 $h_M = \delta\dot{W}_M/\dot{W}$，將(4-34)每一項除以 g 得

$$\left[\frac{u_1}{g} + z_1 + \frac{V_1^2}{2g} + \frac{p_1}{\gamma}\right] + h_H + h_M = \left[\frac{u_2}{g} + z_2 + \frac{V_2^2}{2g} + \frac{p_2}{\gamma}\right] \qquad (4\text{-}35)$$

式中每一項之因次單位為[能量／重量] = [J/N] = [m]，相當於高程之單位。

由於流體之內能變化與黏滯剪應力等所作之功與轉換之熱能為不可逆之反應(Irreversible Process)，無法轉換為機械能，因此將之視為一種能量損失(Energy Loss)，以損失水頭(Head Loss)h_L表示，則(4-35)可寫為

$$\underbrace{\left[z_1 + \frac{V_1^2}{2g} + \frac{p_1}{\gamma}\right]}_{h_1} + h_M = \underbrace{\left[z_2 + \frac{V_2^2}{2g} + \frac{p_2}{\gamma}\right]}_{h_2} + h_L \qquad (4\text{-}36)$$

簡寫為

$$h_1 + h_M = h_2 + h_L \qquad (4\text{-}37)$$

9. **理想流體(不可壓縮穩態非黏性流)流線管之能量方程式：**

對理想流體而言，黏滯剪應力所作之功為零，若無機械作功，則(4-36)進一步簡化為

$$\underbrace{\left[z_1 + \frac{V_1^2}{2g} + \frac{p_1}{\gamma}\right]}_{h_1} = \underbrace{\left[z_2 + \frac{V_2^2}{2g} + \frac{p_2}{\gamma}\right]}_{h_2} = 常數 \qquad (4\text{-}38)$$

或寫為

$$h_1 = h_2 = h = 常數$$

式(4-38)即為著名之**伯努利方程式(Bernoulli's Equation)**。參見圖 4-14。

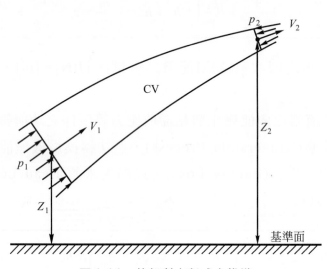

圖 4-14　伯努利方程式之推導

討　論

(1)　(4-38)中**每一項均為高程之單位**，並稱為**水頭**，且均表示每單位重量之流體所具有之能量([m] = [N · m/m] = [J/m])茲說明如下：

① 　重力高程頭(Gravitational Head)：$[z] = [m]$。

② 　速度頭(Velocity Head)：$\left[\dfrac{V^2}{2g}\right] = \left[\dfrac{(m/sec)^2}{m/sec^2}\right] = [m]$。

③ 　壓力頭(Pressure Head)：$\left[\dfrac{p}{\gamma}\right] = \left[\dfrac{N/m^2}{N/m^3}\right] = [m]$。

(2)　注意**伯努利方程式適用之條件為**：

① 　不可壓縮。

② 　穩態流。

③ 　非黏流。

④　無能量損失。

(3)　式(4-38)所代表之物理意義為：在適用條件存在之情形下，**理想流體之能量也許型式會有轉換，但其總合維持定值。**

(4)　此一方程式可以說明許多流體之狀況，例如俗語說的：[水往低處流]，即隱含著流體以其較高位置之位能轉換為較低位置之動能。一般而言，壓力頭，速度頭，高程頭三者相互轉換，但總合不變。如圖4-15。

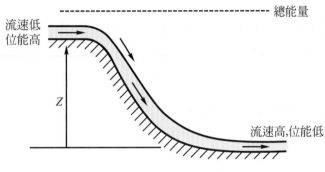

圖 **4-15**　水往低處流

10.　**伯努利方程式之修正：**

　　　對於實際流場而言，在斷面 1 及斷面 2 之流速分佈未必為定值，即當斷面速度分佈不是均勻時，例如管流中速度分佈係由管壁之零值變化至中央之最大值，此時伯努利方程式應加以修正，修正之方式是在速度頭一項前乘以**動能修正因數**(Correction Factor for Kinetic Energy)α如下：

$$\left[z_1 + \alpha_1 \frac{V_1^2}{2g} + \frac{p_1}{\gamma}\right] = \left[z_2 + \alpha_2 \frac{V_2^2}{2g} + \frac{p_2}{\gamma}\right] = 常數 \qquad (4\text{-}39)$$

其中α_1及α_2分別為斷面 1 與斷面 2 處之動能修正因數。動能修正因數之定義可由下推導：以平均速度表示之斷面總動能應等於實際分佈流速之斷面總動能，

$$\text{K.E.} = \oiint \frac{V^2}{2} \rho (\vec{V} \cdot d\vec{A}) = \rho \oiint \frac{V^3}{2} dA = \alpha \frac{V_{\text{ave}}^2}{2} \rho V_{\text{ave}} A$$

因此

$$\alpha = \frac{1}{A} \oiint_A \left(\frac{V}{V_{\text{ave}}} \right)^3 dA \tag{4-40}$$

因 $V_{\text{ave}}^3 \leq \dfrac{1}{A} \oiint V^3 dA$，故 $\alpha \geq 1$。對一般管流而言，圓管層流採用 $\alpha = 2$，圓管紊流採用 $\alpha = 1.06$(光滑管壁)及 $\alpha = 1.05 \sim 1.15$(粗糙管壁)。

【範例 4-7】

一圓管如圖 4-16，速度分佈為

$$V = V_0 \left(\frac{y}{R} \right)^{1/7}$$

求動能修正因數 α。

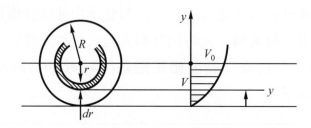

圖 4-16 動能修正因數

解：⑴平均速度：

$$V_{\text{ave}} = \frac{1}{A} \oiint_A V\, dA$$

$$= \frac{1}{\pi R^2} \int_0^R V_0 \left(\frac{y}{R}\right)^{1/7} (2\pi r)\, dr$$

$$= V_0 \frac{2}{R^2} \int_0^R \left(\frac{y}{R}\right)^{1/7} (R - y)\, dy$$

$$= \frac{98}{120} V_0$$

⑵動能修正因數：

$$\alpha = \frac{1}{A} \oiint_A \left(\frac{V}{V_{\text{ave}}}\right)^3 dA$$

$$= \frac{1}{\pi R^2} \int_0^R \left[\frac{V_0 \left(\dfrac{y}{R}\right)^{1/7}}{\dfrac{98 V_0}{120}}\right]^3 (2\pi r)\, dr$$

$$= \frac{2}{R^2} \left(\frac{120}{98}\right)^3 \int_0^R \left[\frac{y}{R}\right]^3 (R - y)\, dy$$

$$= 1.06$$

【範例4-8】

一空氣壓縮系統如圖4-17，入流與出流均爲穩態圓管層流；斷面1處之平均速度，壓力，溫度分別爲V_1，p_1，T_1，斷面2處之平均速度、壓力、溫度分別爲V_2，p_2，T_2，流體之質量流率爲$\dot{m}$，機械作功之功率爲$\delta \dot{W}_M$，假設爲理想氣體，其定壓比熱爲c_P，求外界輸入系統之熱能時變率$\delta \dot{Q}_H$。

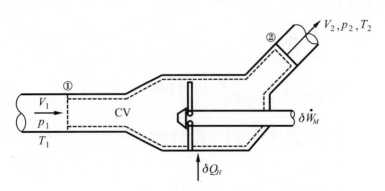

圖 4-17 能量方程式之應用

解：取控制體積如圖 4-17 所示，因為流場為穩態非黏性流，且視為理想氣
體，則由式(4-29)得

$$\delta \dot{Q}_H = -\delta \dot{W}_M + \oiint_{CS} \rho \left(u + gz + \frac{V^2}{2} + \frac{p}{\rho} \right) \vec{V} \cdot d\vec{A}$$

$$= -\delta \dot{W}_M + \left[\left(u + gz + \alpha \frac{V^2}{2} + \frac{p}{\rho} \right) \rho Q \right]_2$$

$$\quad - \left[\left(u + gz + \alpha \frac{V^2}{2} + \frac{p}{\rho} \right) \rho Q \right]_1$$

$$= -\delta \dot{W}_M + \left[\left(u + \frac{p}{\rho} \right)_2 - \left(u + \frac{p}{\rho} \right)_1 \right.$$

$$\quad \left. + g(z_2 - z_1) + \alpha \left(\frac{V_2^2 - V_1^2}{2} \right) \right] \dot{m}$$

$$= -\delta \dot{W}_M + \left[c_P (T_2 - T_1) + g(z_2 - z_1) + \alpha \left(\frac{V_2^2 - V_1^2}{2} \right) \right] \dot{m}$$

$$\approx -\delta \dot{W}_M + \left[c_P (T_2 - T_1) + \alpha \left(\frac{V_2^2 - V_1^2}{2} \right) \right] \dot{m}$$

$\boxed{\text{注 意}}$

　　若計算出來之 $\delta \dot{Q}_H$ 為正，表示熱量係由外界進入系統，若為負則由系統
輸出於外界。

11. **能量坡降線與水力坡降線：**

前面所述，伯努利方程式(4-38)與修正之伯努利方程式(4-39)中之每一項均代表高程之"頭量"(Head)，因此可選擇一合適之基準面視爲參考之零值基準，則沿斷面連續繪出總能量頭$H = \dfrac{p}{\gamma} + z + \alpha \dfrac{V^2}{2g}$之連線稱爲能量坡降線(Energy Grade Line; EGL)，將每一點總能量頭減去速度頭，即爲壓力頭及高程頭之總合，稱爲靜壓液頭(Piezometric Head)$h_P = \dfrac{p}{\gamma} + z$，其連線稱爲水力坡降線(Hydraulic Grade Line; HGL)，如圖4-18所示。

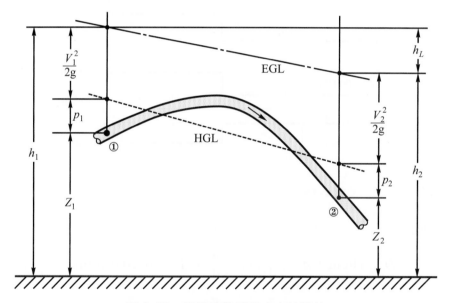

圖 4-18　能量坡降線與水力坡降線

對工程師而言，繪出能量坡降線與水力坡降線能使人對流動情況獲得概括之了解。由能量坡降線之坡度下降或上升，可以知道系統能量之損失或增加，能量坡降線與水力坡降線之差值(間距)代表流速之大小變化，當兩線重合時代表流速爲零，流體靜止不動。水力坡降線若低於基準面，則表示壓力小於大氣壓力，流體將局部汽化。

【範例 4-9】

　　一急擴管如圖 4-19，入流與出流均為穩態圓管均勻流；流體為油($S = 0.85$)。斷面 1 處之直徑，壓力分別為 $D_1 = 10\,\mathrm{cm}$，$p_1 = 3000\,\mathrm{Pa}$，斷面 2 處之直徑，壓力分別為 $D_2 = 20\,\mathrm{cm}$，$p_2 = 3660\,\mathrm{Pa}$，能量損失為 $h_L = (V_1 - V_2)^2/2g$，求體積流率，斷面 1，2 處之平均流速並繪出能量坡降線與水力坡降線。

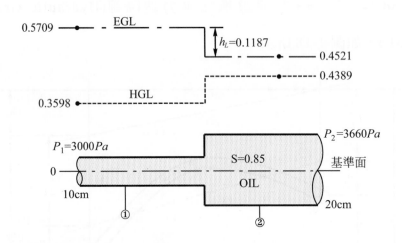

圖 4-19　能量方程式之應用與能量坡降線

解：(1) 已知：

$$D_1 = 10\,\mathrm{cm}，A_1 = \frac{\pi}{4} D_1^{\,2} = \frac{\pi}{4}(0.1)^2 = 0.007854\,\mathrm{m}^2$$

$$D_2 = 20\,\mathrm{cm}，A_2 = \frac{\pi}{4} D_2^{\,2} = \frac{\pi}{4}(0.2)^2 = 0.03142\,\mathrm{m}^2$$

(2) 由連續方程式：

$$Q = V_1 A_1 = V_2 A_2$$

　　知

$$V_2 = \frac{A_1}{A_2} V_1 = \frac{1}{4} V_1$$

(3) 由能量方程式：

$$\frac{p_1}{\gamma} + z_1 + \frac{V_1^2}{2g} - h_L = \frac{p_2}{\gamma} + z_2 + \frac{V_2^2}{2g}$$

或

$$(z_1 - z_2) + \frac{V_1^2 - V_2^2}{2g} - \frac{(V_1 - V_2)^2}{2g} = \frac{p_2 - p_1}{\gamma}$$

$$0 + \frac{V_1^2}{2g}\left(1 - \frac{1}{16} - \frac{9}{16}\right) = \frac{3}{8}\frac{V_1^2}{2g} = \frac{3660 - 3000}{0.85 \times 9810} = 0.07915$$

故

$$V_1 = \sqrt{(2)(9.81)(0.07915)(8)/3} = \sqrt{4.1412} = 2.0350 \text{m/sec}$$

而

$$V_2 = \frac{V_1}{4} = \frac{2.0350}{4} = 0.5087 \text{m/sec}$$

$$Q = V_1 A_1 = (2.0350)(0.007854) = 0.0159 \text{m}^3/\text{sec}$$

$$h_L = \frac{9}{16}\frac{V_1^2}{2g} = \frac{9}{16}\frac{(2.0350)^2}{2(9.81)} = 0.1187 \text{m}$$

(4)選擇中線為基準面，計算出斷面 1 與 2 之總能量頭與液壓頭分別為

斷　面	高程頭(z)	壓力頭(P/γ)	速度頭($V^2/2g$)	能量損失(h_L)	液壓頭	總能量頭
1	0	0.3598	0.2110	0	0.3598	0.5709
1-2	0	0	0	-0.1187		
2	0	0.4389	0.0132	0	0.4389	0.4521

繪出能量坡降線(EGL)與水力坡降線(HGL)如圖 4-19 所示。

▲4-5 動量方程式

1. **線動量守恆原理(Conservation of Linear Momentum)：**

作用於流體系統之外力合力等於流體系統線動量之時變率，以數學之形式表示即為

$$\Sigma \vec{F} = \frac{d}{dt}(m\vec{V}) \tag{4-41}$$

其實爲牛頓第二定律(Newton's Second Law)之另一種陳述。

2. **動量方程式(積分型式)推導：**

對線動量而言，流體系統之外延性質爲$K = m\vec{V}$，內延性質爲 $k = m\vec{V}/m = \vec{V}$，由雷諾傳輸公式(4-5)得

$$\frac{D(m\vec{V})}{Dt} = \frac{\partial}{\partial t} \iiint_{CV} \rho\vec{V}\,d\forall + \oiint_{CS} \rho\vec{V}(\vec{V}\cdot d\vec{A}) \tag{4-42}$$

但由線動量守恆原理(4-41)知

$$\Sigma\vec{F} = \vec{F}_S + \vec{F}_B = \frac{\partial}{\partial t} \iiint_{CV} \rho\vec{V}\,d\forall + \oiint_{CS} \rho\vec{V}(\vec{V}\cdot d\vec{A}) \tag{4-43}$$

上式即說明：**作用於非加速狀態下控制體積所有外力(包括表面力及徹體力)總合等於控制體積內線動量之時變率加上穿過控制表面線動量通量之淨流出率。**

仔細觀察(4-43)可知，(4-43)其實爲一組向量式，因此廣義而言，在三維情形中有三個純量式如下：

$$\Sigma F_X = (F_S)_X + (F_B)_X$$
$$= \frac{\partial}{\partial t} \iiint_{CV} \rho u\,d\forall + \oiint_{CS} \rho u(\vec{V}\cdot d\vec{A}) \tag{4-44a}$$
$$\Sigma F_Y = (F_S)_Y + (F_B)_Y$$
$$= \frac{\partial}{\partial t} \iiint_{CV} \rho v\,d\forall + \oiint_{CS} \rho v(\vec{V}\cdot d\vec{A}) \tag{4-44b}$$
$$\Sigma F_Z = (F_S)_Z + (F_B)_Z$$
$$= \frac{\partial}{\partial t} \iiint_{CV} \rho w\,d\forall + \oiint_{CS} \rho w(\vec{V}\cdot d\vec{A}) \tag{4-44c}$$

在使用純量方程式時仍然需要仔細的選擇適當之座標系統。並注意外力之方向及速度之方向均以座標之正方向爲正值，但在公式之引用時，正的外力係指外界作用於控制體積上，而非控制體積作用於外界。

特　例

(1) **穩態流：**

對穩態流而言，對時間之偏導數爲零，因此(4-43)式變成

$$\Sigma \vec{F} = \vec{F}_S + \vec{F}_B = \oiint_{CS} \rho\, \vec{V}\,(\vec{V} \cdot d\vec{A}) \tag{4-45}$$

而(4-44)之分量式變成

$$\Sigma F_X = (F_S)_X + (F_B)_X = \oiint_{CS} \rho\, u\,(\vec{V} \cdot d\vec{A}) \tag{4-46a}$$

$$\Sigma F_Y = (F_S)_Y + (F_B)_Y = \oiint_{CS} \rho\, v\,(\vec{V} \cdot d\vec{A}) \tag{4-46b}$$

$$\Sigma F_Z = (F_S)_Z + (F_B)_Z = \oiint_{CS} \rho\, w\,(\vec{V} \cdot d\vec{A}) \tag{4-46c}$$

(2) **穩態流流線管：**

對一流線管而言，若取流線管爲控制體積，則控制表面上只有流入及流出之斷面有速度通量，因此(4-46a)式可寫爲

$$\begin{aligned}
\Sigma F_X = (F_S)_X + (F_B)_X &= \oiint_{CS} \rho\, u\,(\vec{V} \cdot d\vec{A}) \\
&= \oiint_{S_1} \rho_1\, u_1\,(\vec{V}_1 \cdot d\vec{A}_1) + \oiint_{CS} \rho_2\, u_2\,(\vec{V}_2 \cdot d\vec{A}_2) \\
&= -\rho_1\, u_1\, V_1\, A_1 + \rho_2\, u_2\, V_2\, A_2 \\
&= \dot{m}_2\, u_2 - \dot{m}_1\, u_1
\end{aligned} \tag{4-47a}$$

另外兩分量爲

$$\Sigma F_Y = (F_S)_Y + (F_B)_Y = \dot{m}_2\, v_2 - \dot{m}_1\, v_1 \tag{4-47b}$$

$$\Sigma F_Z = (F_S)_Z + (F_B)_Z = \dot{m}_2\, w_2 - \dot{m}_1\, w_1 \tag{4-47c}$$

(3) **不可壓縮穩態流流線管：**

對不可壓縮流場中之一代表性流線管而言，因 $\dot{m}_1 = \dot{m}_2 = \rho_1 Q_1 = \rho_2 Q_2 = \rho Q$，故(4-47)式進一步可寫爲

$$\Sigma F_X = (F_S)_X + (F_B)_X = \rho \, Q \, (u_2 - u_1) \tag{4-48a}$$

$$\Sigma F_Y = (F_S)_Y + (F_B)_Y = \rho \, Q \, (v_2 - v_1) \tag{4-48b}$$

$$\Sigma F_Z = (F_S)_Z + (F_B)_Z = \rho \, Q \, (w_2 - w_1) \tag{4-48c}$$

討　論

(1)　(4-47)式中右邊之項次代表質量流率與速度差值之乘積,由物理意義而言,亦可視爲流體線性動量在 1,2 斷面之改變量應等於作用於控制體積之所有外力,此即爲線性動量守恆之原理。

(2)　式(4-48)中右邊之項次之因次單位爲

$$[\rho][Q][u_2 - u_1] = \left[\frac{M}{L^3}\right]\left[\frac{L^3}{T}\right]\left[\frac{L}{T}\right] = [M]\left[\frac{L}{T^2}\right] = [m][a]$$

實爲質量與加速度之乘積,方程式左邊爲力的單位,由此可知,(4-48)式其實即是牛頓運動定律應用於流體控制體積上之一種型式。

(3)　以 x-方向之流動來說明(4-48a)式之意義(其他兩方向類似):

①　$u_2 > u_1$:流體在斷面 2 之速度大於斷面 1 之速度,則(4-48a)式爲

$$\Sigma F_X = (F_S)_X + (F_B)_X = \rho \, Q \, (u_2 - u_1) > 0$$

換言之,作用於控制體積之外力總合爲向右,且使流體加速,而產生線動量增加(相當於正的加速度運動),如圖 4-20(a)所示。

②　$u_2 = u_1$:流體在斷面 2 之速度等於斷面 1 之速度,則(4-48a)式爲

$$\Sigma F_X = (F_S)_X + (F_B)_X = \rho \, Q \, (u_2 - u_1) = 0$$

換言之,作用於控制體積之外力總合爲零,流體不受 x 方向之力,而線動量保持定值(相當於等速運動),如圖 4-20(b)所示。

③　$u_2 < u_1$:流體在斷面 2 之速度小於斷面 1 之速度,則(4-48a)式爲

$$\Sigma F_X = (F_S)_X + (F_B)_X = \rho \, Q \, (u_2 - u_1) < 0$$

換言之，作用於控制體積之外力總合爲向左，且使流體減速，而產生線動量減少(相當於負加速度運動)，如圖4-20(c)所示。

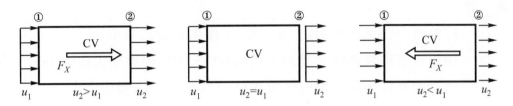

圖**4-20**　動量方程式之意義(a)流體加速(b)等速(c)流體減速

【範例 4-10】

一水管噴洗牆壁，管徑$D = 5$cm，水流流速 5m/sec，夾角爲 90°，如圖 4-21，忽略重力之效應，求射流作用於牆壁上之力量。

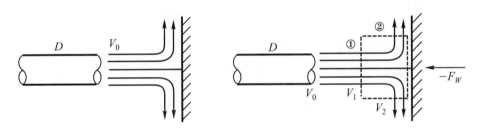

圖**4-21**　動量方程式之應用

解：(1)選取控制體積，如圖4-21中之虛線所示，控制表面分別以1及2表示。

(2)由連續方程式：$V_1 = u_1 = V_0 = 5$m/sec

$$Q = V_1 A_1 = V_2 A_2 = V_0 A_0 = (5)\left(\frac{\pi \times 0.05^2}{4}\right) = 9.82 \times 10^{-3} \text{m}^2/\text{sec}$$

(3)設F_W爲牆對控制體積之作用力，流速向量$\vec{V_1} = (u_1, v_1) = (5, 0)$，

$\vec{V_2} = (u_2, v_2) = (0, 0)$，則由$x$方向之動量方程式(4-48a)得

$$\Sigma F_X = -F_W = \rho Q (u_2 - u_1)$$

$$= (1000)(9.82 \times 10^{-3})(0 - 5)$$

$$= -49\text{N}$$

故 $F_W = 49\text{N}$，因此射流對牆壁之作用力爲 49N 向右。

(4) y 方向之動量方程式爲 $0 = 0$。

演 練

(1) 將射流出口速度增加爲 10m/sec，作用力變爲多少？

(2) 假設水流碰到牆壁之反彈夾角爲 60°，則作用力變大或變小？

(3) 同樣的條件，將水換成比重 0.85 之油，作用力變成多少？

(4) 如爲可壓縮之氣流，則方程式變成何種型式？

3. **以等速運動之控制體積動量方程式(積分型式)推導：**

由 3-2 節之伽利略轉換知，以等速移動之系統仍然是一個慣性參考系統，因此動量方程式(4-43)，(4-45)，(4-47)，(4-48) 等依然適用，只要將式中所有之速度量改爲相對於控制體積之速度，時間導數相對於控制體積即可。

例如：假設以 G 表示固定於地面之慣性參考系統，F 代表流體，CV 代表控制體積，$\vec{V}_{F/G}$ 表示流體相對於地面之速度，$\vec{V}_{CV/G}$ 表示控制體積相對於地面之速度，則流體相對於控制體積之速度爲

$$\vec{V}_{F/CV} = \vec{V}_{F/G} - \vec{V}_{CV/G} \tag{4-49}$$

亦即將控制體積視爲固定時，流體相對於控制體積之速度，參見圖 4-22。

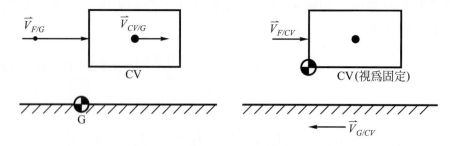

圖 4-22 等速運動之控制體積

【範例 4-11】

一葉片彎角為 $60°$，以速度 $V_{\text{VANE}} = 1\text{m/sec}$ 向右移動，一圓管射流斷面積為 0.004m^2，以速度 $V_w = 3\text{m/sec}$ 衝擊葉片，如圖 4-23，忽略重力之效應，求射流作用於葉片上之力量。

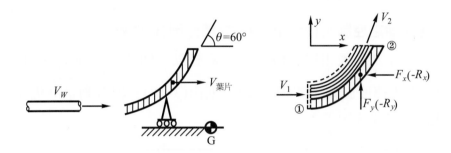

圖 4-23　動量方程式之應用：等速運動之控制體積

解：(1) 選取控制體積，如圖 4-23 中之虛線所示，控制表面分別以 1 及 2 表示。因葉片係等速運動，因此將葉片視為固定時，水流相對於葉片之速度由(4-49)式知為

$$V_{\text{W/VANE}} = V_{\text{W/G}} - V_{\text{VANE/G}} = 3 - 1 = 2\text{m/sec} \quad (\text{向右})$$

(2) 由連續方程式：

$$Q = V_1 A_1 = V_2 A_2 = V_0 A_0 = (2)(0.004) = 8 \times 10^{-3}\text{m}^3/\text{sec}$$

(3) 設 F_X 為葉片對水作用力之水平分量，則由 x 方向之動量方程式(4-48a)得

$$\Sigma F_X = -F_X = \rho Q (u_2 - u_1)$$
$$= (1000)(8 \times 10^{-3})(2 - 2\cos 60°)$$
$$= 8\text{N}$$

故 $F_X = -8\text{N}$，因此射流對葉片之作用力為 $R_x = -F_x = 8\text{N}(\text{向右})$。

(4) 設 F_Y 為葉片對水作用力之垂直分量，則由 y 方向之動量方程式(4-48b)得

$$\Sigma F_Y = F_Y = \rho Q (v_2 - v_1)$$
$$= (1000)(8 \times 10^{-3})(2 - 2\cos 60° - 0)$$
$$= 13.856\text{N}$$

故$F_Y = 13.856$N(向上)，因此射流對葉片之作用力為$R_Y = -F_Y = -13.856$N(向下)。

(5)射流對葉片之作用力合力為

$$R = \sqrt{(R_X)^2 + (R_Y)^2} = \sqrt{(8)^2 + (13.856)^2} = 19.60\text{N}$$

與水平方向之夾角為

$$\phi = \tan^{-1}\left(\frac{R_Y}{R_X}\right) = \tan^{-1}\left(\frac{-13.856}{8}\right) = -60°$$

4. **加速運動之控制體積動量方程式(積分型式)推導：**

當控制體積相對於慣性座標系統以一個線性加速度$\vec{a}_{M/F}$移動，並以$\vec{\Omega}$之角速度旋轉，如圖 4-24，則由(3-10)式配合動量守恆原理可推導動量方程式如下：

$$\Sigma \vec{F} - \vec{F}^* = \vec{F}_S + \vec{F}_B - \iiint_{\text{CV}} \left[\vec{a}_{M/F} + 2\vec{\Omega} \times \vec{q} \right.$$
$$\left. + \vec{\Omega} \times (\vec{\Omega} \times \vec{r}) + \frac{d\vec{\Omega}}{dt} \times \vec{r} \right] \rho \, d\forall$$
$$= \frac{\partial}{\partial t} \iiint_{\text{CV}} \rho \, \vec{q} \, d\forall + \oiint_{\text{CS}} \rho \, \vec{q} \, (\vec{q} \cdot d\vec{A}) \tag{4-50}$$

上式中$\vec{q}$為流體相對於控制體積之速度。上式將加速度產生之慣性力(Inertia Force) 視為與運動方向相反之外力作用於控制體積，與原來之其他外力聯合作用，滿足動量守恆之原理。

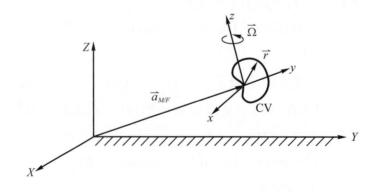

圖 **4-24**　加速運動之控制體積

【範例 4-12】

一葉片彎角爲 60°，架設在台車上，兩者總重 4kg，一圓管射流斷面積爲 0.004m^2，以速度 $V_w = 3\text{m/sec}$ 衝擊葉片，如圖 4-25，忽略摩擦力及空氣阻力之效應，求台車速度對時間之變化關係。

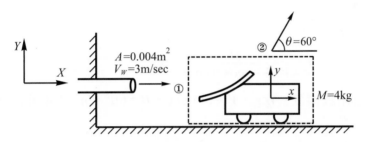

圖 **4-25**　動量方程式之應用：直線加速運動之控制體積

解：(1) 選取控制體積，如圖 4-25 中之虛線所示，控制表面分別以 1 及 2 表示。因設台車之速度爲 u，因此將台車與葉片視爲固定時，水流相對於葉片之速度由(4-49)式知爲

$$V_{W/CV} = V_{W/G} - V_{CV/G} = V - U \quad \text{（向右）}$$

(2) 由連續方程式：

$$Q = V_1 A_1 = V_2 A_2 = V_0 A_0 = (V - U)A$$

(3) 因控制體積係直線加速，因此動量方程式需引用式(4-50)，其中所有關於旋轉之角速度及角加速度均爲零，又因流場視爲穩態，且無外力，故

$$0 + 0 - \iiint_{CV} \left[\vec{a}_{M/F} \right] \rho\, d\forall = 0 + \oiint_{CS} \rho\, \vec{q}\, (\vec{q} \cdot d\vec{A})$$

其中 x 方向之動量方程式爲

$$-M \frac{dU}{dt} = -\rho (V - U)(V - U)A + \rho (V - U) \cos\theta (V - U)A$$

$$= -\rho (V - U)^2 A + \rho (V - U)^2 \cos\theta A$$

$$= \rho\,(V - U)^2\,A\,(\cos\theta - 1)$$

分離變數並積分之

$$\int_0^U \frac{dU}{(V - U)^2} = \int_0^t \frac{(1 - \cos\theta)\,\rho\,A}{M}\,dt$$

得

$$\left.\frac{1}{V - U}\right|_0^U = \frac{1}{V - U} - \frac{1}{V} = \frac{U}{V(V - U)} = \frac{(1 - \cos\theta)\,\rho\,A\,t}{M}$$

整理得

$$\frac{U}{V} = \frac{t}{t + \dfrac{M}{V(1 - \cos\theta)\,\rho\,A}}$$

代入已知數據 $M = 4\text{kg}$，$V = 3\text{m/sec}$，$\theta = 60°$，$\rho = 1000\text{kg/m}^3$，$A = 0.004$ m³，得

$$\frac{U}{3} = \frac{t}{t + \dfrac{2}{3}}$$

演 練

(1) 畫出 U 與 t 之函數關係圖。

(2) 由 y 方向之動量方程式求出台車支承之作用力 F_Y。

【範例 4-13】

　　一旋轉魚形噴水裝置架設於一鋼桿上，如圖 4-26，桿長 $r = 1\text{m}$，噴水頭重 $M = 2\text{kg}$，水柱速度為 $V = 2\text{m/sec}$，面積為 $A = 0.005\text{m}^2$，在某一時刻噴水頭之速度為 $V_{cv} = 0.5\text{m/sec}$，角加速度為 $\dot{\Omega} = -1\text{rad/sec}$，求空氣阻力 F_D，鋼桿張力 F_T，轉軸支承反力 F_V。

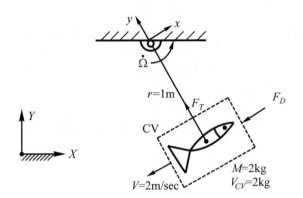

圖 4-26　動量方程式之應用：角加速運動之控制體積

解：取魚形噴水頭爲控制體積，如圖 4-26 虛線所示，則此一控制體積乃處於
　　加速度運動狀態，由問題已知條件中可知，直線加速度爲零，且流場爲
　　穩態，故動量方程式(4-50)寫爲

$$\vec{F} - \iiint_{\text{cv}} \left[0 + 2\vec{\Omega} \times \vec{q} + \vec{\Omega} \times (\vec{\Omega} \times \vec{r}) + \frac{d\vec{\Omega}}{dt} \times \vec{r} \right] \rho \, d\forall$$

$$= \oiint_{\text{cs}} \rho \, \vec{q} \, (\vec{q} \cdot d\vec{A})$$

其中

$$\vec{\Omega} = \left(0, 0, \frac{V_{\text{CV}}}{r} \right) = \left(0, 0, \frac{0.5}{1} \right) = (0, 0, 0.5)$$

$$\vec{\Omega} \times \vec{q} = \begin{vmatrix} \vec{i} & \vec{j} & \vec{k} \\ 0 & 0 & 0.5 \\ -2 & 0 & 0 \end{vmatrix} = (0, -1, 0)$$

$$\vec{\Omega} \times \vec{r} = \begin{vmatrix} \vec{i} & \vec{j} & \vec{k} \\ 0 & 0 & 0.5 \\ 0 & -1 & 0 \end{vmatrix} = (0.5, 0, 0)$$

$$\vec{\Omega} \times (\vec{\Omega} \times \vec{r}) = \begin{vmatrix} \vec{i} & \vec{j} & \vec{k} \\ 0 & 0 & 0.5 \\ 0.5 & 0 & 0 \end{vmatrix} = (0, 0.25, 0)$$

$$\dot{\vec{\Omega}} \times \vec{r} = \begin{vmatrix} \vec{i} & \vec{j} & \vec{k} \\ 0 & 0 & -1 \\ 0 & -1 & 0 \end{vmatrix} = (-1, 0, 0)$$

因此

$$(-F_D, F_T, F_V - Mg) - [2(0, -1, 0) + (0, 0.25, 0)$$
$$+ (-1, 0, 0)]M = (-\rho V^2 A, 0, 0)$$

故

$$F_D = M + \rho V^2 A = 2 + 1000(2)^2 (0.005) = 22\text{N}$$

$$F_T = 0.25M - 2 = 0.25(2) - 2 = -1.5\text{N}$$

$$F_V = Mg = 2(9.81) = 19.62\text{N}$$

注　意

(1)　各叉乘積之結果可用右手定則判定，讀者可自行嘗試。

(2)　各叉乘積之運算採用如本題之行列式運算較為簡潔，且不容易錯誤。

(3)　因係向量運算，大小與方向均需留意。

(4)　空氣阻力事先已假設與運動方向相反，故前面有負號。

(5)　本題魚形噴水頭若有線性加速度，則 $\vec{a}_{M/F}$ 一項將出現動量方程式左邊。

(6)　注意動量方程式係針對轉動之參考座標(固定於控制體積上)，所有之水流速度係相對於控制體積。

演　練

將桿長增為 $r = 2\text{m}$ ，質量改為 $M = 4\text{kg}$ ，結果如何？

5. **動量方程式(積分型式)之修正：**

　　當斷面 1 與斷面 2 處之速度分佈並非均勻值時，例如實際之管流，其速度分佈由管壁之零值變化至中央為最大值，此時流線管之動量方程式若以斷面平均速度表示時，需引入**動量修正因數**(Correction Factor for Momentum)β，以不可壓縮穩態流為例，式(4-48)修正為：

$$\Sigma F_X = (F_S)_X + (F_B)_X = \rho\, Q\, (\beta_2\, u_2 - \beta_1\, u_1) \qquad (4\text{-}51\text{a})$$

$$\Sigma F_Y = (F_S)_Y + (F_B)_Y = \rho\, Q\, (\beta_2\, v_2 - \beta_1\, v_1) \qquad (4\text{-}51\text{b})$$

$$\Sigma F_Z = (F_S)_Z + (F_B)_Z = \rho\, Q\, (\beta_2\, w_2 - \beta_1\, w_1) \qquad (4\text{-}51\text{c})$$

其中 β_1 與 β_2 分別為斷面 1 與斷面 2 處之動量修正因數。動量修正因數之推導如下：以平均流速表示之動量流率應等於真實流速分佈之動量流率

$$\oiint V \rho\, (\vec{V} \cdot d\vec{A}) = \beta\, \rho\, (V_{\text{ave}})^2\, A$$

因此

$$\beta = \frac{1}{A} \oiint_A \left(\frac{V}{V_{\text{ave}}}\right)^2 dA \qquad (4\text{-}52)$$

一般而言，$\beta > 1$。對管流而言，圓管層流為 $\beta = 4/3$，圓管紊流為 $\beta = 1.01 \sim 1.05$。

【範例 4-14】

　　一圓管半徑為 R，速度為拋物線分佈 $V(r) = V_0 \left[1 - \left(\dfrac{r}{R}\right)^2 \right]$，如圖 4-27，求動量修正因數 β。

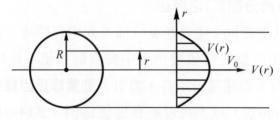

圖 4-27 動量修正因數

解：(1)平均速度：

$$V_{ave} = \frac{1}{A} \oiint_A V\, dA$$

$$= \frac{1}{\pi R^2} \int_0^R V_0 \left[1 - \left(\frac{r}{R} \right)^2 \right] (2\pi r)\, dr$$

$$= \frac{V_0}{2}$$

(2)動量修正因數：

$$\beta = \frac{1}{A} \oiint_A \left(\frac{V}{V_{ave}} \right)^2 dA$$

$$= \frac{1}{\pi R^2} \int_0^R \left\{ \frac{\left[V_0 \left(1 - \left(\frac{r}{R} \right)^2 \right) \right]}{\frac{V_0}{2}} \right\}^2 (2\pi r)\, dr = \frac{4}{3}$$

【範例 4-15】

管流如圖 4-28，已知斷面 1 處 $p_1 = 100000 \text{N/m}^2$，$R_1 = 1\text{m}$，$U_1 = 1\text{m/sec}$，斷面 2 處 $p_2 = 50000 \text{N/m}^2$，$R_2 = 0.25\text{m}$，$U_2 = 16\text{m/sec}$，求管壁對流體之阻力 F_D：

(1) 考慮流速為均勻分佈 $U = U_0$。

(2) 考慮流速分佈為 $U(r) = U_0 \left[1 - \left(\frac{r}{R} \right)^2 \right]$。

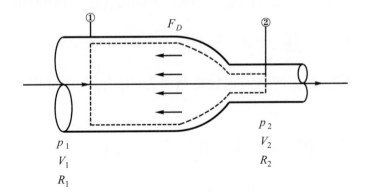

圖 4-28　動量方程式之應用

解：(1) 由動量方程式(4-48a)

$$\Sigma F_X = p_1 A_1 - p_2 A_2 - F_D = \rho \, Q \, (U_2 - U_1)$$

$$(100000)(\pi)(1)^2 - (50000)(\pi)(0.25)^2 - F_D$$

$$= (10000)(\pi)(1)^2(1)(16 - 1)$$

故

$$F_D = 257217\text{N}$$

(2) 由修正之動量方程式(4-51a)

$$\Sigma F_X = p_1 A_1 - p_2 A_2 - F_D = \rho \, Q \, (\beta_2 \, U_2 - \beta_1 \, U_1)$$

$$(100000)(\pi)(1)^2 - (50000)(\pi)(0.25)^2 - F_D$$

$$= (1000)(\pi)(1)^2(1)\left[\left(\frac{4}{3}\right)(16) - \left(\frac{4}{3}\right)(1)\right]$$

故

$$F_D = 241509\text{N}$$

6.　**動量方程式(微分型式)之推導**：

考慮 x 方向之動量方程式(4-44a)，由高斯散度定理，動量通量可化為

$$\oiint_{\text{CS}} \rho \, u \, (\vec{V} \cdot d\vec{A}) = \iiint_{\text{CV}} \nabla \cdot [\rho \, u \, \vec{V}] \, d\forall$$

作用於控制表面之力若僅考慮壓力，則由梯度定理(Gradient Theorem)

$$\overrightarrow{F_s} = - \oiint_{CS} p\, d\overrightarrow{A} = - \iiint_{CV} \nabla p\, d \forall$$

作用於控制體積內之力則包括徹體力(Body Force)與黏滯力(Viscous Force)，

$$\overrightarrow{F_B} = \iiint_{CV} \rho\, \overrightarrow{f}\, d \forall + \iiint_{CV} \overrightarrow{f}_{\text{viscous}}\, d \forall$$

則 x 分量之動量方程式可寫爲

$$\frac{\partial (\rho u)}{\partial t} + \nabla \cdot (\rho u \overrightarrow{V}) = - \frac{\partial p}{\partial x} + \rho f_x + (F_x)_{\text{viscous}} \tag{4-53a}$$

同理，y 與 z 兩分量之動量方程式可寫爲：

$$\frac{\partial (\rho v)}{\partial t} + \nabla \cdot (\rho v \overrightarrow{V}) = - \frac{\partial p}{\partial y} + \rho f_Y + (F_Y)_{\text{viscous}} \tag{4-53b}$$

$$\frac{\partial (\rho w)}{\partial t} + \nabla \cdot (\rho w \overrightarrow{V}) = - \frac{\partial p}{\partial z} + \rho f_z + (F_z)_{\text{viscous}} \tag{4-53c}$$

這是 **Navier-Stokes** 方程式之一般式。

另外可由微小由流體元體之力平衡推導出

$$(F_X) = \rho f_x + \frac{\partial \sigma_{XX}}{\partial X} + \frac{\partial \tau_{YX}}{\partial Y} + \frac{\partial \tau_{ZX}}{\partial Z}$$

$$(F_Y) = \rho f_Y + \frac{\partial \tau_{XY}}{\partial X} + \frac{\partial \sigma_{YY}}{\partial Y} + \frac{\partial \tau_{ZY}}{\partial Z}$$

$$(F_Z) = \rho f_Z + \frac{\partial \tau_{XZ}}{\partial X} + \frac{\partial \tau_{YZ}}{\partial Y} + \frac{\partial \sigma_{ZZ}}{\partial Z}$$

對牛頓型流體而言，一般之應力分量與速度梯度之關係爲Stokes所推廣

$$\sigma_{XX} = -p - \frac{2}{3}\mu \nabla \cdot \vec{V} + 2\mu \frac{\partial u}{\partial x}$$

$$\sigma_{YY} = -p - \frac{2}{3}\mu \nabla \cdot \vec{V} + 2\mu \frac{\partial u}{\partial y}$$

$$\sigma_{ZZ} = -p - \frac{2}{3}\mu \nabla \cdot \vec{V} + 2\mu \frac{\partial u}{\partial z}$$

$$\tau_{XY} = \tau_{YX} = \mu \left(\frac{\partial v}{\partial x} + \frac{\partial u}{\partial y} \right)$$

$$\tau_{YZ} = \tau_{ZY} = \mu \left(\frac{\partial w}{\partial y} + \frac{\partial v}{\partial z} \right)$$

$$\tau_{ZX} = \tau_{XZ} = \mu \left(\frac{\partial u}{\partial z} + \frac{\partial w}{\partial x} \right)$$

(4-54)

因此(4-53)式可寫爲

$$\rho \frac{Du}{Dt} = -\frac{\partial p}{\partial x} + \rho f_x + \frac{\partial}{\partial x}\left[\mu \left(2\frac{\partial u}{\partial x} - \frac{2}{3}\nabla \cdot \vec{V} \right) \right]$$

$$+ \frac{\partial}{\partial y}\left[\mu \left(\frac{\partial u}{\partial y} + \frac{\partial v}{\partial x} \right) \right] + \frac{\partial}{\partial z}\left[\mu \left(\frac{\partial w}{\partial x} + \frac{\partial u}{\partial z} \right) \right]$$

$$\rho \frac{Dv}{Dt} = -\frac{\partial p}{\partial y} + \rho f_Y + \frac{\partial}{\partial x}\left[\mu \left(\frac{\partial u}{\partial y} + \frac{\partial v}{\partial x} \right) \right]$$

$$+ \frac{\partial}{\partial y}\left[\mu \left(2\frac{\partial v}{\partial y} - \frac{2}{3}\nabla \cdot \vec{V} \right) \right] + \frac{\partial}{\partial z}\left[\mu \left(\frac{\partial v}{\partial z} + \frac{\partial w}{\partial y} \right) \right]$$

$$\rho \frac{Dw}{Dt} = -\frac{\partial p}{\partial z} + \rho f_z + \frac{\partial}{\partial x}\left[\mu \left(\frac{\partial w}{\partial x} + \frac{\partial u}{\partial z} \right) \right]$$

$$+ \frac{\partial}{\partial y}\left[\mu \left(\frac{\partial v}{\partial z} + \frac{\partial w}{\partial y} \right) \right] + \frac{\partial}{\partial z}\left[\mu \left(2\frac{\partial w}{\partial z} - \frac{2}{3}\nabla \cdot \vec{V} \right) \right]$$

(4-55)

若黏滯度爲常數，(4-55)可寫成向量式爲

$$\rho \frac{D\vec{V}}{Dt} = -\nabla p + \rho \vec{f} + \mu \nabla^2 \vec{V} + \frac{\mu}{3}\nabla (\nabla \cdot \vec{V})$$

(4-56)

對不可壓縮黏性流而言，若黏滯度亦為常數，則式(4-55)可寫為

$$\rho \left(\frac{\partial u}{\partial t} + u \frac{\partial u}{\partial x} + v \frac{\partial u}{\partial y} + w \frac{\partial u}{\partial z} \right)$$

$$= - \frac{\partial p}{\partial x} + \rho f_x + \mu \left(\frac{\partial^2 u}{\partial x^2} + \frac{\partial^2 u}{\partial y^2} + \frac{\partial^2 u}{\partial z^2} \right)$$

$$\rho \left(\frac{\partial v}{\partial t} + u \frac{\partial v}{\partial x} + v \frac{\partial v}{\partial y} + w \frac{\partial v}{\partial z} \right)$$

$$= - \frac{\partial p}{\partial y} + \rho f_Y + \mu \left(\frac{\partial^2 v}{\partial x^2} + \frac{\partial^2 v}{\partial y^2} + \frac{\partial^2 v}{\partial z^2} \right)$$

$$\rho \left(\frac{\partial w}{\partial t} + u \frac{\partial w}{\partial x} + v \frac{\partial w}{\partial y} + w \frac{\partial w}{\partial z} \right)$$

$$= - \frac{\partial p}{\partial z} + \rho f_z + \mu \left(\frac{\partial^2 w}{\partial x^2} + \frac{\partial^2 w}{\partial y^2} + \frac{\partial^2 w}{\partial z^2} \right) \tag{4-57}$$

寫成向量式為

$$\rho \frac{D \vec{V}}{D t} = - \nabla p + \rho \vec{f} + \mu \nabla^2 \vec{V} \tag{4-58}$$

非黏性流之動量方程式為式(4-58)中令 $\mu = 0$ 得

$$\rho \frac{D \vec{V}}{D t} = - \nabla p + \rho \vec{f} \tag{4-59}$$

此即為著名之 **Euler 方程式**。在下一章一維流體運動中我們將討論此一方程式。

◢4-6　動量矩方程式

1. **動量矩守恆原理(Conservation of Linear Momentum)**：

作用於流體系統之外力合力矩等於流體系統動量矩之時變率，以數學之形式表示即為

$$\Sigma \vec{T} = \Sigma \vec{r} \times \vec{F} = \frac{d}{dt}(\vec{H}) = \frac{d}{dt}(\vec{r} \times m\vec{V}) \tag{4-60}$$

上式中$\vec{T}$為作用於物體之扭矩(Torque)，$\vec{H}$為物體之角動量(Angular Momentum)。式(4-60)其實為牛頓第二定律(Newton's Second Law)應用於旋轉物體之另一種陳述。

2. **動量矩方程式(積分型式)之推導：**

　　假設控制體積係固定於慣性座標系統，取外延性質為 $K = \vec{H} = \vec{r} \times (m\vec{V})$，內延性質為$k = K/m = \vec{r} \times \vec{V}$，由雷諾傳輸定理(4-5)得

$$\frac{D(\vec{r} \times m\vec{V})}{Dt}$$

$$= \frac{\partial}{\partial t} \iiint_{CV} \rho\, \vec{r} \times \vec{V}\, d\forall + \oiint_{CS} \rho\, \vec{r} \times \vec{V}\, (\vec{V} \cdot d\vec{A}) \tag{4-61}$$

代入(4-60)知

$$\boxed{\vec{T}_S + \vec{T}_B = \frac{\partial}{\partial t} \iiint_{CV} \rho\, \vec{r} \times \vec{V}\, d\forall + \oiint_{CS} \rho\, \vec{r} \times \vec{V}\, (\vec{V} \cdot d\vec{A})} \tag{4-62}$$

上式中$\vec{T}_S$，$\vec{T}_B$分別為由表面作用力與徹體力分別產生之扭矩(Torque)。

3. **動量矩方程式(積分型式)在渦輪機之應用：**

　　渦輪機之轉速為常數時，如圖4-29，(4-62)式可簡化為

$$\boxed{T_{\text{shaft}} = \oiint_{CS2} (r_2 V_2 \cos \alpha_2)\, \rho\, dQ - \oiint_{CS1} (r_1 V_1 \cos \alpha_1)\, \rho\, dQ} \tag{4-63}$$

式中

　　　　r_1，r_2＝動輪出入口之半徑

　　　　V_1，V_2＝對固定座標之速度

　　　　α_1，α_2＝絕對速度與切線間之夾角

　　　　T_{shaft}＝動輪對流體所施之扭矩

式(4-63)即為 **Euler 渦輪方程式**(Euler Turbine Equation)。

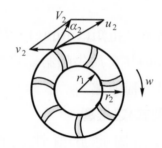

圖 4-29　渦輪機與動量矩方程式

觀察實驗 4-1

(1)將水槽上之水龍頭打開至半開的狀態，讓水自然的流出，注意此時流體的速度，記為 V_1；用拇指將水龍頭出口遮住一部份，使出口面積減半，此時的流速記為 V_2；仔細體會比較是否 $V_2 > V_1$。

(2)野外郊遊或旅行時，經過河流時，若有機會遇到河道寬度有明顯改變之處(由寬變窄或由窄變寬)，試著觀察河流的速度，寬處較急或是寬處較緩。

[討論]：

　①本觀察實驗與何種守恆原理有關？屬於流體動力學何種基本方程式？

　②依據(2)之觀察與本章之原理，較安全的渡河位置應選寬處或窄處？

[注意]：打開水龍頭時，避免水量太大沾濕衣物；觀察河流要注意安全，最好結伴而行，避免輕率涉水。

觀察實驗 4-2

(1)以一段橡皮管街一端接在水龍頭上，打開水龍頭至全開的狀態，手拿另一端橡皮管，固定出口之角度與地面成45度，觀察水柱到達之高度及最遠距離。其次用拇指將水龍頭出口遮住一部份，使出口面積減半，仔細體會比較是否高度變高，距離更遠。

(2)同樣的出口速度下，改變出口與地面之夾角，試觀察何種角度射程最遠？

[討論]：

　①本觀察實驗與何種守恆原理有關？屬於流體動力學何種基本方程式？

　②此為一自由射流問題，消防救火時水龍之最佳角度為何？試著推導射程與出口速度，夾角等之關係式。

　③水柱中動能，壓能，位能之變化如何？

[注意]：打開水龍頭時，避免水量太大沾濕衣物；試驗射程時小心他人。

觀察實驗 4-3

(1)將水槽上之水龍頭打開至半開的狀態，讓水自然的流出，用手掌慢慢靠近並將水龍頭出口完全遮住，體會水對手心所造成之力量；手放開，讓水流動，再將水槽上之水龍頭打開至全開的狀態，用手掌慢慢靠近並將水龍頭出口完全遮住，體會手心感覺的力量是否變大。

(2)野外郊遊或旅行時，經過河流時，若有機會遇到河道轉彎之處，試著觀察兩岸河床的差異。

[討論]：

　①本觀察實驗與何種守恆原理有關？屬於流體動力學何種基本方程式？

　②河道轉彎，水流對河床之作用力如何估計？

[注意]：打開水龍頭時，避免水量太大沾濕衣物；觀察河流要注意安全，最好結伴而行，避免輕率涉水。

本章重點整理

1. 流體動力學之基本方程式有積分型式與微分型式兩種。兩者均基於物理系統之守恆原理。

2. 控制體積(CV)藉著控制表面(CS)與外界區隔，為流體動力學分析之重要觀念。

3. 流體動力學之基本方程式(積分型式)與守恆原理：

(1)連續方程式(質量守恆)：純量式

$$\frac{\partial}{\partial t} \iiint_{CV} \rho \, d\mathsf{V} + \oiint_{CS} \rho \, \vec{V} \cdot d\vec{A} = 0 (一般式)$$

$$\dot{m}_1 = \dot{m}_2 = 常數(穩態流流線管)$$

$$Q_1 = V_1 A_1 = V_2 A_2 = Q_2 = 常數(不可壓縮穩態流流線管)$$

(2)能量方程式(能量守恆)：純量式

$$\delta \dot{Q}_{\text{VISCOUS}} + \delta \dot{W}_{\text{VISCOUS}} + \delta \dot{W}_M + \iiint_{CV} \rho \, (\dot{q} + \vec{f} \cdot \vec{V}) \, d\mathsf{V}$$

$$= \frac{\partial}{\partial t} \iiint_{CV} \rho e \, d\mathsf{V} + \oiint_{CS} \rho \left(u + gz + \frac{V^2}{2} + \frac{p}{\rho} \right) \vec{V} \cdot d\vec{A} \ (一般式)$$

$$\left[u + gz + \frac{V^2}{2} + \frac{p}{\rho} \right]_1 + \delta \dot{q}_H + \delta \dot{w}_M$$

$$= \left[u + gz + \frac{V^2}{2} + \frac{p}{\rho} \right]_2 (穩態流流線管)$$

$$\left[\frac{u_1}{g} + z_1 + \frac{V_1^2}{2g} + \frac{p_1}{\gamma} \right] + h_H + h_M$$

$$= \left[\frac{u_2}{g} + z_2 + \frac{V_2^2}{2g} + \frac{p_2}{\gamma} \right] (不可壓縮穩態流流線管)$$

$$\left[z_1 + \frac{V_1^2}{2g} + \frac{p_1}{\gamma}\right] = \left[z_2 + \frac{V_2^2}{2g} + \frac{p_2}{\gamma}\right] (理想流體不可壓縮穩態流流線管)$$

$$\left[z_1 + \alpha_1 \frac{V_1^2}{2g} + \frac{p_1}{\gamma}\right] = \left[z_2 + \alpha_2 \frac{V_2^2}{2g} + \frac{p_2}{\gamma}\right] (修正 Bounoulli's 方程式)$$

(3)動量方程式(線動量守恆)：向量式

$$\sum F_X = (F_S)_X + (F_B)_X = \frac{\partial}{\partial t} \iiint_{CV} \rho\, u\, d\forall + \oiint_{CS} \rho\, u\, (\vec{V} \cdot d\vec{A})$$

$$\sum F_Y = (F_S)_Y + (F_B)_Y = \frac{\partial}{\partial t} \iiint_{CV} \rho\, u\, d\forall + \oiint_{CS} \rho\, v\, (\vec{V} \cdot d\vec{A}) (一般式)$$

$$\sum F_Z = (F_S)_Z + (F_B)_Z = \frac{\partial}{\partial t} \iiint_{CV} \rho\, u\, d\forall + \oiint_{CS} \rho\, w\, (\vec{V} \cdot d\vec{A})$$

$$\sum F_X = (F_S)_X + (F_B)_X = \dot{m}_2\, u_2 - \dot{m}_1\, u_1$$
$$\sum F_Y = (F_S)_Y + (F_B)_Y = \dot{m}_2\, v_2 - \dot{m}_1\, v_1 \quad (穩態流流線管)$$
$$\sum F_Z = (F_S)_Z + (F_B)_Z = \dot{m}_2\, w_2 - \dot{m}_1\, w_1$$

$$\sum F_X = (F_S)_X + (F_B)_X = \rho\, Q\, (u_2 - u_1)$$
$$\sum F_Y = (F_S)_Y + (F_B)_Y = \rho\, Q\, (v_2 - v_1) \quad (不可壓縮穩態流流線管)$$
$$\sum F_Z = (F_S)_Z + (F_B)_Z = \rho\, Q\, (w_2 - w_1)$$

$$\sum F_X = (F_S)_X + (F_B)_X = \rho\, Q\, (\beta_2\, u_2 - \beta_1\, u_1)$$
$$\sum F_Y = (F_S)_Y + (F_B)_Y = \rho\, Q\, (\beta_2\, v_2 - \beta_1\, v_1) \quad (修正動量方程式)$$
$$\sum F_Z = (F_S)_Z + (F_B)_Z = \rho\, Q\, (\beta_2\, w_2 - \beta_1\, w_1)$$

4.理想不可壓縮穩態流 Bernoulli's 方程式中每一項都可用高程來表示，分別為高程頭(z)，速度頭$\left(\dfrac{V^2}{2g}\right)$，壓力頭$\left(\dfrac{p}{\gamma}\right)$，三者總合之連線為能量坡降線(EGL)，扣除速度頭之連線為水力坡降線(HGL)。

5. 當流體速度在斷面上不是常數時需要修正：

　　(1)能量修正因數：$\alpha = \dfrac{1}{A} \oiint_A \left(\dfrac{V}{V_{ave}}\right)^3 dA$

　　(2)動量修正因數：$\beta = \dfrac{1}{A} \oiint_A \left(\dfrac{V}{V_{ave}}\right)^2 dA$

6. 流體轉動且受扭矩時，應滿足動量矩方程式：

$$\vec{T}_S + \vec{T}_B = \frac{\partial}{\partial t} \iiint_{CV} \rho\, \vec{r} \times \vec{V}\, d\forall + \oiint_{CS} \rho\, \vec{r} \times \vec{V}\, (\vec{V} \cdot d\vec{A})$$

7. 三種流率之關係：$\dot{W} = \gamma Q = \dot{m} g$

8. 不可壓縮穩態流之連續方程式(微分型式)為：$\nabla \cdot \vec{V} = 0$。

9. 二維不可壓縮穩態非旋流之流線函數與勢位函數均滿足 Laplace 方程式。

10. 牛頓型流體廣義之運動方程式為 Navier-Stokes 方程式，非黏性流之運動方程式為 Euler 方程式。

11. 推導積分型式之基本方程式可採用 Reynolds 傳輸定理配合守恆原理。

◢學後評量

4-1 一水槽具有直徑 4cm 之入口 A，5cm 之出口 B，以及直徑 4cm 可控制流量之入口 C，如圖 P4-1，若 $V_A = 2$m/sec(流入)，$V_B = 1.8$m/sec(流出)，求使水槽維持固定水位之入口 C 之流速，體積流率，質量流率，重量流率。

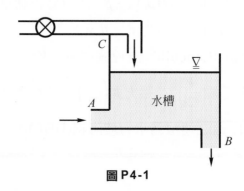

圖 P4-1

4-2　若控制體積之速度場爲$\vec{V}=(ax,by,0)$，其中$a=b=1\sec^{-1}$。求圖P4-2中陰影部份面積之下列積分：$(1)\oiint_A \vec{V}\cdot d\vec{A}$　$(2)\oiint_A \vec{V}(\vec{V}\cdot d\vec{A})$。

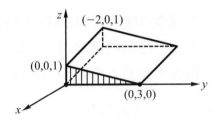

圖 P4-2

4-3　二維流動之速度場爲$\vec{V}=(u,v,w)=(-y/b^2,x/a^2,0)$，(1)試證此爲不可壓縮流場(2)橢圓$x^2/a^2+y^2/b^2=1$爲流線函數(3)檢驗是否爲非旋流。

4-4　(1)推導極座標(r,θ,z)之連續方程式。

(2)檢驗速度場$\vec{V}=(4/r,0,0)$是否滿足連續方程式。

(3)試證流過以原點爲圓心之同心圓之體積流率均相同。

4-5　推導一維不可壓縮穩態非均勻明渠流之連續方程式。參見圖P4-5，明渠斷面爲矩形，寬度爲b。水深$z=z(x,t)$及平均速度$V=V(x,t)$。

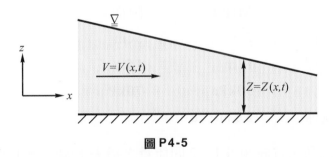

圖 P4-5

4-6　設y爲與管壁之垂直距離，R爲半徑，管流之速度分佈爲

$$\frac{U}{U_{\max}}=\left(\frac{y}{R}\right)^{1/n}$$

求(1)平均速度(2)動量修正因數(3)能量修正因數。

4-7　兩平行板間隔h，流場之速度為

$$U(y) = -\frac{y}{h} + 2\frac{y}{h}\left(1 - \frac{y}{h}\right)$$

求(1)體積流率(2)平均速度(3)動量修正因數(4)動能修正因數。

4-8　一加壓水槽設計將水送上建築物之屋頂，如圖P4-8，建築物高3.5m，輸水管徑5cm，若損失水頭為1.5m，求維持供水流率$Q = 0.020\text{m}^3/\text{sec}$所需之壓力。(1)假設速度分佈為常數(2)假設速度分佈為$\dfrac{U}{U_0} = 1 - \left(\dfrac{r}{R}\right)^2$。

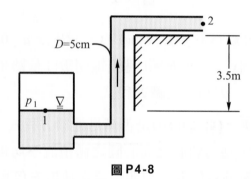

圖 P4-8

4-9　一管系如圖P4-9，相關數據如下：

	斷面1	斷面2
直徑	2cm	3cm
高程	12m	15m
壓力	50kPa	70kPa
流速	2.5m/sec	

(1)求水流動之方向(2)求1，2間能量之損失水頭(3)繪出能量坡降線(4)繪出水力坡降線。

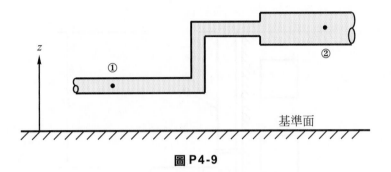

圖 P4-9

4-10　一彎管設計如圖 P4-10，體積流率為$Q = 0.06\text{m}^3/\text{sec}$，$A$點使用 6 只螺栓支持水管，求每只螺栓受力之大小與方向。

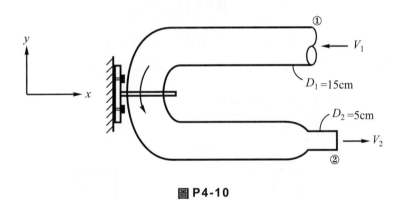

圖 P4-10

4-11　一屋頂雨水排水管設計如圖 P4-11，管徑$D = 5\text{cm}$，樓高$H = 30\text{m}$，入流雨量流率為$Q = 0.015\text{m}^3/\text{sec}$，假設管壁無摩擦損失，地面彎管處以 4 只螺栓支座支承，安全因數為 2，螺栓之設計應力為$\sigma_{\text{allow}} = 0.1\text{MPa}$，求螺栓所需之最小直徑$d_{\min}$。

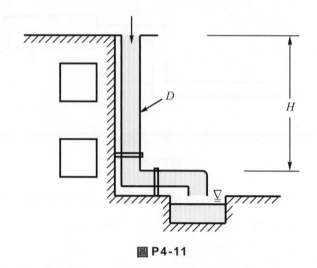

圖 P4-11

4-12 考慮一寬度為b平板上不可壓縮流場之邊界層流(Boundary Layer)，如圖 P4-12，取適當之控制體積，證明表面之阻力(Drag Force)為

$$D = \int_0^\delta \rho\, u\, (U - u)\, b\, dy$$

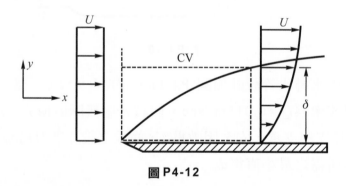

圖 P4-12

4-13 一草地灑水器如圖P4-13，支桿長度為 20cm，出口直徑 1cm，假設無摩擦損失，流率為 0.025m³/sec，求轉動速度為多少rpm？若欲使其靜止不轉，需施加多少扭矩？

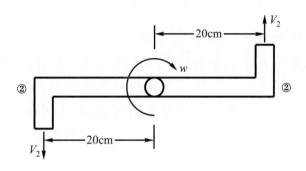

圖 **P4-13**

4-14 寫出下列定義：

⑴控制體積(Control Volume)。

⑵控制表面(Control Surface)。

⑶體積流率(Volume Flow Rate)。

⑷質量流率(Mass Flow Rate)。

⑸重量流率(Weight Flow Rate)。

⑹ Reynold's 傳輸定理(Reynold's Transportation Theorem)。

⑺修正能量因數(Correction Factor of Energy)。

⑻修正動量因數(Correction Factor of Momentum)。

⑼能量坡降線(Energy Grade Line；EGL)。

⑽水力坡降線(Hydraulic Grade Line；HGL)。

⑾損失水頭(Head Loss)。

⑿速度水頭(Velocity Head)。

⒀動量(Momemtum)。

⒁動量矩(Moment of Momentum)。

4-15 簡答題：

⑴寫出流體靜力學與流體動力學分析上之差異。

⑵寫出流體動力分析之基本守恆原理及其對應之方程式。

⑶為何靜止時低樓層之水壓較高？流動時低樓層之水管出口流速較大？

⑷ Bernoulli's 方程式適用之流場條件為何？

⑸ Bernoulli's 方程式有那些修正因數？

⑹何以河流較寬處流速較緩？

⑺何以密封之果汁罐頭要打兩個開孔，才使得果汁容易倒出來？

⑻爲何水往低處流？何種情形下亦可能水往高處流？

4-16 將本章所討論之流體動力學基本方程式(如不可壓縮穩態理想流體)，應用於靜止之情況，將得到什麼結果？試與第二章加以比較。

第五章

一維流體運動

本章學習要點

　　本章主要簡介一維流體之運動分析，首先說明理想流體(不可壓縮非黏流)之條件及基本方程式，並舉數個實例包括孔口射流、自由射流、閉槽縮小斷面、渠道縮小斷面、文氏管、堰流等，以闡示基本定理在理想流體分析之應用；其次說明真實流體(黏性流或可壓縮流)之運動分析，並各舉兩個案例說明黏性流與可壓縮流之分析方法與流場特性。讀者宜注意基本定理與方程式之應用，結果之探討與流場之特性等。

◢5-1 引　言

　　本章旨在將前一章所簡介之流體動力學基本守恆原理與基本方程式應用於流場分析；首先將考慮**理想流體**(Ideal Fluid)，亦即**不可壓縮非黏性流**(Incompressible Inviscid Fluid)。嚴謹而言，並無真正之理想流體，只是在某些物理問題中，流體之**壓縮性**(Compressibility Effect)及**黏滯性效應**(Viscous Effect)**很小且可以忽略**[1]，此時即將流場視為理想流體，則分析將大大簡化，且所求得之結果誤差很小。相反的，**若將黏滯性或壓縮性考慮進去**，則為**真實流體**(Real Fluid)。兩者之分際，若在動量守恆(運動方程式)中可區別如下：

1. 理想流體：質量‧加速度＝合力＝壓力＋重力。
2. 真實流體：質量‧加速度＝合力＝壓力＋重力＋黏滯剪力。

其中流體運動之剪應力之分析乃是根據牛頓滯度定律。

　　在空間上本章乃考慮一維流場(One-dimensional Flow)，換言之，各場量只與一個座標有關；在時間因素上則限於穩態流場(Steady Flow)，換言之，各場量與時間無關。

---

[1] 壓縮性之效應反應在馬赫數(Mach Number)的數值；黏滯性效應表現在雷諾數(Reynolds Number)之大小；此兩者在第八章因次分析與動力相似中詳細討論。

▲5-2　理想流體之運動

　　理想流體既然忽略黏滯性效應，流動過程中流體之層與層間並無剪應力作用，因此若無機械作功，流體之能量並無損失，亦即各斷面之總能量為定值，只是其型式可能發生轉換(位能、動能、壓能三者互換)，由於沒有自身造成之能量損失，因此此種流場有時稱為**勢能流**(Potential Flow)。

　　理想流體之分析架構早被應用於古典水動力學(Hydrodynamics)與空氣動力學(Aerodynamics)中，也提供流體力學物理學家對流體行為的許多基本知識[2]；理想流體之假設因其提供一個簡易可行之分析方法，複雜之物理問題之數學模式獲得大大簡化，使得解析成為可行，因而此一分析概念應用甚廣且久，但流體力學研究者發現，此種過於簡化之分析有時會得到與真實情況相違背之情形，例如最有名的 **D'Alembert 疑論**(D'Alembert's Paradox)所述理想流體中圓球沒有任何阻力之違反事實之理論分析結果。在眾人困擾於是否應放棄理想流體之理論架構時，Prandtl 於 1903 年提出**邊界層理論**(Boundary Layer Theory)，建議對於低黏滯度之流體流經固體表面時，除了表面薄層需考慮黏滯性效應外，其餘外層幾乎可視為理想流體而得到甚佳之分析結果。邊界層理論之發展，除了說明黏滯度之影響範圍外，其實也說明了理想流體之分析概念仍有其重要之實用價值。

　　一維穩態理想流體運動需滿足下列方程式與條件：

1.　連續方程式(質量守恆)：

$$Q_1 = V_1 A_1 = V_2 A_2 = Q_2 \tag{5-1}$$

2.　能量方程式(能量守恆)：

$$h_1 = \frac{p_1}{\gamma} + z_1 + \frac{V_1^2}{2g} = \frac{p_2}{\gamma} + z_2 + \frac{V_2^2}{2g} = h_2 \tag{5-2}$$

---

[2]　例如：Lamb, H., Hydrodynamics, Cambridge University Press, 1932.是一本水動力學經典著作；Milne-Thomson, L. M., Theoretical Aerodynamics, Dover Publications, 1958. 則是一本空氣動力學之早期代表著作。

3. 動量方程式(動量守恆)：因爲一維，故僅有一個運動方程式

$$\Sigma F_x = \rho\,Q\,(u_2 - u_1) \tag{5-3}$$

4. 邊界條件：流體不能穿過界面

$$V_n = 0 \quad 在固體邊界上 \tag{5-4}$$

值得注意的是，理想流體中在固體邊界之切向速度不爲零(因無黏滯度，故亦無剪應力發生)，但眞實流體則此切向速度必須爲零。

對以控制體積之流場分析而言，我們有 V_1，V_2，p_1，p_2四個場量，給定任意兩個，我們可由連續方程式(5-1)及能量方程式(5-2)求出另外兩個場量，邊界條件則自動隱含於控制體積與控制表面之選取中。若要求取作用於控制體積之外力，則可引用動量方程式(5-3)。

▲5-3　一維理想流體之運動方程式

1. **基本假設：**

(1) 無黏滯效應$(\mu = 0)$。

(2) 不可壓縮$(\rho = 常數)$。

(3) 穩定流$\left(\dfrac{\partial}{\partial t} = 0\right)$。

(4) 沿一條流線。

2. **沿流線之運動方程式：**

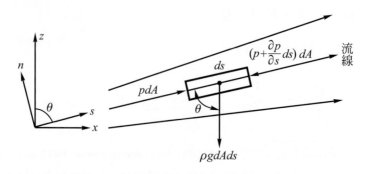

圖 **5-1**　沿流線之小元體與流線方向之作用力

　　考慮如圖 5-1 之一流線上之代表性元體，作用於元體上之作用力包括重力 $dF = \gamma d\Psi = \rho g dA ds$，上游表面之壓力 $dF_1 = pdA$ 及下游表面之壓力 $dF_2 = \left(p + \dfrac{\partial p}{\partial s} ds \right) dA$，流體沿流線之加速度為 a_s，則由牛頓運動定律知

$$\Sigma F = pdA - \left(p + \frac{\partial p}{\partial s} ds \right) dA - \rho g dA ds \cos\theta$$

$$= dm \cdot a_s = \rho \, dA ds \, a_s \tag{5-5}$$

然因 $V = V(s)$

$$\cos\theta = \frac{\partial z}{\partial s}$$

$$a_s = \frac{dV}{dt} = \frac{\partial V}{\partial s} \frac{ds}{dt} = \frac{\partial V}{\partial s} V = \frac{\partial \left(\dfrac{V^2}{2} \right)}{\partial s}$$

故得

$$\frac{1}{\rho} \frac{\partial p}{\partial s} + g \frac{\partial z}{\partial s} + \frac{\partial \left(\dfrac{V^2}{2} \right)}{\partial s} = 0$$

或寫為

$$\frac{dp}{\gamma} + dz + d\left(\frac{V^2}{2g} \right) = 0$$

積分之

$$\int \frac{dp}{\gamma} + z + \frac{V^2}{2g} = H \tag{5-6}$$

若流體為不可壓縮，$\gamma = \rho g = $ 常數，則有

$$\boxed{\frac{p}{\gamma} + z + \frac{V^2}{2g} = H = \text{常數} \tag{5-7}}$$

此為沿流線之**不可壓縮非黏流運動方程式**(Euler's Equation)，亦稱為柏努利方程式(Bernoulli's Equation)。其意義為表示每一單位重量理想流體沿同一條流線之總能量為常數。

注　意

(1)　方程式(5-7)之適用條件為：

①　無黏滯效應($\mu = 0$)。

②　不可壓縮 $\rho = 0$。

③　穩定流$\left(\dfrac{\partial}{\partial t}\right) = 0$。

④　沿一條流線。

(2)　如流體滿足①③④但為可壓縮，則運動方程式為(5-6)式；此時若 $\rho = \rho(p)$ 之關係已知，仍可積分。

(3)　式(5-6)與(5-7)亦可由Euler's方程式直接沿流線積分：由Euler's方程式

$$- \nabla p - g \nabla z = (\vec{V} \cdot \nabla) \vec{V}$$

沿流線微小單元積分

$$- \int \nabla p \cdot d\vec{s} - g \int \nabla z \cdot d\vec{s} = \int (\vec{V} \cdot \nabla) \vec{V} \cdot d\vec{s}$$

因

$$\nabla p \cdot d\vec{s} = \frac{dp}{ds}$$

$$\nabla z \cdot d\vec{s} = \frac{dz}{ds}$$

$$(\vec{V} \cdot \nabla) \vec{V} \cdot d\vec{s} = \vec{V} \cdot [(d\vec{s} \cdot \nabla) \vec{V} = \vec{V} \cdot \frac{d\vec{V}}{ds}$$

故得

$$\int \frac{dp}{\gamma} + z + \frac{V^2}{2g} = H$$

與由牛頓運動定律所推導之(5-6)式相同。如為不可壓縮，則得(5-7)式。

3. **垂直於流線方向之運動方程式：**

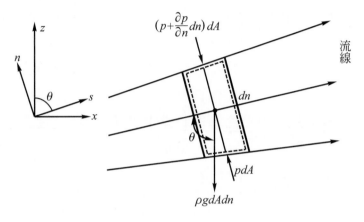

圖 **5-2**　沿流線之小元體與垂直流線方向之作用力

考慮如圖 5-2 之一流線上之代表性元體在垂直流線方向之運動及作用力，作用於元體上之作用力包括重力$dF = \gamma d\forall = \rho g dA dn$，兩端表面之壓力$dF_1 = pdA$及$dF_2 = \left(p + \frac{\partial p}{\partial n}dn\right)dA$，流體在垂直流線方向之加速度為$a_N$，則由牛頓運動定律知

$$\Sigma F = pdA - \left(p + \frac{\partial p}{\partial n}dn\right)dA - \rho g dA dn \sin\theta$$

$$= dm \cdot a_N = \rho \, dA dn a_N$$

然因$V = V(s)$

$$\sin\theta = \frac{\partial z}{\partial n}$$

$$a_N = \frac{V^2}{r}$$

故得

$$-\frac{1}{\rho}\frac{\partial p}{\partial n}-g\frac{\partial z}{\partial n}=\frac{V^2}{r}$$

方程式兩邊加上 $-\dfrac{\partial\left(\dfrac{V^2}{2}\right)}{\partial n}$ 並由

$$\frac{V^2}{r}=V\frac{V}{r}=V\frac{\partial V}{\partial s}$$

得

$$-\frac{1}{\rho}\frac{\partial p}{\partial n}-g\frac{\partial z}{\partial n}-\frac{\partial\left(\dfrac{V^2}{2}\right)}{\partial n}$$

$$=\frac{V^2}{r}-\frac{\partial\left(\dfrac{V^2}{2}\right)}{\partial n}=V\left(\frac{\partial V_N}{\partial s}-\frac{\partial V_S}{\partial n}\right)$$

若為非旋性流場，$\nabla\times\overrightarrow{V}=\left(\dfrac{\partial V_N}{\partial s}-\dfrac{\partial V_S}{\partial n}\right)\overrightarrow{k}=0$，故

$$-\frac{1}{\rho}\frac{\partial p}{\partial n}-g\frac{\partial z}{\partial n}-\frac{\partial\left(\dfrac{V^2}{2}\right)}{\partial n}=0$$

若流體為不可壓縮，$\gamma=\rho g=$ 常數，則有

$$\frac{p}{\gamma}+z+\frac{V^2}{2g}=H=常數 \qquad\qquad (5\text{-}8)$$

此為**穩態非旋性理想流體沿垂直流向之運動方程式**(Euler's Equation)。其型式亦與 Bernoulli's 方程式相同。

因(5-6)式亦成立，則對穩態非旋性理想流體而言，**流場中任一點均適用(5-8)式**。

注　意

(1) 方程式(5-7)與(5-8)及(4-38)三者型式相同，但適用範圍與條件不同：

	(4-38)	(5-7)	(5-8)
適用範圍	流線管	沿流線	整個流場
適用條件	理想流體	理想流體	非旋流理想流體
推導原理	能量守恆	動量守恆(沿流線)	動量守恆(平行及垂直流線)

(2) 式(5-8)亦可由Euler's方程式加上不可壓縮($\nabla \cdot V = 0$)及非旋性條件 ($\vec{V} = \nabla \Phi$)則可積分得

$$-\frac{1}{g}\frac{\partial \Phi}{\partial t} + \frac{p}{\gamma} + z + \frac{V^2}{2g} = H(t) \tag{5-9}$$

對穩態流而言，$\dfrac{\partial \Phi}{\partial t} = 0$，因此可推得(5-8)式。

(3) 因非旋性條件之存在，使得 Navier-Stokes 方程式中之黏性項自動消失，故(5-8)式同時適用於非黏流與黏性流。唯對黏性流而言，剪應力之存在使得非旋性僅在少數特殊情形才能保持(例如第二章所述之強制渦流)。

(4) 僅受重力及壓力之流場，原為非旋性運動則永遠將保持非旋性運動。由壓力產生之運動例如圖 5-3(a)所示鉸支平板擺動造成之自由表面波(Free Surface Waves)；由重力產生之運動例如圖 5-3(b)所示堰(Weir)上之溢流。兩者即是典型之非旋流。

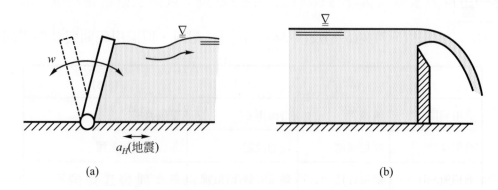

圖 **5-3**　非旋性理想流體之案例：(a)自由表面壓力波(b)堰上重力流

(5)　非旋性理想流體之假設大大簡化流體之分析模式，藉由邊界層理論
(Boundary Layer Theory)，對某些流場而言，黏滯性效應造成之旋
性僅局限於甚薄之邊界層內，其餘仍可適用非旋性理想流體之假設；
因之(5-8)式適用於邊界層外之大部份流場。

4.　**壓力與速度之關係：**

　　對氣體而言，重力之影響通常很小至可以忽略，此時 Bernoulli's
方程式可寫爲

$$p + \frac{\rho V^2}{2} = H = 常數 \tag{5-10a}$$

由上式可知，第二項之單位與壓力強度相當，可稱爲**動壓強度**(Dynamic
Pressure)，即定義

$$p_D = \frac{1}{2} \rho V^2$$

則(5-10a)式可表爲

$$p + p_D = p_{\text{TOTAL}} = 定値 \tag{5-10b}$$

可敘述爲：對非旋性之氣體而言，流場中每一點其靜壓強度與動壓強
度之總合爲常數。

爲分析之方便，定義一無因次參數，稱爲**壓力係數**(Pressure Co-efficient)：

$$C_P = \frac{p_0 - p}{\dfrac{\rho\, V^2}{2}} = \left(\frac{V}{V_0}\right)^2 - 1 \tag{5-11}$$

若流場中某一點爲停滯點(Stagnation Point)，其速度爲零，因此該點之壓力強度爲

$$p_{\text{STAG.}} = p_0 + \frac{1}{2}\rho\, V_0^2 \tag{5-12}$$

在實際應用上有以下兩個範例：

(1)　**皮托管(Pitot Tube)**：

量測氣體自由流速度之常用器具，如圖 5-4 所示。由靜壓公式及(5-12)可推得

$$\frac{p_0}{\gamma} + \frac{V_0^2}{2g} = \frac{p_{\text{STAG.}}}{\gamma} + 0$$

整理可得

$$V_0 = \sqrt{2g\left(\frac{p_{\text{STAG.}} - p_0}{\gamma}\right)} \tag{5-13}$$

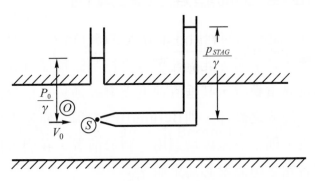

圖 **5-4**　Pitot 管

(2) **普蘭特管**(Prandtl Tube)：

又稱皮托靜壓管，如圖 5-5 所示。將靜壓管計與滯流管計聯結一體，則可直接讀取靜壓管計差值

$$p - p_{\text{STAG.}} = -\gamma h_0 + \gamma R - \gamma_G R + \gamma h_0 = (\gamma - \gamma_G) R$$

計算出自由流速度：

$$V_0 = \sqrt{2g\left(\frac{p_{\text{STAG.}} - p}{\gamma}\right)} = \sqrt{2g\frac{(\gamma_G - \gamma) R}{\gamma}} \qquad (5\text{-}14)$$

其中R爲差壓計之高度，γ_G爲差壓計中之量計液體單位重。

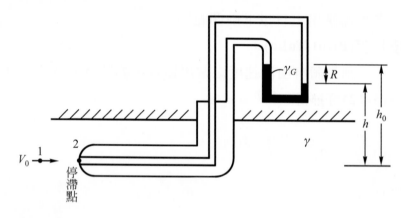

圖 **5-5**　Prandtl 管

▲5-4　一維理想流體運動之實例

以下試舉數例，說明如何利用基本分程式(5-1)至(5-3)配合邊界條件(5-4)分析一維理想流體運動情形。此處若選取之控制體積係沿固體邊界者，則控制表面在與固體邊界重疊處，其垂直速度爲零，通量之積分爲零。值得注意的是，如未滿足非旋流之條件，則Bernoulli's方程式僅適用於理想流體之流線上；若爲非旋流，則整個流場均適用。對於前者，我們可假想一條適當之流線，則沿流線各點之總能量必爲定值。

1. **孔口射流(Orifice Flow)與托里切利定理(Torricelli's Theorem)：**

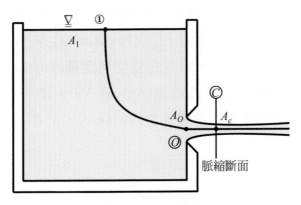

圖 **5-6**　孔口射流

　　孔口射流可以量測流出水庫之流率。如圖 5-6 所示爲一水槽，側邊有一孔口A_o，孔口以上之水深爲H，水流在出口一個直徑距離處斷面縮小，稱爲束縮(Contraction)，水流束縮開始變成平行流出之斷面稱爲束縮斷面(Vena Contracta)A_c。若我們有以下之**基本假設：**

(1)　忽略流體之壓縮性及黏滯度。

(2)　水槽之自由表面及孔口均與大氣接觸。

(3)　自由液面高度維持不變。

(4)　水槽自由表面面積A_1遠大於孔口面積A_o。

　　　則由(4)及**連續方程式：**

$$V_1 = \frac{A_o}{A_1} V_o \approx 0$$

因此(3)之假設係爲合理之近似。由連接 1-O 之流線上需滿足 **Bernoulli's 方程式：**

$$0 + H + 0 = 0 + 0 + \frac{V_o^2}{2g}$$

因此

$$V_o = \sqrt{2gH} \tag{5-15}$$

此式說明，水槽孔口之理論流速(Theoretical Velocity)相當於物體自高度 H 自由落下之速度，稱為**托里切利定理**(Torricelli's Theorem)。

若經由量測[3]測得實際流速(Actual Velocity)為 V_{ACTUAL}，則實際流速對理論流速之比稱為速度係數(Velocity Coefficient) C_V：

$$C_V = \frac{V_{\text{ACTUAL}}}{V_o} \tag{5-16}$$

因而實際流速為

$$V_{\text{ACTUAL}} = C_V \sqrt{2gH} \tag{5-17}$$

束縮面積與孔口面積之比值稱為束縮係數(Coefficient of Contraction)：

$$C_C = \frac{A_C}{A_o} \tag{5-18}$$

實際流量為實際流速與束縮面積之乘積：

$$Q = V_{\text{ACTUAL}} A_C = (C_V V_o)(C_C A_o) = C_V C_C V_o A_o$$
$$= C_d Q_o = C_d \sqrt{2gH} A_o \tag{5-19}$$

其中 $C_d = C_V C_C$ 稱為流量係數(Discharge Coefficient)，為實際流量與理論流量之比值。

一般銳緣孔口，$C_C = 0.61$，其他鈍緣孔口，$C_C = 0.62 \sim 0.7$。一般之 $C_V = 0.95 \sim 1$。

---

[3] 例如利用拋射法(Trajectory Metohd)，Pitot 管等方法。參見 Streeter V. L. and Wylie, E. B., Fluid Mechanics, Chapter 8, McGraw-Hill, 1975.

討　論

(1)　出口之流速與物體自由落體之速度相同；對兩者而言，均爲位能 (Potential Energy)轉爲動能(Kinetic Energy)，如圖 5-7。

$$P.E. = m\,g\,H = K.E. = \frac{1}{2}m\,V_2^2$$

故得

$$V_2 = \sqrt{2g\,H}$$

(2)　如果水槽出口導管上方開一小孔，則理論上其噴水之水柱應可到達 H 之高度，但因空氣阻力、黏滯度等影響，實際高度無法到達 H，如 圖 5-7。

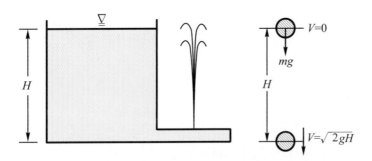

圖 **5-7**　孔口射流與自由落體之關係

2.　**自由射流(Free Jet Flow)：**

　　由噴嘴向空間之自由射流，如圖 5-8，由於流線上均爲大氣壓力， 則由**連續方程式**：

$$Q = V_1\,A_1 = V_2\,A_2 \tag{5-20}$$

由 **Bernoulli's 方程式**：

$$\frac{p_A}{\gamma} + z_1 + \frac{V_1^2}{2g} = \frac{p_A}{\gamma} + z_2 + \frac{V_2^2}{2g} \tag{5-21}$$

因此任一點之流速

$$V_2^2 = V_1^2 - 2g(z_2 - z_1) = \left(\frac{Q}{A_1}\right)^2 - 2g(z_2 - z_1) \tag{5-22}$$

由流體運動學知，

$$(V_2)_x = (V_1)_x$$
$$(V_2)_z = (V_1)_z - g\,t \tag{5-23}$$

且

$$x_2 - x_1 = (V_1)_x\,t$$
$$z_2 - z_1 = (V_1)_z\,t - \frac{1}{2}\,g\,t^2 \tag{5-24}$$

消去 t 得

$$z_2 - z_1 = \frac{(V_1)_z}{(V_1)_x}x - \frac{1}{2}\frac{gx^2}{2(V_1)_x^2} = x\tan\alpha - \frac{gx^2}{2V_1^2\cos^2\alpha} \tag{5-25}$$

故

$$V_2^2 = \left(\frac{Q}{A_1}\right)^2 - 2g(z_2 - z_1)$$
$$= \left(\frac{Q}{A_1}\right)^2 - 2g\left(x\tan\alpha - \frac{gx^2}{2V_1^2\cos^2\alpha}\right) \tag{5-26}$$

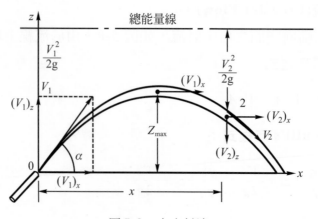

圖 **5-8**   自由射流

觀察實驗 **5-1**

⑴取兩個用過的寶特瓶或水桶(面積愈大愈好)，清潔乾淨，分別標示為 A，B。

⑵在 A 之一側底邊算起 $1/4$，$1/2$，$3/4$ 高度之位置各鑽一個圓孔(儘量保持圓形)，先用膠布貼住三個開口，裝滿水後置於高台，撕掉膠布，觀察三孔中水流噴出到達地面之距離，如圖 5-9(a)。討論靜水壓力與水深之關係。

⑶在 B 之一側底邊鑽一個圓孔(儘量保持圓形)，先用膠布貼住開口，裝水(記錄其孔口至水面之距離 H)，置於高台(記其高度為 Z)，撕掉膠布，觀察並記錄水流噴出到達地面之水平距離 X，如圖 5-9(b)；改變 5 組水位高度值，得到五組 X 值。

① 計算五組出口實際速度：$V_{\text{ACTUAL}} = X\sqrt{\dfrac{g}{2Z}}$。

② 計算五組出口理論速度：$V_{\text{THEOR.}} = \sqrt{2gH}$。

③ 計算五組流速係數：$C_V = \dfrac{V_{\text{ACTUAL}}}{V_{\text{THEOR.}}}$。

④ 求出流速係數之平均值。

⑤ 將 V_{ACTUAL} 與 H 之關係作圖。

⑥ 你能思考如何測量體積流率 Q 嗎？

[注意]：進行實驗時，避免噴水沾濕自己及他人衣物。

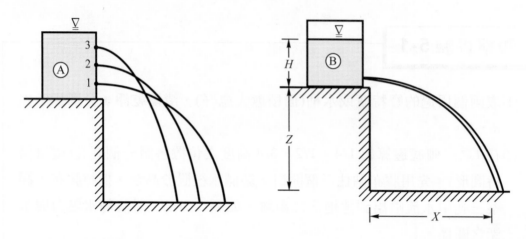

圖 **5-9**　孔口及自由射流實驗

3.　**閉槽縮小斷面：**

　　如圖5-10，一平行閉槽中有一半圓形柱(Semicircular Cylinder)，流線之變化如圖所示。假設閉槽之縱深(垂直紙面方向)為d，未縮小前之閉槽寬度為b_0，縮小處為b_1，最窄處為b_c。由**連續方程式**

$$Q = V_0\,(b_0\,d) = V_1\,(b_1\,d) = V_c\,(b_c\,d) \tag{5-27}$$

由 **Bernoulli's 方程式**

$$\frac{p_0}{\gamma} + z_0 + \frac{V_0^2}{2g} = \frac{p_1}{\gamma} + z_1 + \frac{V_1^2}{2g} = \frac{p_c}{\gamma} + z_c + \frac{V_c^2}{2g} \tag{5-28}$$

由(5-27)與(5-28)解得

$$c_P = \frac{\left(\dfrac{p_0}{\gamma} + z_0\right) - \left(\dfrac{p_1}{\gamma} + z_1\right)}{\dfrac{V_0^2}{2g}} = \left(\frac{A_0}{A_c}\right)^2 - 1 \tag{5-29}$$

若閉槽為水平，則$z_0 = z_1 = z_c$，或為氣體其位能之影響甚小，則得

$$c_P = \frac{p_0 - p_c}{\dfrac{\rho\,V_0^2}{2}} = \left(\frac{A_0}{A_c}\right)^2 - 1 \tag{5-30}$$

稱爲壓力係數(Pressure Coefficient)，爲靜壓強度差值與未縮窄處動壓強度之比值。

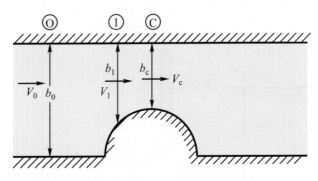

圖 **5-10**　閉槽之縮小斷面

4. **渠道縮小斷面：**

　　渠道爲土木水利工程常見之水工構造，渠道斷面之縮小案例甚多，例如：渠寬變窄，渠底升高，堰流，沖刷閘門等。如圖 5-11 之沖刷閘門(Sluice Gate)爲例，水流經過脈縮處之後爲平行流動，閘口深度爲 b，脈縮處深度爲 z_c，則

$$z_c = C_c\, b \tag{5-31}$$

C_c 爲脈縮係數。

　　若渠道爲矩形，且寬爲 d。單位寬度之流量爲

$$q = V_1 z_1 = V_c z_c = V_c\, C_c\, b \tag{5-32}$$

沿水平渠底($z_1 = z_c$)之壓力爲 $p_1 = \gamma z_1$，$p_c = \gamma z_c$，由 Bernoulli's 方程式

$$z_1 + \frac{V_1^2}{2g} = z_c + \frac{V_c^2}{2g} = C_c\, b + \frac{V_c^2}{2g} \tag{5-33}$$

因此脈縮處之流速爲

$$V_c = z_1 \sqrt{\frac{2g}{(z_1 + C_c\, b)}} \tag{5-34}$$

每單位寬度之流量為

$$q = V_c \, C_c \, b = C_c \, b z_1 \sqrt{\frac{2g}{(z_1 + C_c \, b)}} \qquad\qquad (5\text{-}35)$$

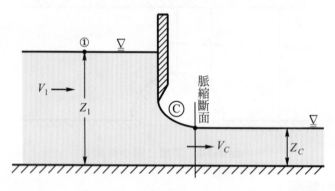

圖 **5-11** 沖刷閘門之縮小斷面

5. **文氏管(Venturi Tube)**：

　　文氏管為用來量度流量之量計。如圖 5-12，上游面套管青銅墊襯(liner)，裝有液壓計環以量測靜壓力，一個漸縮斷面部份，一圓柱形喉部，亦裝有液壓計環以量測靜壓力；一漸擴斷面部份。

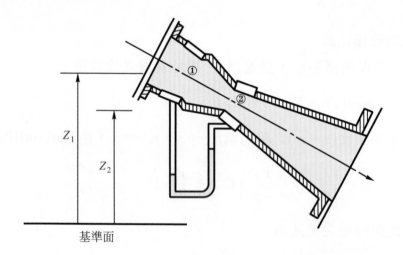

圖 **5-12** 文氏管

由連續方程式

$$Q = V_1 A_1 = V_2 A_2 \tag{5-36}$$

由 Bernoulli's 方程式

$$\frac{p_1}{\gamma} + z_1 + \frac{V_1^2}{2g} = \frac{p_2}{\gamma} + z_2 + \frac{V_2^2}{2g} \tag{5-37}$$

由(5-36)與(5-37)得

$$V_2 = \sqrt{\frac{2g\left[\left(\frac{p_1}{\gamma} + z_1\right) - \left(\frac{p_2}{\gamma} + z_2\right)\right]}{1 - \left(\frac{A_2}{A_1}\right)^2}} = \sqrt{\frac{2g(h_1 - h_2)}{1 - \left(\frac{A_2}{A_1}\right)^2}} \tag{5-38}$$

其中 h_1，h_2 為 1 與 2 處之液壓水頭。理論流量為

$$Q = V_2 A_2 = A_2 \sqrt{\frac{2g(h_1 - h_2)}{1 - \left(\frac{A_2}{A_1}\right)^2}} \tag{5-39}$$

實際流量為

$$Q_{\text{ACTUAL}} = (V_2)_{\text{ACTUAL}} A_2 = C_V A_2 \sqrt{\frac{2g(h_1 - h_2)}{1 - \left(\frac{A_2}{A_1}\right)^2}} \tag{5-40}$$

討 論

(1) 實際上內部流(Internal Flow)之流量計大都具有類似噴嘴(Nozzle)之型式，由於噴嘴喉部尖銳邊緣所引發之流場分離(Flow Separation)將形成噴嘴下游兩側強烈之回流區(Recirculation Zone)；主流束加速通過喉部而形成束縮(Vena Contracta)，再減速充滿整個導管。此種回流造成能量損失，根據理想流體假設獲得之流量也必須經過校正。最常用的三種流量計及其能量損失與設置成本如下表所示：

	文氏管(Venturi Tube)	噴嘴計(Nozzole)	孔口計(Orifice)
能量損失(Head Loss)	低	中　等	高
設置成本(Cost)	高	中　等	低

三者之形狀如圖 5-13 所示。

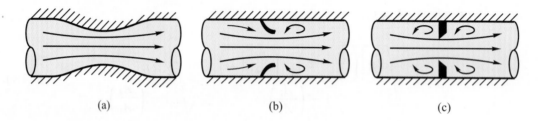

(a)　　　　　　　　　　　(b)　　　　　　　　　　　(c)

圖 **5-13**　三種流量計：(a)文氏管(b)噴嘴計(c)孔口計

(2)　文氏管如爲水平時，$z_1 = z_2$，此時(5-38)變成

$$V_2 = \sqrt{\frac{2(p_1 - p_2)}{\rho\left[1 - \left(\dfrac{A_2}{A_1}\right)^2\right]}} \qquad (5\text{-}41)$$

(5-39)成爲

$$Q = V_2\,A_2 = A_2\sqrt{\frac{2(p_1 - p_2)}{\rho\left[1 - \left(\dfrac{A_2}{A_1}\right)^2\right]}} \qquad (5\text{-}42)$$

(5-40)成爲

$$Q_{\text{ACTUAL}} = (V_2)_{\text{ACTUAL}}\,A_2 = C_V\,A_2\sqrt{\frac{2(p_1 - p_2)}{\rho\left[1 - \left(\dfrac{A_2}{A_1}\right)^2\right]}} \qquad (5\text{-}43)$$

這些公式也適用於內部流流量計之噴嘴計及孔口計。

6. **堰流(Weir Flow)：**

堰(Weir)爲一種設置於天然或人工渠道中，使水面升高使水流部份或全部流經而至下游之水工構造物，其**用途**有：

(1)　攔水作爲引水設備。

(2)　攔水作爲蓄水設備。

(3)　攔水以利航運。

(4)　攔水作爲觀光遊憩。

(5)　測定渠流流量。

堰之**種類**甚多，常見之分類有：

(1)　以堰口邊緣之厚薄區分：銳口堰、溢流堰、寬頂堰。如圖 5-14。

(2)　以堰口形狀區分：矩形堰、三角堰、梯形堰、多邊形堰。如圖 5-15。

(3)　以堰流之流場情況區分：聚縮堰、非聚縮堰。如圖 5-16。

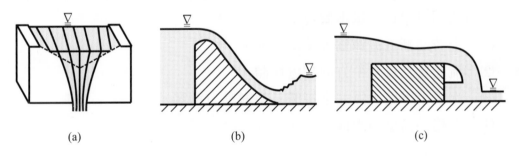

圖 **5-14**　(a)銳口堰(b)溢流堰(c)寬頂堰

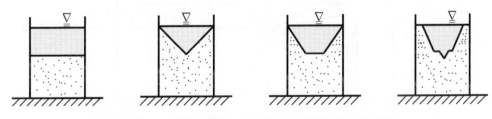

圖 **5-15**　(a)矩形堰(b)三角堰(c)梯形堰(d)多邊形堰

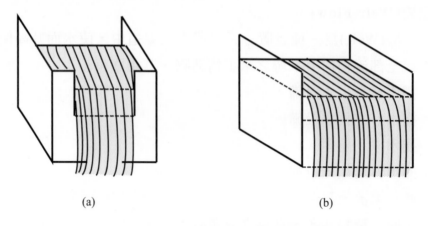

(a)   (b)

圖 **5-16** (a)聚縮堰(b)非聚縮堰

影響堰流最重要之作用力為慣性力(Inertia Force)與重力(Gravitational Force)；前者由流體之質量與加速度造成，後者由質量及重力加速度造成；黏滯度與表面張力僅為次要之效應。雖然為一複雜之流動現象，但我們引用以下**基本假設**：

(1) 上游之漸近流速為等速均勻流。

(2) 流體質點以水平方向趨近堰體。

(3) 水舌上下與大氣完全接觸，相對壓力為零。

(4) 忽略黏滯度與表面張力。

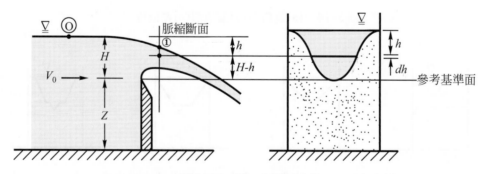

圖 **5-17** 銳口堰流分析

⑴　**連續方程式：**

$$Q = V_0 A_0 = V_0 B (H + Z) \tag{5-44}$$

⑵　**能量方程式：**取 0，1 兩點，由 Bernoulli's **方程式**得

$$H + \frac{V_0^2}{2g} = (H - h) + \frac{V_1^2}{2g} \tag{5-45}$$

⑶　**射流水柱之流速：**由(5-44)得

$$V_1 = \sqrt{2gh + V_0^2} \tag{5-46}$$

為 h 之函數。

⑷　**單位寬度之理論流量：**

$$q = \int dq = \int V_1 \, dh \tag{5-47}$$

⑸　**理論流量：**

$$Q = C_d L_e q \tag{5-48}$$

其中 C_d 為流量係數(Discharge Coefficient)，由實驗決定。L_e 為堰流有效寬度。

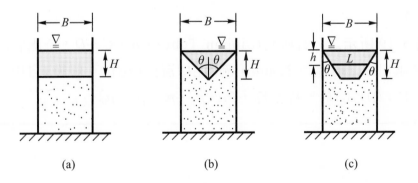

圖 **5-18**　銳口堰流分析：(a)矩形堰(b)三角堰(c)梯形堰

(6) 矩形銳口堰之流量：寬爲$L = B$，高爲H矩形銳口堰之流量由(5-47)
積分得

$$Q = C_d \, B \int_0^H \sqrt{2gh + V_0^2} \, dh$$

$$= C_d \, B \, \frac{2}{3} \sqrt{2g} \left[\left(H + \frac{V_0^2}{2g} \right)^{3/2} - \left(\frac{V_0^2}{2g} \right)^{3/2} \right]$$

$$\approx C B H^{3/2} \tag{5-49}$$

(7) 三角堰之流量：三角堰寬度L可表爲$L = 2(H - h)\tan\theta$，則(5-47)積
分得

$$Q = C_d \int_0^h 2(H - h)\tan\theta \sqrt{2gh + V_0^2} \, dh$$

$$\approx C_d \, \frac{8}{15} \sqrt{2g} \tan\theta \, H^{5/2} \tag{5-50}$$

(8) 梯形堰之流量：堰口寬度爲$L = B + 2(H - h)\tan\theta$，則(5-47)積分得

$$Q = C_d \int_0^H \left[B + 2(H - h)\tan\theta \right] \sqrt{2gh + V_0^2} \, dh$$

$$\approx C_d \, \frac{2}{3} \sqrt{2g} \left(B + \frac{4}{5} H \tan\theta \right) H^{3/2} \tag{5-51}$$

【範例 5-1】

如圖 5-19 所示之一虹吸管(Siphon Tube)，B，C，D，E 處管之直徑爲
40mm，F處出口之直徑爲 25mm。流體由A流至F出口，假設A自由液面之面
積甚大，求：(1)V_F (2)V_B，V_C，V_D，V_E (3)p_B，p_C，p_D，p_E。

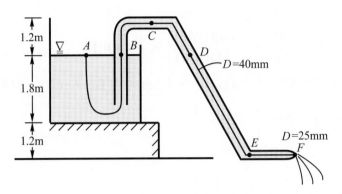

圖 **5-19** 虹吸管分析

解：想像一條流線由A至F，如圖 5-19 所示。所有壓力均以相對壓力表示。
並選取F點為高程基準面。

(1)計算V_F：考慮A-F兩點，由**連續方程式**

$$V_A = \frac{A_F\,V_F}{A_A} = \frac{V_F}{\infty} \approx 0$$

由 **Bernoulli's 方程式**：因$p_A = p_F = 0$

$$0 + z_A + 0 = 0 + 0 + \frac{V_F^2}{2g}$$

故

$$V_F = \sqrt{2gz_A} = \sqrt{(2)(9.81)(1.2+1.8)} = 7.67\text{m/s}$$

(2)計算V_B，V_C，V_D，V_E：考慮B-C-D-E-F，由F點之流率

$$Q = V_F\,A_F = (7.67)\frac{\pi}{4}(0.025)^2 = 0.00377\text{m}^3/\text{sec}$$

由連續方程式知：

$$V_B = V_C = V_D = V_E = \frac{Q}{A} = \frac{0.00377}{\dfrac{\pi}{4}(0.040)^2} = 3\text{m/sec}$$

(3)計算p_B，p_C，p_D，p_E：

①考慮A-B兩點，$z_A = z_B = 3$m，由 Bernoulli's 方程式：

$$0 + 3 + 0 = \frac{p_B}{\gamma} + 3 + \frac{V_B^2}{2g}$$

故

$$p_B = -\frac{\gamma V_B^2}{2g} = -\frac{(9810)(3)^2}{(2)(9.81)} = -4500\text{Pa}$$

②考慮 A-C 兩點，$z_A = 3\text{m}$，$z_C = 4.2\text{m}$，由 Bernoulli's 方程式：

$$0 + z_A + 0 = \frac{p_C}{\gamma} + z_C + \frac{V_C^2}{2g}$$

故

$$p_C = \gamma \left[(z_A - z_C) - \frac{V_C^2}{2g} \right]$$

$$= 9810 \left[(3 - 4.2) - \frac{(3)^2}{(2)(9.81)} \right]$$

$$= -16270\text{Pa}$$

③考慮 B-D 兩點，其高程與速度均相同，故 $p_D = p_B = -4500\text{Pa}$。

④考慮 A-E 兩點，$z_A = 3\text{m}$，$z_E = 0\text{m}$，由 Bernoulli's 方程式：

$$0 + z_A + 0 = \frac{p_E}{\gamma} + z_E + \frac{V_E^2}{2g}$$

故

$$p_E = \gamma \left[(z_A - z_E) - \frac{V_E^2}{2g} \right] = 9810 \left[(3 - 0) - \frac{(3)^2}{(2)(9.81)} \right] = 24930\text{Pa}$$

討　論

(1)　觀察水流流動，可發現水由較低之 A 點流至 C 點，產生[**水往高處流**]之現象；這是**虹吸現象**之情形，自然界中有些地底河道也有這種情形發生。

(2)　生活上也有利用虹吸原理汲取桶中液體之應用[注意：不要用此法以口吸取汽油缸中之汽油，不小心有吸入汽油之危險]。

(3)　此範例中 B，C，D 三點之相對壓力為負值，表示其絕對壓力在大氣壓力之下。

(4)　讀者可自行計算並繪出 A，B，C，D，E，F 之能量坡降線(EGL)與水力坡降線(HGL)。

▲5-5 真實流體之運動

1. **真實流體流動之特性**：

　　本章前面所述皆在忽略流體壓縮性及黏滯度效應假設下適用者，古典水動力學(Hydrodynamics)與空氣動力學(Aerodynamics)據此而獲致許多重要之結果，例如渠道流量之估測與機翼昇力之計算等。然而實際之流場皆或大或小有些壓縮性，而即使甚小亦必有黏滯度存在，故嚴格而言並無理想流體之存在；前節之分析只是一種近似之結果而已，但某些情形中，此種近似已能達成所需之要求。但**對某些問題而言**，則未必如此，**流體之黏滯度與壓縮性效應必須予以考慮**。兩者之影響如下：

(1) **黏滯度之影響**：黏滯度造成之影響主要在流體流動時分子間之剪應力及其相應造成之熱能散失。此一效應之重要性隨雷諾(Reynolds Number)[4]之大小而定。常見之範例包括軸承磨潤(Bearing Lubrication)，緩慢蠕流(Creeping Flow)，邊界層流(Boundary Layer Flow)等。如圖 5-20 所示。

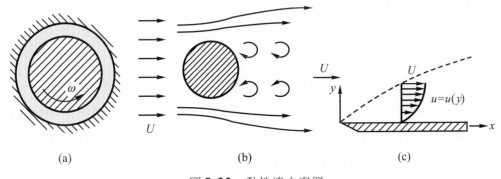

圖 **5-20** 黏性流之案例

---

[4] 定義請參閱第八章。

⑵ **壓縮性之影響**：例如氣體，當溫度和壓力改變時，密度也隨之變化，由連續方程式知，其速度場也隨之變化。此一效應之重要性隨馬赫數(Mach Number)[5]之大小而定。最明顯之現象例如進氣道中超音速氣流轉為次音速時所產生之震波(Shock Waves)。此外，一般之聲波(Acoustic Waves)係壓力之微擾波動向四面八方傳播之結果。在以上兩者之分析中，壓縮性效應不可忽略。在水動力學方面，地震力造成之動水壓力(Hydrodynamic Pressure)分析中亦應考慮流體之壓縮性。如圖 5-21 所示。

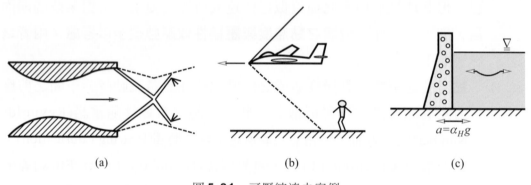

(a)　　　　　　　　　　　(b)　　　　　　　　　　　(c)

圖 **5-21**　可壓縮流之案例

2. **真實流體流動分析：**

在考慮流體之黏滯度與剪應力時，必須計算流場之速度梯度(Velocity Gradients)。因此一般對黏性流場之分析，首先需決定速度場，再由速度場計算剪應力(Shear Stress)，壓降(Pressure Drop)，體積流率(Volume Flow Rate)，平均速度(Average Velocity)，最大速度(Maximal Velocity)等。由於需要知道速度梯度，我們必須引用**微分型式之基本方程式**，對於簡單問題可選取適當之控制體積推導出微分形式。對於較複雜之問題則直接從第四章之一般微分形式出發。

一般在分析黏性流時，對於流體運動變形率與剪應力之關係採用牛頓滯度定律(Newton's Viscosity Law)若為三度空間則採用史托克滯度定律(Stokes' Viscosity Law)並推導出 Navier-Stokes 方程式。

---

[5] 定義請參閱第八章。

真實流體運動需滿足下列方程式與條件：

(1)　**連續方程式(質量守恆)：**

$$\frac{\partial \rho}{\partial t} + \nabla \cdot (\rho \, \overrightarrow{V}) = 0 \qquad\qquad (5\text{-}52)$$

(2)　**能量方程式(能量守恆)：**

$$\frac{\partial (\rho \, e)}{\partial t} + \nabla \cdot (\rho \, e \, \overrightarrow{V}) = \rho \, \overrightarrow{f} \cdot \overrightarrow{V} - p \, \nabla \cdot \overrightarrow{V} - p \, \nabla \cdot \overrightarrow{V}$$

$$+ \delta \, \dot{q}_{\text{VISCOUS}} + \delta \, \dot{q}_{H} + \delta \, \dot{w}_{\text{VISCOUS}} + \delta \, \dot{w}_{M} \quad (5\text{-}53)$$

(3)　**動量方程式(動量守恆)：**對層流及常數黏滯度流體，Navier-Stokes
方程式

$$\frac{\partial (\rho \, \overrightarrow{V})}{\partial t} + \nabla \cdot (\rho \, \overrightarrow{V} \, \overrightarrow{V})$$

$$= - \nabla p + \rho \, \overrightarrow{f} + \mu \, \nabla^2 \, \overrightarrow{V} + \frac{\mu}{3} \nabla \, (\nabla \cdot \overrightarrow{V}) \qquad (5\text{-}54)$$

(4)　**狀態方程式：**對理想氣體而言，需滿足

$$p = \rho \, R \, T \qquad\qquad (5\text{-}55)$$

(5)　**邊界條件：**流體速度在邊界上為零

$$V = 0 \quad \text{在固體邊界上} \qquad\qquad (5\text{-}56)$$

上式又稱為不滑動條件(No Slip Condition)。值得注意的是，理想流
體中在固體邊界之切向速度不為零(因無黏滯度故亦無剪應力發生)，
但真實流體則此切向速度必須為零。

◢5-6 一維真實流體運動之實例

　　茲舉數例以說明一維真實流體分析之程序；此處之一維主要係考慮速度分量僅是某一空間座標之函數，例如：$\vec{V} = (u(y), 0, 0)$。我們將選取適當之控制體積推導出微分形式之基本方程式，並討論如何從一般微分形式之基本方程式簡化，兩者互相驗證。對於每一案例首先需決定速度場，再由速度場計算剪應力，壓降，體積流率，平均速度，最大速度等。

1. **兩無窮大平板間穩態完全發展層流流場(Steady Fully-Developed Laminar Flow Between Infinite Parallel Plates)**

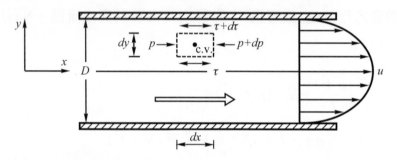

圖 **5-22**　兩無窮大平板間穩態完全發展層流流場

　　高壓水力機械中之流體常由活塞(Piston)與圓柱(Cylinder)間之縫隙發生滲漏(Leakage)。為要估計滲漏流率，可將微小隙縫視為兩塊無窮大平板間之流場，如圖 5-22 所示。以流場分類而言，此為一內流場(Internal Flow)；由於假設為完全發展之層流，速度分佈由邊界之零變化至中央之最大值，每個斷面之速度分佈均相同。將座標系統定義在兩片平板之中央。

　　我們有以下**基本假設**及條件：

(1) 不可壓縮流(Incompressible Flow)$\nabla \cdot \vec{V} = 0$。

(2) 穩態流(Steady Flow)$\dfrac{\partial}{\partial t} = 0$。

(3) 完全發展層流(Fully-Developed Laminar Flow)$\vec{V} = (u, 0, 0)$。

(4) 忽略重力效應，$F_B = 0$。

(5)　牛頓滯度定律適用 $\tau_{YX} = \mu \dfrac{\partial u}{\partial y}$。

(6)　邊界上無滑移 $u\left(\dfrac{D}{2}\right) = 0$，$u\left(-\dfrac{D}{2}\right) = 0$。

　　取一控制體積如圖 5-22 中虛線所示：

(1)　**連續方程式**：因 $\vec{V} = (u, 0, 0)$ 代入不可壓縮流之連續方程式

$$\nabla \cdot \vec{V} = \frac{\partial u}{\partial x} + \frac{\partial (0)}{\partial y} + \frac{\partial (0)}{\partial z} = 0 \tag{5-57}$$

因此，速度與 x 無關。換言之 $u = u(y)$ 之速度場滿足連續方程式。

(2)　**能量方程式**：我們不考慮熱量之輸入輸出及能量之變化，故暫不需要引用能量方程式。

(3)　**動量方程式**：由微小之控制體積 $d\,\mathbf{\Psi} = dxdydz$ 在 x 方向之動量方程式為

$$\Sigma F_X = \underbrace{(F_B)_X}_{0(忽略重力)} + (F_S)_X$$

$$= \underbrace{\frac{\partial}{\partial t}\int_{CV} u\rho\,d\mathbf{\Psi}}_{0(穩態假設)} + \underbrace{\oint_{CS} u\rho\,V \cdot d\vec{A}}_{0(完全發展)}$$

$$= 0 + 0 = 0 \tag{5-58}$$

其中，由於為完全發展流場，故上下游之動量通量(Momentum Flux)相同，淨通量為零；因此動量方程式為水平方向之表面作用力合力為零。此作用力包括壓力及剪應力。因此

$$(p)dydz - \left(p + \frac{\partial p}{\partial x}dx\right)dydz -$$

$$(\tau_{YX})\,dxdz + \left(\tau_{YX} + \frac{\partial \tau_{YX}}{\partial y}dy\right)dxdz = 0$$

簡化得

$$\frac{\partial \tau_{YX}}{\partial y} = \frac{\partial p}{\partial x} \qquad (5\text{-}59)$$

由牛頓滯度定律得

$$\frac{\partial}{\partial y}\left[\mu \frac{\partial u}{\partial y}\right] = \frac{\partial p}{\partial x} \qquad (5\text{-}60)$$

積分得

$$u(y) = \frac{1}{2\mu}\left(\frac{\partial p}{\partial x}\right)y^2 + \frac{A}{\mu}y + B \qquad (5\text{-}61)$$

(4) **邊界條件：**

代入邊界條件$u\left(\dfrac{D}{2}\right) = 0$，$u\left(\dfrac{-D}{2}\right) = 0$得$A = 0$，$B = -\dfrac{D^2}{8\mu}\left(\dfrac{\partial p}{\partial x}\right)$。

(5) **速度場分佈(Velocity Profile)：**流場速度分佈為

$$u(y) = \frac{D^2}{2\mu}\left(\frac{\partial p}{\partial x}\right)\left[\left(\frac{y}{D}\right)^2 - \frac{1}{4}\right] \qquad (5\text{-}62)$$

上式顯示速度分佈為為一拋物線(Parabolic Profile)，如圖 5-23 所示。

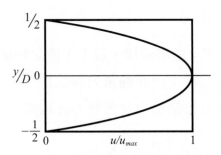

圖 **5-23** 　兩無窮大平板間流場速度分佈圖

(6)　**剪應力分佈(Shear Stress Distribution)**：

$$\tau_{YX} = \mu\,\frac{\partial u}{\partial y} = D\left(\frac{\partial p}{\partial x}\right)\left[\frac{y}{D}\right] \tag{5-63}$$

為一線性分佈。

(7)　**體積流率(Volume Flow Rate)**：

單位深度之體積流率為

$$\frac{Q}{l} = \int_{-D/2}^{D/2} u\,dy = \int_{-D/2}^{D/2} \frac{1}{2\mu}\left(\frac{\partial p}{\partial x}\right)\left[y^2 - \frac{1}{4}D^2\right]dy$$

$$= -\frac{D^3}{12\mu}\left(\frac{\partial p}{\partial x}\right) \tag{5-64}$$

(8)　**平均速度(Average Velocity)**：

$$V_{\text{ave}} = \frac{Q}{A} = -\frac{D^3 l}{12\mu}\left(\frac{\partial p}{\partial x}\right)/D\,l = -\frac{D^2}{12\mu}\left(\frac{\partial p}{\partial x}\right) \tag{5-65}$$

(9)　**最大速度(Maximal Velocity)**：

由 $du/dy = 0$ 可知最大速度發生在 $y = 0$，而其值為

$$u_{\max} = -\frac{D^2}{8\mu}\left(\frac{\partial p}{\partial x}\right) = \frac{3}{2}V_{\text{ave}} \tag{5-66}$$

討　論

動量方程式若直接由穩態不可壓縮之 Navier-Stokes 方程式出發

$$\rho\left[\underbrace{\frac{\partial u}{\partial t}}_{0} + \underbrace{u\frac{\partial u}{\partial x}}_{0} + \underbrace{v\frac{\partial u}{\partial y}}_{0} + \underbrace{w\frac{\partial u}{\partial z}}_{0}\right] = -\frac{\partial p}{\partial x} + \mu\left[\underbrace{\frac{\partial^2 u}{\partial x^2}}_{0} + \frac{\partial^2 u}{\partial y^2}\right]$$

與(5-60)所得相同。

2. **上板以固定速度移動之兩無窮大平板間流場(Flow Between Infinite Parallel Plates with Upper Plate Moving with Constant Velocity)**

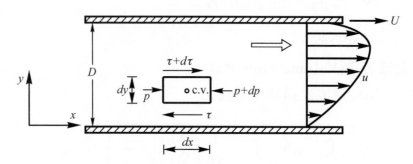

圖 **5-24**　上板以固定速度移動之兩無窮大平板間流場

　　球形軸承(Journal Bearing)中內圓柱與外部固定構件間之微小隙縫間流場，可視為兩塊無窮大平板間之流場而其中一個以固定速度移動，如圖 5-24 所示。以流場分類而言，此亦為一內流場(Internal Flow)；速度分佈由固定不動平板邊界之零變化至運動平板邊界之固定速度，每個斷面之速度分佈均相同。將座標系統定義在固定不動平板上。

　　我們有以下**基本假設**及條件：

(1) 不可壓縮流(Incompressible Flow) $\nabla \cdot \vec{V} = 0$。

(2) 穩態流(Steady Flow) $\dfrac{\partial}{\partial t} = 0$。

(3) 完全發展層流(Fully-Developed Laminar Flow) $V = (u, 0, 0)$。

(4) 忽略重力效應，$F_B = 0$。

(5) 牛頓滯度定律適用 $\tau_{YX} = \mu \dfrac{\partial u}{\partial y}$。

(6) 邊界上無滑移 $u(0) = 0$，$u(D) = U$。

　　取一控制體積如圖 5-24 中虛線所示，

(1) **連續方程式**：因 $\vec{V} = (u, 0, 0)$ 代入不可壓縮流之連續方程式

$$\nabla \cdot \vec{V} = \frac{\partial u}{\partial x} + \frac{\partial (0)}{\partial y} + \frac{\partial (0)}{\partial z} = 0 \tag{5-67}$$

因此，速度與x無關。換言之$u = u(y)$之速度場滿足連續方程式。

(2)　**能量方程式**：我們不考慮熱量之輸入輸出及能量之變化，故暫不需要引用能量方程式。

(3)　**動量方程式**：由微小之控制體積$d \forall = dxdydz$在x方向之動量方程式為

$$\Sigma F_X = \underbrace{(F_B)_X}_{0(忽略重力)} + (F_S)_X$$

$$= \underbrace{\frac{\partial}{\partial t} \int_{cv} u \rho \, d\forall}_{0(穩態假設)} + \underbrace{\oint_{cs} u \rho \, V \cdot d\overrightarrow{A}}_{0(完全發展)}$$

$$= 0 + 0 = 0 \tag{5-68}$$

其中，由於為完全發展流場，故上下游之動量通量(Momentum Flux)相同，淨通量為零；因此動量方程式為水平方向之表面作用力合力為零。此作用力包括壓力及剪應力。因此

$$(p)dydz - \left(p + \frac{\partial p}{\partial x} dx\right)dydz -$$

$$(\tau_{YX})dxdz + \left(\tau_{YX} + \frac{\partial \tau_{YX}}{\partial y} dy\right)dxdz = 0$$

簡化得

$$\frac{\partial \tau_{YX}}{\partial y} = \frac{\partial p}{\partial x} \tag{5-69}$$

由牛頓滯度定律得

$$\frac{\partial}{\partial y}\left[\mu \frac{\partial u}{\partial y}\right] = \frac{\partial p}{\partial x} \tag{5-70}$$

積分得

$$u(y) = \frac{1}{2\mu}\left(\frac{\partial p}{\partial x}\right)y^2 + \frac{A}{\mu} y + B \tag{5-71}$$

(4)　**邊界條件**：代入邊界條件$u(0) = 0$，$u(D) = 0$得$A = \dfrac{\mu U}{D} - \dfrac{D}{2}\left(\dfrac{\partial p}{\partial x}\right)$，

$B = 0$。

(5)　**速度場分佈(Velocity Profile)**：流場速度分佈為

$$u(y) = \frac{U}{D}y + \frac{D^2}{2\mu}\left(\frac{\partial p}{\partial x}\right)\left[\left(\frac{y}{D}\right)^2 - \left(\frac{y}{D}\right)\right] \qquad (5\text{-}72)$$

上式顯示速度分佈為為一拋物線(Parabolic Profile)，如圖 5-25 所示。值得注意的是，當速度梯度為零$\left(\dfrac{\partial p}{\partial x} = 0\right)$時，速度分佈為直線。當速度梯度為正值$\left(\dfrac{\partial p}{\partial x} > 0\right)$時，逆流(Reverse Flow)可能發生(視$\dfrac{\partial p}{\partial x}$與$U$之相對大小)。

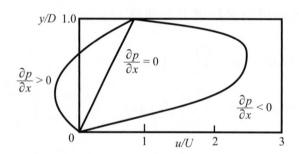

圖 **5-25**　上板以固定速度運動之兩無窮大平板間流場速度分佈圖

(6)　**剪應力分佈(Shear Stress Distribution)**：

$$\tau_{YX} = \mu\frac{\partial u}{\partial y} = \mu\frac{U}{D} + D\left(\frac{\partial p}{\partial x}\right)\left[\frac{y}{D} - \frac{1}{2}\right] \qquad (5\text{-}73)$$

為一線性分佈。

(7)　**體積流率(Volume Flow Rate)**：

單位深度之體積流率為

$$\frac{Q}{l} = \int_0^D u\,dy = \int_0^D \left[\frac{U}{D} y + \frac{1}{2\mu}\left(\frac{\partial p}{\partial x}\right)(y^2 - Dy) \right] dy$$

$$= \frac{DU}{2} - \frac{D^3}{12\mu}\left(\frac{\partial p}{\partial x}\right) \tag{5-74}$$

(8)　**平均速度(Average Velocity)**：

$$V_{ave} = \frac{Q}{A} = \left[\frac{DU}{2} - \frac{D^3}{12\mu}\left(\frac{\partial p}{\partial x}\right) \right] / Dl = \frac{U}{2} - \frac{D^2}{12\mu}\left(\frac{\partial p}{\partial x}\right) \tag{5-75}$$

(9)　**最大速度(Maxumal Velocity)**：由 $\dfrac{du}{dy}=0$ 可知最大速度發生在

$y = \dfrac{D}{2} - \dfrac{\dfrac{U}{D}}{\left(\dfrac{1}{\mu}\right)\left(\dfrac{\partial p}{\partial x}\right)}$。但最大速度與平均速度之關係無法由單純之

數式表示。

3.　**長導管中聲波傳播(Acoustic Wave Propagation in Long Ducts)**：

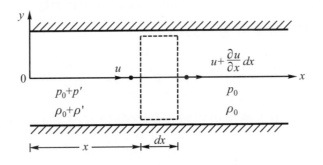

圖 **5-26**　長導管中聲波傳播

　　如圖 5-26 所示為一長導管，管中一端有聲波進入，實際之例子如樂器。僅考慮一個方向之波動，因此速度場為 $\overrightarrow{V} = (u(x,t), 0, 0)$。選取控制體積為單位面積與微小長度 dx 之小元體 $d\forall = 1 \cdot dx$，未擾動前之狀況為：

$$p = p_0 \text{, } \rho = \rho_0 \text{, } \overrightarrow{V} = (0, 0, 0)$$

擾動後為

$$p(x, t) = p_0(x) + p'(x, t)$$

$$\rho(x, t) = \rho_0(x) + \rho'(x, t)$$

$$\overrightarrow{V} = (u(x, t), 0, 0)$$

則由**質量守恆**

$$\frac{\partial}{\partial t}[\rho' \, dx] = \oiint_{\text{cs}} \rho \, \overrightarrow{V} \cdot d\overrightarrow{A}$$

$$= [\rho_0 + \rho'] \, u - [\rho_0 + \rho'] \left[u + \frac{\partial u}{\partial x} \, dx \right] \tag{5-76}$$

刪除微小量之相乘積項，可得

$$\frac{\partial \rho'}{\partial t} + \rho_0 \frac{\partial u}{\partial x} = 0 \tag{5-77}$$

此為線性化之連續方程式(Linearized Continuity Equation)。忽略黏滯度及重力，**動量守恆**可寫為

$$\frac{\partial \left[(\rho_0 + \rho') (u) \, dx \right]}{\partial t} = [p_0 + p'] - \left[p_0 + \frac{\partial p'}{\partial x} \, dx \right] \tag{5-78}$$

忽略微小量之相乘積，可得線性化之動量方程式(Linearized Momentum Equation)：

$$\rho_0 \frac{\partial u}{\partial t} = - \frac{\partial p'}{\partial x} \tag{5-79}$$

對理想氣體(Ideal Gas)而言，$p = p(\rho)$

$$p' = p - p_0 = \frac{dp}{d\rho}(\rho - \rho_0) = \frac{dp}{d\rho} \rho' \tag{5-80}$$

定義

$$c^2 = \frac{dp}{d\rho} = \frac{p'}{\rho'} \tag{5-81}$$

由(5-77)(5-79)(5-81)得壓力場滿足以下方程式：

$$\frac{\partial^2 p'}{\partial x^2} = \frac{1}{c^2} \frac{\partial^2 p'}{\partial t^2} \tag{5-82}$$

上式為傳播速度為c之**一維波動方程式**(Wave Equations)。此一波動即為聲波(Acoustic Waves; Sound Waves)；傳播速度c稱為音速(Sound Speed)。(5-82)之通解(General Solution)具有以下形式：

$$p'(x,t) = f(x-ct) + g(x-ct) \tag{5-83}$$

其中$f(x-ct)$為向正x方向移動之壓力擾動；$g(x+ct)$為向負x方向移動之壓力擾動。完全解(Complete Solution)可由分離變數法配合邊界條件及初始條件決定。

| 討　論 |

(1)　在等熵條件下理想氣體壓力與密度之關係為

$$\frac{p}{\rho^K} = \frac{p_0}{\rho_0^K} \tag{5-84a}$$

$$\frac{p}{\rho} = RT \tag{5-84b}$$

則由(5-81)得

$$c = \sqrt{\frac{dp}{d\rho}} = \sqrt{k\frac{p}{\rho}} = \sqrt{kRT} \tag{5-85}$$

由上式可知，在空氣中音速與絕對溫度之平方根成正比。

(2)　在$0°C$($T = 273°K$)標準大氣壓$p_0 = 1\text{atm} = 1.013 \times 10^5 \text{Pa}$，空氣密度為$\rho_0 = 1.293 \text{kg/m}^3$，音速為

$$c_0 = \sqrt{k\,\frac{p_0}{\rho_0}} = \sqrt{\frac{(1.4)(1.013 \times 10^5)}{1.293}} = 331.6\text{m/s}$$

或由空氣之氣體常數為 $R = 287\text{N} \cdot \text{m/kg} \cdot \text{K}$

$$c_0 = \sqrt{k\,RT} = \sqrt{(1.4)(287)(273)} = 331\text{m/s}$$

(3) 標準大氣下溫度 $t\text{℃}$ 之音速可以下式估計：

$$c = \sqrt{kRT} = \sqrt{kR(273 + t)} = \sqrt{kR\,(273)\left(1 + \frac{t}{273}\right)} = c_0\left(1 + \frac{t}{273}\right)^{1/2}$$

$$\approx c_0\left(1 + \frac{t}{(2)(273)}\right) = c_0\,(1 + 0.0018315t) = 331.6 + 0.6t$$

例如：標準大氣下溫度 20℃ 之音速為 $c = 331.6 + 0.6(20) = 343.6\text{m/s}$。

(4) 尚有許多物理問題其統御方程式與(5-82)同型，其物理量之波動行為亦有類似之特性，但其波傳速度之定義則因問題而異；茲列表如下：

物理問題	物理量	波傳速度 c	形 式
聲 波	壓力 p'	$c = \sqrt{\dfrac{kp}{\rho}} = \sqrt{kRT}$	縱 波
長桿之軸向振動	位移 u	$c = \sqrt{\dfrac{E}{\rho}}$	縱 波
長桿之扭轉波動	扭角 θ	$c = \sqrt{\dfrac{GJ}{I}}$	橫 波
梁之自由振動	位移 w	$c = \sqrt{\dfrac{EI}{\rho A}}$	橫 波
索之自由振動	位移 w	$c = \sqrt{\dfrac{T}{\rho}}$	橫 波

註：縱波(Longitudinal Waves)中質點振動方向與波進行方向相同，橫波(Transverse Waves)中質點振動方向與波進行方向垂直。

(5) 在三維之聲波傳播中，(5-82)之方程式改為

$$\nabla^2 p' = \frac{\partial^2 p'}{\partial x^2} + \frac{\partial^2 p'}{\partial y^2} + \frac{\partial^2 p'}{\partial z^2} = \frac{1}{c^2} \frac{\partial^2 p'}{\partial t^2} \tag{5-86}$$

4. 導管中擬似一維等熵流(Quasi-One-Dimensional Isentropic Flow in Ducts)：

在設計高速風洞(High-Speed Wind Tunnel)、火箭引擎(Rocket Engine)、高能雷射(High-Energy Lasers)、噴射引擎(Jet Engine)至分析震波(Shock Waves)、水錘現象(Water Hammer)等問題中，對導管內可壓縮流之了解至為重要。如圖 5-27 所示，在導管中擬似一維可壓縮流中，導管面積為 x 之函數；嚴格而言，流場在 y，z 方向均有變化，但變化量很小，故可假設在每一個　斷面上為常數；因此，$A = A(x)$，$p = p(x)$，$\rho = \rho(x)$，$T = T(x)$，$\vec{V} = (U(x), 0, 0)$。此外有以下**基本假設**：

(1) 穩態。

(2) 非黏性流。

(3) 忽略重力效應。

(4) 絕熱過程。

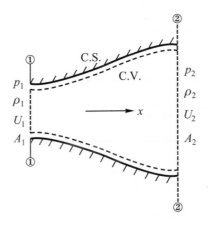

圖 **5-27** 擬似一維等熵流分析

首先選取 1，2 之間為控制體積，則

(1) **連續方程式：**

$$\dot{m} = \rho_1\, U_1\, A_1 = \rho_2\, U_2\, A_2 = 常數 \qquad (5\text{-}87)$$

(2) **動量方程式：**

$$\oiint_{cs} U\rho\,(\vec{V}\cdot d\vec{A}) = -\oiint_{cs} p\,dA$$

$$-\rho_1\, U_1^{\,2}\, A_1 + \rho_2\, U_2^{\,2}\, A_2 = p_1\, A_1 - p_2\, A_2 + \int_{A_1}^{A_2} p\,dA$$

$$p_1\, A_1 + \rho_1\, U_1^{\,2}\, A_1 + \int_{A_1}^{A_2} p\,dA = p_2\, A_2 + \rho_2\, U_2^{\,2}\, A_2 \qquad (5\text{-}88)$$

(3) **能量方程式：**

$$0 = \oiint_{cs} \left(u + \frac{V^2}{2} + \underset{0}{gz} + \frac{p}{\rho} \right) \rho\, \vec{V}\cdot d\vec{A}$$

$$0 = \left(u_1 + \frac{p_1}{\rho_1} + \frac{U_1^{\,2}}{2} \right)(-\rho_1\, U_1\, A_1) + \left(u_2 + \frac{p_2}{\rho_2} + \frac{U_2^{\,2}}{2} \right)(\rho_2\, U_2\, A_2)$$

因 $h = u + \dfrac{p}{\rho}$ 並由連續方程式(5-87)，上式可簡化爲

$$h_1 + \frac{U_1^{\,2}}{2} = h_2 + \frac{U_2^{\,2}}{2} = h_0 = 常數 \qquad (5\text{-}89)$$

(4) **狀態方程式：** 理想氣體

$$p_2 = \rho_2\, R\, T_2 \qquad (5\text{-}90)$$

$$h_2 = c_P\, T_2 \qquad (5\text{-}91)$$

(5-87)至(5-91)共 5 個方程式，可以求解 5 個未知量 p_2，ρ_2，u_2，T_2，h_2。

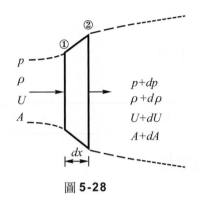

圖 **5-28**

　　此外可由微分型式之基本方程式加以分析。

(1)　**連續方程式**：(5-87)可改寫為微分式：

$$d(\rho\,U\,A) = 0$$

或

$$\frac{d\rho}{\rho} + \frac{d\,U}{U} + \frac{d\,A}{A} = 0 \tag{5-92}$$

上式亦可由圖5-28所示微小元體之質量守恆而得：

$$\rho\,u\,A = (\rho + d\rho)(U + d\,U)(A + d\,A)$$

展開並忽略高次項，可得(5-92)。

(2)　**動量方程式**：由圖5-28所示微小元體之動量守恆

$$pA - (p + dp)(A + dA) + pA$$
$$= -\rho\,U^2 A + (\rho + d\rho)(U + d\,U)^2\,(A + dA)$$

可化簡得

$$\frac{dp}{\rho} = -U\,d\,U = -d\left(\frac{U^2}{2}\right) \tag{5-93}$$

(3)　**能量方程式：**

$$d\left(h + \frac{U^2}{2}\right) = 0$$

$$dh + U\,dU = 0 \qquad\qquad (5\text{-}94)$$

(4)　**面積與速度之關係：**

$$\frac{dp}{\rho} = \frac{dp}{d\rho}\frac{d\rho}{\rho} = c^2\frac{d\rho}{\rho} = -U\,dU$$

$$\frac{d\rho}{\rho} = -\frac{U^2}{c^2}\frac{dU}{U} = -M^2\frac{dU}{U} \qquad\qquad (5\text{-}95)$$

其中$M = U/c$稱為馬赫數(Mach Number)。將(5-95)代入(5-92)整理得

$$\frac{dA}{A} = (M^2 - 1)\frac{dU}{U} \qquad\qquad (5\text{-}96)$$

由此式可觀察出：

①　當$0 \le M < 1$時，即次音速流(Subsonic Flow)，$M^2 - 1 < 0$：速度之增加($dU > 0$)必須面積減少($dA < 0$)。反之速度減少時則面積增加。此與不可壓縮流中之文氏管(Venturi Tube)行為類似。如圖5-29。

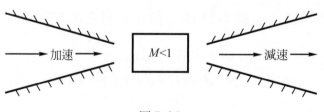

圖 **5-29**

②　當$1 < M$時，即超音速流(Supsonic Flow)，$M^2 - 1 > 0$：速度之增加($dU > 0$)必須面積增加($dA > 0$)。反之速度減少時則面積減少。此與次音速流之情形相反。如圖5-30。

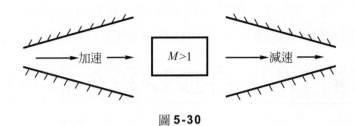

圖 **5-30**

③ 當$M = 1$時，即音速流(Sonic Flow)，$M^2 - 1 = 0$：面積為極值($dA = 0$)。

由以上可知，若要流體從次音速加速經音速至超音速，則斷面需設計成如圖 5-31(a)所示之噴嘴(Nozzle)型式；相反的，若要流體從超音速減速經音速至次音速，則斷面需設計成如圖 5-31(b)所示之發散管(Diffuser)型式。音速之斷面均為最小值。

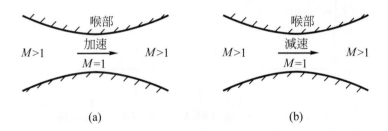

圖 **5-31** 導管設計：(a)噴嘴(Nozzle)(b)發散管(Diffuser)

(5) 停滯點(Stagnation Point)：氣體動力學分析上，可選定停滯點之場量而推導出以下關係式：

$$\frac{p_0}{p} = \left[1 + \frac{k-1}{2} M^2 \right]^{\frac{k}{k-1}} \tag{5-97}$$

$$\frac{\rho_0}{\rho} = \left[1 + \frac{k-1}{2} M^2 \right]^{\frac{1}{k-1}} \tag{5-98}$$

$$\frac{T_0}{T} = \left[1 + \frac{k-1}{2} M^2 \right]^{1} \tag{5-99}$$

此外，常選取$M = 1$處之斷面場量為參考值。

討 論

(1) 由熱力學第二定律：

$$\underbrace{\oiint_{CS} \frac{1}{T} \frac{\dot{Q}}{A} dA}_{0} = \frac{\partial}{\partial t} \iiint_{CV} \rho s d \Psi + \oiint_{CS} s \rho \vec{V} \cdot d\vec{A}$$

$$0 = s_1 \left(- \rho_1 U_1 A_1 \right) + s_2 \left(\rho_2 U_2 A_2 \right)$$

可得

$$s_1 = s_2 = s = 常數 \tag{5-100}$$

因此，此流場確實為一等熵流。

(2) 對不可壓縮流而言，

$$\left(\frac{p_0}{p} \right)_{INCOMPRESSIBLE} = 1 + \frac{\rho V^2}{2p} = 1 + \frac{V^2}{2RT}$$

$$= 1 + \frac{k V^2}{2kRT} = 1 + \frac{k V^2}{2c^2} = 1 + \frac{k}{2} M^2 \tag{5-101}$$

方程式(5-97)與(5-101)繪圖如圖 5-32 所示。

此外，若將可壓縮流之(5-97)式展開

$$\frac{p_0}{p} = \left[1 + \frac{k-1}{2} M^2 \right]^{\frac{k}{k-1}}$$

$$= 1 + \left(\frac{k}{k-1} \right) \left(\frac{k-1}{2} M^2 \right)$$

$$+ \left(\frac{k}{k-1} \right) \left(\frac{k}{k-1} - 1 \right) \frac{1}{2!} \left(\frac{k-1}{2} M^2 \right)^2$$

$$+ \left(\frac{k}{k-1} \right) \left(\frac{k}{k-1} - 1 \right) \left(\frac{k}{k-1} - 2 \right) \frac{1}{3!} \left(\frac{k-1}{2} M^2 \right)^3 + \cdots$$

$$= 1 + \frac{k}{2} M^2 + \frac{k}{8} M^4 + \frac{k(2-k)}{48} M^6 + \cdots$$

$$= 1 + \frac{k}{2} M^2 \left[1 + \frac{1}{4} M^2 + \frac{(2-k)}{24} M^4 + \cdots \right]$$

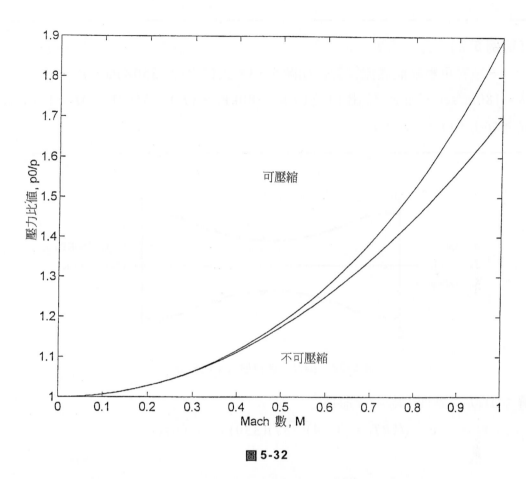

圖 5-32

隨著 M 增加，上式括號中之值漸增，如下表所示：

M	0.1	0.2	0.3	0.4	0.5	0.6	0.8	1.0
error(%)	0.25 %	1 %	2.3 %	4.1 %	6.4 %	9.3 %	17 %	27.5 %

可見**隨著 M 增加，壓縮性之效應更明顯**。而在 $M < 0.45$ 時(次音速流)
以不可壓縮之理想氣體來分析，其壓力之誤差約在 5 ％之內。

【範例 5-2】

一穩態可壓縮流體流經管道如圖 5-33。入口之 $p_1 = 350\text{KPa}$，$T_1 = 330°\text{K}$，$U_1 = 180\text{m/sec}$，加速至出口之 $(p_2)_0 = 380\text{kPa}$，$(T_2)_0 = 350°\text{K}$，$M_2 = 1.3$；求 M_1，$(p_1)_0$，$(T_1)_0$，p_2，T_2。

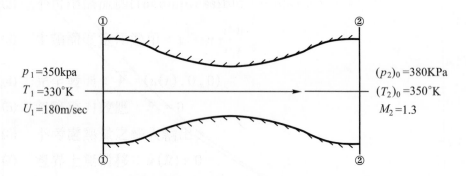

$p_1 = 350\text{kpa}$
$T_1 = 330°\text{K}$
$U_1 = 180\text{m/sec}$

$(p_2)_0 = 380\text{KPa}$
$(T_2)_0 = 350°\text{K}$
$M_2 = 1.3$

圖 5-33　擬似一維穩態可壓縮流分析

解：(1) M_1：斷面 1 處之音速為

$$c_1 = \sqrt{kRT_1} = \sqrt{(1.4)(287)(330)} = 364\text{m/sec}$$

故

$$M_1 = \frac{U_1}{c_1} = \frac{180}{364} = 0.49$$

(2) $(p_1)_0$：由(5-97)

$$\frac{(p_1)_0}{p_1} = \left[1 + \frac{k-1}{2} M_1^2 \right]^{\frac{k}{k-1}} = [1 + (0.2)(0.49)^2]^{3.5} = 1.186$$

故

$$(p_1)_0 = 1.186 p_1 = (1.186)(350) = 415\text{KPa}$$

(3) $(T_1)_0$：由(5-99)

$$\frac{(T_1)_0}{T_1} = \left[1 + \frac{k-1}{2} M_1^2 \right] = [1 + (0.2)(0.49)^2] = 1.05$$

故

$$(T_1)_0 = 1.05 T_1 = (1.05)(330) = 346.5°\text{K}$$

(4)p_2：由(5-97)

$$\frac{(p_2)_0}{p_2} = \left[1 + \frac{k-1}{2} M_2^2 \right]^{\frac{k}{k-1}} = [1 + (0.2)(1.3)^2]^{3.5} = 2.77$$

故

$$p_2 = \frac{(p_2)_0}{2.77} = \frac{380}{2.77} = 137.18 \text{KPa}$$

(5)T_2：由(5-99)

$$\frac{(T_2)_0}{T_2} = \left[1 + \frac{k-1}{2} M_2^2 \right] = [1 + (0.2)(1.3)^2] = 1.338$$

故

$$T_2 = \frac{(T_2)_0}{1.338} = \frac{350}{1.338} = 262°\text{K}$$

討　論

(1)　此為次音速流($M = 0.49$)加速至超音速流($M = 1.3$)之噴嘴。

(2)　讀者可思考如何決定ρ_1，$(\rho_1)_0$，ρ_2，$(\rho_2)_0$，c_2，U_2。

本章重點整理

1. 一維理想流體與真實流體之差異：

(1)理想流體(Ideal Fluids)：

①特性：不可壓縮(Incompressible)無黏滯度(Inviscid)。

②未知數：2 個(p，V)。

③統御方程式：連續方程式，Bernoulli's 方程式。

④運動方程式：Euler's 方程式。

⑤流速之固體邊界條件：垂直分量為零，不穿透條件(Impermeability)。

⑥範例：

❶孔口射流。

❷自由射流。

❸閉槽縮小斷面。

❹渠道縮小斷面。

❺文氏管。

❻堰流。

⑵眞實流體(Real Fluids)：

①特性：可壓縮(Compressible)或黏性的(Viscous)。

②未知數：5 個(p, V, ρ, T, h)[視問題而定]。

③統御方程式：連續方程式、能量方程式、動量方程式、狀態方程式。

④運動方程式：Navier-Stokes 方程式。

⑤流速之固體邊界條件：流速爲零，不滑移條件(No-Slip)。

⑥範例：

❶兩固定平行板間完全發展層流。

❷上板運動之兩平行板間剪力流場。

❸長導管中聲波傳播。

❹導管中擬似一維等熵流。

2. 流體量測中各種管之用途：

⑴ Pitot 管：氣體自由流速度。

⑵ Prandtl 管：氣體自由流速度。

⑶ Venturi 管：管流流量。

⑷噴嘴計(Nozzle)：管流流量。

⑸孔口計(Orifice)：管流流量。

⑹堰(Weir)：渠道流量。

3. 黏滯效應主要受雷諾數(Reynolds Number)影響；壓縮性效應則受馬赫數(Mach Number)影響。

4. 音速之計算：

$$c = \sqrt{\frac{dp}{d\rho}} = \sqrt{k\,\frac{p}{\rho}} = \sqrt{kRT}$$

▲學後評量

5-1　Pitot管如圖P5-1，求自由流流速U。

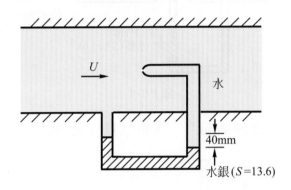

圖 **P5-1**

5-2　虹吸管如圖P5-2，求p_A，V_2。

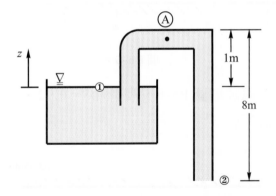

圖 **P5-2**

5-3　寬度為3m之渠道，如圖P5-3，求兩斷面之水深z_1，z_2。

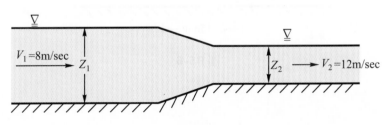

圖 **P5-3**

5-4 圖 P5-4 所示為一水平文氏管,若無能量損失,求管線中之流量Q。

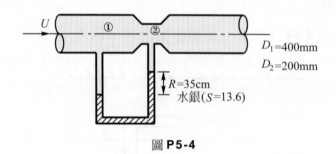

D_1=400mm
D_2=200mm
R=35cm
水銀(S=13.6)

圖 **P5-4**

5-5 如圖 P5-5 所示之沖刷閘門,求單位寬度流量q及流速V_2。

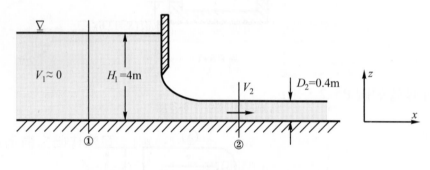

$V_1 \approx 0$
H_1=4m
V_2
D_2=0.4m

圖 **P5-5**

5-6 活塞圓柱間有縫隙如圖 P5-6,潤滑油$S = 0.92$,$\mu = 0.018$kg/m·sec,試估計滲漏流率Q。

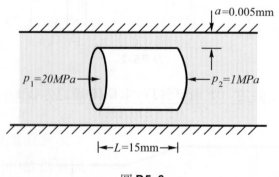

a=0.005mm
p_1=20MPa
p_2=1MPa
L=15mm

圖 **P5-6**

5-7 滾軸軸承轉速$\omega = 3600$rpm，潤滑油$\mu = 0.0096$N · sec/m²，如圖 P5-7，求剪應力τ_{YX}及扭矩T。

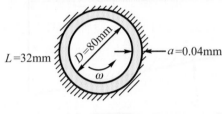

圖 **P5-7**

5-8 一滑動軸承(Slipper Bearing)如圖 P5-8 所示，下表面以U的速度向右移動。假設垂直於圖面無流體流出，且流速分量v遠小於u。兩端與空氣接觸，液體黏滯度為μ，試證：

(1)速度分佈為$u(y) = U\left(1 - \dfrac{y}{h}\right) - \dfrac{h^2}{2\mu}\left(\dfrac{dp}{dx}\right)\left(\dfrac{y}{h}\right)\left(1 - \dfrac{y}{h}\right)$。

(2)流量：$Q = U\dfrac{h_1\, h_2}{h_1 + h_2}$。

(3)壓力分佈：$p(x) = \dfrac{6\mu\, Ux(h - h_2)}{h^2\,(h_1 + h_2)}$。

(4)總壓力：$P = \displaystyle\int_0^L p\,dx = \dfrac{6\mu\, U L^2}{(h_1 - h_2)^2}\left[\ln\dfrac{h_1}{h_2} - 2\dfrac{h_1 - h_2}{h_1 + h_2}\right]$。

(5)總拖力：$D = \displaystyle\int_0^L \tau(y = 0)\,dx = -\int_0^L \mu\left(\dfrac{du}{dy}\right)_{y=0}$

$\qquad\qquad = \dfrac{2\mu\, U L}{h_1 - h_2}\left[2\ln\dfrac{h_1}{h_2} - 3\dfrac{h_1 - h_2}{h_1 + h_2}\right]$。

(6)最大總壓力發生於$h_1 = 2.2\,h_2$，其值為$P_{\max} = 0.16\dfrac{\mu\, U L^2}{h_2^2}$，且此處$D = 0.75\dfrac{\mu\, U L}{h_2}$。

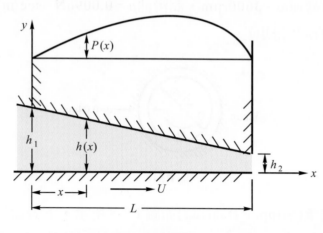

圖 P5-8

5-9 兩不相混合且不可壓縮之流體，深度為h，流經兩平行板間，ρ_1，μ_1，ρ_2，μ_2，$\dfrac{\partial p}{\partial x}$為常數，如圖 P5-9，求速度場$u = u(z)$。

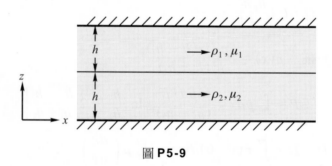

圖 P5-9

5-10 一不可壓縮流體，密度ρ，黏滯度μ，以薄層狀流下一片與地面傾斜θ角之玻璃平板，速度平行於斜面，厚度a為常數，如圖 P5-10 所示，試證速度分佈為

$$u(s) = \frac{\rho g}{2\mu}(a^2 - s^2)\sin\theta$$

單位寬度流量為

$$q = \frac{\rho g}{3\mu}a^3 \sin\theta$$

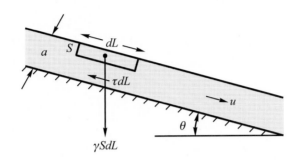

圖 P5-10

5-11 一架超音速飛機在空氣中飛行,速度為 528m/sec,空氣壓力為 28.5KPa (abs),密度為 0.439kg/m³。求飛機機鼻停滯點空氣之溫度,壓力及密度。

5-12 簡答題:

⑴在何種條件下,Bernoulli's 方程式適用於一條流線上,又需再加上何種條件下,Bernoulli's 方程式適用於整個流場。

⑵寫出束縮係數 C_c,流速係數 C_v,流量係數 C_d 三者之意義。

⑶何謂托里切利定理?簡單推導孔口射流之出口速度為 $V_0 = \sqrt{2gH}$。

⑷說明理想流體之特性。

⑸說明真實流體之特性。

⑹說明馬赫數(Mach Number)如何影響流體之壓縮性。

⑺說明可壓縮流中噴嘴(Nozzle)與發散管(Diffuser)之不同。

⑻可壓縮流中音速如何決定?不可壓縮流中音速為多少?

⑼試舉三例說明理想流體之分析。

⑽試舉三例說明真實流體之分析。

第六章

管 流

本章學習要點

　　本章主要簡介封閉導管中流體之重要物理特性、流場分析與管路設計等。對於管路中層流與紊流之判別,各種阻抗造成之水頭損失估計,單一及複雜管系之設計分別詳加探討。最後並簡介水錘現象及其避免之道;讀者宜注意重要物理性質之定義,符號,單位(因次)及其在流體行為之影響。

◢6-1 引 言

　　管流(Pipe Flows; Flows in Closed Conduits)泛指流經固體邊界包圍之通路,無自由表面之內部流體。生活中常見之管流包括:自來水管、油管、化學原料輸送管等。

　　管流可依以下方式分類:

1. 依**管流斷面形狀**區分:
　(1) 圓形管流(Flow in Circular Pipes)
　(2) 非圓形管流(Flow in Noncircular Pipes)

2. 依**流體質點行為**區分:
　(1) 層流(Laminar Pipe Flows)
　(2) 紊流(Turbulent Pipe Flows)

3. 依**流體之壓縮性**區分:
　(1) 不可壓縮管流(Incompressible Flows)
　(2) 可壓縮管流(Compressible Flows)

4. 依**時間關係**區分:
　(1) 穩態管流(Steady Pipe Flows)
　(2) 非穩態管流(Unsteady Pipe Flows)

5. 依**流速對流向距離之變化**區分：
   (1) 均勻管流(Uniform Pipe Flows)
   (2) 非均勻管流(Nonuniform Pipe Flows)
6. 依**管壁粗糙程度**區分：
   (1) 光滑管流(Smooth Pipe Flows)
   (2) 粗糙管流(Rough Pipe Flows)

管流分析之目的在求出管路中壓力變化；對理想流體而言，壓力之變化乃由高程或速度之改變造成，且可由 Bernoulli's 方程式計算；但對真實流體而言，由黏滯度引發之剪應力為一種摩擦力(Friction)，與運動分向相反，且造成壓力之下降；其相當之能量意義則為水頭損失(Head Loss)。真實管流流場中中，此種損失分為兩種：

1. **主要損失(Major Loss)**：由黏滯剪應力造成之摩擦力所引起之損失。
2. **次要損失(Minor Loss)**：由於入口、出口、管路突擴、管路漸擴、管路突縮、管路漸縮、管路彎曲、閥與配件等造成之損失。

在主要損失部份，我們將探討完全發展圓管層流之理論損失水頭計算公式，**在層流中損失將與平均速度成正比**；然而值得注意的是，實際上除了極少數非常緩慢流動之例子為層流外，**大部份之管流均為紊流**，而紊流之損失水頭由實驗建立之半經驗公式分析，**紊流中損失將與速度平方成正比**。層流與紊流之分際將由雷諾數(Reynolds Number)決定。對於非圓形管之損失水頭估計，將採用水力半徑(Hydraulic Radius)之觀念延伸之。

此處要強調的是，**管流與明渠流最大之區別**在**流場之驅動力不同**：

1. 管流(Pipe Flows)：壓力差(Pressure Difference)。
2. 明渠流[1](Open Channel Flows)：重力(Gravitational Force)。

影響管流分析之兩個無因次參數分別為**雷諾數(Reynolds Number)**與**粗糙度(Roughness Ratio)**。

---

[1] 明渠流將於第七章中介紹。

◢6-2 層流與紊流

1. **古典雷諾試驗(Classic Reynolds Experiment)：**

Osborne Reynolds 於 1883 年曾發表一篇論文[2]，說明其流場觀察試驗及結果，其實驗裝置如圖 6-1 所示。將透明玻璃管水平連於一桶，另一端有閥控制管內流速，染料由管端進入玻璃管，測量平均流速V，管之直徑D，流體之黏滯度μ，並觀察流體之流動形狀。Reynolds 發現流動特性與無因次參數$\rho VD/\mu$有關，此一**無因次參數**即被稱為**雷諾數(Reynolds Number)：**

$$\mathrm{Re}=\frac{\rho VL}{\mu} \tag{6-1}$$

其中$L=D$為特性長度(Characteristic Length)。

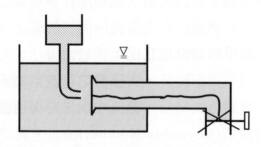

圖 6-1 雷諾試驗裝置

其流場變化如下：

(1) **層流(Laminar Flow Regime)：**$\mathrm{Re}<2000$時，染料呈現一直線穩定往下流動。如圖 6-2(a)所示。

(2) **過渡區(Transition Regime)：**$2000<\mathrm{Re}<4000$時，染料呈現不穩定晃動。如圖 6-2(b)所示。

---

[2] Reynolds, O., "An Experimental Investigation of the Circumstances Which Determine Whether the Motion of Water Shall Be Direct or Sinuous, and of the Laws of Resistance in Parallel Channels," Trans. Royal Society of Lodon., Vol. 174, 1883.

(3) **紊流(Turbulent Flow Regime)**：4000＜Re時，染料呈現無規律雜亂擾動往下流動。如圖 6-2(c)所示。

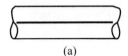 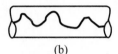 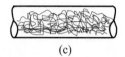

圖6-2　雷諾試驗結果(a)層流區(b)過渡區(c)紊流區

　　如果以**某一點速度對時間之關係**作圖，則層流將如圖 6-3(a)所示，而紊流如圖 6-3(b)所示。

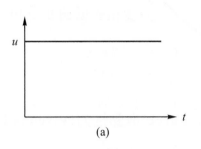 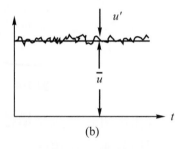

圖6-3　某一點速度對時間之變化(a)層流(b)紊流

討　論

(1) 雷諾數在不同之情形下有不同之定義，主要在特性長度(Characteristic Length)部份：

① 圓形管流：$L = D =$ 圓管直徑。

② 球體黏流：$L = D =$ 球體直徑。

③ 邊界層流：$L = l =$ 平板長度。

(2) 雷諾數可視為紊流引發剪應力(Turbulence Induced Shear Stress)τ_T 與黏滯度引發剪應力(Viscosity Induced Shear Stress)τ_V 兩者之比值。可推導如下：

　　觀察圖 6-4 之小元體，則

$$\tau_T = \frac{dF}{dA} = \frac{(\rho\, v'\, dA)u'}{dA} = \rho\, u'\, v'$$

而

$$\tau_V = \mu \frac{u'}{l}$$

故

$$\frac{\tau_T}{\tau_V} = \frac{\rho v' l}{\mu}$$

具有雷諾數之形式。

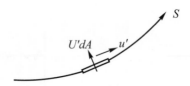

圖 6-4 紊流引起之剪應力推導

(3) 雷諾數可視為流體**慣性力(Inertia Force)**與**黏性力(Viscous Force)**兩種效應之比值。

$$\text{Re} = \frac{\rho V L}{\mu} = \frac{(\rho V L^2)V}{\left(\dfrac{\mu V}{L}\right)L^2} = \frac{F_I}{F_V}$$

當 Re 小時，流體之黏滯效應大於慣性效應，流體層與層間之剪應力較大，拘束分子在層的主流方向運動，故為層流；當 Re 大時，流體之黏滯效應小於慣性效應，流體層與層間之剪應力較小，拘束分子在層的主流方向運動之力量小，而流體分子間因慣性大及動量大，彼此之動量交換非常劇烈，故為紊流。

(4) 對於**極低雷諾數之流動**，稱為**蠕流(Creeping Flow)**。在此種流動中，主要為黏滯效應所影響，慣性效應趨近於零；在此種情形下，統御方程式及邊界條件為線性(Linear)，因而往往可找出解析解答。例如：Stokes Flow；Hele-Shaw Flow 等。

(5) 對於**較高雷諾數之流動**，通常進入**紊流區**，即使慣性效應較顯著，也不能完全視爲非黏流；但有許多情形是，流場之大部份區域可視爲非黏流分析，**黏性效應則僅局限於邊界薄薄之一層，稱爲邊界層流(Boundary Layer Flow)**。分析時要特別注意，不可直接刪除黏性項，否則會發生 d'Alembert 疑義(d'Alembert Paradox)所提出之現象。

2. **完全發展管流(Fully-Developed Pipe Flows)：**

　　觀察一管流之入口區域，如圖 6-5，會發現變化情形如下：在入口區上游面爲非黏流，整個斷面速度爲均勻分佈，但往下游發展，則由於黏滯性之作用，邊界層逐漸由邊界往中央擴大，由連續方程式(質量守恆)知，邊界部份減速將伴隨中央部份加速，終至邊界層於中央合併交會而使全斷面爲黏性流。如管子完全水平，則流速分佈將固定不變，此稱爲完全發展流(Fully-Developed Flow)。從入口至完全發展之長度稱爲入流長度(Entrance Length)：

$$\frac{L_e}{D} \approx 0.06 \mathrm{Re} \quad 層流 \tag{6-2}$$

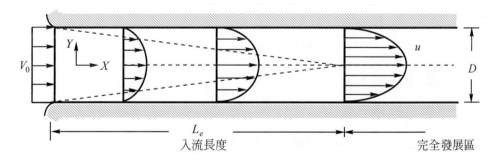

圖 6-5 管流入口區之流場

　　值得注意的是，在入流區之中心部份爲非黏流，而僅在邊界層內需考慮黏滯度之影響。

3. **完全發展層流之分析**

考慮圖6-6之完全發展管中層流，流場為軸對稱(Axisymmetric)，
採用圓柱座標分析較方便；故取一環形微小控制體積，長度為dx，厚
度為dr。我們有以下**假設及條件**：

(1) 穩態流(Steady Flow)：$\dfrac{\partial}{\partial t} = 0$。

(2) 不可壓縮流體(Incompressible Fluids)：$\nabla \cdot \vec{V} = 0$。

(3) 牛頓滯度定律適用：$\tau_{rx} = \mu \dfrac{\partial u}{\partial r}$。

(4) 完全發展：$\vec{V} = (u(r), 0, 0)$。

(5) 忽略重力效應：$F_B = 0$。

(6) 不考慮熱量之輸入輸出。

(7) 邊界上無滑移：$u(R) = 0$。

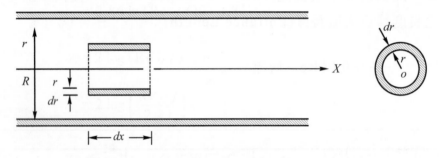

圖 6-6 完全發展管流

則分析如下：

(1) **連續方程式：**

$$\nabla \cdot \vec{V} = \frac{\partial u}{\partial x} + \frac{\partial (0)}{\partial r} + \frac{1}{r} \frac{\partial (0)}{\partial \theta} = 0 \tag{6-3}$$

可知速度場與x無關，因此完全發展之速度場$u = u(r)$自動滿足連續
方程式。

(2)　**能量方程式**：暫時不必使用。

(3)　**動量方程式**：由微小控制體積 $d\mathbf{V} = 2\pi\,r dr dx$ 之 x 方向動量方程式

$$\Sigma F_X = \underbrace{(F_B)_X}_{0(忽略重力)} + (F_S)_X$$

$$= \underbrace{\frac{\partial}{\partial t}\int_{CV} u\,\rho\,d\mathbf{V}}_{0(穩態假設)} + \underbrace{\oint_{CS} u\rho\,V\cdot d\vec{A}}_{0(完全發展)}$$

$$= 0 + 0 = 0 \tag{6-4}$$

其中，由於爲完全發展流場，故上下游之動量通量(Momentum Flux)相同，淨通量爲零；因此動量方程式爲水平方向之表面作用力合力爲零。此作用力包括壓力及剪應力。因此

$$(p)2\pi r\,dr - \left(p + \frac{\partial p}{\partial x}\,dx\right)2\pi r\,dr - (\tau_{rx})\,2\pi r dx$$

$$+ \left(\tau_{YX} + \frac{\partial \tau_{rx}}{\partial r}\,dr\right)2\pi\,(r+dr)\,dx = 0$$

簡化得

$$\frac{\tau_{rx}}{r} + \frac{\partial \tau_{rx}}{\partial r} = \frac{1}{r}\,\frac{\partial (r\,\tau_{rx})}{\partial r} = \frac{\partial p}{\partial x} \tag{6-5}$$

積分得

$$\tau_{rx} = \frac{r}{2}\left(\frac{\partial p}{\partial x}\right) + \frac{A}{r} \tag{6-6}$$

由牛頓滯度定律得

$$\tau_{rx} = \mu\,\frac{\partial u}{\partial y} = \frac{r}{2}\left(\frac{\partial p}{\partial x}\right) + \frac{A}{r}$$

積分得

$$u(r) = \frac{1}{4\mu}\left(\frac{\partial p}{\partial x}\right)r^2 + \frac{A}{\mu}\ln r + B \tag{6-7}$$

由流場之有限值條件，可知 $A = 0$。

(4) **邊界條件：**

代入邊界條件 $u(R) = 0$ 得 $B = -\dfrac{R^2}{4\mu}\left(\dfrac{\partial p}{\partial x}\right)$。

(5) **速度場分佈(Velocity Profile)：** 流場速度分佈為

$$u(y) = \frac{-R^2}{4\mu}\left(\frac{\partial p}{\partial x}\right)\left[1 - \left(\frac{r}{R}\right)^2\right] \tag{6-8}$$

上式顯示速度分佈為為一迴轉拋物線體(Paraboloid Profile)，如圖 6-7 所示。

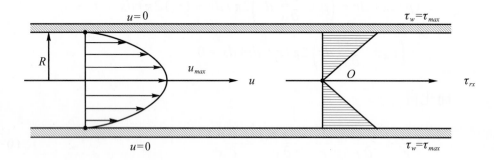

圖 6-7　完全發展管流流場速度分佈圖

(6) **剪應力分佈(Shear Stress Distribution)：**

$$\tau_{rx} = \mu\frac{\partial u}{\partial y} = \frac{r}{2}\left(\frac{\partial p}{\partial x}\right) \tag{6-9}$$

為一線性分佈。

(7) **體積流率(Volume Flow Rate)：**

體積流率為

$$Q = \int_0^R u(2\pi r)dr = \int_0^R \frac{1}{4\mu}\left(\frac{\partial p}{\partial x}\right)[r^2 - R^2]2\pi r\,dr$$

$$= -\frac{\pi R^4}{8\mu}\left(\frac{\partial p}{\partial x}\right) \tag{6-10}$$

⑻ **平均速度(Average Velocity)**：

$$V_{ave} = \frac{Q}{A} = -\frac{\pi R^4 l}{8\mu}\left(\frac{\partial p}{\partial x}\right)/\pi R^2 = -\frac{R^2}{8\mu}\left(\frac{\partial p}{\partial x}\right) \tag{6-11}$$

⑼ **最大速度(Maximal Velocity)**：

由 $du/dy = 0$ 可知最大速度發生在 $r = 0$，而其值為

$$u_{max} = -\frac{R^2}{4\mu}\left(\frac{\partial p}{\partial x}\right) = 2V_{ave} \tag{6-12}$$

⑽ **體積流率(Volume Flow Rate)與壓降(Pressure Drop)**：

體積流率為

$$Q = -\frac{\pi R^4}{8\mu}\left(\frac{\partial p}{\partial x}\right) = -\frac{\pi R^4}{8\mu}\left(\frac{-\Delta p}{L}\right)$$

$$= \frac{\pi R^4}{8\mu}\left(\frac{\Delta p}{L}\right) = \frac{\pi D^4}{128\mu}\left(\frac{\Delta p}{L}\right) \tag{6-13}$$

或寫為

$$\Delta p = \frac{128\mu L Q}{\pi D^4} \tag{6-14}$$

上式為著名之 **Hagen-Poiseuille 方程式**[3]。

---

[3] 此式由德國工程師 Gotthif H L. Hagen 於 1839 年實驗發現；由法國物理學家 Jean Louis Poiseuille 於 1940 年推導；於 1856 年由 Wiedeman 以分析方法推證。

【範例 6-1】

　　欲測量某一密度為　流體之黏滯度，使用一毛細管黏度計(Capillary Vis-
cometer)，直徑 $D = 0.6$mm，長 $L = 1$m，體積流率為 $Q = 900$mm³/sec，1，2 兩
斷面之間壓降為 1MPa，如圖 6-8，求(1)流體之動力滯度(2)雷諾數 R_e (3)判斷此
為層流或紊流。

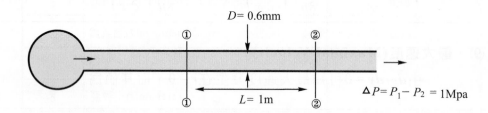

圖 6-8　毛細管黏度計

解：(1) 流體之動力滯度：由(6-14)

$$\mu = \frac{\Delta p(\pi D^4)}{128 L Q} = \frac{(1 \times 10^6)(\pi)(0.6 \times 10^{-3})^4}{128(1)(900 \times 10^{-9})}$$

$$= 3.5343 \times 10^{-3} \text{N} \cdot \text{sec/m}^2$$

(2) 雷諾數 R_e：

平均速度為

$$V = \frac{Q}{A} = \frac{Q}{\pi D^2/4} = \frac{(900 \times 10^{-9})}{\pi (0.6 \times 10^{-3})^2/4} = 3.1831 \text{m/sec}$$

雷諾數為

$$R_e = \frac{\rho V D}{\mu} = \frac{(1000)(3.1831)(0.6 \times 10^{-3})}{(3.5343 \times 10^{-3})} = 540.3784$$

(3) 判斷此為層流或紊流：

因為 $R_e < 2000$ 故為層流。

4. **紊流之分析**

⑴ **紊流之特性：**

雷諾數大於臨界值之黏性流體運動，其流體質點進行之軌跡呈現高度不規則之流動，稱爲紊流(Turbulent Flow)。在紊流中，流體相鄰質點間由於紊亂運動所造成之動量交換遠大於層流，因此雖然其速率變化較小，但剪應力並不小。紊流之現象頗爲複雜，難以簡單之數學模式加以解析，大多採用統計及機率之觀點，配合實驗加以分析，工程應用上則使用半經驗公式(Semi-Empirical Formula)。

⑵ **紊流之流場描述：**

爲描述紊流之運動，將場量分爲平均運動(Mean Motion)及渦動運動(Eddying Motion; Fluctuation)兩部份，即

$$u = \bar{u} + u'$$
$$v = \bar{v} + v'$$
$$w = \bar{w} + w'$$
$$p = \bar{p} + p'$$

$(6\text{-}15a)$

如爲可壓縮流尚需包括

$$\rho = \bar{\rho} + \rho'$$
$$T = \bar{T} + T'$$

$(6\text{-}15b)$

其中時平均量(Time-Average)乃是一段時間內場量之均值，例如：

$$\bar{u} = \frac{1}{T} \int_{t}^{t+T} u \, dt$$

$(6\text{-}16)$

渦動微擾量之時平均值均爲零：

$$\overline{u'} = \overline{v'} = \overline{w'} = \overline{p'} = \overline{\rho'} = \overline{T'} = 0$$

$(6\text{-}17)$

單位質量之平均動能爲

$$\frac{1}{2}\left[\overline{(u')^2} + \overline{(v')^2} + \overline{(w')^2}\right] \tag{6-18}$$

(3) **紊流之剪應力：**

對於紊流中之剪應力，Boussnisq(1877，1896)曾提出以下關係式：

$$\tau_t = \tau_L + \tau_T = (\mu + \eta)\frac{du}{dy} \tag{6-19}$$

其中η稱為渦動滯度(Eddy Viscosity)，並非流體之固有性質，而是依紊亂程度而定；其值在層流時為零，而紊亂程度劇烈時可能高達μ值之數萬倍。

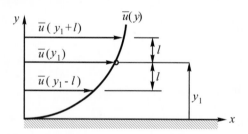

圖6-9　Prandtl混合長度理論

Prandtl曾提出**混合長度理論(Mixing Length Theory)**[4]認為

$$v' \sim u' \sim l\frac{du}{dy} \tag{6-20}$$

其中l稱為混合長度(Mixing Length)，為流體與壁之距離之函數$l = l(y)$，參見圖6-9。Prandtl且假設

$$l = ky \tag{6-21}$$

將(6-20)代入紊流引發之剪應力得

$$\tau_T = \rho\, u'\, v' = \rho\, l^2\left|\frac{du}{dy}\right|\left(\frac{du}{dy}\right) \tag{6-22}$$

---

[4] Prandtl, L., Essentials of Fluid Dynamics, pp. 105 − 145, Hafner, New York, 1952.

與(6-19)比較可知，Prandtl 混合長度理論相當於渦動滯度為

$$\eta = \rho\, l^2 \left| \frac{du}{dy} \right| \tag{6-23}$$

此外，von Karman(1934)[5]以紊流中之相似性提出

$$l = k\, \frac{\dfrac{du}{dy}}{\dfrac{d^2 u}{dy^2}} \tag{6-24}$$

相當於

$$\eta = \rho\, k^2\, \frac{\left(\dfrac{du}{dy}\right)^3}{\dfrac{d^2 u}{dy^2}} \tag{6-25}$$

$$\tau_T = \rho\, k^2\, \frac{\left(\dfrac{du}{dy}\right)^2}{\dfrac{d^2 u}{dy^2}} \left(\frac{du}{dy}\right) \tag{6-26}$$

(4)　**雷諾紊流方程式：**

由不可壓縮之連續方程式及 Navier-Stokes 方程式

$$\frac{\partial u}{\partial x} + \frac{\partial v}{\partial y} + \frac{\partial w}{\partial z} = 0 \tag{6-27}$$

$$\rho\left(\frac{\partial u}{\partial t} + u\frac{\partial u}{\partial x} + v\frac{\partial u}{\partial y} + w\frac{\partial u}{\partial z}\right) = -\frac{\partial p}{\partial x} + \mu\nabla^2 u$$

$$\rho\left(\frac{\partial v}{\partial t} + u\frac{\partial v}{\partial x} + v\frac{\partial v}{\partial y} + w\frac{\partial v}{\partial z}\right) = -\frac{\partial p}{\partial y} + \mu\nabla^2 v \tag{6-28}$$

$$\rho\left(\frac{\partial w}{\partial t} + u\frac{\partial w}{\partial x} + v\frac{\partial w}{\partial y} + w\frac{\partial w}{\partial z}\right) = -\frac{\partial p}{\partial z} + \mu\nabla^2 w$$

---

[5]　von Kaman, T., "Turbulence and Skin Friction," Journal of the Aeronautical Science, Vol. 1, No. 1, P.1, 1934.

假設場量如(6-15a)所示，取方程式(6-27)及(6-28)之時平均值，可推得

$$\frac{\partial \bar{u}}{\partial x} + \frac{\partial \bar{v}}{\partial y} + \frac{\partial \bar{w}}{\partial z} = 0 \tag{6-29}$$

$$\rho \left(\frac{\partial \bar{u}}{\partial t} + \bar{u} \frac{\partial \bar{u}}{\partial x} + \bar{v} \frac{\partial \bar{u}}{\partial y} + \bar{w} \frac{\partial \bar{u}}{\partial z} \right)$$

$$= -\frac{\partial \bar{p}}{\partial x} + \mu \nabla^2 \bar{u} + \left(\frac{\partial \sigma'_{XX}}{\partial x} + \frac{\partial \tau'_{XY}}{\partial y} + \frac{\partial \tau'_{XZ}}{\partial z} \right)$$

$$\rho \left(\frac{\partial \bar{v}}{\partial t} + \bar{u} \frac{\partial \bar{v}}{\partial x} + \bar{v} \frac{\partial \bar{v}}{\partial y} + \bar{w} \frac{\partial \bar{v}}{\partial z} \right)$$

$$= -\frac{\partial \bar{p}}{\partial y} + \mu \nabla^2 \bar{v} + \left(\frac{\partial \tau'_{XY}}{\partial x} + \frac{\partial \sigma'_{YY}}{\partial y} + \frac{\partial \tau'_{YZ}}{\partial z} \right) \tag{6-30}$$

$$\rho \left(\frac{\partial \bar{w}}{\partial t} + \bar{u} \frac{\partial \bar{w}}{\partial x} + \bar{v} \frac{\partial \bar{w}}{\partial y} + \bar{w} \frac{\partial \bar{w}}{\partial z} \right)$$

$$= -\frac{\partial \bar{p}}{\partial z} + \mu \nabla^2 \bar{w} + \left(\frac{\partial \tau'_{XZ}}{\partial x} + \frac{\partial \tau'_{YZ}}{\partial y} + \frac{\partial \sigma'_{ZZ}}{\partial z} \right)$$

其中因紊動增加之應力為

$$\begin{bmatrix} \sigma'_{XX} & \tau'_{XY} & \tau'_{XZ} \\ \tau'_{XY} & \sigma'_{YY} & \tau'_{YZ} \\ \tau'_{XZ} & \tau'_{YZ} & \sigma'_{ZZ} \end{bmatrix} = -\rho \begin{bmatrix} \overline{u'u'} & \overline{u'v'} & \overline{u'w'} \\ \overline{u'v'} & \overline{v'v'} & \overline{v'w'} \\ \overline{u'w'} & \overline{v'w'} & \overline{w'w'} \end{bmatrix} \tag{6-31}$$

稱為視應力(Apparent Stress)，虛擬應力(Virtual Stress)或雷諾應力(Reynolds Stress)。

對圓管軸對稱流而言，可用圓柱座標(x, r, θ)表示，若速度分量為$(\bar{u}, \bar{v}, \bar{w})$

$$\frac{\partial \bar{u}}{\partial x} + \frac{\partial \bar{v}}{\partial r} + \frac{1}{r} \frac{\partial \bar{w}}{\partial \theta} = 0 \tag{6-32}$$

$$\rho \left(\frac{\partial \bar{u}}{\partial t} + \bar{u} \frac{\partial \bar{u}}{\partial x} + \bar{v} \frac{\partial \bar{u}}{\partial r} + \frac{\bar{w}}{r} \frac{\partial \bar{u}}{\partial \theta} \right)$$

$$= - \frac{\partial \bar{p}}{\partial x} + \mu \nabla^2 \bar{u} - \rho \left(\frac{\partial \overline{u'u'}}{\partial x} + \frac{1}{r} \frac{\partial r \overline{u'v'}}{\partial r} + \frac{1}{r} \frac{\partial \overline{u'w'}}{\partial \theta} \right)$$

$$\rho \left(\frac{\partial \bar{v}}{\partial t} + \bar{u} \frac{\partial \bar{v}}{\partial x} + \bar{v} \frac{\partial \bar{v}}{\partial r} + \frac{\bar{w}}{r} \frac{\partial \bar{v}}{\partial \theta} - \frac{\overline{w^2}}{r} \right)$$

$$= - \frac{\partial \bar{p}}{\partial r} + \mu \left(\nabla^2 \bar{v} - \frac{\bar{v}}{r^2} - \frac{2}{r^2} \frac{\partial \bar{w}}{\partial \theta} \right)$$

$$- \rho \left(\frac{\partial \overline{u'v'}}{\partial x} + \frac{1}{r} \frac{\partial r \overline{v'v'}}{\partial r} + \frac{1}{r} \frac{\partial \overline{v'w'}}{\partial \theta} - \frac{\overline{w'w'}}{r} \right)$$

$$\rho \left(\frac{\partial \bar{w}}{\partial t} + \bar{u} \frac{\partial \bar{w}}{\partial x} + \bar{v} \frac{\partial \bar{w}}{\partial r} + \frac{\bar{w}}{r} \frac{\partial \bar{w}}{\partial \theta} \right)$$

$$= - \frac{1}{r} \frac{\partial \bar{p}}{\partial \theta} + \mu \left(\nabla^2 \bar{w} + \frac{2}{r^2} \frac{\partial \bar{w}}{\partial \theta} - \frac{\bar{w}}{r^2} \right)$$

$$- \rho \left(\frac{\partial \overline{w'u'}}{\partial x} + \frac{\partial \overline{v'w'}}{\partial \partial t} + \frac{1}{r} \frac{\partial \overline{w'w'}}{\partial \theta} - \frac{2 \overline{v'w'}}{r} \right) \tag{6-33}$$

其中

$$\nabla^2 = \frac{\partial^2}{\partial x^2} + \frac{\partial^2}{\partial r^2} + \frac{1}{r} \frac{\partial}{\partial r} + \frac{1}{r^2} \frac{\partial^2}{\partial \theta^2}$$

(5)　**近壁紊流：**

　　　近壁紊流可分為三區，如圖 6-10 所示：

①　層流次層(Laminar Sublayer)或黏性壁層(Viscous Wall Layer)：在此層中層流剪應力 τ_L 佔主要部份。

②　重疊區(Overlap Region)：在此層中層流剪應力 τ_L 與紊流剪應力 τ_T 同等重要。

③　外層(Outer Layer)：在此層中紊流剪應力 τ_T 佔主要部份。

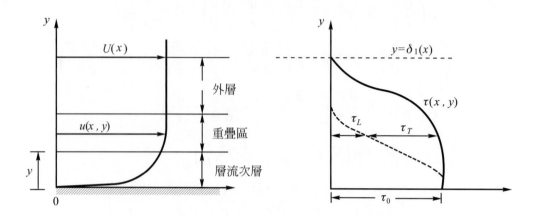

圖 6-10　近壁紊流

三層中之速度與剪應力分佈如下：

		高　度	速　度	剪　應　力
1	層流次層	$0 < \dfrac{u_*}{v}\, y < 4$	$\dfrac{u}{u_*} = \dfrac{u_*}{v}\, y$	$\tau_L = \mu\, \dfrac{du}{dy}$
2	重疊區	$4 < \dfrac{u_*}{v}\, y < 30\sim70$		$\tau_t = \tau_L + \tau_T$ $= \mu\, \dfrac{du}{dy} + \rho\, k^2 y^2 \left\| \dfrac{du}{dy} \right\| \left(\dfrac{du}{dy} \right)$
3	外　層	$30\sim70 < \dfrac{u_*}{v}\, y$	$\dfrac{u}{u_*} = \dfrac{1}{k} \ln y + C$ $= \dfrac{2.3}{k} \log y + C$	$\tau_T = \rho\, k^2 y^2 \left\| \dfrac{du}{dy} \right\| \left(\dfrac{du}{dy} \right)$

其中 $k = 0.4$，$u_* = \sqrt{\tau_0/\rho}$ 稱為剪力速度(Shear Velocity)。圖 6-11 說明速度分佈曲線之示意圖。

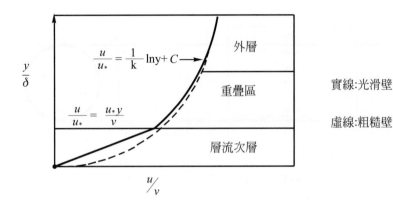

圖 6-11 近壁紊流之速度分佈曲線

實用上我們希望有一個通用之速度分佈表示式，學者曾進行許多研究並提出各種公式，但以下為常用之兩種：

	速　　　度	平　均　速　度	最　大　速　度
光滑管壁	$\dfrac{u}{u_*} = 5.75 \log \dfrac{u_*}{v} y + 5.5$	$\dfrac{\bar{u}}{u_*} = 5.75 \log \dfrac{u_*}{v} y + 1.75$	$\dfrac{u - u_m}{u_*} = 5.75 \log \dfrac{u_*}{v} y$
粗糙管壁	$\dfrac{u}{u_*} = 5.75 \log \dfrac{1}{\varepsilon} y + 8.5$	$\dfrac{\bar{u}}{u_*} = 5.75 \log \dfrac{1}{\varepsilon} r_0 + 4.75$	$\dfrac{u - u_m}{u_*} = 5.751 \log \dfrac{1}{r_0} y$

◢6-3　管流之表面阻抗

造成管流水頭損失最主要之來源為管壁之摩擦損失，此一摩擦損失對層流而言純粹為黏滯剪應力引發(因此理想流體中此一損失乃假設為零)；而在紊流中則尚包括由壁紊流渦動剪應力之貢獻；層流中之水頭損失有嚴謹之理論公式，而紊流之分析多藉助半經驗公式或查表。

1. **Darcy-Weisbach[6]公式：**

　　考慮直徑 D 之水平圓管，如圖 6-12，在 1 與 2 斷面間長度為 L，具有壓降(Presssure Drop)為 $\Delta p = p_2 - p_1$。由水平力之平衡

---

[6]　Weisbach, J., "Die Experimentalhydraulik," J. S. Engelhardt, Freiburg, 1855.

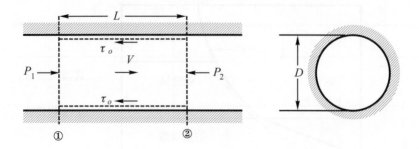

圖 6-12　Darcy-Weisbach 方程式推導

$$(p_1 - p_2)\frac{\pi D^2}{4} = -\Delta p \frac{\pi D^2}{4} = \tau_0 (\pi D L) \qquad (6\text{-}34)$$

因此

$$\Delta p = -\frac{4\tau_0 L}{D} \qquad (6\text{-}35)$$

又因

$$\sqrt{\frac{\tau_0}{\rho}} = u_* = V \sqrt{\frac{f}{8}} \qquad (6\text{-}36)$$

即

$$\tau_0 = \frac{f}{4}\frac{\rho V^2}{2} \qquad (6\text{-}37)$$

將(6-37)代入(6-35)並由能量方程式知管流由摩擦造成之水頭損失為

$$h_f = \frac{p_1}{\gamma} - \frac{p_2}{\gamma} = \frac{-\Delta p}{\gamma} = f\left(\frac{L}{D}\right)\left(\frac{V^2}{2g}\right) \qquad (6\text{-}38)$$

其中 f 稱為摩擦因數(Friction Factor)。(6-38)式稱為 **Darcy-Weisbach 方程式**。

(6-37)式亦可由因次分析[7]求得：

$$\tau_0 = K D^a \rho^b \mu^c V^d$$

$$= 2K \, Re^{n-2} \frac{\rho V^2}{2}$$

$$= \frac{f}{4} \frac{\rho V^2}{2}$$

值得注意的是，(6-38)適用於層流與紊流。

2. **層 流**

省略平均速度之記號ave，由(6-11)中可知完全發展管流之層流流場其平均速度可寫爲

$$V = \frac{\Delta p R^2}{8\mu L} = \frac{\Delta p D^2}{32\mu L} \tag{6-39}$$

或壓降表爲平均速度之關係

$$\Delta p = \frac{32\mu L V}{D^2} \tag{6-40}$$

因此損失水頭爲

$$(h_f)_{\text{LAMIN.}} = \frac{p_1}{\gamma} - \frac{p_2}{\gamma} = \frac{\Delta p}{\gamma} = \frac{32\mu L V}{\gamma D^2} = \frac{64}{Re} \frac{L}{D} \frac{V^2}{2g} \tag{6-41}$$

與(6-38)比較可知層流中其摩擦因數相當於

$$f_{\text{LAMIN.}} = \frac{64}{Re} \tag{6-42}$$

---

[7] 因次分析之方法詳見本書第八章。

值得注意得是，(6-41)表示層流中摩擦損失與流速之一次方成正比 $\left[(h_f)_{\text{LAMIN.}} = \dfrac{32\mu L V}{\gamma D^2}\right]$；而摩擦因數僅爲雷諾數之函數，且隨雷諾數增加而減少。

<u>討　論</u>

(1) 由(6-41)進一步觀察可發現管流層流中由黏滯剪應力引起摩擦損失有以下特性：

① 與流速成正比。

② 與黏滯度成正比。

③ 與流動之長度成正比。

④ 與單位重成反比。

⑤ 與圓管直徑平方(面積)成反比。

(2) (6-42)式寫爲 $f_{\text{LAMIN.}} = 64\text{Re}^{-1}$，兩邊取對數則爲 $\log(f_{\text{LAMIN.}}) = \log 64 - \log(\text{Re})$，可明顯看出若將 f 與 Re 之關係繪成雙對數圖，將得到一條斜率爲 -1 之直線。

3. **紊　流**

(1) 由因次分析：

$$\Delta p = \Delta p(D, L, \varepsilon, V, \rho, \mu) \tag{6-43}$$

$$\frac{\Delta p}{\rho V^2} = g\left(\text{Re}, \frac{L}{D}, \frac{\varepsilon}{D}\right) \tag{6-44}$$

$$\frac{(h_f)_{\text{TURB.}}}{\dfrac{V^2}{2g}} = \phi\left(\text{Re}, \frac{L}{D}, \frac{\varepsilon}{D}\right) = \frac{L}{D}\,\varphi\left(\text{Re}, \frac{\varepsilon}{D}\right) \tag{6-45}$$

可得

$$(h_f)_{\text{TURB.}} = f\left(\text{Re}, \frac{\varepsilon}{D}\right)\frac{L}{D}\,\frac{V^2}{2g} \tag{6-46}$$

由此可知，紊流中之損失水頭將與速度之平方成正比，且其摩擦因數將與雷諾數及相對糙度(Relative Roughness)ε/D有關。

(2) 由穩態不可壓縮軸對稱完全發展紊流之雷諾方程式：

假設：

① 穩態 $\dfrac{\partial}{\partial t} = 0$。

② 不可壓縮 $\nabla \cdot \overline{V} = 0$。

③ 完全開展軸對稱紊流 $\dfrac{\partial}{\partial \theta} = 0$，$\overline{u} = \overline{u}(r)$，$\overline{v} = \overline{w} = 0$，$\overline{v'w'} = \overline{u'w'} = 0$。

④ 忽略重力效應。

(6-33)可寫為

$$0 = -\frac{\partial \overline{p}}{\partial x} + \mu \left(\frac{\partial^2 \overline{u}}{\partial r^2} + \frac{1}{r} \frac{\partial \overline{u}}{\partial r} \right) - \frac{\rho}{r} \frac{\partial}{\partial r}(r\overline{u'v'})$$

$$0 = -\frac{\partial \overline{p}}{\partial r} - \frac{\rho}{r} \frac{\partial}{\partial r}(r\overline{v'v'}) + \frac{\rho}{r}\overline{w'w'} \qquad (6\text{-}47)$$

$$0 = 0$$

將兩式對r積分

$$\frac{r^2}{2} \frac{\partial \overline{p}}{\partial x} = -r \left(\rho \overline{u'v'} - \mu \frac{\partial \overline{u}}{\partial r} \right) + A(x)$$

$$\overline{p}(x , r) - \rho \overline{v'v'} - \rho \int_r^R \frac{\overline{v'v'} - \overline{w'w'}}{r} dr = \overline{p}_0(x) \qquad (6\text{-}48)$$

代入$r = 0$知$A(x) = 0$。代入$r = R = D/2$積分得

$$\overline{p}_0(x) - \overline{p}_0(0) = -\frac{2}{R} \tau_0 x = -\frac{4}{D} \tau_0 x \qquad (6\text{-}49)$$

代入$x = L$並由

$$\tau_0 = \frac{f}{4} \frac{\rho V^2}{2} \qquad (6\text{-}50)$$

損失水頭得

$$(h_f)_{\text{TURB.}} = \frac{\bar{p}_0(0) - \bar{p}_0(L)}{\gamma} = f\frac{L}{D}\frac{V^2}{2g} \tag{6-51}$$

(3) 半經驗公式：

由壁紊流之分析，研究發現圓管之紊流摩擦因數具有以下函數關係：

$$\frac{1}{\sqrt{f}} = A\ln(\text{Re}\sqrt{f}) + B \tag{6-52}$$

其中A，B為常數。實用上有許多學者提出半經驗公式以供紊流計算摩擦損失，以下條列較重要之數項，並說明其應用範圍：

① Nikuradse[8]：對光滑管(Smooth Pipes)紊流區全部雷諾數均適用

$$\frac{1}{\sqrt{f}} = 0.86\ln(\text{Re}\sqrt{f}) - 0.8$$

$$= 2\log(\text{Re}\sqrt{f}) - 0.8$$

$$= 2\log\left(\frac{\text{Re}\sqrt{f}}{2.51}\right) \tag{6-53}$$

② von Karman[9]：完全紊流區(Complete Turbulence Zone)，壁上之層流次層為壁之糙度所淹蓋，管流之摩擦因數將完全為相對糙度之效應，而與雷諾數無關。

---

[8] Nikuradse, J., "Stromungsgesetze in rauhen Rohren," Ver. Deutsch. Ing. Forschungsh. Vol. 361, 1933.

[9] von Ka'rma'n, T. "Turbulence and Skin Friction," J. Aeronautical Science., Vol. 1, No. 1, 1936.

$$\frac{1}{\sqrt{f}} = -0.86 \ln\left(\frac{\frac{\varepsilon}{D}}{3.7}\right)$$

$$= -2\log\left(\frac{\varepsilon}{D}\right) + 1.14$$

$$= -2\log\left(\frac{\frac{\varepsilon}{D}}{3.7}\right)$$

$$= 2\log\left(\frac{3.7}{\frac{\varepsilon}{D}}\right) \tag{6-54}$$

③　Colebrook[10]：介於光滑管與完全紊流區之漸變區(Transition Zone)，f乃與雷諾數及相對糙度有關：

$$\frac{1}{\sqrt{f}} = -0.86 \ln\left(\frac{\frac{\varepsilon}{D}}{3.7} + \frac{2.51}{\text{Re}\sqrt{f}}\right)$$

$$= -2\log\left(\frac{\frac{\varepsilon}{D}}{3.7} + \frac{2.51}{\text{Re}\sqrt{f}}\right)$$

$$= 2\log\left(\frac{3.7}{\frac{\varepsilon}{D}} + \frac{\text{Re}\sqrt{f}}{2.51}\right) \tag{6-55}$$

④　Blasius[11]：當 $\text{Re} = 10^5$

$$f = \frac{0.316}{\text{Re}^{1/4}} \tag{6-56}$$

---

[10] Colebrook, C. F., "Turbulent Flow in Pipes, with Particular Reference to the Transition Region between the Smooth and Rough Pipe Laws," J. Inst. Civil Engrs. (London), February 1939.

[11] Blasius, H., "Das Ähnlichkeitsgesetz bei Reibungsvorgängen in Flüssigkeiten, " Vei. Deutsch. Ing. Forschungsh., Vol. 131, 1913.

⑤ Swamee & Jain[12]：晚近由於計算機之發展迅速，利用單一公式求取摩擦因數有其實用價值，以下公式在 $1 \times 10^{-6} < \dfrac{\varepsilon}{D} < 0.001$ 及 $5000 < \mathrm{Re} < 1 \times 10^8$ 所得之結果與用 Colebrook 方程式(6-55)之誤差在±1％之內，使用上甚為方便：

$$f = \frac{0.25}{\left[\log\left(\dfrac{\dfrac{\varepsilon}{D}}{3.7} + \dfrac{5.74}{\mathrm{Re}^{0.9}}\right)\right]^2} \tag{6-57}$$

實用上 Moody[13] 修正早期之 Stanton 圖(Stanton Diagram)[14]，將許多商用管之摩擦因數繪成雙對數圖以供查用稱為 **Moody 圖(Moody Diagram)**，如附錄B。為進一步了解此圖，其對應之公式說明參見圖 6-13。

圖 6-13 中有幾點值得注意：

① 最左邊 $\mathrm{Re} < 2000$ 為層流區(Laminar Range)，由方程式(6-42)知 f 僅為 Re 之函數，因此為一條斜率為負值之直線。

② 當 $2000 < \mathrm{Re} < 4000$，為臨界區(Critical Range)，無法推求 f。

③ 當 $4000 < \mathrm{Re}$ 為紊流區(Turbulent Range)，在此一範圍有兩區不同之情形：

❶ 完全紊流區(Complete Turbulence Zone)：在此區中，f 與 Re 無關，僅與 ε/D 有關，如方程式(6-54)所示，故均為水平直線。在此區內流體之黏滯度不影響水頭損失，且損失完全遵循 V^2 而變。

[12] Swamee, P. K. and A. K. Jain, "Explicit Equations for Pipe Flow Problems," Journal of the Hydraulics Division, Proceedings of the ASCE,, Vol. 102, No. 5, pp. 657-664, 1976.

[13] Moody, L. F., "Friction Factors for Pipe Flow," Transactions of the ASME, Vol. 66, No. 8, pp. 671-684, 1944.

[14] Stanton, T. E. and Pannell, J. R., "Similarity of Motion in Relation to the Surface Friction of Fluids,"Phil. Trans. Roy. Soc. London, Ser. A., Vol. 214, 1914.

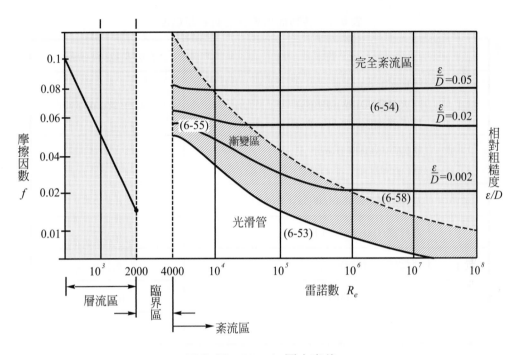

圖 6-13 Moody 圖之意義

❷ 漸變區(Transition Zone)：為介於完全紊流區與光滑管之間區
域，在其間 f 與 Re 及 ε/D 有關，如方程式(6-55)所示，故均為曲
線。當 Re 漸增時將趨近於完全紊流區之水平直線，(6-54)；當
ε/D 趨近於零，則接近光滑管之方程式(6-53)。
隔開此兩區之虛線方程式為

$$\frac{1}{\sqrt{f}} = \frac{\text{Re}\left(\dfrac{\varepsilon}{D}\right)}{200} \tag{6-58}$$

(4) 商用管等效砂粒粗糙度(Equivalent Sand Grain Roughness)：
學者之研究所採用之粗糙度為基於均勻砂粒粗糙度(Uniform
Sand Grain Roughness)所得之結果；實際商用管之粗糙度大小，形
狀與分佈差異變化甚大；此時可採用等效砂粒粗糙度(Equivalent
Sand Grain Roughness)或稱有效粗糙度(Effective Roughness)之概
念；一些常見商用管之等效砂粒粗糙度條列如表 6-1：

表 6-1 各種商用管材之有效粗糙度

	管　　　材	有效粗糙度(ε_s) mm
1	玻璃(Glass) 回火黃銅(Drawn Brass) 玻璃纖維(Fibre Glass)	光滑管(0.0025)
2	熟鐵(Wrought Iron) 鋼(Steel)	0.045
3	瀝青鑄鐵(Asphalted Cast Iron)	0.122
3	鍍鋅鐵(Galvanised Iron)	0.152
4	鑄鐵(Cast Iron)	0.260
5	混凝土(Concrete)	0.3～3
6	預鑄混凝土(Precast Concrete)	0.9～9

(5) 管之老化(Aging of Pipes)：

由於長期連續使用，所有之商用管(Commercial Pipes)都會產生老化現象；對於老化之管流摩擦阻力估計，可以採取以下線性關係式估計

$$\varepsilon = \varepsilon_0 + \alpha\,t \tag{6-59}$$

其中ε_0為參考時刻之相當砂粒粗糙度(Equivalent Sand Grain Roughness)，t為使用年期(單位為年)，α為老化之速率，參見圖6-14。值得注意的是，金屬管因生銹，年久則粗糙度增加，α取正值；然而混凝土管因使用而變得更光滑，α取負值。

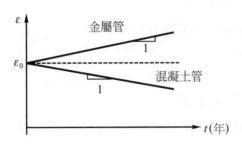

圖 6-14　商用管之老化曲線

【範例 6-2】　層流之摩擦損失

流體密度為 $\rho = 1258\mathrm{kg/m}^3$ 黏滯度為 $\mu = 0.96\mathrm{N\text{-}sec/m}^2$，平均流速為 $V = 4\mathrm{m/sec}$，管徑為 $D = 0.15\mathrm{m}$，求流經圓管 $L = 40\mathrm{m}$ 之摩擦水頭損失。

解：(1) 判斷為層流或紊流：因

$$\mathrm{Re} = \frac{\rho V D}{\mu} = \frac{(1258)(4)(0.15)}{0.96} = 786 < 2000$$

故為層流。

(2) 計算摩擦因數損失水頭：因為層流，故由 (6-42) 得

$$f_{\text{LAMIN.}} = \frac{64}{\mathrm{Re}} = \frac{64}{786} = 0.081$$

(3) 計算摩擦損失水頭：由 Darcy-Weisbach 方程式，(6-38)，得

$$h_f = f\left(\frac{L}{D}\right)\left(\frac{V^2}{2g}\right) = (0.081)\left(\frac{40}{0.15}\right)\left(\frac{4^2}{2 \times 9.81}\right) = 17.6\mathrm{m}$$

【範例 6-3】　紊流之摩擦損失

流體密度為 $\rho = 1000\mathrm{kg/m}^3$ 黏滯度為 $\mu = 0.001\mathrm{N\text{-}sec/m}^2$，平均流速為 $V = 5.66\mathrm{m/sec}$，管徑為 $D = 0.15\mathrm{m}$，相對糙度為 $\varepsilon/D = 0.0002$ 求流經圓管 $L = 40\mathrm{m}$ 之摩擦水頭損失。

解：(1)判斷為層流或紊流：因

$$\text{Re} = \frac{\rho V D}{\mu} = \frac{(1000)(5.66)(0.15)}{0.001} = 8.48 \times 10^5 > 4000$$

故為紊流。

(2)計算摩擦因數損失水頭：

①由附錄B之Moody圖，由 $\text{Re} = 8.48 \times 10^5$ 及 $\varepsilon/D = 0.0002$(或 $D/\varepsilon = 5000$)

查得 $f \approx 0.015$。

②由 Swamee & Jain 公式，(6-57)，直接計算得

$$f = \frac{0.25}{\left[\log\left(\dfrac{\dfrac{\varepsilon}{D}}{3.7} + \dfrac{5.74}{\text{Re}^{0.9}} \right) \right]^2}$$

$$= \frac{0.25}{\left[\log\left(\dfrac{0.0002}{3.7} + \dfrac{5.74}{(8.48 \times 10^5)^{0.9}} \right) \right]^2}$$

$$= 0.0149$$

(3)計算摩擦損失水頭：由 Darcy-Weisbach 方程式，(6-38)，得

$$h_f = f\left(\frac{L}{D} \right)\left(\frac{V^2}{2g} \right) = (0.0149)\left(\frac{40}{0.15} \right)\left(\frac{5.66^2}{2 \times 9.81} \right) = 6.4877\text{m}$$

4. 非圓形管流之表面阻抗

對於封閉非圓形管流而言，其損失水頭之估計可採取水力半徑(Hydraulic Radius)之觀念利用圓形管之結果分析。考慮圖 6-15 所示非圓形管之斷面，在 1 與 2 斷面間長度為 L，具有壓降(Presssure Drop)為 $\Delta p = p_2 - p_1$。由水平力之平衡

$$(p_1 - p_2) A = -\Delta p A = \tau_0 (P_w L) \tag{6-60}$$

其中 P_w 為濕周(Wetted Perimeter)，即浸沒流體之周長。因此

$$\Delta p = -\frac{\tau_0 P_w L}{A} \tag{6-61}$$

又因

$$\sqrt{\frac{\tau_0}{\rho}} = u_* = V\sqrt{\frac{f}{8}} \tag{6-62}$$

即

$$\tau_0 = \frac{f}{4}\frac{\rho V^2}{2} \tag{6-63}$$

將(6-63)代入(6-61)並由能量方程式知管流由摩擦造成之水頭損失為

$$
\begin{aligned}
(h_f)_{\text{NONCIRCULAR}} &= \frac{-\Delta p}{\gamma} \\
&= f\left(\frac{L}{\dfrac{4A}{P_W}}\right)\left(\frac{V^2}{2g}\right) \\
&= f\left(\frac{L}{4R_H}\right)\left(\frac{V^2}{2g}\right) \\
&= f\left(\frac{L}{D}\right)\left(\frac{V^2}{2g}\right)
\end{aligned}
\tag{6-64}
$$

其中

$$R_H = \frac{A}{P_W} \tag{6-65}$$

稱為水力半徑(Hydraulic Radius)。(6-64)式為非圓形管之 Darcy-Weisbach 方程式。

在雷諾數之計算則採用：

$$(\text{Re})_{\text{NONCIRCULAR}} = \frac{\rho V D}{\mu} = \frac{\rho V(4R_H)}{\mu} \tag{6-66}$$

若為紊流區，相對粗糙度為：

$$\left(\frac{\varepsilon}{D}\right)_{\text{NONCIRCULAR}} = \frac{\varepsilon}{4R_H} \tag{6-67}$$

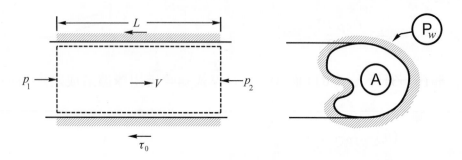

圖 **6-15**　非圓形管之摩擦損失

討　論

(1)　依水力半徑之定義，(6-65)，圓形斷面之水力半徑為

$$R_H = \frac{A}{P_W} = \frac{\dfrac{\pi D^2}{4}}{\pi D} = \frac{D}{4}$$

或

$$D = 4R_H$$

(2)　嚴格而言，採用水力半徑以分析非圓形管之方式僅適用於斷面之形狀比(Aspect Ratio)接近於圓形之斷面。形狀比定義為斷面之寬度(Width)與高度(Height)之比值；圓形之形狀比為 1。太狹長之斷面會因產生次級流動(Secondary Flow)而大大影響此種分析之結果。

(3)　水力半徑之觀念也可延伸至渠流(Open Channel Flow)分析，參考第七章。

(4)　幾種非圓形斷面之水力半徑計算如圖 6-16。

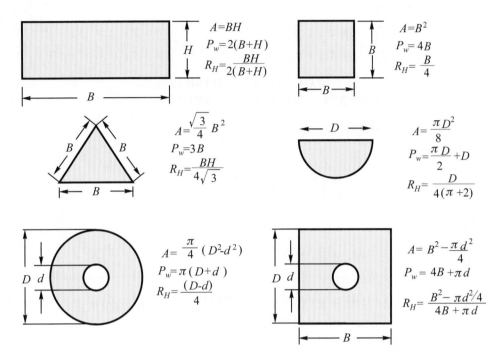

圖 6-16 數種封閉非圓形管水力半徑計算之案例

【範例 6-4】 非圓形斷面管流之摩擦阻抗

流體密度為 $\rho = 1100 \text{kg/m}^3$ 黏滯度為 $\mu = 0.0162 \text{poise}$，體積流率為 $Q = 0.15$ m^3/sec，管之斷面如圖 6-17 所示，方管內徑為 $B = 0.25\text{m}$，管外徑為 $d = 0.15\text{m}$，粗糙度為 $\varepsilon = 0.00003$； 求流經圓管 $L = 40\text{m}$ 之摩擦水頭損失。

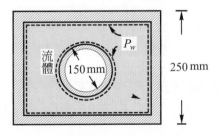

圖 6-17 非圓形斷面管流之摩擦損失分析

解：(1)計算水力半徑：

$$R_H = \frac{A}{P_W} = \frac{B^2 - \pi d^2/4}{4B + \pi d}$$

$$= \frac{(0.25)^2 - \pi(0.15)^2/4}{(4)(0.25) + \pi(0.15)} = \frac{0.044829}{1.4712}$$

$$= 0.03047\text{m}$$

(2)計算平均流速：

$$V = \frac{Q}{A} = \frac{0.15}{0.044829} = 3.346\text{m/sec}$$

(3)計算雷諾數：

$$\text{Re} = \frac{\rho V D}{\mu} = \frac{\rho V (4R_H)}{\mu}$$

$$= \frac{(1100)(3.346)(4 \times 0.03047)}{0.0162} = 27690 > 4000$$

屬於紊流區。

(4)相對粗糙度：

$$\frac{\varepsilon}{D} = \frac{\varepsilon}{4R_H} = \frac{0.00003}{(4)(0.03047)} = 0.0002461$$

(5)計算摩擦因數：

①由附錄B之Moody圖，由$\text{Re} = 27690$及$\varepsilon/D = 0.0002461$(或$D/\varepsilon = 4063.4$)
查得$f \approx 0.0245$。

②由 Swamee & Jain 公式，(6-57)，直接計算得

$$f = \frac{0.25}{\left[\log\left(\dfrac{\dfrac{\varepsilon}{D}}{3.7} + \dfrac{5.74}{\text{Re}^{0.9}} \right) \right]^2}$$

$$= \frac{0.25}{\left[\log\left(\dfrac{0.0002461}{3.7} + \dfrac{5.74}{(27690)^{0.9}} \right) \right]^2}$$

$$= 0.02456$$

(6)計算摩擦損失水頭：由 Darcy-Weisbach 方程式，(6-64)，得

$$(h_f)_{\text{NONCIRCULAR}} = f\left(\frac{L}{D}\right)\left(\frac{V^2}{2g}\right) = f\left(\frac{L}{4R_H}\right)\left(\frac{V^2}{2g}\right)$$

$$= (0.0249)\left(\frac{40}{4 \times 0.03047}\right)\left(\frac{3.326^2}{2 \times 9.81}\right) = 4.66\text{m}$$

5. **水流分析之 Hazen-Williams 公式**：

　　前面所述之分析採用 Darcy-Weisbach 方程式以計算摩擦水頭損失適用於任何牛頓型流體。但在水流分析中，尚可使用 Hazen-Williams 公式：

$$V = 0.85\,C_h\,R_H^{0.63}\left(\frac{h_f}{L}\right)^{0.54} \tag{6-68}$$

其中 C_h 為 Hazen-Williams 係數(無因次)。各商用管之係數如表 6-2 所示：

表 6-2 商用管之 Hazen-Williams 係數

	管　　　　　　材	新管平均C_h	設計用C_h
1	鋼(Steel)，延展性鐵(Ductile Iron)或鑄鐵(Cast Iron)加水泥襯砌	150	140
2	塑膠(Plastic)，銅(Copper)，黃銅(Brass)，玻璃(Glass)	140	130
3	鋼(Steel)或鑄鐵(Cast Iron)	130	100
4	混凝土(Concrete)	120	100
5	浪紋鋼(Corrugated Steel)	60	60

此外 Hazen-Williams 公式有許多不同之表示方式，用以計算各數值，參見表 6-3：

表 6-3　Hazen-Williams 公式之四種型式

	用　　途	公　　式
1	計算平均速度	$V = 0.85\, C_h\, R_H^{0.63} \left(\dfrac{h_f}{L}\right)^{0.54}$
2	計算體積流率	$Q = AV = 0.85\, A\, C_h\, R_H^{0.63} \left(\dfrac{h_f}{L}\right)^{0.54}$
3	計算水頭損失	$h_f = L \left[\dfrac{Q}{0.85\, A\, C_h\, R_H^{0.63}}\right]^{1.852}$
4	計算管徑	$D = \left[\dfrac{3.59\, Q}{C_h \left(\dfrac{h_f}{L}\right)^{0.54}}\right]^{0.38}$

值得注意的是，Hazen-Williams 公式是一種經驗結果，而且只能用於水流。實際應用上乃將 Q，D，h_f/L，V 四者繪成**諾模圖(Nomograph)**以供水管設計，參見附錄 C。

【範例 6-5】　**Hazen-Williams 公式之應用**

水之密度為 $\rho = 1000\text{kg/m}^3$ 黏滯度為 $\mu = 0.0115\text{poise}$，體積流率為 $Q = 0.0215$ m³/sec，圓管直徑為 $D = 0.1524\text{m}$；求流經鋼製圓管 $L = 305\text{m}$ 之摩擦水頭損失：(1)利用 Hazen-Williams 公式(2)與 Darcy-Weisbach 方程式所得之結果進行比較。

解：(1) 利用 Hazen-Williams 公式：

全新鋼管，Hazen-Williams 係數：

$$C_h = 130$$

水力半徑：

$$R_H = \frac{D}{4} = \frac{0.1524}{4} = 0.0381\text{m}$$

平均流速：

$$V = \frac{Q}{A} = \frac{0.0215}{\pi(0.1524)^2/4} = 1.179 \text{m/sec}$$

損失水頭：

$$h_f = L\left[\frac{V}{0.85\, C_h\, R_H^{\,0.65}}\right]^{1.852}$$

$$= (305)\left[\frac{1.179}{0.85(130)(0.0381)^{0.63}}\right]^{1.852} = 3.0772 \text{m}$$

(2)利用 Darcy-Weisbach 方程式：

計算雷諾數：

$$\text{Re} = \frac{\rho\, V D}{\mu} = \frac{(1000)(1.179)(0.1524)}{0.00115} = 227805 > 4000$$

屬於紊流區。

相對粗糙度：查表知全新鋼管之 $\varepsilon = 0.000046$m

$$\frac{\varepsilon}{D} = \frac{0.000046}{0.1524} = 0.0003$$

計算摩擦因數：

①由附錄B之Moody圖，由Re = 227805 及 ε/D = 0.0003(或D/ε = 3333)

　查得 $f \approx 0.017$。

②由 Swamee & Jain 公式，(6-57)，直接計算得

$$f = \frac{0.25}{\left[\log\left(\dfrac{\dfrac{\varepsilon}{D}}{3.7} + \dfrac{5.74}{\text{Re}^{0.9}}\right)\right]^2}$$

$$= \frac{0.25}{\left[\log\left(\dfrac{0.0003}{3.7} + \dfrac{5.74}{(227805)^{0.9}}\right)\right]^2}$$

$$= 0.01754$$

計算摩擦損失水頭：由 Darcy-Weisbach 方程式，(6-64)，得

$$h_f = f\left(\frac{L}{D}\right)\left(\frac{V^2}{2g}\right) = (0.0175)\left(\frac{305}{0.1524}\right)\left(\frac{1.179^2}{2 \times 9.81}\right) = 2.481 \text{m}$$

(3)比較：對此案例而言，由Hazen-Williams公式估計之損失水頭較大。

◢6-4　管流之形狀阻抗

除了前一節所述由摩擦造成之主要損失外，管流尚有因為流速變化之能量損失稱為次要損失(Minor Loss)，造成此種損失之主要因素有以下幾點：

1. **由於管流斷面改變：**
   (1)　管路突擴(Sudden Enlargement)
   (2)　管路漸擴(Gradual Enlargement)
   (3)　管路突縮(Sudden Contraction)
   (4)　管路漸縮(Gradual Contraction)

2. **由於管流入口及出口：**
   (1)　入口(Entrance)
   (2)　出口(Exit)

3. **由於管流方向改變：**
   彎管(Pipe Bends)

4. **由於管路儀表：**
   閥及配件(Valves and Fittings)

此種損失除某些有理論值之外，大部份都由實驗決定並繪製圖表使用，各種次要損失可用以下兩種方式表示：

1. 使用阻抗係數(Resistance Coefficient) K：

$$h_m = K \frac{V^2}{2g} \tag{6-69}$$

2. 使用等效長度(Equivalent Length) L_e：

$$h_m = f \frac{L_e}{D} \frac{V^2}{2g} \tag{6-70}$$

值得注意的是，摩擦損失係存在於全部管長之中(嚴格而言為完全發展段)，但**次要損失只發生在局部區域**，因此次要損失又稱為局部損失(Local Loss)。雖然稱為次要損失，有時其總合比主要損失大。

以下分別簡介**各種次要損失之分析與計算**：

(1) **管路突擴(Sudden Enlargement)**：

由於管路突擴所造成之能量損失可由理論分析推導。參見圖 6-18，管路突然伸展擴張，將使得開展處兩邊有渦流(Eddy Flow)發生，引起能量損失。選取 1 與 2 之間控制體積：

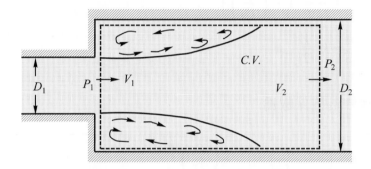

圖 6-18 管路突闊造成之損失分析

① 連續方程式：

$$Q = V_1 A_1 = V_2 A_2 \tag{6-71}$$

② 能量方程式：

$$\frac{p_1}{\gamma} + 0 + \frac{V_1^2}{2g} = \frac{p_2}{\gamma} + 0 + \frac{V_2^2}{2g} + h_m \tag{6-72}$$

③ 動量方程式：

$$\Sigma F_X = (p_1 - p_2) A_2 = \rho Q (V_2 - V_1) \tag{6-73}$$

④ 損失水頭：由(6-71)與(6-73)代入(6-72)得

$$h_m = \frac{p_1 - p_2}{\gamma} + \frac{V_1^2 - V_2^2}{2g}$$

$$= \frac{V_2(V_2 - V_1)}{g} + \frac{V_1^2 - V_2^2}{2g}$$

$$= \frac{(V_2 - V_1)^2}{2g}$$

$$= \frac{V_1^2}{2g}\left(1 - \frac{A_1}{A_2}\right)^2$$

$$= \frac{V_1^2}{2g}\left[1 - \left(\frac{D_1}{D_2}\right)^2\right]^2$$

$$= K\frac{V_1^2}{2g} \tag{6-74}$$

相當於阻抗係數爲

$$K = \left(1 - \frac{A_1}{A_2}\right)^2 = \left[1 - \left(\frac{D_1}{D_2}\right)^2\right]^2 \tag{6-75}$$

極限之情況爲 $D_2 = \infty$，$D_1/D_2 \to 0$，$K \to 1$，此即管流注入巨大水槽之阻抗係數。

(2) **管路漸擴(Gradual Enlargement)**：

一般爲避免管路突然擴大，乃將轉接部位以圓錐斷面(Conical Section)置於兩不同大小管徑之間，因而形成管路漸變區域，其損失爲

$$h_m = K\frac{V_1^2}{2g} \tag{6-76}$$

Gibson[15]曾進行許多實驗，並繪成圖 6-19；實用上亦可參見表 6-4。

---

[15] Gibson, A. H., "The Conversion of Kinetic to Pressure Energy in the Flow of Water Through Passage Having Divergent Boundaries," Engineering, Vol. 93, p. 205, 1912.

表 6-4 管路漸擴之阻抗係數

$\dfrac{D_2}{D_1}$	θ，Deg							
	2	6	10	15	20	30	45	60
1.2	0.02	0.02	0.04	0.09	0.16	0.25	0.33	0.37
1.4	0.02	0.03	0.06	0.12	0.23	0.36	0.47	0.53
1.6	0.03	0.04	0.07	0.14	0.26	0.42	0.54	0.61
1.8	0.03	0.04	0.07	0.15	0.28	0.44	0.58	0.65
2.0	0.03	0.04	0.07	0.16	0.29	0.46	0.60	0.68
2.5	0.03	0.04	0.08	0.16	0.30	0.48	0.62	0.70
3.0	0.03	0.04	0.08	0.16	0.31	0.48	0.63	0.71
∞	0.03	0.05	0.08	0.16	0.31	0.49	0.64	0.72

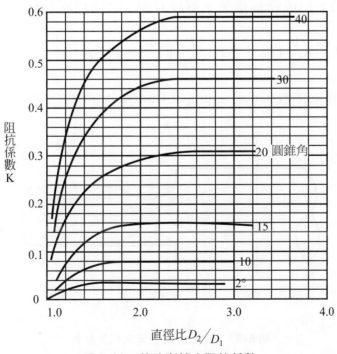

圖 6-19 管路漸擴之阻抗係數

實際上要仔細分析選擇擴大角度,因為太大將造成流場分離 (Flow Separation),太小又使管路變長增加摩擦損失,一般使用 $\theta \approx 3° \sim 4°$。另外也可採用葉片擴散器(Vane Diffuser),如圖 6-20,將單一之大角度改變化為多個小角度改變,但又不會增加太多摩擦損失,實際設計仍需仔細分析選擇。

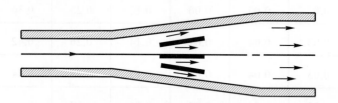

圖 6-20 葉片擴散器示意圖

(3) **管路突縮(Sudden Contraction)**:

由於管路突縮所造成之能量損失可由理論分析推導。參見圖 6-21,流場在驟縮後會產生脈縮(Vena Contracta),並發生渦流(Eddy Flow),造成能量損失。選取 C 與 2 之間控制體積,可推得

$$h_m = \frac{1}{2g}(V_C - V_2)^2 = \frac{V_2^2}{2g}\left(\frac{1}{C_c} - 1\right) = K\frac{V_2^2}{2g} \tag{6-77}$$

其中脈縮係數(Coefficient of Contraction)$C_c = 0.62 + 0.38(A_2/A_1)^2$。

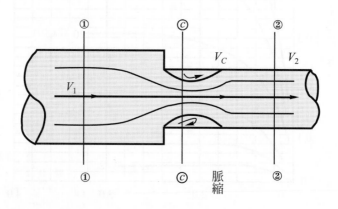

圖 6-21 管路突縮造成之損失分析

實用上之阻抗係數 K 可查表 6-5 或圖 6-22。

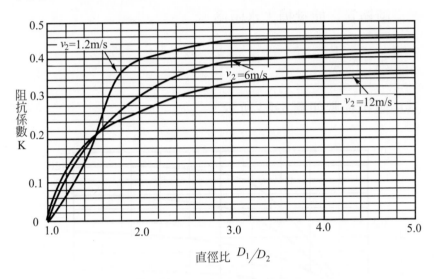

圖 6-22　管路突縮之阻抗係數

表 6-5　管路突縮之阻抗係數

$\dfrac{D_1}{D_2}$	V_2(m/sec)							
	0.6	1.2	1.8	2.4	3	4.5	6	9
1	0.0	0.0	0.0	0.0	0.0	0.0	0.0	0.0
1.2	0.07	0.07	0.07	0.07	0.08	0.08	0.09	0.11
1.4	0.17	0.17	0.17	0.17	0.18	0.18	0.18	0.20
1.6	0.26	0.26	0.26	0.26	0.26	0.25	0.25	0.24
1.8	0.34	0.34	0.34	0.33	0.33	0.32	0.31	0.27
2	0.38	0.37	0.37	0.36	0.36	0.34	0.33	0.29
3	0.44	0.44	0.43	0.42	0.42	0.40	0.39	0.33
4	0.47	0.46	0.45	0.45	0.44	0.42	0.41	0.34
5	0.48	0.47	0.47	0.46	0.45	0.44	0.42	0.35
10	0.49	0.48	0.48	0.47	0.46	0.45	0.43	0.36
∞	0.49	0.48	0.48	0.47	0.47	0.45	0.44	0.38

(4) **管路漸縮(Gradual Contraction)：**

漸縮管之能量損失水頭為

$$h_m = K \frac{V_2^2}{2g} \tag{6-78}$$

其中阻抗係數如圖 6-23 所示。

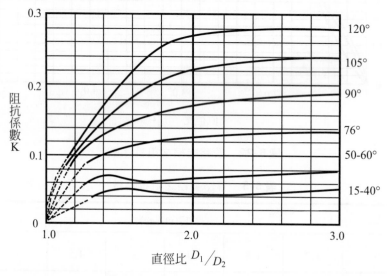

圖 6-23 管路漸縮之阻抗係數

(5) **入口(Entrance)：**

流體由一巨大之槽流入管中，速度由零急劇上升至管流速度，其損失水頭可由下式計算：

$$h_m = K \frac{V_2^2}{2g} \tag{6-79}$$

其中入口損失係數(Entrance Loss Coefficient)K與入口管之形狀有關，可參考圖 6-24。

① 內突管(Inward Projecting Pipe)：$K = 1$。

② 直角入口(Square-Edged Inlet)：$K = 0.5$。

③ 削角入口(Chamfered Inlet)：$K = 0.25$。

④ 圓滑入口(Well-rounded Inlet)：$K = 0.04$。

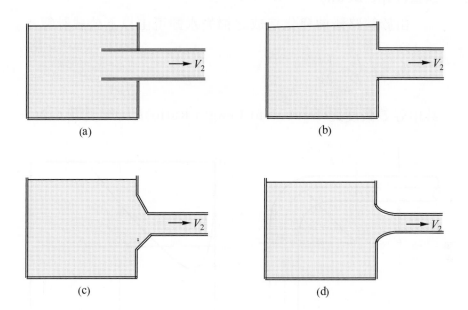

圖 **6-24** 入口損失係數(a)內突管(b)直角入口(c)削角入口(d)圓滑入口

⑹ **出口(Exit)**：

流體由管道注入一巨大之槽中，速度由管流速度急劇上下降至零，如圖 6-25，其損失水頭可由下式計算：

$$h_m = K \frac{V_1^2}{2g} = 1.0 \left(\frac{V_1^2}{2g} \right) \tag{6-80}$$

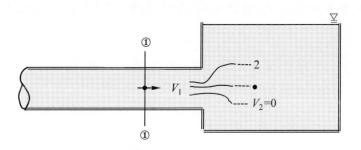

圖 **6-25** 出口損失

⑺　**彎管(Pipe Bend)**：

由於管路彎曲變化造成之損失水頭可由以下公式計算：

$$h_m = f \frac{L_e}{D} \frac{V^2}{2g} \tag{6-81}$$

其中等效長度比(Equvalent Length Ratio)L_e/D參見圖 6-26。

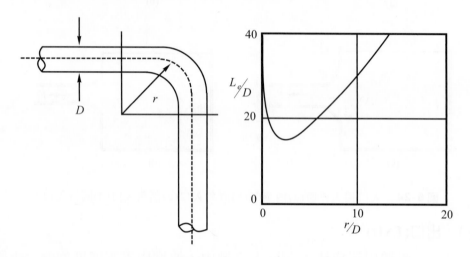

圖6-26　彎管之損失等效長度比

⑻　閥及配件(Valves and Fittings)：

關於閥及配件之損失表示，各家製造商有所差異，或用阻抗係數K，或用等效長度比L_e/D，常用之各種閥與配件之等效長度比L_e/D如表 6-6 所示，相關之示意圖參見圖 6-27。損失水頭以下式計算：

$$h_m = f \frac{L_e}{D} \frac{V^2}{2g} \tag{6-82}$$

表 6-6　常用之各種閥與配件之等效長度比 $\frac{L_e}{D}$

類　　　型	$\frac{L_e}{D}$
球閥(Globe Valve)——全開(Fully Open)	340
角閥(Angle Valve)——全開(Fully Open)	150
閘閥(Gate Valve)——全開(Fully Open)	8
3/4 開	35
1/2 開	160
1/4 開	900
檢查閥(Check Valve)：	
旋轉型(Swing Type)	100
球型(Ball Type)	150
蝶形閥(Butterfly Valve)——全開(Fully Open)	45
肘管(Elbow)：	
90 度標準(Standrad Elbow)	30
90 度長半徑(Long Raidus Elbow)	20
90 度公母(Street Elbow)	50
45 度標準(Standrad Elbow)	16
45 度公母(Street Elbow)	26
標準 T 型管(Standard tee)	
直流(Flow Through Run)	20
支流(Flow Through Branch)	60
閉迴管(Close Return Bends)	50

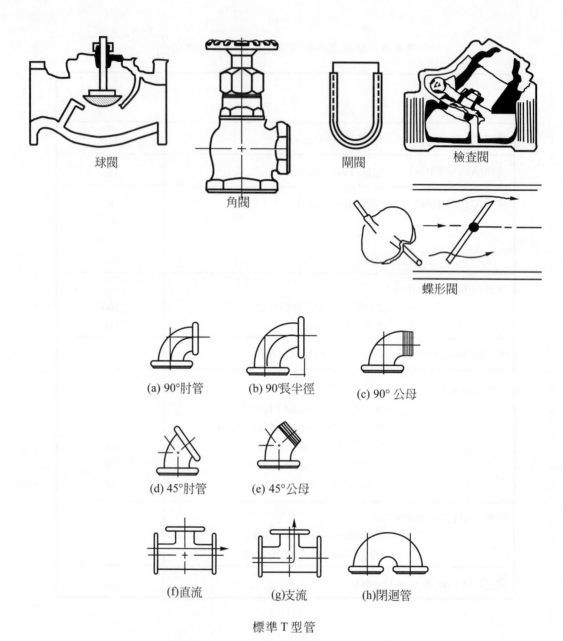

球閥

角閥

閘閥

檢查閥

蝶形閥

(a) 90°肘管

(b) 90°長半徑

(c) 90° 公母

(d) 45°肘管

(e) 45°公母

(f)直流

(g)支流

(h)閉迴管

標準 T 型管

圖 6-27 常用之各種閥與配件之示意圖

整 理

(1) 將八項次要損失整理如表6-7。

表6-7 次要損失整理

種 類	損 失 水 頭	說 明	補 註
管路突擴	$h_m = K \dfrac{V_1^2}{2g}$	$K = \left[1 - \left(\dfrac{A_1}{A_2} \right) \right]^2 = \left[1 - \left(\dfrac{D_1}{D_2} \right)^2 \right]^2$	
管路漸擴	$h_m = K\left(\theta, \dfrac{D_1}{D_2} \right) \dfrac{V_1^2}{2g}$	$K \Rightarrow$ 查表	表6-4 圖6-19
管路突縮	$h_m = K\left(\dfrac{D_1}{D_2} \right) \dfrac{V_2^2}{2g}$	$K \Rightarrow$ 查表	表6-5 圖6-22
管路漸縮	$h_m = K\left(\theta, \dfrac{D_1}{D_2} \right) \dfrac{V_2^2}{2g}$	$K \Rightarrow$ 查表	圖6-23
入 口	$h_m = K \dfrac{V_2^2}{2g}$	$K = \begin{cases} 1 & \text{內突管} \\ 0.5 & \text{直角入口} \\ 0.25 & \text{削角入口} \\ 0.04 & \text{圓滑入口} \end{cases}$	圖6-24
出 口	$h_m = K \dfrac{V_1^2}{2g}$	$K = 1$	
彎 管	$h_m = f \dfrac{L_e}{D} \dfrac{V^2}{2g}$	$\dfrac{L_e}{D} \Rightarrow$ 查圖	圖6-26
閥及配件	$h_m = f \dfrac{L_e}{D} \dfrac{V^2}{2g}$	$\dfrac{L_e}{D} \Rightarrow$ 查圖	表6-6 圖6-27

(2) 摩擦損失必然存在,而次要損失則依其是否出現而列入考慮,總損失為兩者之和,可寫為

$$h_L = h_F + \sum_{i=1} (h_m)_i \tag{6-83}$$

【範例 6-6】 包含次要損失之管流分析

20℃之水之密度為 $\rho = 1000\text{kg/m}^3$ 黏滯度為 $\mu = 0.01\text{poise}$，圓管直徑為 $D = 0.075\text{m}$，流經鋼製光滑圓管 $L = 100\text{m}$，管之中點有一全開球閥，求維持體積流率為 $Q = 0.03\text{m}^3/\text{sec}$ 所需之水槽水位：(1)假設理想流體，(2)考慮摩擦及次要損失，其中管道入口為直角入口($K = 0.5$)。

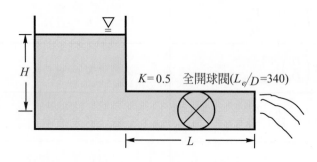

圖 6-28 管流總損失分析

解：(1) 假設理想流體：

平均流速：

$$V = \frac{Q}{A} = \frac{Q}{\dfrac{\pi D^2}{4}} = \frac{0.03}{\dfrac{\pi (0.075)^2}{4}} = 6.791\text{m/sec}$$

水槽水位：由托里切利定理(或 Bernoulli's 定理)

$$V = \sqrt{2gH}$$

知

$$H = \frac{V^2}{2g} = \frac{6.791^2}{2(9.81)} = 2.35\text{m}$$

(2) 考慮摩擦及次要損失：

雷諾數：

$$\text{Re} = \frac{\rho VD}{\mu} = \frac{(1000)(6.791)(0.075)}{0.001} = 509325 > 4000$$

為紊流。

摩擦因數：由 Moody 圖可讀出 $f = 0.013$，或由下式

$$f = \frac{0.25}{\left[\log\left(\dfrac{\varepsilon/D}{3.7} + \dfrac{5.74}{\mathrm{Re}^{0.9}}\right)\right]^2} = 0.013$$

摩擦損失：由 Darcy-Weisbach 方程式

$$h_f = f\,\frac{L}{D}\,\frac{V^2}{2g}$$

次要損失：包括入口及閥造成之損失

$$(h_m)_1 = K\,\frac{V^2}{2g} \quad K = 0.5$$

$$(h_m)_2 = f\,\frac{L_e}{D}\,\frac{V^2}{2g} \quad \frac{L_e}{D} = 340$$

總損失：

$$h_L = h_f + (h_m)_1 + (h_m)_2$$

$$= \left[f\,\frac{L}{D} + K + f\,\frac{L_e}{D}\right]\frac{V^2}{2g}$$

Bernoulli's 方程式：

$$\frac{0}{\gamma} + H + \frac{0^2}{2g} = \frac{0}{\gamma} + 0 + \frac{V^2}{2g} + h_L$$

因此

$$H = \frac{V^2}{2g}\left[1 + f\,\frac{L}{D} + K + f\,\frac{L_e}{D}\right]$$

$$= \frac{6.791^2}{2(9.81)}\left[1 + 0.013\,\frac{100}{0.075} + 0.5 + 0.013(340)\right]$$

$$= 2.35[1 + 17.33 + 0.5 + 4.42]$$

$$= 2.35(1 + 22.25) = 54.64\mathrm{m}$$

討 論

  (1) 考慮眞實流體所需之水槽位能較大。因其需克服各種因素造成之能量損失。

  (2) 本例中摩擦損失佔總損失之 $17.33/22.25 = 78$ %。

▲6-5 簡單之管流

一般穩態單一管流之分析設計問題可分爲三種類型，其方法分述如下：

I.   已知 Q，L，D，v，ε，欲求 h_f：

     此類問題直接且單純。

  (1) 管路面積：$A = \dfrac{\pi D^2}{4}$。

  (2) 平均流速：$V = \dfrac{Q}{A}$。

  (3) 雷諾數：$\text{Re} = \dfrac{\rho V D}{\mu} = \dfrac{V D}{v}$。

  (4) 相對粗糙度：$\dfrac{\varepsilon}{D}$。

  (5) 由 Re 及 $\dfrac{\varepsilon}{D}$ 配合 Moody 圖或 Swamee & Jain 公式求得 f。

  (6) 由 Darcy-Weisbach 公式計算 $h_f = f\dfrac{L}{D}\dfrac{V^2}{2g}$。

     如以流程圖表示：

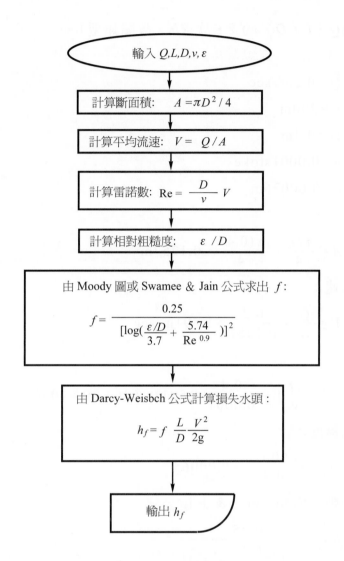

【範例6-7】　類型 I 之分析

流 體 運 動 滯 度 $v = 0.0001\,\text{m}^2/\text{sec}$，流 經 直 徑 為 $D = 0.4\text{m}$ 之 鑄 鐵 新 管 ($\varepsilon = 0.00026\text{m}$)，若 體 積 流 率 為 $Q = 0.2\text{cms} = 0.2\text{m}^3/\text{sec}$，試 估 計 流 經 200m 之 能 量 損 失 水 頭。

解：本題已知Q，L，D，v，ε，欲求h_f，故屬類型 I。

(1)已知：

$$Q = 0.2\text{m}^3/\text{sec}$$

$$L = 200\text{m}$$

$$D = 0.4\text{m}$$

$$v = 0.0001\text{stoke}$$

$$\varepsilon = 0.00026\text{m}$$

(2)面積：

$$A = \frac{\pi D^2}{4} = \frac{\pi (0.4)^2}{4} = 0.1257\text{m}^2$$

(3)平均流速：

$$V = \frac{Q}{A} = \frac{0.2}{0.1257} = 1.591\text{m/sec}$$

(4)雷諾數：

$$\text{Re} = \frac{D}{v} V = \frac{0.4}{0.0001}(1.591) = 6364.30 > 4000 \text{ (紊流)}$$

(5)相對粗糙度：

$$\frac{\varepsilon}{D} = \frac{0.00026}{0.4} = 0.00065$$

(6)阻抗因數：由 Swamee & Jain 公式

$$f = \frac{0.25}{\left[\log \left(\dfrac{\dfrac{\varepsilon}{D}}{3.7} + \dfrac{5.74}{\text{Re}^{0.9}} \right) \right]^2}$$

$$= \frac{0.25}{\left[\log \left(\dfrac{0.00065}{3.7} + \dfrac{5.74}{(6364.30)^{0.9}} \right) \right]^2}$$

$$= 0.03613$$

或由 Moody 圖得$f = 0.036$。

(7)計算損失水頭：由 Darcy-Weisbach 公式

$$h_f = f \frac{L}{D} \frac{V^2}{2g} = (0.036) \frac{200}{0.4} \frac{(1.591)^2}{(2)(9.81)} = 2.33\text{m}$$

討 論

對類型 I 此例題可看出，Swamme & Jain 公式在計算機程式計算應用上之價值。

II. 已知h_f，L，D，v，ε，欲求Q：

此類問題中，由於Q未知，速度亦未知，雷諾數亦未知，需採用迭代法(Iterative Procedures)求解。

(1) 將 Darcy-Weisbach 方程式改寫為

$$V = \frac{1}{\sqrt{f}} \sqrt{\frac{2gh_f}{\dfrac{L}{D}}} \tag{6-84}$$

(2) 雷諾數：

$$\text{Re} = \frac{\rho D}{\mu} V = \frac{D}{v} V \tag{6-85}$$

(3) 由一嘗試值 Re 及 $\dfrac{\varepsilon}{D}$ 配合 Moody 圖或 Swamee & Jain 公式求得一個嘗試值f。

(4) 代入(6-84)得速度V；V代入(6-85)得 Re。

(5) 由新嘗試值 Re 及 $\dfrac{\varepsilon}{D}$ 配合 Moody 圖或 Swamee & Jain 公式求得一個新嘗試值f。

(6) 重覆步驟(4)(5)直至收斂為止。

(7) 最後由(6-84)得V；而$Q = VA = V\dfrac{\pi D^2}{4}$。

以流程圖表示如下：

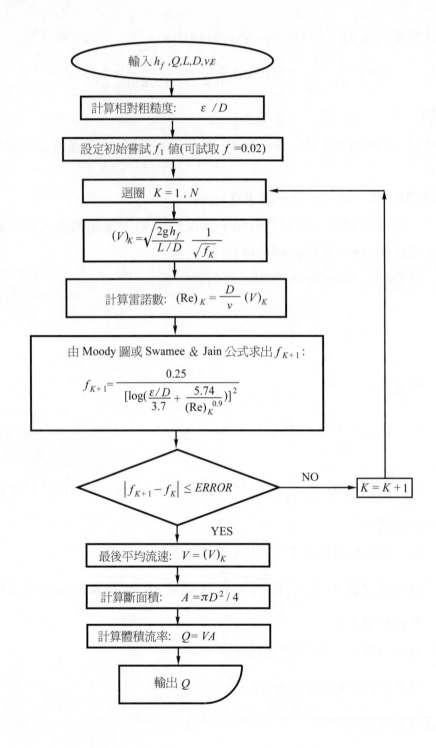

【範例 6-8】 類型 II 之分析

流體運動滯度 $v = 1.8 \times 10^{-1}$ stoke，流經直徑為 $D = 0.5$m 之瀝青鑄鐵新管 ($\varepsilon = 0.000122$m)，若流經 100m 之能量損失水頭為 2m，試求體積流率。

解：本題已知 h_f，L，D，v，ε，欲求 Q，故屬類型 II。

(1)已知：

$$h_f = 2\text{m}$$

$$L = 100\text{m}$$

$$D = 0.5\text{m}$$

$$v = 1.8 \times 10^{-6}\text{stoke}$$

$$\varepsilon = 0.000122\text{m}$$

(2)逐步試誤分析如下：選取初值為 $f = 0.020$

嘗試值 f	$V = \sqrt{\dfrac{2gh_f}{\dfrac{L}{D}\dfrac{1}{\sqrt{f}}}}$	$\mathrm{Re} = \dfrac{D}{v}V = 27778V$	$\dfrac{\varepsilon}{D}$	$f = \dfrac{0.25}{\left[\log\left(\dfrac{\frac{\varepsilon}{D}}{3.7} + \dfrac{5.74}{\mathrm{Re}^{0.9}}\right)\right]^2}$	Δf
0.0200	3.1320	87003	0.000244	0.01966	—
0.0190	3.2140	89275	0.000244	0.01958	+
0.0195	3.1724	88123	0.000244	0.01962	+
0.0196	3.1643	87897	0.000244	0.01963	O.K.

(3)計算體積流率：

$$Q = VA = (3.1643)\frac{\pi(0.5)^2}{4} = 0.6213\text{m}^3/\text{sec}$$

討 論

由本題可看出其實只需幾次迭代步驟即可，但初始值之選取影響迭代次數。

III. 已知 Q，h_f，L，v，ε，欲求 D：

在此類問題中，由於 D 未知，因此雷諾數、相對粗糙度、速度均為未知，f 也無法求得。

(1) 將速度表為體積流率與管徑之函數：

$$V = \frac{Q}{A} = \frac{4Q}{\pi D^2} \tag{6-86}$$

(2) 將 V 代入 Darcy-Weisbach 方程式中：

$$h_f = f \frac{L}{D} \frac{16Q^2}{(2g)(\pi^2 D^4)} = \frac{8LQ^2}{\pi^2 g}\left(\frac{f}{D^5}\right) \tag{6-87}$$

(3) 將直徑表為 f 之關係：

$$D = \left(\frac{8LQ^2}{\pi^2 gh_f}\right)^{0.2} f^{0.2} \tag{6-88}$$

(4) 將雷諾數表為 D 之函數：

$$\mathrm{Re} = \frac{VD}{v} = \frac{\left(\frac{4Q}{\pi D^2}\right)D}{v} = \frac{4Q}{\pi v}\left(\frac{1}{D}\right) \tag{6-89}$$

(5) 假設一嘗試初值 f。

(6) 由 (6-88) 求出 D。

(7) 由 (6-89) 求出 Re。

(8) 計算 $\dfrac{\varepsilon}{D}$。

(9) 由 Moody 圖求出 f。

(10) 重複 (5)(6)(7)(8)(9) 直至 f 收斂。

(11) 由 (6-88) 求出最後之管徑 D。

以流程圖表示如下：

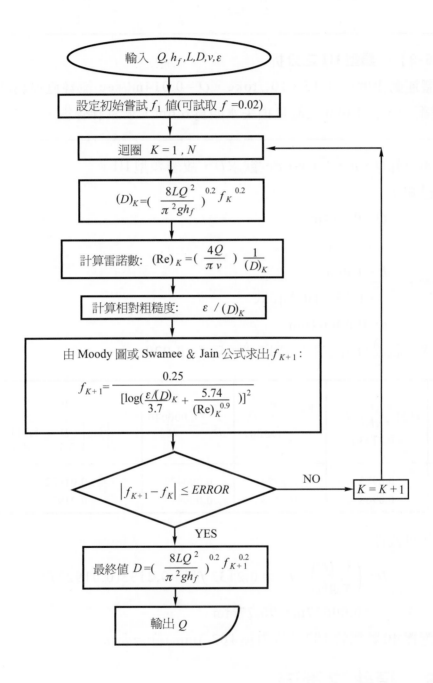

【範例6-9】　類型 III 之分析

流體運動滯度 $v = 1.15 \times 10^{-2} \text{toke}$，$Q = 0.014 \text{m}^3/\text{sec}$ 流經直徑為 $D = 0.5\text{m}$ 之 40 號鋼管，經 180m 之能量損失水頭為 6.6m，求設計管徑。

解：本題已知 Q，h_f，L，v，ε，欲求 D，故屬類型 III。

(1)已知：

$$Q = 0.014 \text{m}^3/\text{sec}$$

$$h_f = 6.6\text{m}$$

$$L = 180\text{m}$$

$$v = 1.15 \times 10^{-6} \text{stoke}$$

$$\varepsilon = 0.000046\text{m}$$

(2)逐步試誤分析如下：選取初值為 $f = 0.020$

嘗試值 f	$D = \left(\dfrac{8LQ^2}{\pi^2 gh_f}\right)^{0.2} f^{0.2}$ $= 0.2133\, f^{0.2}$	$\text{Re} = \dfrac{4Q}{\pi v}\dfrac{1}{D}$ $= \dfrac{15500}{D}$	$\dfrac{\varepsilon}{D} = \dfrac{0.000046}{D}$	$f = \dfrac{0.25}{\left[\log\left(\dfrac{\frac{\varepsilon}{D}}{3.7} + \dfrac{5.74}{\text{Re}^{0.9}}\right)\right]^2}$	Δf
0.0200	0.0975	158974	0.000472	0.01922	—
0.0192	0.0968	160123	0.000475	0.01922	OK

(3)計算直徑：

$$D = \left(\frac{8LQ^2}{\pi^2 gh_f}\right)^{0.2} f^{0.2} = 0.2133\, f^{0.2} = 0.2133(0.01922)^{0.2}$$

$$= 0.09677\text{m} = 96.77\text{mm}$$

選擇 40 號鋼管 102mm(內徑 102.3mm)符合要求。

◢6-6　複雜之管流

在實際民生及工業管線設計問題中，常遇到各種複雜之管路，以下先介紹水力坡降線與能量坡降線在管流分析之應用，再說明四種常見之管路系統之配置分析。

1. **水力坡降線與能量坡降線在管流分析之應用：**

在第四章中所簡介之水力坡降線(Hydraulic Grade Line；HGL)與能量坡降線(Energy Grade Line；EGL)在複雜管流之分析中甚為有用。

(1) **水力坡降線(HGL)：**

以沿管線各點之

$$H_h = \frac{p}{\gamma} + z \tag{6-90}$$

為縱座標，管線方向長度為橫座標，則可繪出水力坡降線，以HGL表示。**水力坡降線之高度**表示**管線該位置之靜壓管計水頭高**(Piezometric Head)。參見圖 6-29。值得注意的是，若水力坡降線在管線之下，代表 $\frac{p}{\gamma} + z < z$，即 $\frac{p}{\gamma} < 0$，因此其相對壓力為負值，絕對壓力在大氣壓力之下。

(2) **能量坡降線(EGL)：**

以沿管線各點之

$$H = \frac{p}{\gamma} + z + \alpha \frac{V^2}{2g} \tag{6-91}$$

為縱座標，管線方向長度為橫座標，則可繪出能量坡降線，以EGL表示。**能量坡降線之高度**表示**管線該位置之總水頭高**(Total Head)，參見圖6-29。比較(6-90)與(6-91)可看出EGL與HGL之差值即為速度頭(Velocity Head)。對於真實流體之長管路中，由於存在摩擦損失及次要損失，能量坡降線將沿流動方向下降(遇到抽水機，加壓機等例外，反而造成陡升)；其中摩擦造成之損失為 $h_f = f \frac{L}{D} \frac{V^2}{2g}$，次要損失則為 $h_m = K \frac{V^2}{2g} = f \frac{L_e}{D} \frac{V^2}{2g}$。一般之長管線分析中，若 $h_m < 0.05 h_f$ 則可將次要損失忽略不計。對某些長管路而言，$\alpha \frac{V^2}{2g}$ 與 h_f 相比甚小，在初步分析中簡化不予考慮，此時水力坡降線即代表能量坡降線。

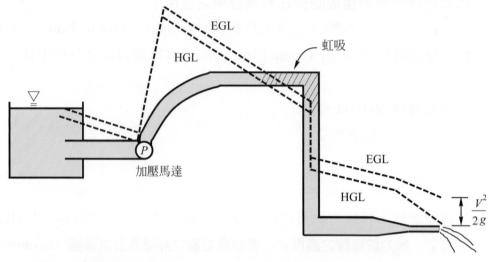

圖 6-29 管流分析中之水力坡降線(HGL)與能量坡降線(EGL)

(3) **虹吸現象(Siphon)：**

      管路中某一位置其HGL在管線高程之下時，相對壓力為負值，絕對壓力比大氣壓力小，稱為虹吸現象(Siphon)，流體中之氣泡容易聚集停貯在該點。如圖 6-30。

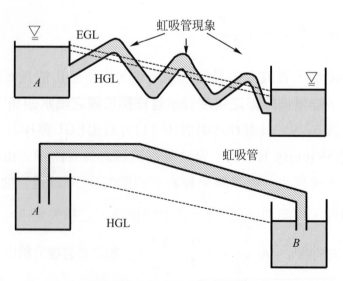

圖 6-30 管流中之虹吸現象

【範例 6-10】 虹吸分析

如圖 6-31，兩貯水槽之間有一虹吸管路，不計次要損失，管路之方程式為

$$z = -0.004x^2 + 0.3x$$

試求虹吸管壓力最大值及其發生之位置。

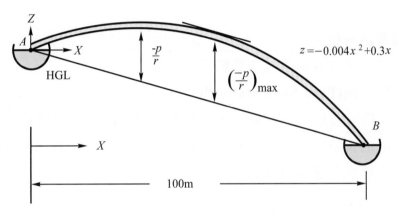

圖 6-31 虹吸管壓力分析

解：不計次要損失，忽略壓力水頭，因此水力坡降線即代表能量坡降線，水力坡降線為連接兩液面之直線 AB。線上兩點座標為

$$(x_A, z_A) = (0, 0)$$
$$(x_B, z_B) = (100, -10)$$

因此 HGL 之方程式為

$$H_h = -0.1x$$

因此沿管線之虹吸壓力為

$$\frac{p}{\gamma} = H_h - z$$
$$= -0.1x - (-0.004x^2 + 0.3x) = 0.004x^2 - 0.4x$$

其極值發生在

$$\frac{d\left(\dfrac{p}{\gamma}\right)}{dx} = 0.008x - 0.4 = 0$$

即 $x = 50\mathrm{m}$ 處；極值爲

$$\left(\frac{p}{\gamma}\right)_{max} = 0.004(50)^2 - 0.4(50) = -10$$

討　論

　　觀察可知對本例而言，最大虹吸壓力發生在管路曲線斜率與 HGL 直線相同之處。

2.　**複雜管路分析**：

　　　　以下簡介四種常見之管路系統分析：

(1)　**串聯管系(Pipe Systems in Series)**：

　　　　將兩種以上不同直徑，不同材質(粗糙度)之管線頭尾逐一接續而成之管系稱爲串聯管系，如圖 6-32 所示。其分析之原理係基於連續方程式及能量方程式。

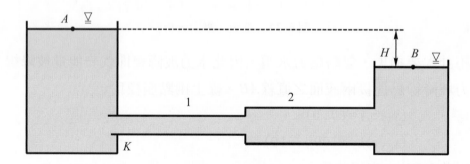

圖 6-32　串聯管系

由連續方程式：

$$Q = V_1 \frac{\pi D_1^2}{4} = V_2 \frac{\pi D_2^2}{4} \tag{6-92}$$

由能量方程式：整個管線除摩擦損失外，次要損失包括入口、管路突擴、出口等。

$$0 + H + 0 = 0 + 0 + 0 + h_L$$
$$= K \frac{V_1^2}{2g} + f_1 \frac{L_1}{D_1} \frac{V_1^2}{2g}$$
$$+ \frac{(V_1 - V_2)^2}{2g} + f_2 \frac{L_2}{D_2} \frac{V_2^2}{2g} + \frac{V_2^2}{2g} \tag{6-93}$$

由(6-92)與(6-93)可推得

$$H = h_L = \frac{V_1^2}{2g} \left[C_0 + C_1 f_1 + C_2 f_2 \right] \tag{6-94}$$

其中

$$C_0 = K + \left[1 - \left(\frac{D_1}{D_2} \right)^2 \right]^2 + \left(\frac{D_1}{D_2} \right)^4$$

$$C_1 = \frac{L_1}{D_1}$$

$$C_2 = \frac{L_2}{D_2} \left(\frac{D_1}{D_2} \right)^4$$

若體積流率Q已知，欲求損失水頭h_L，則由(6-92)求出V_1，V_2，進一步求出Re_1，Re_2，再由 Moody 圖或 Swamee & Jain 公式求出f_1，f_2，由(6-94)式求出損失水頭h_L。若損失水頭h_L已知，欲求體積流率Q，則先假設嘗試值f_1，f_2，再逐步迭代近似求解，過程類似前一章簡單管系之類型 II。

此外，亦可採用**等效管法(Method of Equivalent Pipe)**。其概念為將串聯之多個不同之管以單一之管代替，而此等效管與原管系之體積流率相同，總水頭損失相同。如圖 6-33 所示為 1，2，3 三管串聯之管系。

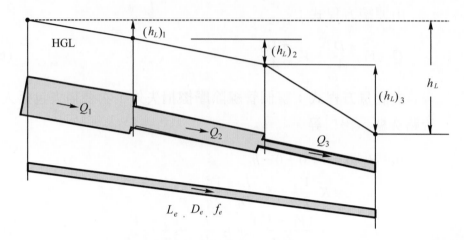

圖 6-33 串聯管系之等效管

由連續分程式

$$Q_e = Q_1 = Q_2 = Q_3 \tag{6-95}$$

由能量方程式

$$(h_f)_e = (h_f)_1 + (h_f)_2 + (h_f)_3 \tag{6-96}$$

由 Darcy-Weisbach 方程式

$$
\begin{aligned}
(h_f)_e &= f_e \ \frac{L_e}{D_e} \ \frac{V_e^2}{2g} = f_e \ \frac{L_e}{D_e^5} \ \frac{8Q_e^2}{\pi^2 g} \\[6pt]
(h_f)_1 &= f_1 \ \frac{L_1}{D_1} \ \frac{V_1^2}{2g} = f_1 \ \frac{L_1}{D_1^5} \ \frac{8Q_1^2}{\pi^2 g} \\[6pt]
(h_f)_2 &= f_2 \ \frac{L_2}{D_2} \ \frac{V_2^2}{2g} = f_2 \ \frac{L_2}{D_2^5} \ \frac{8Q_2^2}{\pi^2 g} \\[6pt]
(h_f)_3 &= f_3 \ \frac{L_3}{D_3} \ \frac{V_3^2}{2g} = f_3 \ \frac{L_3}{D_3^5} \ \frac{8Q_3^2}{\pi^2 g}
\end{aligned}
\tag{6-97}
$$

將(6-95)(6-97)代入(6-96)得串聯管路等效管之參數(f_e，L_e，D_e)滿足以下關係：

$$f_e \ \frac{L_e}{D_e^5} = f_1 \ \frac{L_1}{D_1^5} + f_2 \ \frac{L_2}{D_2^5} + f_3 \ \frac{L_3}{D_3^5} = \sum_{K=1}^{N} f_K \ \frac{L_K}{D_K^5} \tag{6-98}$$

若要考慮次要損失，則所有以$K\dfrac{V^2}{2g}$表示之次要損失需先化算成等效

長度(Equivalent Length)表示法[16]$f\dfrac{(L_e)}{D}\dfrac{V^2}{2g}$，將此長度加於原先之

管路長度中，再代入(6-98)式計算，亦即

$$(L_e)_m = K\dfrac{D}{f} \tag{6-99}$$

【範例 6-11】　串聯管系分析

兩貯水槽A，B以 1，2 兩管相接，如圖 6-34。入口損失為$K = 0.5$，$L_1 = 300\text{m}$，$D_1 = 600\text{mm}$，$\varepsilon_1 = 0.001524\text{m}$，$f_1 = 0.025$，$L_2 = 250\text{m}$，$D_2 = 900\text{mm}$，$\varepsilon_2 = 0.0003048\text{m}$，$f_2 = 0.015$，若$Q = 0.85\text{m}^3/\text{sec}$，求損失水頭$h_L$。

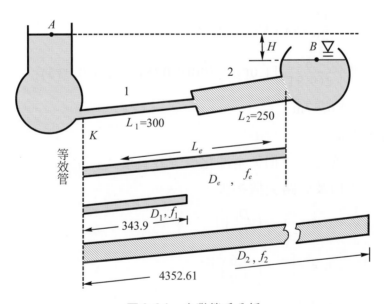

圖 6-34　串聯管系分析

讀者可能會困擾等效管與等效長度之定義；前者乃是用以代替多個複雜管系(串聯或並聯)具有一定特性之單一管線；後者僅是次要損失之一種表示方式，以便與摩擦損失具有相同之型式。

解：此爲二管串聯管系。

(1)由基本原理分析：由連續方程式 $Q = Q_1 = Q_2$

$$V_1 = \frac{Q}{\frac{\pi D_1^2}{4}} = \frac{0.85}{\frac{\pi(0.6)^2}{4}} = 3 \, \text{m/sec}$$

而

$$C_0 = K + \left[1 - \left(\frac{D_1}{D_2} \right)^2 \right]^2 + \left(\frac{D_1}{D_2} \right)^4$$

$$= 0.5 + \left[1 - \left(\frac{0.6}{0.9} \right)^2 \right]^2 + \left(\frac{0.6}{0.9} \right)^4 = 1.006$$

$$C_1 = \frac{L_1}{D_1} = \frac{300}{0.6} = 500$$

$$C_2 = \frac{L_2}{D_2} \left(\frac{D_1}{D_2} \right)^4 = \frac{250}{0.9} \left(\frac{0.6}{0.9} \right)^4 = 54.9$$

故由(6-94)得

$$h_L = \frac{V_1^2}{2g} \left[C_0 + C_1 f_1 + C_2 f_2 \right]$$

$$= \frac{3^2}{2(9.81)} \left[1.006 + 500(0.025) + 54.9(0.015) \right]$$

$$= 6.57 \, \text{m}$$

(2)由等效管法

首先將兩管之次要損失全部化成等效長度：

第一管入口及管路突擴損失：

$$K_1 = 0.5 + \left[1 - \left(\frac{D_1}{D_2} \right)^2 \right]^2$$

$$= 0.5 + \left[1 - \left(\frac{0.6}{0.9} \right)^2 \right]^2$$

$$= 0.809$$

故

$$(L_e)_1 = K_1 \frac{D_1}{f_1} = 0.809 \frac{0.6}{0.025} = 19.416 \, \text{m}$$

此一長度應加於第一管原來長度之上，因此

$$L_1 = 300 + 19.416 = 319.416\text{m}$$

第二管出口損失：

$$K_2 = 1$$

故

$$(L_e)_2 = K_2 \frac{D_2}{f_2} = (1) \frac{0.9}{0.015} = 60\text{m}$$

此一長度應加於第二管原來長度之上，因此

$$L_2 = 250 + 60 = 310\text{m}$$

由(6-98)式

$$\begin{aligned}
f_e \frac{L_e}{D_e^5} &= f_1 \frac{L_1}{D_1^5} \\
&= (0.025)\left(\frac{319.416}{(0.6)^5}\right) + (0.015)\frac{310}{(0.9)^5} \\
&= 110.56
\end{aligned}$$

因此由(6-97)得

$$\begin{aligned}
(h_f)_e &= f_e \frac{L_e}{D_e^5} \frac{8Q_e^2}{\pi^2 g} \\
&= (110.56)\frac{8(0.85)^2}{\pi^2(9.81)} \\
&= 6.6\text{m}
\end{aligned}$$

討 論

① 此題中若將全部管路化成第一管，則第二管部份之長度變成

$$L_{2\to1} = L_2 \frac{f_2}{f_1}\left(\frac{D_1}{D_2}\right)^5 = (310)\frac{0.015}{0.025}\left(\frac{0.6}{0.9}\right)^5 = 24.49\text{m}$$

全部管長為

$$(L_1)_e = L_1 + L_{2\to1} = 319.416 + 24.49 = 343.9\text{m}$$

損失水頭為相當於長度343.9m之第一管之損失

$$h_L = f_1 \frac{(L_1)_e}{D_1} \frac{V_1^2}{2g} = (0.025) \frac{343.9}{0.6} \frac{(3)^2}{2(9.81)} = 6.57 \mathrm{m}$$

等效管繪如圖 6-34。

② 此題中若將全部管路化成第二管，則第一管部份之長度變成

$$L_{1 \to 2} = L_1 \frac{f_1}{f_2} \left(\frac{D_2}{D_1} \right)^5 = (319.4) \frac{0.025}{0.015} \left(\frac{0.9}{0.6} \right)^5 = 4042.61 \mathrm{m}$$

全部管為

$$(L_2)_e = L_{1 \to 2} + L_2 = 4042.61 + 310 = 4352.61 \mathrm{m}$$

損失水頭為相當於長度 4352.61m 之第二管之損失

$$h_L = f_2 \frac{(L_2)_e}{D_2} \frac{V_2^2}{2g} = (0.015) \frac{4352.61}{0.9} \frac{(1.336)^2}{2(9.81)} = 6.6 \mathrm{m}$$

等效管繪如圖 6-34。

⑵ **並聯管系(Pipe Systems in Parallel)：**

兩個以上管系具有共同入口與共同出口之管線配置稱為並聯管系。如圖 6-35 所示。

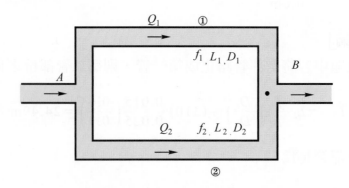

圖 6-35　並聯管系

由連續方程式

$$Q = Q_1 + Q_2 = \sum_{i=1}^{N} Q_i = \frac{\pi D_1^2}{4} V_1 + \frac{\pi D_2^2}{4} V_2 \tag{6-100}$$

由能量方程式

$$(h_f)_1 = f_1 \frac{L_1}{D_1} \frac{V_1^2}{2g} = (h_f)_2 = f_2 \frac{L_2}{D_2} \frac{V_2^2}{2g} \tag{6-101}$$

若體積流率Q及f_1，f_2已知，欲求損失水頭h_L，則由(6-100)與(6-101)聯立求出V_1，V_2，再由(6-101)式求出損失水頭h_L。若損失水頭h_L已知，欲求體積流率Q，則先假設嘗試值f_1，f_2，再逐步迭代近似求解，過程類似前一章簡單管系之類型 II。

此外，亦可採用**等效管法(Method of Equivalent Pipe)**。其概念為將並聯之多個不同之管以單一之管代替，而此等效管與原管系之體積流率相同，總水頭損失相同。如圖 6-36 所示為 1，2，3 三管串並聯之管系。

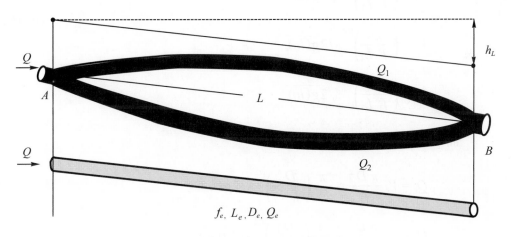

圖 6-36 並聯管系之等效管

由連續方程式

$$Q_e = Q_1 + Q_2 + Q_3 \tag{6-102}$$

由能量方程式

$$(h_f)_e = (h_f)_1 = (h_f)_2 = (h_f)_3 \tag{6-103}$$

由 Darcy-Weisbach 方程式

$$(h_f)_e = f_e \, \frac{L_e}{D_e} \, \frac{V_e^2}{2g} = f_1 \, \frac{L_1}{D_1} \, \frac{V_1^2}{2g}$$

$$= f_2 \, \frac{L_2}{D_2} \, \frac{V_2^2}{2g} = f_3 \, \frac{L_3}{D_3} \, \frac{V_3^2}{2g} \tag{6-104}$$

可知

$$V_e = \left(\frac{D_e}{f_e \, L_e} \right)^{1/2} \sqrt{2g(h_f)_e}$$

$$V_1 = \left(\frac{D_1}{f_1 \, L_1} \right)^{1/2} \sqrt{2g(h_f)_e}$$

$$V_2 = \left(\frac{D_2}{f_2 \, L_2} \right)^{1/2} \sqrt{2g(h_f)_e} \tag{6-105}$$

$$V_3 = \left(\frac{D_3}{f_3 \, L_3} \right)^{1/2} \sqrt{2g(h_f)_e}$$

而體積流率為

$$Q_e = V_e \, \frac{\pi D_e^2}{4} = \frac{\pi}{4} \left(\frac{D_e^5}{f_e \, L_e} \right)^{1/2} \sqrt{2g(h_f)_e}$$

$$Q_1 = V_1 \, \frac{\pi D_1^2}{4} = \frac{\pi}{4} \left(\frac{D_1^5}{f_1 \, L_1} \right)^{1/2} \sqrt{2g(h_f)_e}$$

$$Q_2 = V_2 \, \frac{\pi D_2^2}{4} = \frac{\pi}{4} \left(\frac{D_2^5}{f_2 \, L_2} \right)^{1/2} \sqrt{2g(h_f)_e} \tag{6-106}$$

$$Q_3 = V_3 \, \frac{\pi D_3^2}{4} = \frac{\pi}{4} \left(\frac{D_3^5}{f_3 \, L_3} \right)^{1/2} \sqrt{2g(h_f)_e}$$

代入(6-102)得知並聯管路等效管之參數(f_e, L_e, D_e)滿足以下關係：

$$\left(\frac{D_e^5}{f_e L_e}\right)^{1/2} = \left(\frac{D_1^5}{F_1 L_1}\right)^{1/2} + \left(\frac{D_2^5}{f_2 L_2}\right)^{1/2} + \left(\frac{D_3^5}{f_3 L_3}\right)^{1/2} = \sum_{K=1}^{N}\left(\frac{D_K^5}{f_K L_K}\right)^{1/2} \quad (6\text{-}107)$$

若要考慮次要損失，則所有以$K\dfrac{V^2}{2g}$表示之次要損失需先以(6-99)化算成等效長度(Equivalent Length)表示法$f\dfrac{(L_e)}{D}\dfrac{V^2}{2g}$，將此長度加於原先之管路長度中，再代入(6-107)式計算。

【範例 6-12】 並聯管系分析

　　1，2 兩圓管並聯如圖 6-37 所示，其中第一管之長度、直徑及摩擦因數為$L_1 = 1000$m，$D_1 = 60$mm，$f_1 = 0.016$，第二管之長度、直徑及摩擦因數為$L_2 = 800$m，$D_2 = 80$mm，$f_2 = 0.020$，若入流口之體積流率為$Q = 0.020$m³/sec，求Q_1，Q_2，h_L。

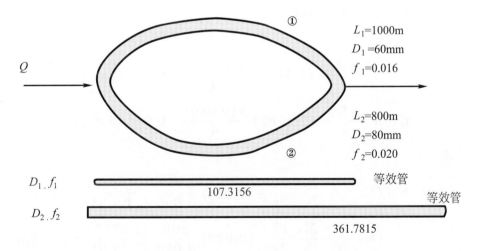

圖 6-37 並聯管系分析

解：忽略次要損失，故損失水頭主要考慮摩擦損失，$h_L = h_f$。此管系為並聯。

(1)由基本原理分析：

由連續方程式：

$$V_1 \frac{\pi D_1^2}{4} + V_2 \frac{\pi D_2^2}{4} = Q$$

$$V_1 \frac{\pi}{4}(0.060)^2 + V_2 \frac{\pi}{4}(0.080)^2 = 0.020$$

$$V_1 + 1.778V_2 = 7.074 \cdots\cdots\text{(a)}$$

由能量方程式：

$$(h_f)_1 = (h_f)_2$$

$$f_1 \frac{L_1}{D_1} \frac{V_1^2}{2g} = f_2 \frac{L_2}{D_2} \frac{V_2^2}{2g}$$

$$(0.016) \frac{1000}{0.060} \frac{V_1^2}{(2)(9.81)} = (0.020) \frac{800}{0.080} \frac{V_2^2}{(2)(9.81)}$$

$$V_1 = 0.8655V_2 \cdots\cdots\text{(b)}$$

聯立(a)(b)解得

$$V_1 = 2.3162\text{m/sec}$$

$$V_2 = 2.6762\text{m/sec}$$

因此

$$Q_1 = V_1 \frac{\pi D_1^2}{4} = (2.3162) \frac{\pi(0.060)^2}{4} = 0.00655\text{m}^3/\text{sec}$$

$$Q_2 = V_2 \frac{\pi D_2^2}{4} = (2.6762) \frac{\pi(0.080)^2}{4} = 0.01345\text{m}^3/\text{sec}$$

且

$$h_L = (h_f)_1 = f_1 \frac{L_1}{D_1} \frac{V_1^2}{2g} = (0.016) \frac{1000}{0.060} \frac{(2.3162)^2}{(2)(9.81)} = 72.92\text{m}$$

$$h_L = (h_f)_2 = f_2 \frac{L_2}{D_2} \frac{V_2^2}{2g} = (0.020) \frac{800}{0.080} \frac{(2.6762)^2}{(2)(9.81)} = 72.99\text{m}$$

(2)由等效管法分析：由(6-107)

$$\left(\frac{D_e^5}{f_e L_e}\right) = \left(\frac{D_1^5}{f_1 L_1}\right)^{1/2} + \left(\frac{D_2^5}{f_2 L_2}\right)^{1/2}$$

$$= \left[\frac{(0.060)^5}{(0.016)(1000)}\right]^{1/2} + \left[\frac{(0.080)^5}{(0.020)(800)}\right]^{1/2}$$

$$= 0.0006730$$

因此

$$\left(\frac{D_e^5}{f_e L_e}\right) = 4.5287 \times 10^{-7}$$

而

$$h_L = (h_f)_e = \left(\frac{f_e L_e}{D_e^5}\right)\left(\frac{8Q^2}{\pi^2 g}\right)$$

$$= \frac{1}{4.5287 \times 10^{-7}} \frac{(0.020)^2 (8)}{\pi^2 (9.81)} = 72.98\text{m}$$

[討 論]

① 本案例中若將兩並聯管路化做單一之第一管,則相當管長為

$$L_e = \left[\frac{D_e^5}{f_e (4.5287 \times 10^{-7})}\right]$$

$$= \frac{(0.060)^5}{(0.016)(4.5287 \times 10^{-7})}$$

$$= 107.3156\text{m}$$

繪於圖 6-37。

② 本案例中若將兩並聯管路化做單一之第二管,則相當管長為

$$L_e = \left[\frac{D_e^5}{f_e (4.5287 \times 10^{-7})}\right]$$

$$= \frac{(0.080)^5}{(0.0020)(4.5287 \times 10^{-7})}$$

$$= 361.7815\text{m}$$

繪於圖 6-37。

演 練

若本題之第一管有一全開球閥($L_e/D = 340$)，如圖 6-38 所示，其它參數相同，試求Q_1，Q_2，h_L。

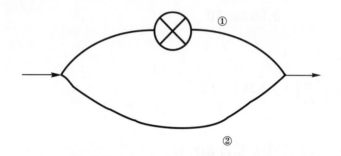

圖 6-38　含次要損失之並聯管系分析

(3) **分歧管系(Branching Pipe Systems)：**

多個管路匯集在一共同點或在一共同點分流稱為分歧管系。如圖 6-39 所示為典型之三貯水槽問題(Three-Reservoir Problem)，A，B，C三槽以 1，2，3 三管線在J點連接。此種管系之分析中主要掌握一個要點，即流入接點之總流量等於流出之總流量。然而 2 管中之水流依據J點之能量水頭之位置可能有三種情形：

① $h_J > z_2$：水由J流出，經 2 進入B槽。

② $h_J = z_2$：2 管之水靜止不動。此種情形相當於 1，3 兩管串聯管系。

③ $h_J < z_2$：水由B槽流出，經 2 進入J。

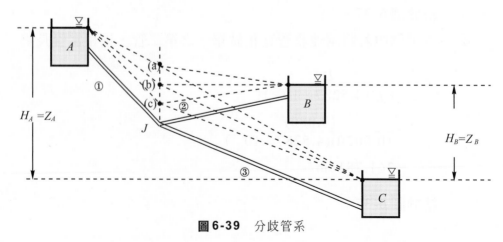

圖 6-39　分歧管系

利用基本原理，由連續方程式：

$$Q_1 = Q_2 + Q_3 \quad \text{(case a)}$$
$$Q_1 = Q_3 \qquad \text{(case b)} \qquad\qquad (6\text{-}108)$$
$$Q_1 + Q_2 = Q_3 \quad \text{(case c)}$$

以平均速度表示

$$D_1^2 V_1 = D_2^2 V_2 + D_3^2 V_3 \quad \text{(case a)}$$
$$D_1^2 V_1 = D_2^2 V_2 \qquad\qquad \text{(case b)} \qquad (6\text{-}109)$$
$$D_1^2 V_1 + D_2^2 V_2 = D_3^2 V_3 \quad \text{(case c)}$$

由能量方程式：

$$AJ : z_A = \left(z_J + \frac{p_J}{\gamma}\right) + f_1 \, \frac{L_1}{D_1} \, \frac{V_1^2}{2g} = H_J + f_1 \, \frac{L_1}{D_1} \, \frac{V_1^2}{2g}$$

$$BJ : z_B = \left(z_J + \frac{p_J}{\gamma}\right) + f_2 \, \frac{L_2}{D_2} \, \frac{V_2^2}{2g} = H_J + f_2 \, \frac{L_2}{D_2} \, \frac{V_2^2}{2g} \qquad (6\text{-}110)$$

$$CJ : z_C = \left(z_J + \frac{p_J}{\gamma}\right) + f_3 \, \frac{L_3}{D_3} \, \frac{V_3^2}{2g} = H_J + f_3 \, \frac{L_3}{D_3} \, \frac{V_3^2}{2g}$$

由(6-109)中之一個方程式及(6-110)三個方程式聯立解出四個未知數 V_1，V_2，V_3，H_J。

實際分析中可用試誤法(Trial-and-Error Method)如下：

① 首先假設一嘗試值 $H_J = \dfrac{z_A + z_C}{2}$。

② 求出每一管之 $(h_f)_K = z_K - H_J$ 及 $C_K = \dfrac{8 f_K L_K}{\pi^2 g D_K^5}$。

③ 由 $Q_K = \sqrt{\dfrac{(h_f)_K}{\beta_K}}$ 求出各管中之體積流率。

④ 計算 $\Delta Q = \sum\limits_{K=1}^{3} Q_K$ 及 $\sum\limits_{K=1}^{3} \left| \dfrac{Q_K}{(h_f)_K} \right|$。

⑤ 利用內插或比例，計算 $\Delta H_J = \dfrac{2\Delta Q}{\sum\limits_{K=1}^{3} \left| \dfrac{Q_K}{(h_f)_K} \right|}$。

⑥　新嘗試值$H_J = H_J + \Delta H_J$。

⑦　再迭代②至⑥至ΔQ收斂至很小滿意為止。

【**範例 6-13**】　**分歧管系分析**

　　分歧管 1，2，3 連接 A，B，C 三槽，如圖 6-40。三槽之高程為 $z_A = 120$m，$z_B = 110$m，$z_C = 100$m 接點 J 之高程為 $z_J = 107$m；第 1 管之 $L_1 = 350$m，$D_1 = 150$mm，$f_1 = 0.020$，第 2 管之 $L_2 = 200$m，$D_2 = 100$mm，$f_2 = 0.020$，第 3 管之 $L_3 = 250$m，$D_3 = 100$mm，$f_3 = 0.020$，不計次要損失，求 Q_1，Q_2，Q_3，H_J，p_J。

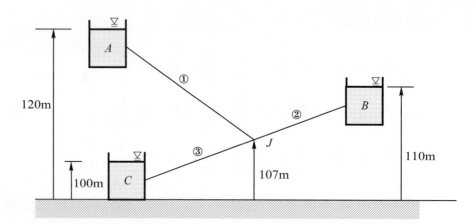

圖 6-40　三貯水槽問題之分歧管系分析

解：先計算各管之係數 C_K：

$$C_1 = \frac{8 f_1 L_1}{\pi^2 g D_1^5} = \frac{8(0.020)(350)}{\pi^2 (9.81)(0.150)^5} = 7616.63$$

$$C_2 = \frac{8 f_2 L_2}{\pi^2 g D_2^5} = \frac{8(0.020)(200)}{\pi^2 (9.81)(0.100)^5} = 33050.74$$

$$C_3 = \frac{8 f_3 L_3}{\pi^2 g D_3^5} = \frac{8(0.020)(250)}{\pi^2 (9.81)(0.100)^5} = 41313.43$$

(1) 嘗試值 $H_J = (z_A + z_C)/2 = (120 + 100)/2 = 100$，因 $H_J = z_B$，$Q_2 = 0$，計算各流量如下：

管	$(h_f)_K = z_A - H_J$	C_K	$Q_K = \sqrt{\dfrac{(h_f)_K}{C_K}}$
1	$+10$	7616.63	$+0.03623$
2	0	33050.74	0
3	-10	41313.43	-0.01556
合計			$+0.02067$

ΣQ_k 正值表示 H_J 太小，應取較 110 為大之值。

(2) 嘗試值 $H_J = 115$，因 $H_J > z_B$，流體將由 J 流至 B。計算各流量如下：

管	$(h_f)_K = z_A - H_J$	C_K	$Q_K = \sqrt{\dfrac{(h_f)_K}{C_K}}$
1	$+5$	7616.63	$+0.02562$
2	-5	33050.74	-0.01230
3	-15	41313.43	-0.01905
合計			-0.00573

ΣQ_k 負值表示 H_J 太大，應取較 115 為小之值。

(3) 利用線性內插：

$$\frac{H_J - 115}{0 - (-0.00573)} = \frac{110 - 115}{0.02067 - (-0.00573)} = -189.3939$$

求得

$$H_J = 113.9148$$

管	$(h_f)_K = z_A - H_J$	C_K	$Q_K = \sqrt{\dfrac{(h_f)_K}{C_K}}$
1	+ 6.0852	7616.63	+ 0.02826
2	− 3.9148	33050.74	− 0.01088
3	− 13.9148	41313.43	− 0.01835
合計			− 0.0009725

$\Sigma Q_K = -0.0009725$ 已收斂至接近零[若要更進一步，因 ΣQ_K 為負值，H_J 應再降低，可取 113.9148 與 110 之線性內插，讀者若有興趣可自行嘗試]。

(4)結果：

$$Q_1 = 6.02826 \text{m}^3/\text{sec} \quad (A \to J)$$
$$Q_2 = 0.01088 \text{m}^3/\text{sec} \quad (J \to B)$$
$$Q_3 = 0.01835 \text{m}^3/\text{sec} \quad (J \to C)$$
$$H_J = 113.9148 \text{m}$$
$$p_J = \gamma (H_J - z_J) = (9810)(113.9148 - 107) = 67834.19 \text{Pa}$$

(4) **管網系統(Pipe Networks)**：

多個管路交互聯結構成網狀管系，如圖 6-41 所示。管網中每一管之流動方向事先並不清楚，然而以下分析原理則必然存在：

① 質量守恆：流入每一結點之流量等於流出該結點之流量。

② 能量守恆：每一迴路之能量損失水頭代數和應為零。

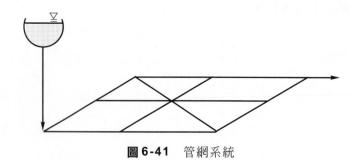

圖 6-41 管網系統

　　管網系統之分析甚爲繁瑣，工程實用上管路之分析方法有以下幾種：

① Hardy-Cross連續進似法(Successive Approximation Method)[17]：首先假設一組各管中流量分佈，滿足連續方程式條件。計算每一管之損失水頭及每一迴路之損失水頭代數和，若不爲零，再修正各管流量假設值，迭代重覆至滿意爲止。可寫成電子計算機程式計算[18]。如直接修正流量可依以下推導：

　　假設一管中之初始流量爲Q_0，修正量爲ΔQ，則新流量爲$Q = Q_0 + \Delta Q$，而每一管之損失水頭爲

$$(h_f)_K = C Q^2 = C[Q_0 + \Delta Q]^2$$
$$\approx C[Q_0^2 + 2Q_0 \Delta Q + \cdots] \tag{6-111}$$

其中$C = 8fL/(\pi^2 gD^5)$。由繞一迴路之損失水頭需爲零，因此

$$\Sigma (h_f)_K = \Sigma C Q_0 \mid Q_0 \mid + (\Sigma 2C \mid Q_0 \mid) \Delta Q = 0 \tag{6-112}$$

解得

$$\Delta Q = - \frac{\Sigma C Q_0 \mid Q_0 \mid}{\Sigma 2C \mid Q_0 \mid} \tag{6-113}$$

實際使用時可定義每一迴圈順時鐘方向爲正，逆時鐘爲負。Hardy-Cross 法適用於少數管網之人工試算，對於大型管網仍建議藉助高速電子計算機，以求得較精密之結果。

② Newton-Raphson迭代法(Iteration Method)[19]：將各管流量及各結點水頭爲變數，利用質量守恆及能量守恆可以寫出聯立非線性方

[17] Hardy Cross, "Analysis of Flow in Networks of Conduits or Conductors," Univ. Illinois Engng. Expt.Sta. Bull 286, 1936.

[18] Epp, R. and A. G. Fowler, "Efficient Code for Steady-State Flows in Networks by Eletronic Digital Computers," J. Hydraul. Div., ASCE, Vol. 96, No. HY1, pp. 43-56, 1970.

[19] Shamir, U. and C. D. D. Howard, "Water Distribution System Analysis," J. Hydraul. Div., ASCE, Vol.94, No. HY1, pp. 219-234, 1968.

程式(非線性之原因來自$(h_f)_K = C_K Q_1^K$)，再利用 Newton-Raphson
迭代法求解。

③ 電性類比法(Method of Analogous Eletrical Network)[20]：利用電
壓降(Voltage Drop)與電流(Current)之關係為$V = RI^{1.85}$之電阻電
路模擬管網，則電壓降相當於水頭損失，各電路之電流相當於各
管流量，不需迭代運算。

【範例6-14】　管網分析

　　如圖6-42之管網系統，各管之C值如圖所示，各結點之流量已知，試以
Hardy-Cross 法分析每一管中之流量。

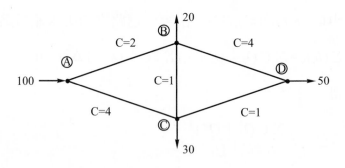

圖6-42　管網系統分析——Hardy Cross 法

解：假設各管初始流量如圖6-43(a)，注意在每一結點均需滿足連續條件。

　　(1)第一次修正計算：

---

[20] McIlroy, M. S., "Direct Reading Eletric Analyzer for Pipeline Networks," J. AWWA, Vol. 42, 1950.

迴圈	管線	$C Q_0 \mid Q_0 \mid$	$2C \mid Q_0 \mid$	ΔQ
	AB	$2(70)(70) = 9800$	$2(2)(70) = 280$	
1	BC	$1(35)(35) = 1225$	$2(1)(35) = 70$	
	CA	$4(-30)(30) = -3600$	$2(4)(30) = 240$	
合計	Σ	7425	590	$-\dfrac{7425}{590} = -12.58 \approx -13$
	CB	$1(-35)(35) = -1225$	$2(1)(35) = 70$	
2	BD	$4(15)(15) = 900$	$2(4)(15) = 120$	
	DC	$1(-35)(35) = -1225$	$2(1)(35) = 70$	
合計	Σ	-1550	260	$-\dfrac{(-1550)}{260} = 5.96 \approx 6$

修正後之各管流量如圖 6-43(b)。

(2)第二次修正計算：

迴圈	管線	$C Q_0 \mid Q_0 \mid$	$2C \mid Q_0 \mid$	ΔQ
	AB	$2(57)(57) = 9800$	$2(2)(57) = 228$	
1	BC	$1(16)(16) = 1225$	$2(1)(16) = 32$	
	CA	$4(-43)(43) = -3600$	$2(4)(43) = 344$	
合計	Σ	-644	604	$-\dfrac{(-644)}{604} = 1.07 \approx 1.1$
	CB	$1(-16)(16) = -256$	$2(1)(16) = 32$	
2	BD	$4(21)(21) = 1764$	$2(4)(21) = 168$	
	DC	$1(-29)(29) = -841$	$2(1)(29) = 58$	
合計	Σ	667	258	$-\dfrac{(667)}{258} = -2.59 \approx -2.6$

修正後之各管流量如圖 6-43(c)。

(3) 第三次修正計算：

迴圈	管線	$CQ_1\lvert Q_0\rvert$	$2C\lvert Q_0\rvert$	ΔQ
	AB	$2(58.1)(58.1)=6751$	$2(2)(58.1)=232.4$	
1	BC	$1(19.7)(19.7)=388$	$2(1)(19.7)=39.4$	
	CA	$4(-41.9)(41.9)=-7022$	$2(4)(41.9)=335.2$	
合計	Σ	117	607	$-\dfrac{(117)}{607}=-0.19\approx 0$
	CB	$1(-19.7)(19.7)=-388$	$2(1)(19.7)=39.4$	
2	BD	$4(18.4)(18.4)=1354$	$2(4)(18.4)=147.2$	
	DC	$1(-31.6)(31.6)=-999$	$2(1)(31.6)=63.2$	
合計	Σ	-33	249.8	$-\dfrac{(-33)}{249.8}=0.13\approx 0$

修正後之各管流量如圖 6-43(d)。

(4) 最後結果：

$$Q_{AB}=58.1-0.19=57.92$$
$$Q_{BC}=19.7-0.19+0.13=19.64$$
$$Q_{CA}=41.9+0.19=42.09$$
$$Q_{BD}=18.4+0.13=18.53$$
$$Q_{DC}=31.6-0.13=31.47$$

檢核各結點質量守恆：

A :	$100-(57.91+42.09)=0$	OK
B :	$57.91-(20+19.64+18.53)=-0.26\approx 0$	OK
C :	$42.09+19.64-(30+31.47)=0.26\approx 0$	OK
D :	$18.53+31.47-50=0$	OK

若要更精確之結果，可繼續計算。

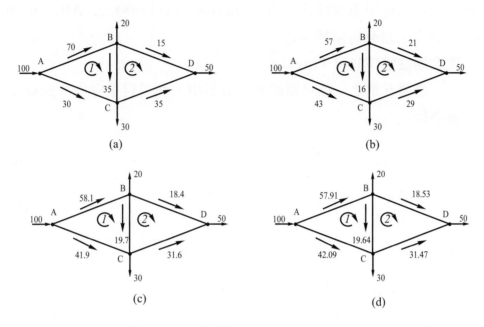

圖 6-43　管網系統分析(a)初始假設(b)第一次修正(c)第二次修正(d)結果

▲6-7　壓縮性效應與水錘現象

前面幾節所探討之管流分析中，流體係為完全不可壓縮且穩態之情形。然而若遇到閥門突然關閉、閥門突然開啟、管壁破裂、馬達停止運轉、爆炸等，則流體之壓縮性將必須予以考慮。由這些因素導致管道中壓力劇烈上升之現象稱為**水錘作用(Water Hammer)**。如圖 6-44 所示。

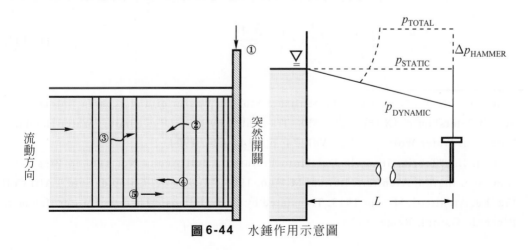

圖 6-44　水錘作用示意圖

第一個提出此現象實驗研究者為 Joukowsky(1898)[21]及 Allievi(1903，1913)[22]。基本上需分為兩種情形：

1. **完全剛性管(Rigid Pipes)**：

由第五章之一維可壓縮流之分析中，利用質量守恆及動量守恆可推導得

$$\frac{\partial u}{\partial x} = -\frac{1}{\rho_0} \frac{\partial \rho'}{\partial t} \tag{6-114}$$

$$\frac{\partial u}{\partial t} = -\frac{1}{\rho_0} \frac{\partial p'}{\partial x} \tag{6-115}$$

由

$$c^2 = \frac{dp}{d\rho} = \frac{p'}{\rho'} = \frac{K}{\rho_0} \tag{6-116}$$

其中K為流體之容積彈性模數(Bulk Modulus)，(6-114)及(6-115)可化為一維波動方程式

$$\frac{\partial^2 p'}{\partial x^2} = \frac{1}{c^2} \frac{\partial^2 p'}{\partial t^2} \tag{6-117}$$

其中c表示流體中波進行之速度。

2. **彈性管(Elastic Pipes)**：

實際上一般之管仍具有某種程度之彈性變形。由質量守恆可推得

$$\frac{\partial u}{\partial x} = -\left(\frac{1}{\rho_0} \frac{\partial \rho'}{\partial t} + \frac{1}{A} \frac{\partial A}{\partial t} \right) \tag{6-118}$$

[21] Joukowsky, N. E., "Ueber den Hydraulisher Stoss in Wasserleitungsrcehren," Mem. Acad. Sci. St Petersbourg, IX (8e) ser, 1898. Translated by Miss Olga Simin, "Water Hammer," Proc. Am. Water Works Assoc., Vol. 24, pp. 341-424, 1904.

[22] Allievi, L., "Teoria Generale Del Moto Perturbata dell Acqua Nei Tubi in Pressisne," Ann. Soc. Ing.Ed. Architetti Italiani Milano, 1903. "Teoria del Colpo dariete," Atti Coll. Ing. Ed. Architetti, Milano,1913. Translated by E. E. Halmos, "Theory of Water Hammer," Riccardo Garoni, Rome, 1925.

由動量守恆可推得

$$\frac{\partial u}{\partial t} = -\frac{1}{\rho_0}\frac{\partial p'}{\partial x} \qquad (6\text{-}119)$$

然而

$$\frac{1}{A}\frac{\partial A}{\partial t} = \frac{2}{C}\frac{\partial C}{\partial t} = \frac{D}{Ed}\frac{\partial p}{\partial t} \qquad (6\text{-}120)$$

其中C表示管道之周長，E爲彈性模數(Elastic Modulus)，D爲管之直徑，d爲管之厚度。

由(6-118)(6-119)(6-120)可得

$$\frac{\partial p'}{\partial x^2} = \frac{1}{a^2}\frac{\partial^2 p'}{\partial t^2} \qquad (6\text{-}121)$$

其中

$$a = \frac{c}{\sqrt{1+\left(\dfrac{K}{E}\right)\left(\dfrac{D}{d}\right)}} = \frac{c}{\sqrt{1+\dfrac{K}{\dfrac{Ed}{D}}}} \qquad (6\text{-}122)$$

由(6-122)可看出彈性管中管壁之彈性將降低波傳速度，而當$E\,d/D\to\infty$(即剛性管)時$a\to c$。

對一長度爲L之管，因下游端閥門突然關閉，將有波動向上游傳播，碰到上游面時又折返，如此往復形成駐波(Standing Waves)，其變化如圖6-45所示。往返時間爲

$$T = 2\frac{L}{a} \qquad (6\text{-}123)$$

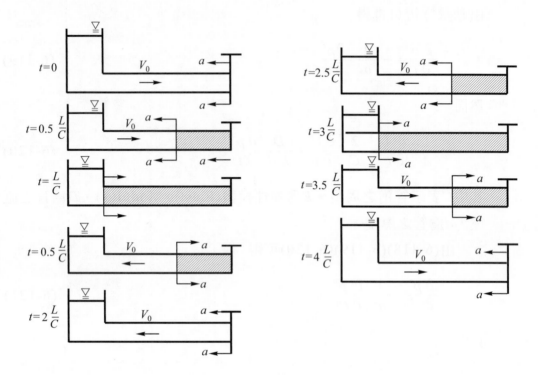

圖 6-45 水錘進行之情形

水錘引發之壓力分析，考慮兩種情形：

(1) **快速關閉(Rapid Closure)：**

當閥門關閉時間$t < T = 2L/a$時，稱爲快速關閉。此時壓力增加

$$\Delta p_{\text{HAMMER}} = -\rho_0 \, a(u_2 - u_1) = -\rho_0 \, a(0 - u_1) = \rho_0 \, au_1 \tag{6-124}$$

(2) **緩慢關閉(Slow Closure)：**

當閥門關閉時間$t > T = 2L/a$時，稱爲緩慢關閉。此時壓力增加

$$\Delta p_{\text{HAMMER}} = (\rho_0 \, au_1)\frac{T}{t} \tag{6-125}$$

而總壓力爲

$$p = p_{\text{STATIC}} + \Delta p_{\text{HAMMER}} \tag{6-126}$$

若管之設計允許應力(Allowable Stress)為σ_W，則抵抗水錘作用管之設計厚度由圓柱之環匝應力公式

$$\sigma_C = \frac{p_{\text{TOTAL}} D}{2d} \le \sigma_W \qquad (6\text{-}127)$$

可得

$$d \ge \frac{p_{\text{TOTAL}} D}{2\sigma_W} \qquad (6\text{-}128)$$

工程上為避免水錘作用造成管道損壞，一般採取以下措施[23]：

① 使用緩關閥(Slow Closure Valves)。

② 使用水鶴(Standing Pipes)。

③ 使用氣壓吸震器(Pneumatic Shock Absorbers)。

④ 使用減壓閥(Pressure Relief Valves)或快開旁流閥(Rapid-Opening Bypass Valves)。

⑤ 使用湧浪槽(Surge Tanks)，可分為簡單式(Simple)，孔口式(Orifice)及差動式(Differential)三種，如圖6-46所示。

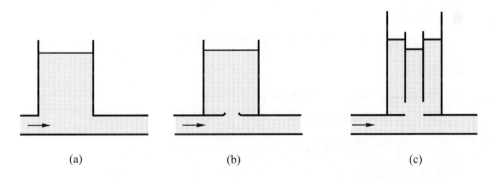

(a)　　　　　　　　(b)　　　　　　　　(c)

圖 6-46 湧浪槽示意圖(a)簡單式(b)孔口式(c)差動式

[23] Halliwell, A. R., "Velocity of Water-Hammer Wave in an Elastic Pipe," J. Hydraul. Div., ASCE, Vol.80, No. HY4, pp. 1-21, 1963. Parmakian, J., Water Hammer Analysis, Prentice-Hall, 1955. Also Dover, 1963.

【範例 6-15】 水錘作用分析

鋼管直徑 $D = 1$m，輸送流量為 $Q = 1.5$m³/sec 之水，水頭為 300m，下游有一閥門突然關閉；水之容積彈性模數為 $K = 2.10$kN/mm²，鋼管之彈性模數為 $E = 210$kN/mm²，允許工作應力為 $\sigma_W = 0.1$kN/mm²。試求管中由於水錘造成之水壓及所需管壁最小厚度(1)忽略管之彈性；(2)考慮管之彈性。

解：(1)忽略管之彈性：

壓力波之速度為

$$C = \sqrt{\frac{K}{\rho_0}} = \sqrt{\frac{2.1 \times 10^9}{1000}} = 1449.14 \text{m/sec}$$

管流平均速度為

$$u_1 = \frac{Q}{A} = \frac{15}{\frac{\pi}{4}(1)^2} = 1.91 \text{m/sec}$$

由於水錘造成之水壓為

$$\Delta p_{\text{HAMMER}} = \rho_0\, C u_1 = (1000)(1449.14)(1.91) = 2768 \text{KPa}$$

靜水壓力

$$p_{\text{STATIC}} = \gamma\, h = (9.81)(300) = 2943 \text{KPa}$$

總壓力為

$$p_{\text{TOTAL}} = p_{\text{STATIC}} + \Delta p_{\text{HAMMER}}$$
$$= 2943 + 2768$$
$$= 5711 \text{KPa}$$

所需最小管厚為

$$d \geq \frac{p_{\text{TOTAL}}\, D}{2\sigma_W} = \frac{(5711)(1)}{2(0.1 \times 10^6)} = 0.02855 \text{m} = 28.55 \text{mm}$$

(2)考慮管之彈性：

彈性管中之水錘壓力較剛性管低，故假設厚度為 27mm。

壓力波之速度為

$$a = \frac{c}{\sqrt{1 + \dfrac{K}{E}\dfrac{D}{d}}} = \frac{1449.14}{\sqrt{1 + \left(\dfrac{2.1}{210}\right)\left(\dfrac{1}{0.027}\right)}}$$

$$= 1449.14(0.8542) = 1237.90 \text{m/sec}$$

由於水錘造成之水壓為

$$\Delta p_{\text{HAMMER}} = \rho_0\, a u_1 = (1000)(1237.90)(1.90) = 2364 \text{KPa}$$

總壓力為

$$p_{\text{TOTAL}} = p_{\text{STATIC}} + \Delta p_{\text{HAMMER}}$$

$$= 2943 + 2364$$

$$= 5307 \text{KPa}$$

所需最小管厚為

$$d \geq \frac{p_{\text{TOTAL}}\, D}{2\sigma_W} = \frac{(5307)(1)}{2(0.1 \times 10^6)} = 0.02653 \text{m} = 26.53 \text{mm}$$

因此採用 27mm 鋼管。

觀察實驗 6-1

(1)將自來水水龍頭打開，仔細小心的控制開關，使水流由極少量之流量緩慢增加，注意開始時水流呈現較有規律之流動。

(2)將水龍頭開大後，注意水流是否不再出現規律之流動，而呈現紊亂之流動。注意由規律變化至紊亂之過程。

(3)將水龍頭逐漸關小，以相反過程觀察水流由紊亂變回規律之過程。

(4)討論層流，過渡區，紊流之現象。

[注意]：水龍頭開大時，宜避免強力水流濺溼衣服及地板。

觀察實驗 6-2

(1)取一桶可以飲用之水，將桶置於桌上，稱爲A桶，另取一空桶置於地上，稱爲B桶。準備一條長約 2 至 3m 之橡皮軟管，一端置入盛水之A桶中，以口吸取 A 桶中之水，迅即將此端管口置於地上空桶B，觀察水是否自A桶源源流入B桶。參見圖 6-47。

(2)俟B桶 1/3 滿左右，將A桶一端之橡皮管拿出水面，再放回A桶水面下，觀察水還會繼續流動嗎？

(3)如不用口吸水，事先將管子裝滿水，同時將管置於A，B桶，看看是否亦可成功將A統之水輸送於B桶。

(4)討論虹吸原理及其應用。

[注意]：切勿以此法用於有害之流體，如汽油、煤油等。

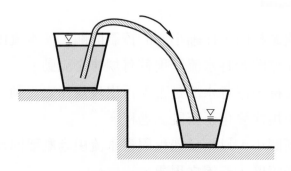

圖 6-47 虹吸實驗

觀察實驗6-3

⑴以一長約 3m 之橡皮軟管與自來水水龍頭相接，手拿出口一端，將水龍頭全開，急速以手掌將管口封閉，注意水管中輕微之脈動。如緩慢閉合手掌，情形如何？

⑵將水龍頭關小一些，再進行⑴之觀察，注意水管之脈動是否較爲輕微。

⑶討論水錘現象及其影響。

[注意]：水龍頭開大及封閉管口時，宜避免強力水流濺溼衣服及地板。

本章重點整理

1. 影響管流最重要之無因次參數爲雷諾數(Reynolds Number)，定義及物理意義爲：

$$\text{Re} = \frac{\rho VD}{\mu} = \frac{VD}{v} = \frac{慣性力}{黏滯力}$$

2. 管流流場特性依雷諾數之範圍區分爲：

   ⑴層流(Laminar Flow)：Re < 2000。

   ⑵過渡區(Transition Region)：2000 < Re < 4000。

   ⑶紊流(Turbulent Flow)：4000 < Re。

3. 管流中之水頭(能量)損失包括摩擦損失及次要損失：

$$h_L = h_f + \sum_k (k_m)_K$$

   ⑴摩擦損失：可由 Darcy-Weisbach 公式分析：

$$h_f = f\frac{L}{D}\frac{V^2}{2g}$$

其中摩擦因數由以下決定：

① 層流：$f = f(\text{Re}) = \dfrac{64}{\text{Re}}$。(由 Hagen-Poiseuille 公式)。

② 紊流：$f = f(\text{Re}, \varepsilon/D)$；由 Re 及 ε/D 查 Moody 圖或利用 Swamme& Jain 公式。

(2) 次要損失：

$$h_m = K \frac{V^2}{2g} = f \frac{L_e}{D} \frac{V^2}{2g}$$

① 管路突擴：$K = \left[1 - \left(\dfrac{D_1}{D_2} \right)^2 \right]^2$。

② 管路漸擴：K 查表。

③ 管路突縮：K 查表。

④ 管路漸縮：K 查表。

⑤ 入口：$K = 1$(內突管)，0.5(直角)，0.25(削角)，0.04(圓角)。

⑥ 出口：$K = 1$。

⑦ 彎管：$\dfrac{L_e}{D}$ 查圖。

⑧ 閥及配件：$\dfrac{L_e}{D}$ 查圖。

4. 非圓形斷面水力半徑(Hydraulic Radius)$R_H = \dfrac{A}{P_W} \dfrac{斷面積}{濕周}$，在計算 Re，

$\dfrac{\varepsilon}{D}$ 及 h_f 時以 $D = 4R_H$ 代入圓管之公式計算。

5. 簡單管路分析有三種情形

(1) 已知 Q，L，D，v，ε 求 h_L：單純直接。

(2) 已知 h_L，L，D，v，ε 求 Q：假設 f 迭代運算。

(3) 已知 Q，h_L，L，v，ε 求 D：假設 f 迭代運算。

6. 複雜管路分析：

(1)串聯管路：等效管參數 $f_e \dfrac{L_e}{D_e^5} = \sum\limits_{K=1}^{N} f_K \dfrac{L_K}{D_K^5}$ 。

(2)並聯管路：等效管參數 $\left(\dfrac{D_e^5}{f_e L_e}\right)^{1/2} = \sum\limits_{K=1}^{N} \left(\dfrac{D_K^5}{f_K L_K}\right)^{1/2}$ 。

(3)分歧管路：迭代運算。

(4)管網系統：Hardy-Cross 法或電子計算機程式。

7. 水力坡降線(HGL)與能量坡降線(EGL)在管流分析中甚有幫助。管道中某些地方可能發生虹吸現象(Siphon)，該處HGL位於管線下方，相對壓力為負值。

8. 管道下游閥門突關或上游突開會造成水錘作用(Water Hammer)，乃是流體壓縮性，慣性與管壁彈性三者之交互作用，將產生巨大壓力破壞管道或水力機械；可設計湧浪槽(Surge Tanks)，減壓閥等加以消減。

9. 紊流之流場運動視為平均運動(Mean Motion)及渦動運動(Fluctuation)之合成，並取時平均值(Time-Averaging)分析。紊流中之剪應力則以渦動滯度(Eddy Viscosity)或混合長度(Mixing Length)或雷諾應力(Reynolds Stress)分析。

10. 近壁紊流可分為三區：

(1)層流次層(Laminar Sublayer)。

(2)重疊區(Overlap Region)。

(3)外層(Outer Layer)。

◢學後評量

6-1　說明以下定義(解釋名詞)：

(1)雷諾數

(2)相對粗糙度

(3)層流

(4)完全發展流

(5)紊流

(6)雷諾應力

(7)渦動滯度

(8)摩擦阻抗

(9)形狀阻抗

(10)水力半徑

(11)等效管

(12)虹吸現象

(13)水錘作用

6-2　試比較流動於兩平行平板(第五章)與圓管(第六章)之牛頓型流體完全發展層流之速度分佈、最大速度、流量、剪應力之關係式。

6-3　試比較層流與紊流情況下管流摩擦阻抗與管流平均速度之關係。

6-4　試說明管流摩擦因數之影響參數：(1)層流區(2)光滑管紊流區(3)粗糙管完全紊流區(4)粗糙管漸變區。

6-5　甘油之$\rho = 1263\text{kg/m}^3$，$\mu = 9.48 \times 10^{-1}\text{Pa} \cdot \text{sec}$，平均流速$V = 3.6\text{m/sec}$分別流經$A$，$B$，$C$三管，$A$管為直徑160mm之圓管，$B$管為邊長80mm之方管，$C$管為邊長80mm之等邊三角形管，三管長度均為100m，粗糙度為$\varepsilon = 0.046$mm。(1)判斷三管管流為層流或紊流(2)估計三管中之摩擦損失。

6-6 70℃水之$v = 4.11 \times 10^{-7} \text{m}^2/\text{sec}$，平均流速$V = 9.4\text{m/sec}$分別流經$A$，$B$，$C$三管，$A$管為直徑24mm之圓管，$B$管為邊長12mm之方管，$C$管為邊長12mm之等邊三角形管，三管長度均為100m。(1)判斷三管管流為層流或紊流(2)估計三管中之摩擦損失。

6-7 參見圖P6-7，若體積流率為$Q = 0.0566\text{m}^3/\text{sec}(\text{CMS})$，抽水機之功率為$P = 4.25\text{hp}$，機械效率為0.85，若$P_2 = 4500\text{Pa}$：

(1)求1，2間之能量損失水頭。

(2)求1，4間之能量損失水頭。

(3)繪出HGL，EGL並標明1，2，3，4之高程。

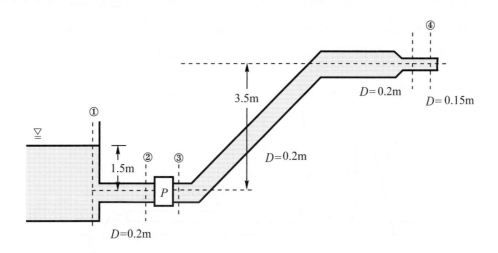

圖 P6-7

6-8 一消防車供水設備如圖P6-8所示。假設供水量為$Q = 5.68\text{m}^3/\text{min}$，採用40號鋼管直徑$D = 254\text{mm}$，不計次要損失：

(1)欲得$p_B = 34500\text{Pa}$，求儲水槽水位高度H。

(2)欲得$p_C = 58600\text{Pa}$，求加壓機之功率$P = \gamma Q \Delta h$。

(3)繪出HGL，EGL並標明A，B，C，D之高程。

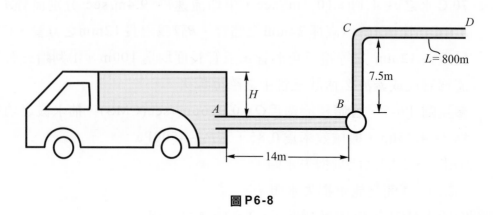

圖 P6-8

6-9 如圖P6-9之儲存塔，輸送管徑為$D = 102.3\text{mm}$，粗糙度為$\varepsilon = 4.6 \times 10^{-5}$ m，流體之$v = 8.94 \times 10^{-7}\text{m}^2/\text{sec}$，流量為$Q = 0.0279\text{m}^3/\text{sec}$，肘管之 $L_e/D = 880$，半開閘閥$L_e/D = 160$，求損失水頭h_L。

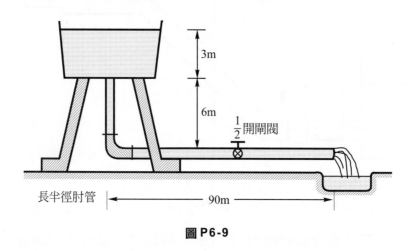

圖 P6-9

6-10 試計算圖P6-10水力系統之流量Q，並繪出 HGL，EGL。

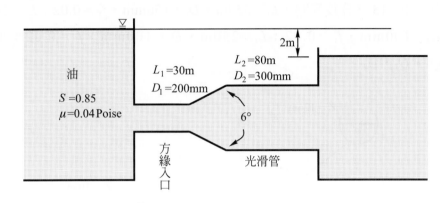

圖 P6-10

6-11 如圖 P6-11 所示之管路,求 Q,Q_1,Q_2。

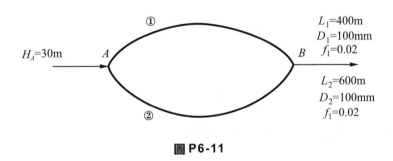

圖 P6-11

6-12 一管線如圖 P6-12(a),長度為 $L_0 = 2000\text{m}$,$f = 0.02$,水頭損失為 $h_f = 15\text{m}$,為增加流量,將管線配置成圖 P6-12(b),$L_1 = L_2 = 1000\text{m}$,保持相同水頭損失,求增加之流量百分比。

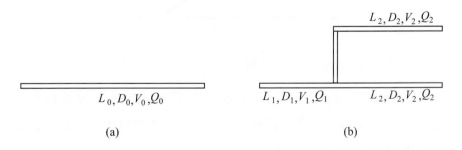

(a)   (b)

圖 P6-12

6-13　如圖 P6-13 之分歧管路，$L_1 = 350\text{m}$，$D_1 = 150\text{mm}$，$f_1 = 0.02$；$L_2 = 200\text{m}$，$D_2 = 100\text{mm}$，$f_2 = 0.02$；$L_3 = 250\text{m}$，$D_3 = 100\text{mm}$，$f_3 = 0.02$；求 Q_1，Q_2，Q_3，H_J。

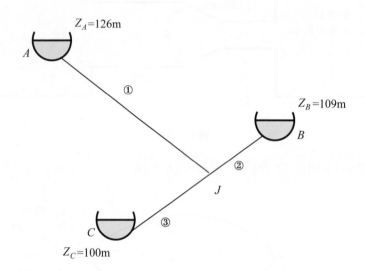

圖 P6-13

6-14　如圖 P6-14 之管網系統，試以 Hardy-Cross 法求個管線中流量 Q_K。

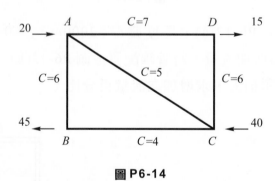

圖 P6-14

6-15　直徑 200mm 之鋼管，彈性模數為 $E = 2.07 \times 10^5 \text{MPa}$，厚度為 $d = 10\text{mm}$，輸送比重為 $S = 0.8$，容積彈性模數為 $K = 1520\text{MPa}$ 之油，管道下方有一閥門於 1.25sec 內關閉。

(1)試判斷此為快速關閉或緩慢關閉。

(2)估計管中增加之應力。

6-16 如圖 P6-16 之連續變化斷面，直徑為

$$D(x) = D_1 - \frac{D_1 - D_2}{L}x$$

f = 常數，假設管中流量 Q 維持常數，由 Darcy-Weisbach 公式推求長度 L 之能量損失水頭。

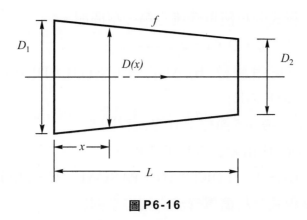

圖 P6-16

6-17 水力系統如圖 P6-17，儲水槽水位高為 H，管之摩擦因數為 f，末端長度 L_2 處流體以單位長度 q_0 之流率均勻流出管外，至 C 點流盡。求 B，C 兩點之損失水頭，求 C 點之能量水頭。

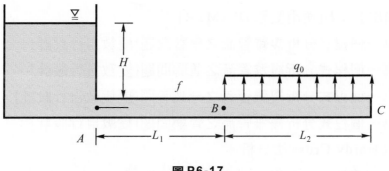

圖 P6-17

6-18 撰寫一個 BASIC，FORTRAN，PASCAL，C，MATHEMATICA 或 MATLAB 程式分析簡單管流之第一型問題。

【輸入】：Q，L，D，v，ε。

[使用變數 VFLOWR，LENGTH，DIAMTR，KVISCO，ROUGH]。

【計算】：參考6-5節類型 I 之流程圖。

【輸出】：h_f[使用變數 HEADF]。

6-19 撰寫一個 BASIC，FORTRAN，PASCAL，C，MATHEMATICA 或 MATLAB 程式分析簡單管流之第二型問題。

【輸入】：h_f，L，D，v，ε。

[使用變數 HEADF，LENGTH，DIAMTR，KVISCO，ROUGH]。

【計算】：參考6-5節類型 II 之流程圖。

【輸出】：Q[使用變數 VFLOWR]。

6-20 撰寫一個 BASIC，FORTRAN，PASCAL，C，MATHEMATICA 或 MATLAB 程式分析簡單管流之第三型問題。

【輸入】：Q，h_f，L，v，ε。

[使用變數 VFLOWR，HEADF，LENGTH，KVISCO，ROUGH]。

【計算】：參考6-5節類型 III 之流程圖。

【輸出】：D[使用變數 DIAMTR]。

6-21 撰寫一個程式分析複雜管流之串聯問題[變數自行設計]。

6-22 撰寫一個程式分析複雜管流之並聯問題[變數自行設計]。

6-23 撰寫一個程式分析複雜管流之分歧管問題[變數自行設計]。

6-24 撰寫一個程式分析複雜管流之管網問題[變數自行設計]：

(1)以 Hardy Cross 法分析。

(2)以非線性聯立方程式配合 Newton-Raphson 法分析。

6-25 撰寫一個 BASIC，FORTRAN，PASCAL，C，MATHEMATICA 或 MATLAB程式以Hazen-Williams公式分析水管管流[變數自行設計]：

$$V = 0.85 \, C_h \, R_H^{0.63} \left(\frac{h_f}{L} \right)^{0.54}$$

6-26 試舉兩個生活中利用虹吸現象(Siphon)之案例。

6-27 家中之瓦斯熱水器在水龍頭打開時自動點燃，水龍頭關閉時自動熄火，試思考係利用何種機制。

6-28 我們體內之血管(Blood Vessels)也是管流，雖然血液並非牛頓型流體，試討論：

⑴動脈硬化對血流將有怎樣之影響。

⑵血壓計測量血壓之原理。

⑶高血壓(Hypertension)對血管管壁之影響。

第七章

明渠流

本章學習要點

　　本章主要簡介明渠流流場之重要特性及其分析，並說明影響明渠流最重要之幾項因素，讀者宜注意重要之觀念(比能、比力、臨界深度、交替深度等)，參數(福祿數與雷諾數)，公式(Chezy、Manning 等)及各種渠流流場之分類與特性等。

◢7-1 引　言

　　具有自由表面(Free Surface)之流動稱為**明渠流(Open Channel Flow)**。所謂自由表面乃指與大氣接觸之流體表面，其壓力為大氣壓力。常見之渠流有：

1. 天然河川(Natural Streams and Rivers)。
2. 灌溉溝渠(Irrigation Channels)。
3. 排水溝渠(Drainage Channels)。
4. 溢洪道(Spillways)。
5. 航道(Navigation Channels)。

　　明渠流在土木水利工程中甚為重要，但其理論研究因其問題之複雜性尚有待努力。

　　古今中外著名之水力設施及水利工程計劃，如臺灣之嘉南大圳、瑠公圳、曾文水庫、翡翠水庫、中國大陸四川成都之都江堰、黃河整治工程、三峽大壩工程、美國田納西水利計劃等均與明渠流之學理應用有關，可知對明渠流之探討與了解影響民生發展甚為深遠。如與管流比較，兩者之差異如表 7-1 所示。

表**7-1**　管流與渠流特性之比較

	管流(Pipe Flow)	明渠流(Open Channel Flow)
(1)自由水面	無	有，唯位置通常未知
(2)壓力	大於或小於大氣壓力	等於大氣壓力及靜壓力
(3)水深，斷面積	不變	隨Q，S_0而定
(4)斷面形狀	圓形或非圓形	多邊形或非多邊形
(5)粗糙度	較一致	變化大
(6)驅動力	壓力差	重力
(7)阻力	摩擦阻力及形狀阻力	摩擦阻力
(8)無因次參數	雷諾數(Re)	雷諾數(Re)，福祿數(Fr)
(9)分析方法	理論及經驗公式	大部份為經驗公式
(10)實驗數據	可靠	不甚可靠

　　渠流分析中，影響之因子包括幾何尺寸、質量守恆、能量守恆及動量守恆。實際之流場實為三維非穩態，但以整體巨觀之行為分析，則**常可以一維之流場視之**，亦即**將問題簡化為沿流動方向之變化**，所有場量(包括流量，速度，壓力等)均視為x，t之函數，如為剛性邊界渠流(Rigid Boundary Channels)，形狀不隨流場而變，則渠流之深度(Depth)為唯一之變數，為單一自由度之問題，一般而言

$$y = y(x, t, Q) \tag{7-1}$$

如為可變邊界渠流(Mobile Boundary Channels)，渠邊將隨流體沉積或沖刷而改變，此時深度，寬度，縱向坡度，形狀均為變數，為四自由度之問題，例如泥沙運移工程(Sediment Transport Engineering)。本章僅討論剛性邊界之情況。

◢7-2 渠流通論

1. **渠流分類**：

渠流之研究甚廣，一般均依以下分類：

(1) **依流場隨時間及空間之變化區分**：

① 穩態流(Steady Flow)：

❶ 均勻流(Uniform Flow；SU)：規則形狀流量固定之人工灌溉渠道，$y = y(x)$。

❷ 非均勻流(Non-uniform Flow)：依流線變化之曲度(Curvature)大小區分為：

(a) 漸變流(Gradually Varied Flow；SGV)：規則形狀但流量不定之人工灌溉渠道，不規則天然河渠。

(b) 急變流(Rapidly Varied Flow；SRV)：水躍(Hydraulic Jump)，跌水(Hydraulic Drop)。

② 非穩態流(Unsteady Flow)：$y = y(x, Q, t)$

❶ 均勻流(Uniform Flow)：罕見，幾乎不存在。

❷ 非均勻流(Non-uniform Flow)：

(a) 漸變流(Gradually Varied Flow；UGV)：波長甚長之洪水波(Slow Rising Flood Wave)。

(b) 急變流(Rapidly Varied Flow；URV)：突然開啟閘門，湧浪(Surge)。

如圖 7-1 所示為非均勻流變化之案例。

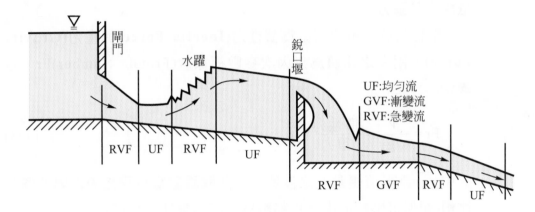

圖 7-1　非均勻渠流變化之案例

(2) **依流量隨時間及空間之變化區分：**

①　連續流(Continuous Flow)：無流入流出之渠流。

②　變積流(Spatially Varied Flow)：流量有流進或流出渠道：

❶　穩態變積流(Steady Spatially Varied Flow；SSV)：例如岩床漏失水流。

❷　非穩態變積流(Unsteady Spatially Varied Flow；USV)：例如地表逕流(Overland Flow Due to Rainfall)。

(3) **依雷諾數區分：**

在渠流中若取水力半徑爲特徵長度，則雷諾數之定義[1]爲：

$$\text{Re} = \frac{\rho \, V(R_H)}{\mu} = \frac{V(R_H)}{v} = \frac{慣性力}{黏滯力} \tag{7-2}$$

則由圓形管流之 $D = 4R_H$ 及圓形管流之分類，渠流可區分爲：

①　層流(Laminar Flow Region)：Re < 500。

②　過渡區(Transition Region)：500 < Re < 2000。

③　紊流區(Turbulent Flow Region)：2000 < Re。

一般之渠流大部份爲紊流。

---

[1]　在摩擦損失分析中最好維持使用 $\text{Re} = \dfrac{\rho \, V(4R_H)}{\mu} = \dfrac{V(4R_H)}{v}$ 之定義，則管流之 Moody 圖等可用於渠流之初步分析。

(4) **依福祿數區分：**

影響渠流之重要因素為**慣性力(Inertia Force)與重力(Gravity Force)**，兩者之比值為無因次參數福祿數(Froude Number)Fr，定義[2]為：

$$\text{Fr} = \frac{V}{\sqrt{gy}} = \frac{慣性力}{重力} \tag{7-3}$$

其中$\sqrt{gy}$為渠流擾動波之波速，因此**福祿數**實為**平均流速與波速之比值**(類似可壓縮流中之馬赫數為速度與聲速之比值)。

① **亞臨界流(Subcritical Flow)：Fr < 1**，重力效應較顯著，一般之靜流(Tranquil Flow)屬於此範圍，擾動波向上游及下游傳播。

② **臨界流(Critical Flow)：Fr = 1**，擾動波在原處形成駐波。

③ **超臨界流(Supercritical Flow)：1 < Fr**，慣性效應較顯著，一般之湍流(Rapid Flow)或射流(Shooting Flow)屬於此範圍，擾動波僅向下游傳播。

依黏滯性與重力兩者組合效應，渠流可分為四類，如圖 7-2 所示：

(1) 亞臨界層流(Subcritical-Laminar Flow)：Fr < 1，Re < 500。

(2) 超臨界層流(Supcritical-Laminar Flow)：1 < Fr，Re < 500。

(3) 亞臨界紊流(Subcritical-Turbulent Flow)：Fr < 1，2000 < Re。

(4) 超臨界紊流(Supcritical-Turbulent Flow)：1 < Fr，2000 < Re。

2. **速度分佈(Velocity Distribution)：**

由於角隅及邊界之存在，渠流中速度向量其實為三維，速度在固體邊界為零，逐漸增加至自由水面下方某處為最大值，形成之主因為二次流(Secondary Flow)且與渠道形狀比(Aspect Ratio)有關，愈深狹之斷面最大速度位置愈低。典型之速度分佈如圖 7-3 所示，可由對數分佈(Logarithmic Distribution)或冪次分佈(Power-Law Distribution)表示。但實用上取深度之 0.2 及 0.8 位置速度之平均值為斷面之平均流速，此值亦很接近於 0.6 倍深度之速度：

---

[2] 不同之渠流其型式或有差異。

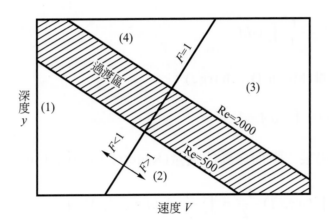

圖7-2　依黏滯及重力效應之渠流分類

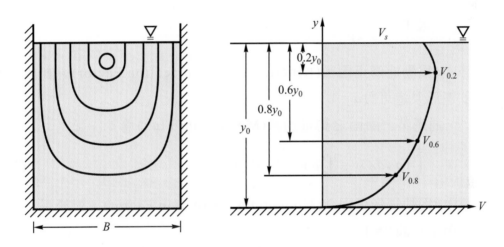

圖7-3　渠流之速度分佈

$$V_{av} = \frac{V_{0.2} + V_{0.8}}{2} \approx V_{0.6} \tag{7-4}$$

3.　**一維分析**：

　　渠流之流況甚為複雜，為簡化分析僅考慮沿流動之縱向(Logitudinal Direction)之變化，斷面之場量均以平均值為代表，因此平均速度(Mean Velocity)為：

$$V = \frac{1}{A} \int_A v \, dA \qquad\qquad (7\text{-}5)$$

平均流量(Mean Discharge)：

$$Q = \int_A v \, dA = V A \qquad\qquad (7\text{-}6)$$

通過某一斷面之動能通量(Kinetic Energy Flux)為

$$\int_A (\rho \, v \, dA) \frac{V^2}{2} = \int_A \frac{\rho}{2} v^3 \, dA = \alpha \frac{\rho}{2} V^3 A \qquad\qquad (7\text{-}7)$$

任一位置單位重量之動能可寫為

$$\text{K.E.} = \alpha \frac{V^2}{2g} \qquad\qquad (7\text{-}8)$$

其中α為動能修正因數(Kinetic Energy Correction Factor)。對於長直多邊形渠道可設$\alpha = 1$。

通過某一斷面之動量通量(Momentum Flux)為：

$$\int_A (\rho \, v \, dA) v = \int_A \rho \, v^2 \, dA = \beta (\rho \, V^2 A) \qquad\qquad (7\text{-}9)$$

其中β為動量修正因數(Momentum Correction Factor)。對於長直多邊形渠道可設$\beta = 1$。

4. **壓力分佈(Pressure Distibution)**：

自由水面之相對壓力為零，其餘位置之壓力由第五章一維理想流體分析之 Euler 方程式知，在流動方向

$$\frac{1}{\rho} \frac{\partial p}{\partial s} + g \frac{\partial z}{\partial x} = \frac{1}{\rho} \frac{\partial}{\partial s}(p + \gamma z) = - a_s = - \frac{\partial \left(\dfrac{V^2}{2} \right)}{\partial s} \qquad (7\text{-}10)$$

在流動之垂直方向

$$\frac{1}{\rho} \frac{\partial p}{\partial n} + g \frac{\partial z}{\partial n} = \frac{1}{\rho} \frac{\partial}{\partial n}(p + \gamma z) = - a_N = - \frac{V^2}{r} \qquad (7\text{-}11)$$

在以下兩種情形中法向加速度$a_N = 0$：

(1)　靜止流體：$V = 0$，此時由(7-11)知

$$p + \gamma z = 常數$$

取**自由水面壓力為零**，則任一點A之壓力為

$$\frac{p_A}{\gamma} = (z_W - z_A) = y \qquad (7\text{-}12)$$

其中y為A點與自由表面之距離。此一線性關係為靜水壓分佈(Hydrostatic Pressure Distribution)如第二章所討論。參見圖7-4。

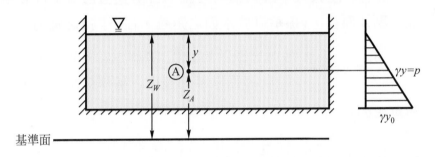

圖7-4　靜止渠流之壓力分佈

(2)　當流線接近於直線：$r \to \infty$。例如具有微小斜坡之渠道，$\theta \sim \sin\theta \sim 1/1000$，其流線幾乎維持直線，此時$a_N = 0$，任一渠道斷面之壓力亦為靜壓分佈，(7-12)，且：

$$H_h = \frac{p}{\gamma} + z = y + z = z_W \qquad (7\text{-}13)$$

因此渠道中任一點之靜壓水頭(Piezometric Head)等於自由水面之高程z_W，**自由水面即為水力坡降線(HGL)**，參見圖7-5。

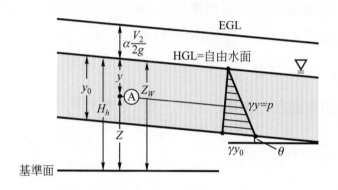

圖 7-5 微小斜坡渠流之壓力分佈

但若斜度甚大，因仍為均勻流，自由表面仍然平行於渠底，對任一點 A 而言，y 係垂直於水面之距離，任一點 A 之壓力為

$$\frac{p_A}{\gamma} = y \cos \theta \tag{7-14}$$

靜壓水頭為

$$H_h = \frac{p}{\gamma} + z = y \cos \theta + z \neq z_w \tag{7-15}$$

此時水力坡降線(HGL)並不會落在自由表面，參見圖 7-6。除溢洪道(Spillways)外，一般之渠流河床坡度甚為平緩，$\theta \sim 0$，$\cos \theta \rightarrow 1$，(7-15)簡化為(7-13)式。

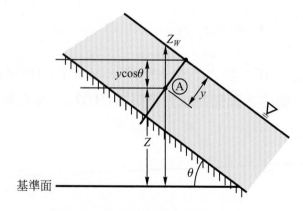

圖 7-6 較大斜坡渠流之壓力分佈

5.　**連續方程式(Continuity Equation)：**

　　由質量守恆，可以推導出渠流之連續方程式：

⑴　**穩態流(Steady Flow)：**

$$Q = VA = V_1 A_1 = V_2 A_2 \tag{7-16}$$

如面積固定不變，則

$$V = V_1 = V_2 \tag{7-17}$$

參見圖 7-7。

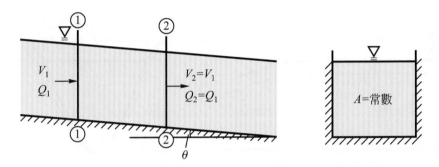

圖 7-7　穩態流之質量守恆

　　如爲變積流(Spatially Varied Flow)，單位長度之入流率(Rate of Addition of Discharge)爲 $q*$，則任意 x 處之流量爲

$$Q(x) = Q_1 + \int_0^x q*(x)dx \tag{7-18}$$

參見圖 7-8。

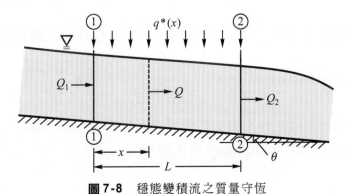

圖 7-8　穩態變積流之質量守恆

(2) **非穩態流(Unsteady Flow)**：

對非穩態流而言，$y = y(x, t)$，$Q = Q(x, t)$，考慮 1，2 斷面，

$$dQ\,dt = \frac{\partial Q}{\partial x}\,dx\,dt = -\,dA\,dx = -\,(T\,dy)\,dx = -\left(T\,\frac{\partial y}{\partial t}\,dt\right)dx$$

因此

$$\frac{\partial Q}{\partial x} + T\,\frac{\partial y}{\partial t} = 0 \tag{7-19}$$

其中 T 爲渠道斷面之頂寬。參見圖 7-9。

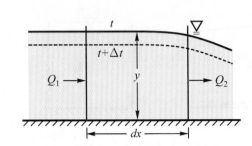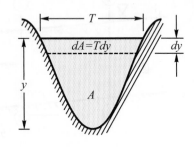

圖 7-9 非穩態變積流之質量守恆

6. **能量方程式(Energy Equation)**：

由 Bernoulli 方程式知，下游斷面之總能量爲上游斷面之總能量減去能量損失。如圖 7-10，任一斷面之總能量水頭爲

$$H = \frac{p}{\gamma} + z + \alpha\,\frac{V^2}{2g} = y\cos\theta + z + \alpha\,\frac{V^2}{2g} = H_h + \alpha\,\frac{V^2}{2g} \tag{7-20}$$

當坡度斜率很小時，$\theta \sim 0$，$\cos\theta \sim 1$，(7-20)式簡化爲

$$H = \frac{p}{\gamma} + z + \alpha\,\frac{V^2}{2g} = y + z + \alpha\,\frac{V^2}{2g} = H_h + \alpha\,\frac{V^2}{2g} \tag{7-21}$$

其中 $H_h = y + z = z_w$，水力坡降線(HGL)即爲自由水面，但能量坡降線(EGL)隨速度水頭及摩擦損失而變。

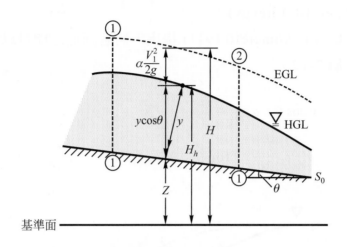

圖 7-10　渠流之能量守恆

7. **動量方程式(Momentum Equation)：**

　　線動量守恆之原理常用於渠流分析。如圖 7-11 所示之控制體積，由水平方向之合力等於動量之變化率得

$$\Sigma F_X = F_1 - F_2 - F_R + W \sin \theta = M_2 - M_1$$
$$= \rho\, Q\, (\beta_2\, V_2 - \beta_1\, V_1) \qquad (7\text{-}22)$$

其中 F_1，F_2 為作用於控制表面 1 與 2 之壓力合力，F_R 為摩擦阻力，W 為控制體積流體之重量。

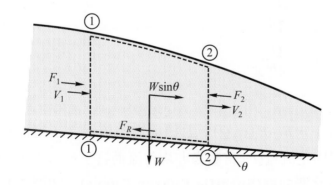

圖 7-11　渠流之動量守恆

8. **比能(Specific Energy)：**

比能係Bakhmeteff(1911)[3]提出，將各斷面之能量以渠底為基準表示，如圖 7-12，

$$E = y \cos \theta + \alpha \frac{V^2}{2g}$$

$$\approx y + \alpha \frac{V^2}{2g} \quad \text{(for } \theta \approx 0\text{)} \tag{7-23}$$

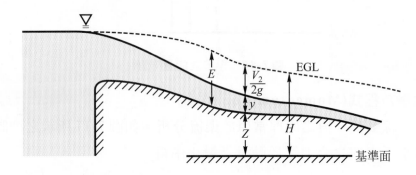

圖 7-12 比能之物理意義

對矩形渠道$(A = by)$

$$E = y + \frac{V^2}{2g}$$

$$= y + \frac{Q^2}{2gA^2}$$

$$= y + \frac{Q^2}{2gb^2 y^2}$$

$$\tag{7-24}$$

一般情況下，$E = E(y, Q)$。對穩態均勻流而言，比能為一常數，$E =$ 常數；對固定流量$Q =$ 常數之非均勻流而言，$E = E(y)$，將E與y之關係繪出即為**比能曲線(Specific Energy Curve)**，如圖 7-13 所示。

---

[3] Bakhmeteff, B. A., Hydraulics of Open Channels, McGraw-Hill, 1932.

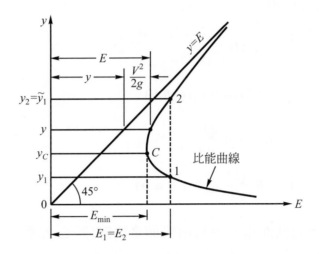

圖 7-13　比能曲線

關於比能曲線有幾點值得注意：

(1) E 與 y 為三次拋物線關係。

(2) 每一條曲線對應一種流量 Q，流量愈大曲線愈遠離原點。

(3) 漸近線為 $y = E$，即斜率為 1 之直線。

(4) 對應於同一比能有兩個不同深度 y_1，$\tilde{y}_1$ 稱為**交替深度(Alternate Depth)**。

(5) **對應於最小比能(Minimal Specific Energy)之深度**只有一個，稱為**臨界深度(Critical Depth)**，以 y_c 表示，其對應之比能稱為**臨界比能(Critical Specific Energy)**，此種流況稱為**臨界流況(Critical Flow Condition)**，將於下節討論。

9. **比力(Specific Force)**：

穩態渠流之動量方程式(7-22)中，若僅考慮某一斷面壓力合力及動量通量，則將寫為

$$F_1 + M_1 = F_2 + M_2 = F + M \tag{7-25}$$

定義比力(Specific Force)為

$$F_S = \frac{1}{\gamma}\,(F + M) \tag{7-26}$$

對於多邊形渠道

$$F_s = \frac{1}{\gamma}\,(F + M)$$

$$= \frac{1}{\gamma}(\gamma\,A\,\bar{y}\cos\theta + \rho\,Q\,\beta\,V)$$

$$= A\,\bar{y}\cos\theta + \beta\,\frac{Q^2}{gA}$$

$$\approx A\,\bar{y} + \beta\,\frac{Q^2}{gA} \quad (\text{for } \theta \approx 0) \tag{7-27}$$

其中$\bar{y}$為流體截面重心至自由表面之距離(形心水深)。

對矩形渠道$(A = by，\beta = 1)$，

$$F_s = A\,\bar{y} + \frac{Q^2}{gA}$$

$$= A\,\bar{y} + \frac{Q^2}{gby} \tag{7-28}$$

將比力F_s與深度y之關係作圖，稱為**比力曲線(Specific Force Curve)**。
參見圖 7-14。

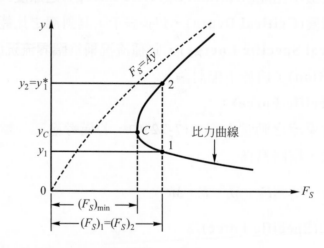

圖 7-14　比力曲線

關於比力曲線有幾點值得注意：

(1)　F_s 與 y 為二次拋物線關係。

(2)　每一條曲線對應一種流量 Q，流量愈大曲線愈遠離原點。

(3)　漸近曲線為 $\bar{y}A = F_s$。

(4)　對應於同一比力有兩個不同深度 y_1，y^* 稱為**共軛深度(Conjugate Depth)**。

(5)　對應於最小比力(Minimal Specific Energy)之深度只有一個，稱為臨界深度(Critical Depth)，以 y_c 表示，其對應之比力稱為臨界比力(Critical Specific Force)，亦發生於臨界流況(Critical Flow Condition)時，將於下節討論。

◢7-3　臨界渠流

由上一節比能與比力之觀念中可知，**在固定流量之條件下，渠流中存在某一深度使其比能與比力為最小值，此種水深稱為臨界深度(Critical Depth)** y_c，此種流況稱為臨界渠流(Critical Flow)。

1.　**臨界流況之特性：**

　　　因臨界深度之比能為最小，對固定流量之渠流而言，$Q =$ 常數，$A = A(y)$ 由 (7-24) 及 $dE/dy = 0$ 得

$$\frac{dE}{dy} = 0$$

$$= 1 + \frac{Q^2}{2gA^3}(-2)\frac{dA}{dy}$$

$$= 1 - \frac{Q^2}{gA^3}\frac{dA}{dy}$$

$$= 1 - \frac{Q^2 T}{gA^3} \tag{7-29}$$

因此在臨界流況

$$\boxed{\frac{Q^2 T_c}{gA_c^3} = 1} \tag{7-30}$$

令 $A_C = T_C\,d_H$ 其中 d_H 稱爲水力深度(Hydraulic Depth)，則(7-30)寫爲

$$\frac{V^2}{gd_H} = (\text{Fr})_C = 1 \tag{7-31}$$

亦即在**臨界流況下其福祿數(Froude Number)為1**。由(7-31)亦可寫出

$$\frac{V^2}{2g} = \frac{d_H}{2} \tag{7-32}$$

亦即在臨界流況下，斷面之速度頭爲水力深度之一半。

將比力(7-28)對 y 微分得

$$\begin{aligned}
\frac{dF_S}{dy} &= \frac{d}{dy}\left(\bar{y}\,A + \frac{Q^2}{gA}\right) \\
&= A - \frac{Q^2}{gA^2}\frac{dA}{dy} \\
&= A - \frac{Q^2\,T}{gA^2} \\
&= 0 \quad \text{for} \quad \frac{Q^2\,T_C}{gA_C^{3}} = 1 \tag{7-33}
\end{aligned}$$

二階微分

$$\begin{aligned}
\frac{d^2F_S}{dy^2} &= \frac{d}{dy}\left(A - \frac{Q^2\,T}{gA^2}\right) \\
&= \frac{dA}{dy} + \frac{2Q^2\,T}{gA^3}\frac{dA}{dy} \\
&= T\left(1 + \frac{2Q^2\,T}{gA^3}\right) \\
&= 3T > 0 \quad \text{for} \quad \frac{Q^2\,T_C}{gA_C^{3}} = 1 \tag{7-34}
\end{aligned}$$

由(7-33)及(7-34)可證明**在臨界流況下，斷面之比力為最小值**。

若將比能固定，將 Q 表爲 y 之函數，由(7-24)得

$$Q = A\sqrt{2g(E - y)} = by\sqrt{2g(E - y)} \tag{7-35}$$

微分之

$$\frac{dQ}{dy} = \sqrt{2g(E - y)}\,\frac{dA}{dy} + \frac{A2g\left(\dfrac{-1}{2}\right)}{\sqrt{2g(E - y)}}$$

$$= \sqrt{2g(E - y)}\,T - \frac{Ag}{\sqrt{2g(E - y)}}$$

$$= \frac{QT}{A} + \frac{Ag}{\dfrac{Q}{A}}$$

$$= \frac{A^2 g}{Q}\left(\frac{Q^2 T}{gA^3} - 1\right)$$

$$= 0 \quad \text{for} \quad \frac{Q^2 T_C}{g A_C^3} = 1 \tag{7-36}$$

由 $d^2 Q/dy^2 < 0$，可知爲極大值。亦即**在臨界流況下，若比能固定則斷面之流量爲最大值**。參見圖 7-15。

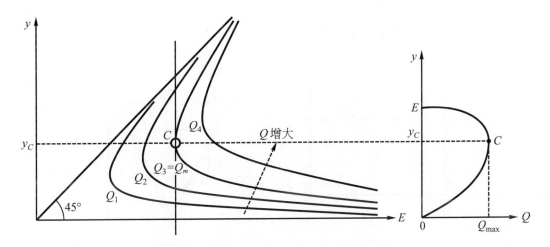

圖 7-15 渠流固定比能下之流量與深度曲線

2. **臨界深度之計算：**

利用(7-30)可求出各種幾何形狀之臨界深度：

(1) **矩形渠道(Rectangular Section)：**

如圖 7-16(a)，$A = by$，$T = b$，由(7-30)得

$$\frac{Q^2 b}{g(by_c)^3} = 1$$

亦即

$$y_c = \left(\frac{Q^2}{gb^2}\right)^{1/3} \qquad (7\text{-}37)$$

此外，由於$V_c^2/gy = 1$，故臨界流況時矩形渠道之比能為

$$E_c = y_c + \frac{V_c^2}{2g} = y_c + \frac{y_c}{2} = \frac{3}{2}y_c \qquad (7\text{-}38)$$

矩形渠道之福祿數為

$$\text{Fr} = \frac{V}{\sqrt{g\left(\dfrac{A}{T}\right)}} = \frac{V}{\sqrt{gy}} \qquad (7\text{-}39)$$

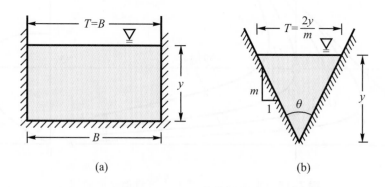

(a)   (b)

圖 7-16 渠道臨界水深計算(a)矩形(b)三角形

(2) **三角形渠道(Triangular Section)：**

如圖 7-16(b)，假設側邊斜率為m，$A = \dfrac{1}{2}(y)(2y/m) = y^2/m$，

$T = 2y/m$，由(7-30)得

$$\frac{Q^2\left(\dfrac{2y_C}{m}\right)}{g\left(\dfrac{y_C^2}{m}\right)^3} = 1$$

亦即

$$y_C = \left(\frac{2m^2 Q^2}{g}\right)^{1/5} \tag{7-40}$$

此外，臨界流況時三角形渠道之比能為

$$E_c = y_c + \frac{Q^2}{2gA_c^2} = y_c + \frac{\dfrac{g\,y_C^3}{2m^2}}{2g\left(\dfrac{y_C^2}{m}\right)^2} = y_c + \frac{1}{4}y_c = \frac{5}{4}y_c \tag{7-41}$$

三角形渠道之福祿數為

$$\mathrm{Fr} = \frac{V}{\sqrt{g\left(\dfrac{A}{T}\right)}} = \frac{V}{\sqrt{g\left(\dfrac{y}{2}\right)}} \tag{7-42}$$

【範例 7-1】 臨界流況分析

混凝土矩形河渠，寬度為 6m，流量為 12m³/sec，平均流速為 1.5m/sec，試分析：(1)福祿數(2)流況分類(3)比能(4)比力(5)交替深度(6)共軛深度(7)臨界深度與臨界比能。

解：渠流截面積：

$$A = \frac{Q}{A} = \frac{12}{1.5} = 8\,\text{m}^2$$

水深：

$$z = \frac{A}{b} = \frac{8}{6} = 1.333\,\text{m}$$

(1)福祿數：

$$\text{Fr} = \frac{V}{\sqrt{gz}} = \frac{1.5}{\sqrt{(9.81)(1.333)}} = \frac{1.5}{3.62} = 0.414 < 1$$

(2)流況分類：因 Fr < 1，此流況爲亞臨界流(Subcritical Flow)，靜流(Tranquil Flow)。

(3)比能：

$$E = z + \frac{V^2}{2g} = 1.333 + \frac{(1.5)^2}{2(9.81)} = 1.448\,\text{m}$$

(4)比力：

$$F_s = \bar{y}A + \frac{Q^2}{gA} = \left(\frac{1.333}{2}\right)(8) + \frac{(12)^2}{(9.81)(8)} = 7.167\,\text{m}^3$$

(5)交替深度：

$$E = y + \frac{Q^2}{2gb^2y^2}$$

$$1.448 = y + \frac{(12)^2}{2(9.81)(6)^2 y^2} = y + \frac{0.2039}{y^2}$$

$$y^3 - 1.448y^2 + 0.2039 = 0$$

由試誤法解得$y = 1.333\,\text{m}$之交替深度爲$\tilde{y} = 0.46\,\text{m}$。

(6)共軛深度：

$$F_s = \bar{y}A + \frac{Q^2}{gA} = \frac{by^2}{2} + \frac{Q^2}{gyb}$$

$$7.167 = \frac{(6)y^2}{2} + \frac{(12)^2}{(9.81)(6)y} = 3y^2 + \frac{2.4465}{y}$$

$$3y^3 - 7.167y + 2.4465 = 0$$

由試誤法解得$y = 1.333\,\text{m}$之共軛深度爲$y^* = 0.365\,\text{m}$。

(7)臨界深度與臨界比能：

$$y_C = \left(\frac{Q^2}{gb^2}\right)^{1/3} = \left[\frac{(12)^2}{(9.81)(6)^2}\right]^{1/3} = 0.7415\,\mathrm{m}$$

$$E_C = E_{\min} = \frac{3}{2}y_c = 1.5(0.7415) = 1.113\,\mathrm{m}$$

▲7-4　穩態均勻流

1.　**穩態均勻流之特性：**

(1)　水深、水流面積、平均流速、流量沿流動方向均不變。亦即

$$y_1 = y_2 = y = 常數$$
$$A_1 = A_2 = A = 常數$$
$$V_1 = V_2 = V = 常數$$
$$Q_1 = V_1 A_1 = V_2 A_2 = Q_2 = Q = 常數$$

(2)　水力坡降線(HGL)，自由水面與渠底平行，三者之斜率相同。亦即

$$S_H = S_W = S_0 = 常數$$

(3)　比能與比力沿流動方向為常數。

$$E = y + \frac{V^2}{2g} = 常數$$

$$F_s = \bar{y}A + \frac{Q^2}{gA} = 常數$$

　　自然之河川甚少符合以上之條件，因之穩態均勻流大多用於人工構築之灌溉渠道。

2.　**穩態均勻流之分析：**

　　穩態均勻流分析之目的主要在估計摩擦損失，設計坡度或斷面尺寸等。參見圖 7-17，取控制體積分析。

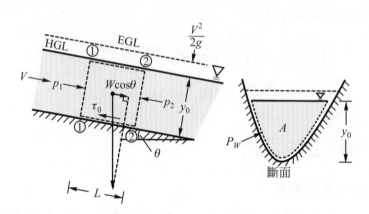

圖 7-17 穩態均勻流分析

(1) **基本假設**：

① 穩態流。

② 不可壓縮流體。

③ 水深、水流面積、平均流速、流量沿流動方向均不變。

(2) **分析**：

① 連續方程式：

$$Q = V_1 A_1 = V_2 A_2 = 常數 \tag{7-43}$$

② 動量方程式：

$$\Sigma F_X = (\gamma AL) \sin \theta - \tau_0 P_W L = \rho Q (V_2 - V_1) = 0 \tag{7-44}$$

故得

$$\tau_0 = \gamma \frac{A}{P_W} \sin \theta = \gamma R_H S_0 \tag{7-45}$$

其中 $R_H = A/P_W$ 為渠流之水力半徑(Hydraulic Radius)，A 為斷面積，P_W 為濕周(Wetted Perimeter)；$S_0 = \sin \theta$ 為坡底斜度。

③　能量方程式：

$$\frac{p_1}{\gamma} + z_1 + \frac{V_1^2}{2g} = \frac{p_2}{\gamma} + z_2 + \frac{V_2^2}{2g} + h_L \qquad (7\text{-}46)$$

因 $V_1 = V_2$，故得靜壓水頭之關係式

$$(H_h)_1 = (H_h)_2 + h_L \qquad (7\text{-}47)$$

因 $p_1 = p_2$，故得

$$z_1 - z_2 = y_1 - y_2 = S_0 \, L = h_L \qquad (7\text{-}48)$$

故知水面高程之降低即等於摩擦損失之能量；換言之由於高程之改變獲得之位能全部消耗在由於摩擦損失之能量，因此水流速度才能維持等速流動(否則流體應被加速)。

(3)　**速度與水力半徑，坡底斜率之關係：**

由 Darcy-Weisbach 公式

$$
\begin{aligned}
h_L &= f \, \frac{L}{D} \, \frac{V^2}{2g} \\
&= z_1 - z_2 \\
&= S_0 \, L \\
&= \frac{\tau_0}{\gamma \, R_H} L \qquad (7\text{-}49)
\end{aligned}
$$

故得

$$V = \sqrt{\frac{8g}{f}} \, \sqrt{R_H \, S_0} = C \, \sqrt{R_H \, S_0} \qquad (7\text{-}50)$$

此即爲穩態均勻流分析中著名之 **Chezy 公式**，乃由法國工程師 Antoine Chezy 於 1769 年建立，係數 C 稱爲 **Chezy 係數(Chezy Coefficient)**。流量爲

$$Q = VA = AC\sqrt{R_H S_0} \tag{7-51}$$

值得注意的是Chezy係數是有單位的,其單位為$[g^{1/2}] = [L/T^2]^{1/2} = m^{1/2}$/sec。

(4)　**曼寧公式(Manning's Formula)**:

　　愛爾蘭工程師 Robert Manning 曾於1889年提出渠流之阻抗公式為:

$$V = \frac{1}{n}R_H^{2/3}S_0^{1/2} \quad (公制)$$

$$= \frac{1.49}{n}R_H^{2/3}S_0^{1/2} \quad (英制) \tag{7-52}$$

其中n稱為**Manning糙度係數(Roughness Coefficient)**,與渠流邊界之材質種類有關。值得注意的是 Manning 糙度係數也是有單位的,其單位為 $[L^{-1/3}T] = m^{-1/3} \cdot sec$。Manning 公式(7-52)雖然是一個經驗公式,但經過無數實務工程師之引用,具有堅實可靠之實用價值。影響 Manning 糙度係數之主要因素包括:

① 表面粗糙度(Surface Roughness)。

② 植被(Vegetation)。

③ 斷面不規則程度(Cross-Section Irregularity)。

④ 渠道不規則程度(Irregular Alignment of Channel)。

常見材質之 Manning 糙度係數n值如表 7-2 所示。

表7-2 Manning糙度係數

	渠 床 種 類	n
1	玻璃(Glass)，銅(Copper)，塑膠(Plastic)或其它光滑表面	0.010
2	平滑未加漆鋼(Smooth Unpainted Steel)，鉋光木面(Planed Wood)	0.012
3	塗漆鋼(Painted Steel)或塗裝鑄鐵(Coated Cast Iron)	0.013
4	光面瀝青(Smooth Asphalt)，黏土燒(Clay Drainage Tile)，粉光混凝土(Trowel Finished Concrete)，瓷面磚(Glazed Brick)	0.013
5	未塗裝鑄鐵(Uncoated Cast Iron)，陶土(Vitrified Clay Sewer Tile)	0.014
6	膠漆磚面(Brick in Cement Mortar)，泥抹混凝土(Float Finished Concrete)	0.015
7	未粉光混凝土(Unfinished Concrete)	0.017
8	光滑開挖土面(Clean Excavated Earth)	0.022
9	浪紋金屬(Corrugated Metal Storm Drain)	0.024
10	粗略掃刷土面(Earth with Light Brush)	0.050
11	仔細掃刷土面(Earth with Heavy Brush)	0.100
12	天然河渠(Natual River and Streams)	0.025～0.15

[討 論]

① Darcy-Weisbach公式中摩擦因數f，Chezy係數C，Manning糙度係數n三者之關係為：

$$f = \frac{8g}{C^2} = \frac{n^2(8g)}{R_H^{1/3}} \tag{7-53}$$

$$C = \sqrt{\frac{8g}{f}} = \frac{1}{n}R_H^{1/6} \tag{7-54}$$

$$n = \sqrt{\frac{f}{8g}}R_H^{1/6} = \frac{R_H^{1/6}}{C} \tag{7-55}$$

② Maning 公式中公制與英制轉換之係數 1.49 由來：

$$\frac{1}{n} = \frac{1}{[L^{-1/3}\,T]} = \frac{1}{\text{m}^{-1/3}\,\text{sec}} = \frac{1}{\left(\dfrac{1}{0.3048\,\text{ft}}\right)^{-1/3}\,sec}$$

$$= 1.4859\,\frac{1}{\text{ft}^{-1/3}\,sec} \approx 1.49\,\frac{1}{\text{ft}^{-1/3}\,\text{sec}}$$

③ 若欲利用 Darch-Weisbach 公式計算渠流損失水頭，換言之將管流之摩擦阻抗公式與圖表應用於渠流時，需將雷諾數及相對粗糙度之計算加以修正，如同非圓形管流一般。亦即將 $\text{Re} = \dfrac{\rho\,V(4R_H)}{\mu}$ $= \dfrac{V(4R_H)}{\nu}$ 及 $\dfrac{\varepsilon}{4R_H}$ 代入 Moody 圖或 Swamee & Jain 公式求出 f。

④ 在穩態均勻渠流中能量坡降為

$$\frac{h_L}{L} = S_H = S_W = S_0 = \sin\theta \tag{7-56}$$

(5) **其他渠流阻抗公式**：關於 Chezy 係數之估計，有一些建議如下，但使用上並不普遍：

① Pavlovski 公式：

$$C = \frac{1}{n}\,R_H^{\,\alpha} \tag{7-57}$$

其中 $\alpha = 2.5\sqrt{n} - 0.13 - 0.75\sqrt{R_H}(\sqrt{n} - 0.1)$。此公式用於蘇聯。

② Ganguillet & Kutter 公式：

$$C = \frac{23 + \dfrac{1}{n} + \dfrac{0.00155}{S_0}}{1 + \left[23 + \dfrac{0.00155}{S_0}\right]\dfrac{n}{\sqrt{R_H}}} \tag{7-58}$$

③　Bazin 公式：

$$C = \frac{87}{1 + \eta/R_H} \tag{7-59}$$

其中η爲與表面粗糙度有關之係數。

3.　**穩態均勻流之計算：**

(1)　流量與水力半徑，坡底斜率之關係：

$$Q = VA = \frac{1}{n} AR_H^{2/3} S_0^{1/2} = \left(\frac{1}{n}\right)(AR_H^{2/3})\sqrt{S_0} \tag{7-60}$$

此一流量稱爲**正常流量(Normal Discharge)**。由上式可看出對穩態均勻流而言，$AR_H^{2/3}$只是幾何尺寸之函數，稱爲斷面因數(Section Factor)。若一渠道之n(表面種類)及S_0(坡度)固定，則對應於一個流量Q僅有唯一之水深，此一深度稱爲**正常水深(Normal Depth)**，以y_0表示。

關於穩態均勻流之計算乃基於以下三個條件：

①　Manning 公式。

②　連續方程式。

③　斷面幾何尺寸。

(2)　一般之分析可分爲五種型態：

問題題型	已　　知	需　　求	解法
I	y_0，n，S_0，幾何尺寸	Q，V	直接
II	Q，y_0，n，幾何尺寸	S_0	直接
III	Q，y_0，S_0，幾何尺寸	n	直接
IV	Q，n，S_0，幾何尺寸	y_0	試誤
V	Q，y_0，n，S_0	幾何尺寸	試誤

【範例 7-2】   第 I 型問題

梯形渠道，如圖 7-18，底寬 10m，側邊斜率為 1.5：1，河床坡度為 0.0002，Manning 糙度係數為 $n = 0.012$，若水深為 3m，求平均流速及流量。

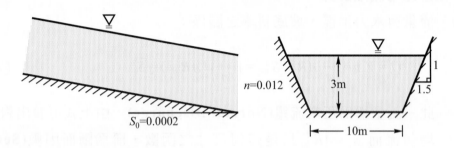

圖 7-18   穩定均勻渠流分析

解：本題已知 y_0，n，S_0，欲求 V，Q，屬第 I 型問題。

渠道斷面積：

$$A = (10 + 3(1.5))(3) = 43.5 \text{m}^2$$

濕周：

$$P_W = 10 + 2\sqrt{3^2 + (3 \times 1.5)^2} = 20.817 \text{m}$$

水力半徑：

$$R_H = \frac{A}{P_W} = \frac{43.5}{20.817} = 2.09 \text{m}$$

平均速度：

$$V = \frac{1}{n} R_H^{2/3} S_0^{1/2}$$

$$= \frac{1}{0.012}(2.09)^{2/3}(0.0002)^{1/2}$$

$$= 1.926 \text{m/sec}$$

平均流量：

$$Q = VA = (1.926)(43.5) = 83.8 \text{m}^3/\text{sec}$$

【範例 7-3】　第 II 型問題

範例 7-2 中之梯形渠道，若水深為 3m，平均流量為 60m³/sec，求渠道之坡度。

解：本題已知 y_0，n，Q，欲求 S_0，屬第 II 型問題。

渠道斷面積：

$$A = (10 + 3(1.5))(3) = 43.5\text{m}^2$$

濕周：

$$P_W = 10 + 2\sqrt{3^2 + (3 \times 1.5)^2} = 20.817\text{m}$$

水力半徑：

$$R_H = \frac{A}{P_W} = \frac{43.5}{20.817} = 2.09\text{m}$$

坡度：

$$S_0 = \frac{Q^2 n^2}{A^2 R_H^{4/3}} = \frac{(60)^2 (0.012)^2}{(43.5)^2 (2.09)^{4/3}} = 0.0001025$$

即每 1000 公尺下降 0.1025 公尺。

【範例 7-4】　第 III 型問題

三角形渠道，如圖 7-19，頂角為 60°，水深為 0.8m，流量為 1m³/sec，河床坡度為 0.008，求渠道 Manning 糙度係數。

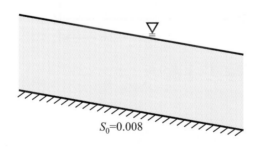
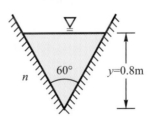

圖 7-19　穩定均勻渠流分析

解：本題已知 Q，y_0，S_0，欲求 n，屬第 III 型問題。

渠道斷面積：

$$A = \frac{1}{2}(0.8)(2)\left(0.8 \tan \frac{60}{2}\right) = 0.3695 \text{m}^2$$

濕周：

$$P_W = (2)(0.8)\left(\sec \frac{60}{2}\right) = 1.8475 \text{m}$$

水力半徑：

$$R_H = \frac{A}{P_W} = \frac{0.3695}{1.8475} = 0.2 \text{m}$$

Manning 糙度係數：

$$n = \frac{A R_H^{2/3} S_0^{1/2}}{Q} = \frac{(0.3695)(0.2)^{2/3}(0.008)^{1/2}}{1} = 0.0113$$

接近光滑表面之 0.010。

【範例 7-5】 第 IV 型問題

未粉光混凝土矩形渠道，如圖 7-20，寬度 2m，流量為 10m³/sec，河床坡度為 0.012，求正常水深。

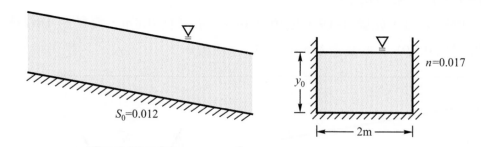

圖 7-20 穩定均勻渠流分析

解：本題已知Q，n，S_0，欲求y_0，屬第 IV 型問題。

由

$$A R_H^{2/3} = \frac{n Q}{S_0^{1/2}} = \frac{(0.017)(10)}{(0.012)^{1/2}} = 1.552$$

將面積及水力半徑以y表示：

$$A = 2y$$

$$R_H = \frac{A}{P_W} = \frac{2y}{2 + 2y} = \frac{y}{1 + y}$$

故

$$1.552 = A R_H^{2/3} = (2y)\left(\frac{y}{1 + y}\right)^{2/3}$$

以試誤法求解如下：

y	$A = 2y$	$P_W = 2(1+y)$	$R_H = \dfrac{A}{P_W}$	$R_H^{2/3}$	$A R_H^{2/3}$	判斷
2	4	6	0.667	0.763	3.052	太大
1.5	3	5	0.6	0.711	2.13	太大
1	2	4	0.5	0.630	1.260	太小
1.2	2.4	4.4	0.5454	0.6676	1.602	太大
1.15	2.3	4.3	0.5349	0.6589	1.516	稍小
1.165	2.33	4.33	0.5381	0.6616	1.5414	稍小
1.17	2.34	4.34	0.5392	0.6624	1.550	O.K.

故正常水深為$y_0 = 1.17$m。

【範例 7-6】 第 V 型問題

如前題，未粉光混凝土矩形渠道，如圖 7-20，流量為 6m³/sec，河床坡度為0.012，設正常水深為渠寬之一半，求渠寬。

解：本題已知 Q，n，S_0，y_0，欲求 b，屬第 V 型問題。

由

$$A R_H^{2/3} = \frac{nQ}{S_0^{1/2}} = \frac{(0.017)(6)}{(0.012)^{1/2}} = 0.9311$$

將面積及水力半徑以 y 表示：

$$A = by = b\left(\frac{b}{2}\right) = \frac{b^2}{2}$$

$$R_H = \frac{A}{P_W} = \frac{\dfrac{b^2}{2}}{(b+2y)} = \frac{\dfrac{b^2}{2}}{(b+b)} = \frac{b}{4}$$

故

$$A R_H^{2/3} = \left(\frac{b^2}{2}\right)\left(\frac{b}{4}\right)^{2/3} = 0.9311$$

$$\frac{b^{8/3}}{5.0397} = 0.9311$$

故得寬度為

$$b = (4.6925)^{3/8} = 1.7856\text{m}$$

4. **複合斷面之渠道(Open Channels with Compound Section)**：

許多人工及天然渠道中，渠道之週邊由不同之粗糙度之表面構成，稱為複合斷面之渠道，如圖 7-21。

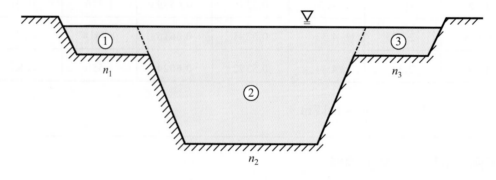

圖 7-21 複合斷面渠道

此種渠道之流量分析可採用**部份面積法(Partial Area Method)**分析，將全部斷面區分成數段斷面，分別計算其面積，濕周，水力半徑，以Manning公式計算各段斷面之流量，全部斷面之流量將為各段斷面之代數和。此外亦可利用**等效糙度(Equivalent Roughness)**之觀念，說明如下。

假設總流量Q為各分段斷面之和，即

$$Q = Q_1 + Q_2 + \cdots + Q_N = \sum_{K=1}^{N} Q_K \tag{7-61}$$

各段斷面之流量$Q_K (K = 1, 2, \dots, N)$為

$$Q_K = \frac{1}{n_K} A_K (R_H)_K^{2/3} S_0^{1/2}$$

$$= \frac{1}{n_K} (P_W)_K (R_H)_K^{5/3} S_0^{1/2} \tag{7-62}$$

而總流量Q為

$$Q = \frac{1}{n_{eq}} A R_H^{2/3} S_0^{1/2}$$

$$= \frac{1}{n_{eq}} P_W R_H^{5/3} S_0^{1/2} \tag{7-63}$$

將(7-62)及(7-63)代入(7-61)得

$$n_{eq} = \frac{P_W R_H^{5/3}}{\sum_{K=1}^{N} \left[\frac{(P_W)_K (R_H)_K^{5/3}}{n_K} \right]} \tag{7-64}$$

【範例 7-7】 複合斷面流量分析

一渠道斷面如圖 7-22 所示，渠道幾何尺寸及各渠邊之Manning糙度係數如圖所示，渠道坡度每 1000m 下降 2m，試估計斷面之總流量並計算等效Manning糙度係數。

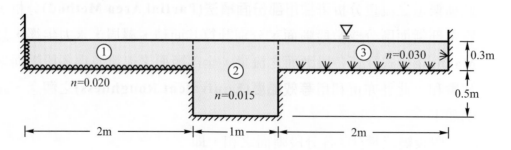

圖 7-22 複合斷面渠道

解：(1) 部份面積法：渠道坡度爲

$$S_0 = \frac{-(-2)}{1000} = 0.002$$

以下列表計算

K	A_K	$(P_W)_K$	$(R_H)_K = \dfrac{A_K}{(P_W)_K}$	n_K	$Q_K = \dfrac{1}{n_K} A_K (R_H)_K^{2/3} S_0^{1/2}$
1	$2(0.3) = 0.6$	$(2 + 0.3) = 2.3$	0.261	0.020	0.54792
2	$1(0.8) = 0.8$	$(0.5 + 1 + 0.5) = 2.0$	0.400	0.015	1.29488
3	$2(0.3) = 0.6$	$(2 + 0.3) = 2.3$	0.261	0.030	0.36528
合計					2.20808

故流量約爲 $Q = Q_1 + Q_2 + Q_3 = 2.208 \text{m}^3/\text{sec}$。

(2) 計算等效 Manning 糙度係數：

總面積：

$$A = A_1 + A_2 + A_3 = 0.6 + 0.8 + 0.6 = 2 \text{m}^2$$

總濕周：

$$P_W = (P_W)_1 + (P_W)_2 + (P_W)_3 = 2.3 + 2 + 2.3 = 6.6 \text{m}$$

總水力半徑：

$$R_H = \frac{A}{P_W} = \frac{2}{6.6} = 0.202 \text{m}$$

由(7-64)式

$$n_{eq} = \frac{P_W R_H^{5/3}}{\sum\limits_{K=1}^{N}\left[\dfrac{(P_W)_K (R_H)_K^{5/3}}{n_K}\right]}$$

$$= \frac{6.6(0.303)^{5/3}}{\left[\dfrac{2.3(0.261)^{5/3}}{0.020} + \dfrac{2(0.4)^{5/3}}{0.015} + \dfrac{2.3(0.261)^{5/3}}{0.030}\right]}$$

$$= 0.01827$$

由此可看出等效糙度值介於斷面最小值(0.015)與最大值(0.030)之間。
總流量：

$$Q = \frac{1}{n_{eq}} A R_H^{2/3} S_0^{1/2} = \frac{1}{0.01827}(2)(0.303)^{2/3}(0.002)^{1/2} = 2.208 \text{m}^3/\text{sec}$$

與前面所得結果相同。

5. **最佳水力斷面(Best Hydraulic Cross Sections; Hydraulically Efficient Cross Sections)**

　　由穩態均勻流之 Manning 公式可知，當給定坡底斜率S_0及渠道糙度係數n時，對應於一種流量Q，存在一個水力半徑值，因此可找到此種情形下之最小面積$A_{\min}$，此種斷面稱為最佳水力斷面(Best Hydraulic Cross Sections)或水力高效斷面(Hydraulically Efficient Cross Sections)。相反的，若面積A為固定，則最佳水力斷面將有最大流量$Q_{\max}$。

　　以矩形為例，參見圖 7-23(a)，將面積，濕周表為水深之函數：

$$A = By$$
$$P_W = B + 2y = \frac{A}{y} + 2y \tag{7-65}$$

固定之面積A下，最小濕周$(P_W)_{\min}$發生於

$$\frac{dP_W}{dy} = -\frac{A}{y^2} + 2 = 0 \tag{7-66}$$

$$A = 2y^2 = By \tag{7-67}$$

因此

$$y = \frac{B}{2} \tag{7-68}$$

此時水力半徑為

$$R_H = \frac{A}{P_W} = \frac{2y^2}{2y + 2y} = \frac{y}{2} \tag{7-69}$$

梯形、圓形、三角形等幾何形狀之最佳水力斷面參數列於表 7-3 及圖 7-23。比較可知**在固定面積下，最佳水力斷面為半圓形形狀。**

表 7-3 最佳水力斷面幾何參數

渠　道　形　狀	面積A	濕周P_W	水力半徑R_H	底邊B	頂邊T
矩形(半正方形)	$2y^2$	$4y$	$\dfrac{y}{2}$	$2y$	$2y$
梯形(半正六邊形)	$\sqrt{3}y^2$	$2\sqrt{3}y$	$\dfrac{y}{2}$	$\dfrac{2}{\sqrt{3}}y$	$\dfrac{4}{\sqrt{3}}y$
三角形(直角等腰)	y^2	$2\sqrt{3}y$	$\dfrac{y}{2\sqrt{3}}$	—	$2y$
圓形(半圓形)	$\dfrac{\pi}{2}y^2$	πy	$\dfrac{y}{2}$	—	$2y$

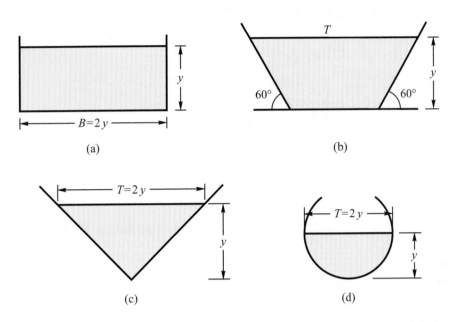

圖 7-23　各種渠道形狀之最佳水力斷面(a)矩形(b)梯形(c)三角形(d)圓形

▲7-5　穩態漸變流

1.　**穩態漸變流之特性：**

(1)　穩態漸變流(Steady Gradually varied Flows)是非均勻流的情形，換言之，坡度、渠道斷面、平均流速、總能量水頭、水深等沿流動方向並非常數，因此以下情形至少存在其一：

$$S_0 = S_0(x) \neq 常數$$
$$A = A(x) \neq 常數$$
$$V = V(x) \neq 常數$$
$$H = H(x) \neq 常數$$
$$y = y(x) \neq 常數$$

(2)　水力坡降線(HGL)，自由水面與渠底不平行，三者之斜率不同。亦即

$$S_H \neq S_W \neq S_0 \neq 常數$$

(3)　比能與比力沿流動方向不是常數。

$$E = y + \frac{V^2}{2g} = E(x)$$

$$F_s = \bar{y} A + \frac{Q^2}{gA} = F_s(x)$$

2. **穩態漸變流之案例：**

　　　　穩態均勻流之案例甚多，以下僅取兩個代表性之情形，注意其水面並非與渠底平行：

(1)　水壩或堰上游造成之回水(Back Water Produced by Dam)：參見圖 7-24(a)。

(2)　渠床突然下落(Sudden Drop in the Bed of Channel)；參見圖 7-24(b)。

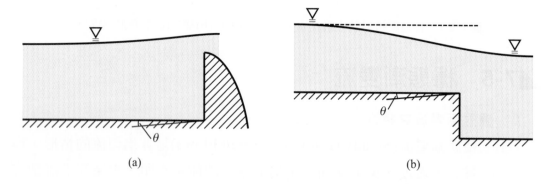

(a)　　　　　　　　　　　　　　　　　　(b)

圖 7-24　穩態漸變流之案例(a)水庫回水(b)渠床下落

　　　　值得留意的是，漸變流與急變流之主要差異在於自由水面之曲度(Curvature)，曲度乃是曲線之變化率，非均勻渠流中若 $\frac{d^2y}{dx^2} \ll 1$ 者，稱爲漸變流。

3. **穩態漸變流之分析：**

　　　　穩態漸變流分析之主要目的是在已知坡底斜率 S_0，面積 A，水頭損失率 S_E，渠床粗糙係數 n 之條件下，**決定自由水面之位置(水深)$y(x)$ 及各斷面之流量 $Q(x)$**。爲推導穩態漸變流之基本方程式，參見圖 7-25 所示之渠道。

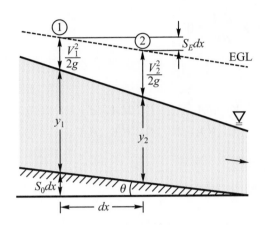

圖 7-25　穩態漸變流之分析

(1) **基本假設**：

① 穩態流。

② 不可壓縮流。

③ 水深，水流面積，平均流速，流量沿流動方向不是常數，但變化率甚小。

④ 自由水面之曲度 $\dfrac{d^2 y}{dx^2} \ll 1$。

⑤ 在任一斷面之壓力分佈為靜壓分佈。

⑥ 任一深度之摩擦阻抗可用相關之均勻流分析，例如 Manning 公式，但坡度應改用能量坡度 S_E。

(2) **分析**：

① 連續方程式：因是穩態流 $y = y(x)$，由渠流之連續方程式(7-19)知

$$\frac{\partial Q}{\partial x} + T \frac{\partial y}{\partial t} = \frac{\partial Q}{\partial x} + 0 = 0 \tag{7-70}$$

因此

$$Q = V(x) A(x) = 常數 \tag{7-71}$$

將(7-71)對 x 微分

$$A \frac{dV}{dx} + V \frac{dA}{dx} = 0 \tag{7-72}$$

或寫為

$$\frac{dV}{dx} = - \frac{V}{A} \frac{dA}{dx} = - \frac{V}{A} \frac{dA}{dy} \frac{dy}{dx} \tag{7-73}$$

② 能量方程式：

任一點之總能量

$$H(x) = \frac{p(x)}{\gamma} + z(x) + \frac{V^2(x)}{2g} = y(x) + z(x) + \frac{V^2(x)}{2g}$$

$$= z(x) + E(x) \tag{7-74}$$

將(7-74)對x微分

$$\frac{dH}{dx} = \frac{dy}{dx} + \frac{dz}{dx} + \frac{V}{g} \frac{dV}{dx} \tag{7-75}$$

令

$$\frac{dH}{dx} = - S_E$$

$$\frac{dz}{dx} = - S_0$$

並將(7-73)代入化簡為

$$\frac{dy}{dx} = \frac{S_0 - S_E}{1 - \dfrac{Q^2 T}{gA^3}} = \frac{S_0 - S_E}{1 - \dfrac{V^2}{g\left(\dfrac{A}{T}\right)}} = \frac{S_0 - S_E}{1 - \mathrm{Fr}^2} \tag{7-76}$$

此為**漸變流之基本分析方程式**。

由(7-76)式可以得到以下幾點值得注意：

(1)　對均勻流而言，$S_0 = S_E$，故$\dfrac{dy}{dx} = 0$，$y =$ 常數；與前一節之結論相同。

(2)　如為無摩擦之自由水面流，$H(x) =$ 常數，$S_E = -\dfrac{dH}{dx} = 0$，則(7-76)

變成

$$\frac{dy}{dx} = \frac{S_0}{1 - \mathrm{Fr}^2} = \frac{-\dfrac{dz}{dx}}{1 - \mathrm{Fr}^2} \qquad (7\text{-}77)$$

由此可知，

①　若$dz/dx = 0$(渠底曲線之斜率為零)，則有幾種可能：

❶　$\mathrm{Fr} < 1$，$dy/dx = 0$：此為亞臨界流(Subcritical Flow)，如圖7-26
之ab段。

❷　$\mathrm{Fr} = 1$，$dy/dx \neq 0$：此為臨界流(Critical Flow)，如圖7-26之c點。

❸　$\mathrm{Fr} > 1$，$dy/dx = 0$：此為超臨界流(Supercritical Flow)，如圖
7-26之de段。

②　若$dz/dx > 0$(上升渠底)，則有兩種可能：

❶　$\mathrm{Fr} < 1$時$dy/dx < 0$(自由水面下降)；如圖7-26之bc段。

❷　$\mathrm{Fr} > 1$時$dy/dx > 0$(自由水面上升)。

③　若$dz/dx < 0$(下降渠底)，則有兩種可能：

❶　$\mathrm{Fr} < 1$時$dy/dx > 0$(自由水面上升)。

❷　$\mathrm{Fr} > 1$時$dy/dx < 0$(自由水面下降)；如圖7-26之cd段。

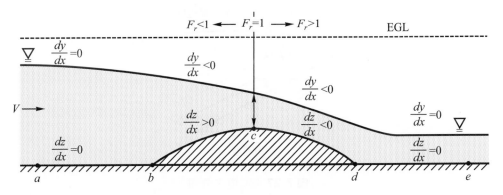

圖7-26　一維無摩擦自由水面流

(3) 對一渠流而言，若Q，n，S_0已知，則正常水深(Normal Depth)y_0及臨界水深(Critical Depth)y_C為固定值($S_0 = 0$及$S_0 < 0$時y_0不存在)；在漸變流分析中一般將流況依y_0，y_C之大小分類如表7-4所示：

表7-4　渠道之分類

	渠　道　類　別	符號	特徵條件	注　　　意	次分類
1	緩坡(Mild Slope)	M	$y_0 > y_C$	正常水深亞臨界流	M1，M2，M3
2	陡坡(Steep Slope)	S	$y_0 < y_C$	正常水深超臨界流	S1，S2，S3
3	臨界坡度(Critical Slope)	C	$y_0 = y_C$	正常水深臨界流	C1，C3
4	水平渠床(Horizontal Bed)	H	$S_0 = 0$	無正常水深	H2，H3
5	逆渠床(Adverse Slope)	A	$S_0 < 0$	無正常水深	A2，A3

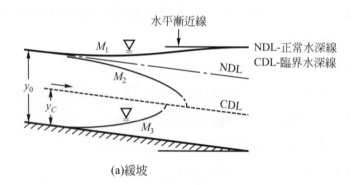

(a)緩坡

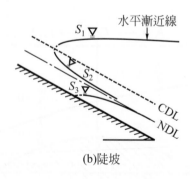

(b)陡坡

圖7-27　渠道之分類

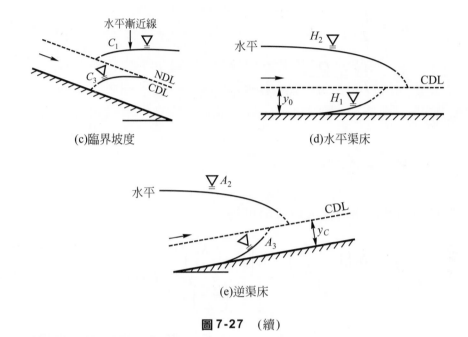

(c)臨界坡度   (d)水平渠床

(e)逆渠床

圖 7-27 （續）

4. **穩態漸變流之計算：**

　　由假設(f)之 Manning 公式

$$Q = \frac{1}{n} A R_H^{2/3} S_E^{1/2} = K S_E^{1/2} \tag{7-78}$$

其中 $K = A R_H^{2/3} / n = K(y)$ 僅與渠道之幾何參數與粗糙度有關，稱爲輸送度(Conveyance)。相對應之均勻流之 Manning 公式可寫爲

$$Q = \frac{1}{n} A R_H^{2/3} S_0^{1/2} = K_0 S_0^{1/2} \tag{7-79}$$

由(7-78)及(7-79)兩式可得

$$\frac{S_E}{S_0} = \frac{K_0^2}{K^2} \tag{7-80}$$

若深度 y 及臨界水深之斷面因數(Section Factor)分別爲

$$Z^2 = \frac{A^3}{T}$$

$$Z_C^2 = \frac{A_C^3}{T_C} = \frac{Q^2}{g}$$

(7-81)

可得

$$\frac{Q^2 T}{g A^3} = \frac{Z_C^2}{Z^2}$$

(7-82)

將(7-80)及(7-82)代入(7-76)可得

$$\frac{dy}{dx} = \frac{S_0 \left(1 - \dfrac{S_E}{S_0}\right)}{1 - \dfrac{Q^2 T}{g A^3}} = \frac{S_0 \left[1 - \left(\dfrac{K_0}{K}\right)^2\right]}{\left[1 - \left(\dfrac{Z_C}{Z}\right)^2\right]} = F(y)$$

(7-83)

其中$F(y)$為y之非線性函數。(7-83)為**一階非線性常微分方程式**，配合端點或初始條件可求出任一位置x之y值，**自由水面之位置乃得以決定**。然而解析解並不容易甚至無法獲得，一般在漸變流之分析中對於(7-83)式之計算採取以下方法：

(1) **直接積分法(Direct Integration Method)**：例如 Chow(1955)[4]。

(2) **數值方法(Numerical Methods)**：例如直接逐步法(Direct Step Method)，標準逐步法(Standard Step Method)及標準四階 Runge-Kutta法[5]。

(3) **圖解法(Graphical Method)**：如 Masse 奇異點法[6]，依奇異點之性質可將流形分為鞍點(Saddle)，節點(Nodal)，螺線(Spiral)及旋渦(Votex)四種。

---

[4] Chow, V. T., "Integrating the Equation of Gradually Varied Flow," Proc. ASCE, Vol. 81, pp. 1-32,1955.

[5] Subrammanya, K., Flow in Open Channels, Tata McGraw-Hill Company, Chapter 5, 1986.

[6] Streeter, V. L.(ed.), Handbook of Fluid Dynamics, Chapter 24, 1969.

　　在進行分析計算時特別注意渠道之端點條件(End Conditions)，流場中某一斷面之流量與深度之關係若爲已知，則該斷面可用爲控制斷面 (Control Sections)，堰口 (Weirs)、溢洪道 (Spillways)、閘門(Sluice Gates)通常爲控制斷面，如圖 7-28 所示。由福祿數之意義知，**對亞臨界流而言，Fr < 1，流場可由控制斷面向上游及下游計算**，因擾動波能向上游及下游傳遞；但**對超臨界流而言，Fr > 1 只能從控制斷面向下游計算**，因擾動波僅向下游傳遞。此種情形與可壓縮流(Compressible Flow)中之次音速流(Subsonic Flow)與超音速流(Supesonic Flow)是一種類比。

討　論

(1)　不可壓縮渠流與可壓縮等熵流之類比：

	不可壓縮渠流	可壓縮等熵流
無因次參數	Froude 數：$Fr = \dfrac{V}{c} = \dfrac{V}{\sqrt{gy}}$	Mach 數：$M = \dfrac{V}{c} = \dfrac{V}{\sqrt{kRT}}$
波速意義	表面元波	聲波
連續方程式	$Vy = $ 常數	$V\rho = $ 常數
能量方程式	$y + \dfrac{V^2}{2g} = $ 常數 $c^2 \dfrac{dy}{y} + VdV = 0$	$c^2 \dfrac{d\rho}{\rho} + VdV = 0$
參數 < 1	亞臨界流(Subcritical)	次音速流(Subsonic)
參數 = 1	臨界流(Critical)	穿音速流(Transonic)
參數 > 1	超臨界流(Supercritical)	超音速流(Supersonic)
急變流	水躍(Hydraulic Jump)	震波(Shock Waves)
實驗設備	水槽(Water Tanks)	風洞(Wind Tunnels)

◢7-6 穩態急變流

1. **穩態急變流之特性:**

(1) 是一種非均勻流的情形,因此平均速度、面積、水深等亦會發生變化。

(2) 穩態急變流中**流線之曲度頗大**$\left(\dfrac{d^2 y}{dx^2} \approx 1\right)$,因此水流中之壓力不是靜壓分佈。

(3) 急變流一般只發生在渠道之局部區域,是一種局部之現象(Local Phenomenon),因而摩擦阻力之影響不大,分析時可先加以忽略。

2. **穩態急變流之案例:**

　　穩態急變流之案例亦甚多,以下僅列出常見之幾種情形,注意其水面之曲度甚大:

(1) 水躍(Hydraulic Jump):例如圖 7-28 所示。

(2) 水落(Hydraulic Drop):例如圖 7-29(a)所示之自由水瀑(Free Overfall),圖 7-29(b)所示之銳口堰(Sharp-Crested Weirs),圖 7-29(c)所示之溢洪道(Overflow Spillways),圖 7-29(d)所示之寬頂堰(Broad-Crested Weirs),圖 7-29(e)所示之閘門(Sluice Gates)等。

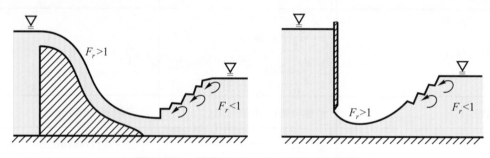

圖 7-28 水躍(Hydraulic Jump)之案例

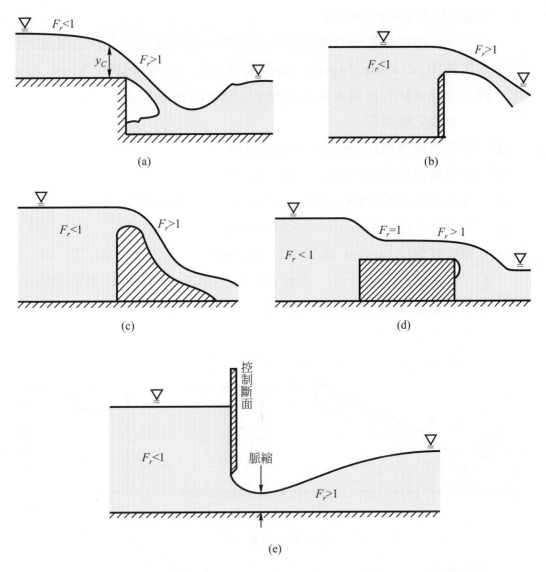

圖 7-29 水落(Hydraulic Drop)之案例

3. **穩態急變流之分析：**

　　嚴格而言，急變流之流場極為複雜而無法解析，工程實務分析常藉助水工模型試驗(Hydrauic Model Tests)。對二維非旋流而言，基本上仍可以流網法(Flow -Net Method)或數值方法求解。本節旨在簡介如何以基本之流體力學原理進行穩態急變流初步之分析，在急變流之分析中比能與比力之觀念都可應用。

4. 水躍(Hydraulic Jump)：

　　　　水流由超臨界流急速轉變爲亞臨界流時深度突然上升之現象，稱爲水躍(Hydraulic Jump)。最早觀察到此一現象者是 da Vinci, L.，首次進行實驗者爲意大利工程師 Bidone(1818)。

　　　　水躍之應用有：

(1) 能量消散機構(Energy Dissipator)。

(2) 化學原料攪拌(Mixing of Chemicals)。

(3) 加強氣體之混合(Aid Intense Mixing and Gas Transfer)。

(4) 海水淡化(Desalination of Sea Water)。

(5) 廢水曝氣(Aeration of Waste Water)。

　　　　以下進行水躍分析。考慮如圖 7-30 矩形渠道之渠流躍前之斷面 1 與水躍後之斷面 2 間之控制體積。

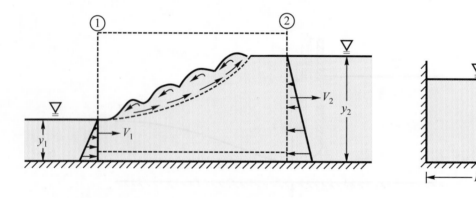

圖 7-30　水躍分析

基本假設：

(1) 雖然控制體積內之流動極爲複雜，但上下游之流動(1，2 斷面)可假設爲近似一維穩態均勻流動。斷面上之壓力爲靜壓分佈。

(2) 1，2 之間距離很短(大約 6 倍水躍高度)，因此渠壁剪應力造成之摩擦損失與阻力可以忽略不計。

連續方程式：

$$Q = V_1 A_1 = V_2 A_2$$
$$= V_1 (By_1) = V_2 (By_2) \tag{7-84}$$

或

$$q = \frac{Q}{B} = V_1 y_1 = V_2 y_2 \tag{7-85}$$

上式中 q 為單位渠寬之流量。

動量方程式：

$$\Sigma F_X = F_1 - F_2 = \rho Q (V_2 - V_1) \tag{7-86}$$

$$\frac{1}{2} \gamma y_1 (By_1) - \frac{1}{2} \gamma y_2 (By_2) = \rho (V_1 By_1)(V_2 - V_1) \tag{7-87}$$

能量方程式：

斷面上之總能量可用比能表示：

$$H_1 = H_2 + h_L$$
$$E_1 = E_2 + h_L \tag{7-88}$$

$$y_1 + \frac{V_1^2}{2g} = y_2 + \frac{V_2^2}{2g} + h_L \tag{7-89}$$

序列水深比值：

水躍前後之兩個水深稱為**序列水深(Sequent Depths)**，由於具有相同之比力(Specific Force)，又稱為**共軛水深(Conjugate Depths)**。

(7-85)，(7-87)，(7-89)三式中存在一解為 $y_1 = y_2$，$V_1 = V_2$，$h_L = 0$，此為沒有形成水躍之狀況。欲求其他情形之解，由(7-85)與(7-87)兩式消去 V_2 可得

$$\frac{y_2}{y_1} = \frac{1}{2}(\sqrt{1 + 8\mathrm{Fr}_1^2} - 1) \tag{7-90}$$

另一負值之解已不考慮。上式中 $\mathrm{Fr}_1 = V_1/\sqrt{gy_1}$ 為上游面之 Froude 數。

(7-90)式將序列水深(Sequent Depth)之比值表示成上游Froude數之函數，稱爲 Belanger 動量方程式(Belanger Momentum Equation)。

由(7-85)與(7-87)兩式消去 V_1 可得

$$\frac{y_1}{y_2} = \frac{1}{2}(\sqrt{1 + 8\mathrm{Fr}_2^2} - 1) \tag{7-91}$$

比能比值：

同理可推得 1，2 兩斷面比能之比值爲

$$\boxed{\frac{E_2}{E_1} = \frac{(1 + 8\mathrm{Fr}_1^2)^{3/2} - 4\mathrm{Fr}_1^2 + 1}{8\mathrm{Fr}_1^2(2 + \mathrm{Fr}_1^2)} \tag{7-92}}$$

此一比值可用以量度水躍之效能(Efficiency)。

能量損失：

由(7-89)得

$$\boxed{\begin{aligned}
h_L &= E_1 - E_2 \\
&= \frac{(y_2 - y_1)^2}{4y_1 y_2} \\
&= y_1 \left\{ 1 - \frac{y_2}{y_1} + \frac{\mathrm{Fr}_1^2}{2}\left[1 - \left(\frac{y_1}{y_2}\right)^2\right]\right\} \\
&= E_1 \frac{(-3\sqrt{1 + 8\mathrm{Fr}_1^2})^3}{8(2 + \mathrm{Fr}_1^2)(-1 + \sqrt{1 + \mathrm{Fr}_1^2})} \tag{7-93}
\end{aligned}}$$

水躍後之 Froude 數：

$$\begin{aligned}
\mathrm{Fr}_2^2 &= \frac{V_2^2}{gy_2} = \frac{V_1^2}{gy_1}\left(\frac{y_1}{y_2}\right)\left(\frac{V_2^2}{V_1^2}\right) \\
&= \mathrm{Fr}_1^2\left(\frac{y_1}{y_2}\right)^3 = \frac{8\mathrm{Fr}_1^2}{(\sqrt{1 + 8\mathrm{Fr}_1^2} - 1)^3} \tag{7-94}
\end{aligned}$$

水躍高度：

水躍高度(Hydraulic Height)爲序列水深與初始水深之差值：

$$\frac{\Delta y_{\text{JUMP}}}{E_1} = \frac{y_2 - y_1}{E_1} = \frac{\sqrt{1 + 8\text{Fr}_1^2} - 3}{2 + \text{Fr}_1^2} \tag{7-95}$$

水躍長度：

　　水躍之長度無法由理論推證，但從實驗獲得之結論為在大部份之 Fr_1 下，

$$L_{\text{JUMP}} \approx 6.1 y_2 \tag{7-96}$$

亦即水躍發展之長度約為序列深度之 6 倍，作為實用上之參考。

臨界深度：

　　由動量方程式：

$$\frac{1}{2}\gamma\left(y_1^2 - y_2^2\right) = \rho\, Q\left(V_2 - V_1\right) = \rho\, Q\left(\frac{Q}{By} - \frac{Q}{By_1}\right) = \rho\,\frac{Q^2}{B}\left(\frac{y_1 - y_2}{y_1 y_2}\right)$$

可推得臨界水深(Critical Depth)為

$$y_C^3 = \frac{Q^2}{B^2 g} = \frac{(y_1 + y_2)\, y_1 y_2}{2} \tag{7-97}$$

水躍種類：

　　依據 Bradley & Peterka[7] 之研究將**水躍依** Fr_1 **之範圍分為以下五種等級**，參見圖 7-31：

(1) **微浪水躍(Undular Jump)**：$1 < \text{Fr} \leq 1.7$。表面形成小水波(Small Ripple)，$y_2/y_1 \approx 1$，$h_L/E_1 \approx 0$。

(2) **弱水躍(Weak Jump)**：$1.7 < \text{Fr} \leq 2.5$。表面開始有明顯的滾動 (Roller)形成，水躍後之表面仍甚平順，$y_2/y_1 > 1$，$h_L/E_1 \approx 0.05 \sim 0.18$。

[7] Bradley, J. N. and Peterka, A. J., "The Hydraulic Design of Stilling Basins, Hydraulic Jumps on a Horizontal Apron," Journal of Hydraulic Division, ASCE, No. 1401, pp. 1-25, 1957.

(3) **振盪水躍(Oscillating Jump)**：2.5 < Fr ≤ 4.5。水躍處有高速水流造成之振盪水流，並使表面波動往下游傳播。表面開始有明顯的滾動(Roller)形成，水躍後之表面仍甚平順，$y_2/y_1 > 1$，$h_L/E_1 \approx 0.18 \sim 0.45$。

(4) **穩定水躍(Steady Jump)**：4.5 < Fr ≤ 9。表面之滾動(Roller)非常穩定，水躍發展完全，水躍後之表面仍相當平順，$y_2/y_1 > 1$，$h_L/E_1 \approx 0.45 \sim 0.70$。

(5) **強水躍(Strong or Choppy Jump)**：9 < Fr。表面之滾動(Roller)非常強烈，水躍後之波動亦相當大，$y_2/y_1 > 1$，$h_L/E_1 > 0.70$。

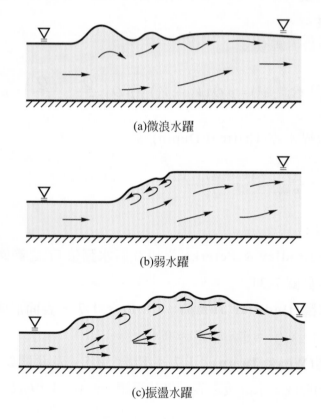

(a)微浪水躍

(b)弱水躍

(c)振盪水躍

圖 7-31 水躍之分類

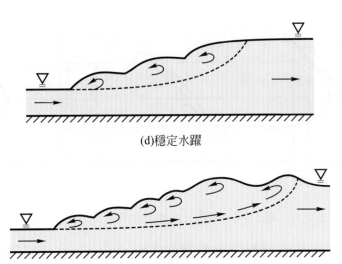

(d)穩定水躍

(e)強水躍

圖 7-31　（續）

討　論

(1)　可用比力(Specific Force)之觀念直接分析水躍。由(7-25)或(7-26)得

$$(F_s)_1 = (F_s)_2$$

$$A_1 \bar{y}_1 + \frac{Q^2}{gA_1} = A_2 \bar{y}_2 + \frac{Q^2}{gA_2}$$

$$(By_1)\left(\frac{y_1}{2}\right) + \frac{B^2 y_1^2 V_1^2}{g(By_1)} = (By_2)\left(\frac{y_2}{2}\right) + \frac{B^2 y_2^2 V_2^2}{g(By_2)}$$

與(7-87)式之動量方程式相同。

(2)　**水躍發生之條件必定由超臨界流(Supercritical Flow)Fr > 1改變至亞臨界流(Subcritical Flow)Fr < 1之情形。** 此一情形可由圖 7-32 看出。如過程相反，則能量增加，違反熱力學第二定律。

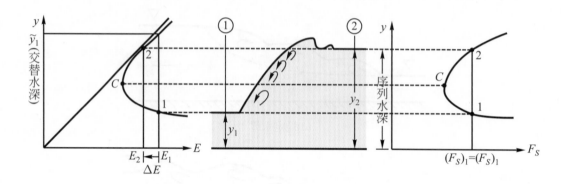

圖 7-32　水躍之比能變化與序列水深

(3)　水躍之現象與**可壓縮流之震波(Shock Wave)**有相互類比之情形。震波發生之條件必定由超音速流(Supersonic Flow)$M > 1$改變至次音速流(Subsonic Flow)$M < 1$之情形，如圖 7-33。依此類比，欲研究震波之行為與影響參數亦可採用水躍試驗。

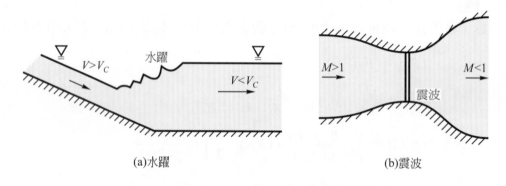

(a)水躍　　　　　　　　　　　　　(b)震波

圖 7-33　水躍與震波之類比

【範例 7-8】　水躍分析

　　一矩形渠道寬度為 $B = 12\text{m}$，流量為 $Q = 150\text{m}^3/\text{sec}$，水躍前之深度為 $y_1 = 2\text{m}$，如圖 7-34，試分析此一水躍。

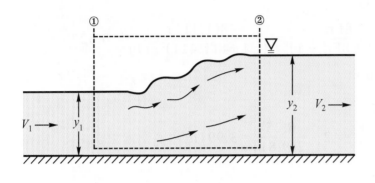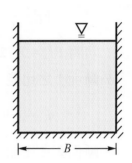

圖 7-34 水躍分析

解：取控制體積如圖 7-34 中虛線所示。

(1)斷面 1 平均速度：

$$V_1 = \frac{Q}{A_1} = \frac{Q}{By_1} = \frac{150}{(12)(2)} = 6.25 \text{m/sec}$$

(2)斷面 1 Froude 數：

$$\text{Fr}_1 = \frac{V_1}{\sqrt{gy_1}} = \frac{6.25}{\sqrt{(9.81)(2)}} = 1.411 > 1 \quad (\text{超臨界流})$$

(3)水躍分類：因 $\text{Fr}_1 < 1.7$ 故屬微浪水躍(Undular Jump)。

(4)序列水深：由(7-89)式得

$$\frac{y_2}{y_1} = \frac{1}{2}(\sqrt{1 + 8\text{Fr}_1^2} - 1)$$

$$= \frac{1}{2}(\sqrt{1 + 8(1.411)^2} - 1) = 1.5571$$

故

$$y_2 = 1.5561(2) = 3.114 \text{m}$$

(5)斷面 2 平均速度：

$$V_2 = \frac{Q}{A_2} = \frac{Q}{By_2} = \frac{150}{(12)(3.114)} = 4.014 \text{m/sec}$$

(6)斷面 2 Froude 數：

$$\text{Fr}_2 = \frac{V_2}{\sqrt{gy_2}} = \frac{4.014}{\sqrt{(9.81)(3.114)}} = 0.726 < 1 \quad (\text{亞臨界流})$$

或直接由(7-93)式

$$Fr_2^2 = \frac{8Fr_1^2}{(\sqrt{1 + 8Fr_1^2} - 1)^3} = \frac{8(1.411)^2}{(\sqrt{1 + 8(1.411)^2} - 1)^3} = 0.5273$$

可得 $Fr_2 = 0.726$。

(7)斷面 1 之比能：

$$E_1 = y_1 + \frac{V_1^2}{2g} = 2 + \frac{6.25^2}{2(9.81)} = 3.991\,\text{m}$$

(8)斷面 2 之比能：

$$E_2 = y_2 + \frac{V_2^2}{2g} = 3.114 + \frac{4.014^2}{2(9.81)} = 3.95\,\text{m}$$

(9)單位重量之能量損失：

$$h_L = \Delta E = E_1 - E_2 = 3.991 - 3.935 = 0.055\,\text{m}$$

或由

$$h_L = \Delta E = \frac{(y_2 - y_1)^3}{4y_1 y_2} = \frac{(3.114 - 2)^3}{(4)(2)(3.114)} = 0.0555\,\text{m}$$

(10)總能量損失：

$$\Delta H = \gamma Q h_L = 9810(150)(0.0555) = 81660\,\text{N-m}$$

5.　**銳口堰(Sharp-Crested Weirs)**：

　　　堰為構築於渠道上之障礙物，以人為強破渠流水面上升作為量度流量之一種方法。關於此種堰流之分析已於 5-4 節一維理想流體運動之實例中加以說明。

6.　**寬頂堰(Broad-Crested Weirs)**：

　　　寬頂堰在流動方向上堰有一相當之寬度，如圖 7-35，如寬度夠長，則堰頂之水流為近似均勻，流線曲度非常微小，壓力分佈為靜壓分佈，因此堰之作用宛如一個入水口(Inlet)，之前流動為亞臨界流(Subcritical Flow)，堰頂為超臨界流(Supercritical Flow)。臨界深度控制斷面(Critical Depth Control Section)通常發生在堰之上游端。

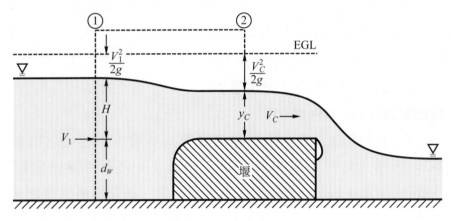

圖 7-35 寬頂堰分析

選取控制體積如圖 7-35 中虛線所示，忽略能量損失，則 1，2 之間能量方程式為

$$d_W + H + \frac{V_1^2}{2g} = d_W + y_C + \frac{V_C^2}{2g} \tag{7-98}$$

上游之速度很小予以忽略，並由 $V_C^2 = gy_C$，上式簡化為

$$H - y_C = \frac{V_C^2}{2g} = \frac{y_C}{2} \tag{7-99}$$

故得

$$y_C = \frac{2}{3}H \tag{7-100}$$

由此及連續方程式可得流量為

$$Q = V_2\,(By_2) = V_C\,(By_C) = (gy_C)^{1/2}\,(By_C) = B\sqrt{g}\,y_C^{3/2}$$

$$= B\sqrt{g}\left(\frac{2}{3}\right)^{3/2} H^{3/2} \tag{7-101}$$

實用上再乘以一個修正係數：

$$Q = C_d \, B \, \sqrt{g} \left(\frac{2}{3} \right)^{3/2} H^{3/2} \qquad\qquad (7\text{-}102)$$

因此量度H，B值即可估計流量q。

7. **自由瀑流(Free Overfall)**：

　　自由瀑流發生於水平渠道之底端突然發生不連續之情形，如圖 7-36 所示，此時亞臨界流(Subcritical Flow)迅速轉變為超臨界流 (Supercritical Flow)。細節之分析可採用二維非旋流之流網法或數值 方法。

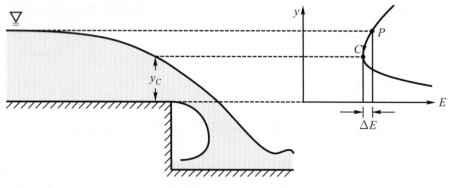

圖 7-36 自由瀑流示意圖

8. **溢洪堰流(Overflow Spillway)**：

　　溢洪堰乃用於讓水壩洪水安全溢流之設計，如圖 7-37 所示。

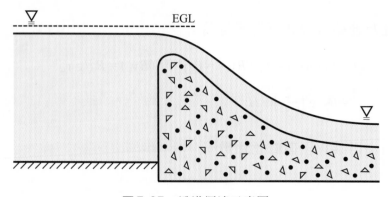

圖 7-37 溢洪堰流示意圖

9. **閘門流(Sluice-Gate Flow)：**

　　如圖7-38所示爲一閘門渠流，閘門常用以控制流量，在漸變流之分析中，閘門由常爲一個控制斷面(Control Section)，往上游計算亞臨界區之水深曲線，往下游計算超臨界流之水深曲線。但在閘門下端一段距離內，由於脈縮(Vena Contracta)發生，流線之曲度甚大，基本上是急變流，有時還伴隨水躍(Hydraulic Jump)發生。關於上下游之間流場之近似一維分析參見5-4節一維理想流體分析之實例，如係急變流部份之分析應採用流網法或數值分法。

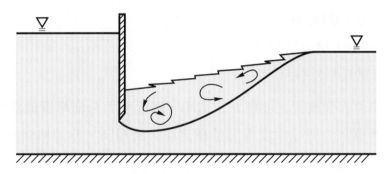

圖 **7-38**　閘門流示意圖

7-7　非穩態漸變流

1. **非穩態漸變流之特性：**

   (1)　斷面之平均速度、流量、深度、壓力等均爲x，t之函數，即

   $$V=V(x,t)$$
   $$Q=Q(x,t)$$
   $$y=y(x,t)$$
   $$p=p(x,t)$$

   (2)　自由表面流線之曲度非常微小，斷面壓力分佈可近似爲靜壓分佈。

   (3)　摩擦阻力一般應加以考慮。

2. **非穩態漸變流之案例：**

　　河川中之洪水波(Flood Wave)，其波長甚長，自由表面波動平緩。一般對洪水波動之分析目的在洪水定跡(Flood Routing)，亦即預測洪水之流向，速度，洪峰高度與流量等。

3. **非穩態漸變流之分析：**

　　考慮矩形渠道中洪水波之運動，如圖 7-39 所示。

(1) **基本假設：**

① 流量，平均速度與面積爲位置與時間之函數：

$$Q = Q(x, t)$$
$$V = V(x, t)$$
$$A = A[y(x, t)] = A(x, t)$$

② 自由表面流線之曲度非常微小，斷面壓力分佈可近似爲靜壓分佈。

③ 摩擦阻力與等深度等流量穩態均勻流相同，亦即 Manning 及 Chezy 公式適用。

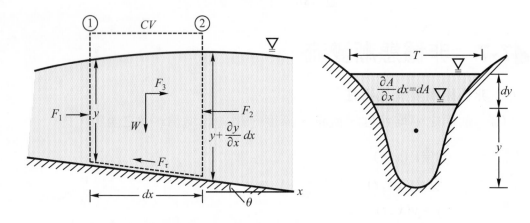

圖 7-39 非穩態漸變流——洪水波動分析

⑵　**分析：**

考慮如圖 7-39 所示虛線之控制體積。

連續方程式：

由(7-19)式及 $Q = V(x) A(x, t)$ 可得

$$\frac{\partial Q}{\partial x} + T \frac{\partial y}{\partial t} = A \frac{\partial V}{\partial x} + V \frac{\partial A}{\partial x} + T \frac{\partial y}{\partial t}$$

$$= A \frac{\partial V}{\partial x} + V \frac{\partial A}{\partial y} \frac{\partial y}{\partial x} + T \frac{\partial y}{\partial t}$$

$$= A \frac{\partial V}{\partial x} + V T \frac{\partial y}{\partial x} + T \frac{\partial y}{\partial t} = 0 \tag{7-103}$$

或寫為

$$\frac{\partial y}{\partial t} + V \frac{\partial y}{\partial x} + \frac{A}{T} \frac{\partial V}{\partial x} = 0 \tag{7-104}$$

動量方程式：

由斷面 1 及斷面 2 之動量守恆：

$$\Sigma F_X = F_1 - F_2 + F_3 - F_\tau = M_2 - M_1 + \dot{M} \tag{7-105}$$

其中

$$F_1 = p_1 A_1 = \gamma \bar{y} A$$

$$F_2 = p_2 A_2 = \gamma \left(\bar{y} + \frac{\partial \bar{y}}{\partial x} dx \right) \left(A + \frac{\partial A}{\partial x} dx \right)$$

$$F_3 = \gamma A \, dx \sin \theta$$

$$F_\tau = \tau_0 P_W \, dx$$

$$M_1 = \rho A_1 V_1^2 = \rho A V^2$$

$$M_2 = \rho A_2 V_2^2 = \rho \left[A V^2 + \frac{\partial (A V^2)}{\partial x} dx \right]$$

$$\dot{M} = \frac{\partial}{\partial t} [\rho A V^2]$$

因此

$$\frac{\partial y}{\partial x} + \frac{V}{g}\frac{\partial V}{\partial x} + \frac{1}{g}\frac{\partial V}{\partial t} = S_0 - S_E \qquad (7\text{-}106)$$

(7-104)與(7-106)兩式稱爲 **St Venant方程式**，爲 St Venant 於 1871 年首先建立，此兩式爲以 $y(x,t)$ 及 $V(x,t)$ 爲因變數之**聯立擬線性一階雙曲線型偏微分方程式**，配合初始條件及邊界條件求解。

實用分析上可採用特徵線法(Method of Charateristics)求解，將問題化爲兩組特徵線：

$$\frac{dx}{dt} = V + c$$
$$\frac{dx}{dt} = V - c \qquad (7\text{-}107)$$

細節請參考明渠流或偏微分解析方面之專書。

值得注意的是，動量方程式(7-106)若改寫爲以下型式，可看出穩態均勻流，漸變流與非穩態流之意義：

$$\underbrace{\underbrace{\underbrace{S_E = S_0}_{\text{穩態均勻流(SU)}} - \frac{\partial}{\partial x}\left[y + \frac{V^2}{2g}\right]}_{\text{穩態漸變流(SGV)}} - \underbrace{\frac{1}{g}\frac{\partial V}{\partial t}}_{\text{慣性項}}}_{\text{非穩態漸變流(UGV)}} \qquad (7\text{-}108)$$

▲7-8 非穩態急變流

1. 非穩態急變流之特性：

(1) 斷面之平均速度、流量、深度、壓力等均為x, t之函數，即

$$V = V(x, t)$$
$$Q = Q(x, t)$$
$$y = y(x, t)$$
$$p = p(x, t)$$

(2) 自由表面流線之曲度甚大。

(3) 摩擦阻力一般不加以考慮。

2. **非穩態急變流之案例：**

非穩態急變流(Unsteady Rapid Varied Flow)常發生於湧浪(Surge)之情形，一般湧浪可分為兩種，參見 7-40：

(1) **正湧浪(Positive Surge)**：造成深度增加，如閘門突然打開之下游，正湧浪向下游傳播；閘門突然關閉之上游，正湧浪向上游傳播。

(2) **負湧浪(Negative Surge)**：造成深度減少，如閘門突然關閉之下游，負湧浪向下游傳播；閘門突然打開之上游，負湧浪向上游傳播；又水壩突然崩塌(Dam Break)，負湧浪往下游擴散等。

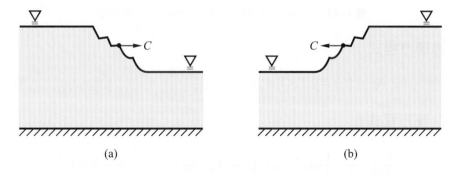

(a)　　　　　　　　　　(b)

圖 7-40 湧浪案例：(a)正湧浪往下游(b)正湧浪往上游

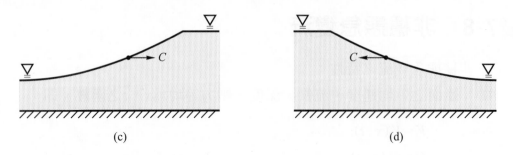

(c)   (d)

圖 7-40　(續)(c)負湧浪往下游(d)負湧浪往上游

3.　**非穩態急變流之分析--正湧浪：**

　　考慮矩形渠道中正湧浪往下游運動之情形，如圖 7-41(a)所示。為將原來非穩態之問題簡化為穩態之問題，**將觀察者之座標設為隨波速運動之座標**，則控制體積如圖 7-41(b)所示。

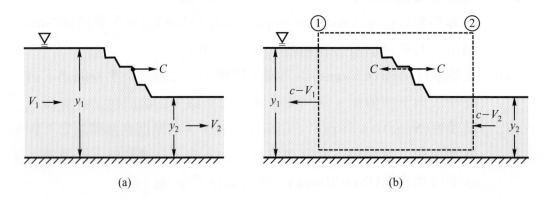

(a)   (b)

圖 7-41　正湧浪之分析(a)原始問題(b)穩態問題

連續方程式：

$$y_1 (c - V_1) = y_2 (c - V_2) \tag{7-109}$$

動量方程式：

$$\frac{1}{2} \gamma y_1^2 - \frac{1}{2} \gamma y_2^2 = \rho y_1 (c - V_1)[(c - V_2) - c - V_1)] \tag{7-110}$$

將(7-109)與(7-110)消去 V_2 得

$$\frac{(c - V_1)^2}{gy_1} = \frac{1}{2}\left(\frac{y_2}{y_1}\right)\left(\frac{y_2}{y_1} + 1\right) \tag{7-111}$$

上式中包含五個物理量 y_1，y_2，V_1，V_2，c，若已知 3 個，則可由(7-109)與(7-110)解出另外兩個。

討　論

同理，若為正湧浪向上游運動，則可推得

$$\frac{(c + V_1)^2}{gy_1} = \frac{1}{2}\left(\frac{y_2}{y_1}\right)\left(\frac{y_2}{y_1} + 1\right) \tag{7-112}$$

4. **非穩態急變流之分析--負湧浪：**

考慮矩形渠道中水壩崩塌負湧浪往下游運動之情形，如圖 7-42 所示。分析時可將原流場疊加一個變量而得，如圖 7-43(a)所示。為將原來非穩態之問題簡化為穩態之問題，**將觀察者之座標設為隨波速運動之座標**，則控制體積如 7-43(b)所示。

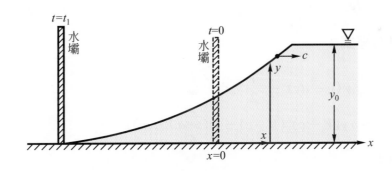

圖 7-42　水壩崩塌負湧浪之分析

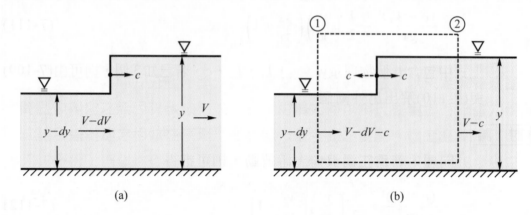

圖 7-43 負湧浪之分析(a)原始問題(b)穩態問題

連續方程式：

$$(V - dV - c)(y - dy) = (V - c)y \qquad (7\text{-}113)$$

消去微小量之乘積得

$$\frac{dV}{dy} = \frac{c - V}{y} \qquad (7\text{-}114)$$

動量方程式：

$$\frac{1}{2}\gamma(y - dy)^2 - \frac{1}{2}\gamma y^2$$
$$= \rho y(V - c)[(V - c) - (V - dV - c)] \qquad (7\text{-}115)$$

化簡得

$$\frac{dV}{dy} = \frac{g}{c - V} \qquad (7\text{-}116)$$

由(7-114)及(7-116)得

$$c - V = \pm\sqrt{gy} \qquad (7\text{-}117)$$

將(7-117)代入(7-114)得

$$\frac{dV}{dy} = \frac{c-V}{y} = \pm\sqrt{\frac{g}{y}} \tag{7-118}$$

積分得

$$V(y) = \pm 2\sqrt{gy} + A \tag{7-119}$$

若初始條件為$y = y_0$，$V = V_0 = 0$，則

$$V(y) = 2\sqrt{gy} - 2\sqrt{gy_0} \tag{7-120}$$

水平位置：

$$x = c\,t = (V+\sqrt{gy})t = (3\sqrt{gy} - 2\sqrt{gy_0})t \tag{7-121}$$

為一條拋物線。消去y可得

$$V(x,t) = \frac{2}{3}\frac{x}{t} - \frac{2}{3}\sqrt{gy_0} \tag{7-122}$$

通過原點$x = 0$之速度為

$$V(0,t) = -\frac{2}{3}\sqrt{gy_0} \tag{7-123}$$

觀察實驗 7-1

(1)觀察自然河川，評估其坡降與流動狀況，特別注意自由表面之曲度，水深之變化。判斷其為均勻流，漸變流或急變流。

(2)在靜止湖水中投入一塊小石子，觀察表面波紋散播之情形。

(3)在緩慢流動之河水中投入一塊小石子，觀察表面波紋散播之情形。

(4)在急速流動之河水中投入一塊小石子，觀察表面波紋散播之情形。

[討論]：

　①亞臨界流，臨界流，超臨界流與表面波紋傳播之關係。

　②影響自然河川流動之因素有那些？

[注意]：不要投擲危險可能傷人之物品進入湖中，在河川旁進行實驗時要注意自身之安全。

觀察實驗 7-2

(1)觀察人工排水溝，評估其坡降與流動狀況，特別注意自由表面之曲度，水深之變化。判斷其為均勻流，漸變流或急變流。

(2)在靜止溝水中投入一塊小土粒，觀察表面波紋散播之情形。

(3)在緩慢流動之溝水中投入一塊小土粒，觀察表面波紋散播之情形。

(4)在急速流動之溝水中投入一塊小土粒，觀察表面波紋散播之情形。

[注意]：不要投擲不會溶解之物品進入溝中，以免阻塞人工渠道，進行實驗時要注意自身之安全。

觀察實驗 7-3

(1)若有機會觀察水壩溢洪道之流況，評估其坡降與流動狀況，特別注意自由表面之曲度，水深之變化。判斷其為均勻流，漸變流或急變流。注意是否有水躍發生，觀察水躍之高度與長度。

(2)若有機會觀察閘門打開或關閉之上游與下游流況，特別注意自由表面之曲度，水深之變化。判斷其為均勻流，漸變流或急變流。是否可以區別亞臨界流與超臨界流。

[注意]：進行觀察實驗時要注意自身之安全。

本章重點整理

1. 影響明渠流最重要之無因次參數為福祿數(Froude Number)，定義及物理意義為：

$$\text{Fr} = \frac{V}{\sqrt{gy}} = \frac{V}{\sqrt{g\left(\dfrac{A}{T}\right)}} = \sqrt{\frac{Q^2 T}{gA^3}} = \frac{\text{平均速度}}{\text{表面波速}} = \frac{\text{慣性力}}{\text{重力}}$$

2. 明渠流流動之特性依福祿數之範圍區分為：

(1)亞臨界流(Subcritical Flow)：Fr < 1，擾動向上游及下游傳播。

(2)臨界流(Critical Flow)：Fr = 1，擾動形成駐波。

(3)超臨界流(Supercritical Flow)：Fr > 1，擾動僅向下游傳播。

3. 各種渠流分析之特點：

(1)穩態均勻流(Steady Uniform Flow)：

①y，A，V，Q為常數。

②$S_E = S_H = S_W = S_0 = $ 常數。

③斷面上為靜壓分佈。

④分析公式：

❶ Chezy 公式：$V = C\sqrt{R_H S_0}$。

❷ Manning 公式：$V = \dfrac{1}{n} R_H^{2/3} S_0^{1/2}$。

水力半徑：$R_H = \dfrac{A}{P_W} = \dfrac{\text{面積}}{\text{濕周}}$。

渠道坡度：$S_0 = -\dfrac{dz}{dx} = -\dfrac{\Delta z}{\Delta L} = \sin\theta \approx \theta$。

Manning 糙度係數：n查表。

⑤五種類型之分析問題：y_0，n，S_0，幾何尺寸，$Q(V)$。

⑥最佳水力斷面具有最小濕周或最大流量。

(2)穩態漸變流(Steady Gradually Varied Flow)：

①y，A，V，Q為x之函數。

②$S_E \neq S_H \neq S_W \neq S_0 \neq$ 常數。

③斷面上為靜壓分佈。

④自由表面流線曲度微小，$\dfrac{d^2 y}{dx^2} \ll 1$。

⑤摩擦阻抗引用均勻流之 Manning 公式，但使用S_E代替S_0。

⑥分析公式：$\dfrac{dy}{dx} = \dfrac{S_0 - S_E}{1 - \mathrm{Fr}^2} = F(y)$為一階非線性常微分方程式。

⑦可分為五種渠道(M，S，C，H，A)，12 種流況。

(3)穩態急變流(Steady Rapidly Varied Flow)：

①y，A，V不為常數。

②自由表面流線曲度頗大，$\dfrac{d^2 y}{dx^2} \approx 1$。

③案例：

❶水躍(Hydraulic Jump)：消能裝置，計算序列水深，能量損失。

❷堰流(Weir Flow)：流量測量裝置，計算流量。

❸閘門流(Sluice-Gate Flow)：控制斷面。

(4)非穩態漸變流(Unsteady Gadually Varied Flow)：

①y，A，V，Q為x及t之函數。

②$S_E \neq S_H \neq S_W \neq S_0 \neq$ 常數。

③斷面上為靜壓分佈。

④自由表面流線曲度微小，$\dfrac{d^2 y}{dx^2} \ll 1$。

⑤摩擦阻抗引用均勻流之 Manning 公式，但使用S_E代替S_0。

⑥案例：洪水定跡(Flood Routing)。

(5)非穩態急變流(Unsteady Rapidly Varied Flow)：

①y，A，V，Q為x及t之函數。

②自由表面流線曲度甚大，$\dfrac{d^2 y}{dx^2} \approx 1$。

③摩擦阻抗不需考慮。

④案例：正湧浪(Positive Surge)，負湧浪(Negative Surge)。

4.明渠流(Open Channel Flow)與可壓縮流(Compressible Flow)有類比之現象；明渠流之水躍(Hydraulic Jump)與可壓縮流之震波(Shock Wave)類比；兩者都是由高速區急速變化為低速區之現象，流體突然減速，斷面升高(明渠流)或密度增大(可壓縮流)。類比場量：

(1)明渠流：V，y，Fr，$c = \sqrt{gy}$。

(2)可壓縮流：V，ρ，M，$c = \sqrt{kRT}$。

5.比能(Specific Energy)與比力(Specific Force)之觀念可用於明渠流分析中：

(1)比能：$E = y + \dfrac{V^2}{2g} = y + \dfrac{Q^2}{2gb^2 y^2}$，具有相同比能之深度稱為交替水深(Alternate Depth)。

(2)比力：$F_s = \dfrac{1}{\gamma}(F + M) = A\bar{y} + \dfrac{Q^2}{gby}$，具有相同比力之深度稱為共軛水深(Conjugate Depth)。

---

(3)臨界水深：具有最小比能，最小比力，最大流量，Fr＝1。對矩形渠

道而言 $y_c = \left(\dfrac{Q^2}{gb^2} \right)^{1/3}$。

▲學後評量

7-1 將下列明渠流依穩態均勻流(SU)，穩態漸變流(SGV)，穩態急變流
(SRV)，非穩態漸變流(UGV)，非穩態急變流(URV)，變積流(SV)加
以分類：

(1)閘門流(Sluice-Gate Flow)。

(2)灌溉渠流(Irrigation Channel Flow)。

(3)河川洪水(Flood in a River)。

(4)溢洪道流(Flow Over Spillway)。

(5)水壩崩塌流場(Flow After Dam-Breaking)。

(6)水庫回水(Backwater in a Reservoir)。

(7)水躍(Hydraulic Jump)。

(8)自由瀑流(Free Overfall)。

(9)迅速開啟閘門流(Flow in Sudden Opening of Sluice Gate)。

(10)地表逕流(Surface Runoff Due to Rainfall)。

7-2 一艘獨木舟以 $V = 4\text{m/sec}$ 之速度在一靜止之湖中前進，觀察水面波紋
之傳播情形。

(1)若發現水波停駐在獨木舟之位置，估計此時水深 $d = ?$

(2)往前划到一區其深度為 3m，發現水波僅往後面傳播，試問此時獨木
舟之速度 $V = ?$

(3)在(2)中若將速度降為 $V = 4\text{m/sec}$，則水波傳播之方向為何？

7-3 若一矩形渠道尺寸及流量固定，試問在月球上與地球上兩者之臨界速
度有何不同(假設月球中可以存在渠道且其重力加速度為地球之 1/6)。

7-4　如圖 P7-4 所示之自由瀑流(Free Overfall)，假設無摩擦且斷面 1 之水面為水平，試證：

$$\frac{y_e}{y_1} = \frac{2\,\mathrm{Fr}_1^2}{1 + 2\,\mathrm{Fr}_1^2}$$

其中 $\mathrm{Fr}_1^2 = \dfrac{Q^2}{gBy_1^3}$。

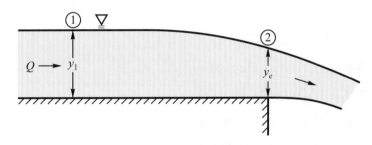

圖 P7-4　自由瀑流

7-5　矩形渠道之寬度為 $B = 2\,\mathrm{m}$，流量為 $Q = 5\,\mathrm{m^3/sec}$，繪製此流場之比能圖，並決定對應於比能為 $E = 2.5\,\mathrm{m}$ 之兩個可能之流動水深。

7-6　對一特定流量 Q 之渠道，若對應於兩交替深度(Alternate Depths) $\widetilde{y}_1$，$\widetilde{y}_2$ 之 Froude 數為 Fr_1，Fr_2，臨界深度(Critical Depth)為 y_c，比能為 E，試證：

(1)矩形渠道：

① $\dfrac{\mathrm{Fr}_2}{\mathrm{Fr}_1} = \left(\dfrac{2 + \mathrm{Fr}_2^2}{2 + \mathrm{Fr}_1^2}\right)^{3/2}$

② $y_c^3 = \dfrac{2\,\widetilde{y}_1^2\,\widetilde{y}_2^2}{(\widetilde{y}_1 + \widetilde{y}_2)}$

③ $E = \dfrac{\widetilde{y}_1^2 + \widetilde{y}_1\,\widetilde{y}_2 + \widetilde{y}_2^2}{(\widetilde{y}_1 + \widetilde{y}_2)}$

(2)三角形渠道：

① $\dfrac{\mathrm{Fr}_2}{\mathrm{Fr}_1} = \left(\dfrac{4 + \mathrm{Fr}_1^2}{4 + \mathrm{Fr}_1^2}\right)^{5/2}$

② $y_C^5 = \dfrac{4\,\tilde{y}_1^4\,\tilde{y}_2^4}{(\tilde{y}_1 + \tilde{y}_2)(\tilde{y}_1^2 + \tilde{y}_2^2)}$

③ $\dfrac{E}{\tilde{y}_1} = \dfrac{\eta^4 + \eta^3 + \eta^2 + \eta + 1}{(1 + \eta)(1 + \eta^2)}$ ， $\eta = \dfrac{\tilde{y}_2}{\tilde{y}_1}$

7-7　解釋名詞：

(1)正常水深(Normal Depth)。

(2)臨界水深(Critical Depth)。

(3)交替水深(Alternate Depth)。

(4)共軛水深(Conjugate Depth)。

(5)序列水深(Subsequent Depth)。

7-8　一渠道之 $S_0 = 0.0006$，$n = 0.016$，試求下列情形之流量 Q：

(1)矩形：$B = 4\text{m}$，$y_0 = 1.5\text{m}$。

(2)三角形：$B = 4\text{m}$，$y_0 = 1.2\text{m}$，$\cot \alpha = 1.5$。

7-9　梯形渠道如圖 P7-9 所示，在均勻流之情況下，水深為 1.5m，流量為 12m³/sec，求邊界之平均剪應力及 Manning 糙度係數 n。

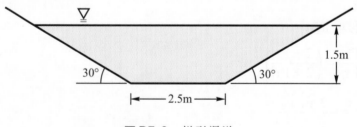

圖 P7-9　梯形渠道

7-10　如圖 P7-10 所示矩形均勻流渠道中之流況，若 $n = 0.020$，求坡底斜率 S_0。

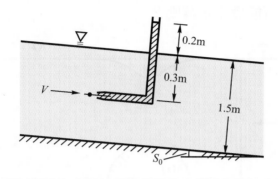

圖 P7-10

7-11 證明三角形渠道之正常水深為：

$$y_0 = 1.1892 \left(\frac{Q_n}{\sqrt{S_0}} \right)^{3/8} \left(\frac{1+m^2}{m^5} \right)^{1/8}$$

其中 m 為側邊水平與垂直之比率。

7-12 如圖 P7-12 所示複合斷面渠道，$n = 0.020$，$S_0 = 0.0002$，若水深為 1.6m，試求總流量。

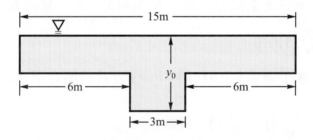

圖 P7-12　複合斷面

7-13 如圖 P7-13，水在相當寬之矩形渠道中流過一個渠底隆起，其高度變化為 $h = h(x)$，不考慮摩擦損失，

(1)證明自由水面之斜率為：$\dfrac{dy}{dx} = \dfrac{-\dfrac{dh}{dx}}{1 - \dfrac{V^2}{gy}} = \dfrac{-\dfrac{dh}{dx}}{1 - \mathrm{Fr}^2}$。

(2)說明 Froude 數，$\dfrac{dh}{dx}$ 與 $\dfrac{dy}{dx}$ 之變化關係。

(3)此種情形可能發生水躍嗎？

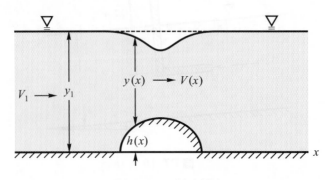

圖 **P7-13**　渠底隆起

7-14　若矩形渠道寬度爲$B(x)$，由連續方程式及動量方程式及能量方程式推
證：

$$\frac{dy}{dx} = \frac{S_0 - S_E + \frac{Q^2 y}{gA^2}\frac{dB}{dx}}{1 - \frac{Q^2 B}{gA^2}}$$

7-15　利用穩態漸變流之微分方程式證明對S_1，S_3，M_3流況而言，自由水面
之斜率$\frac{dy}{dx}$爲正值。

7-16　相當寬之水平渠道$S_0 = 0$利用 Chezy 公式證明自由水面之方程式爲：

$$x = \frac{C^2}{g}\left(y - \frac{y^4}{4y_C^3}\right) + 常數$$

7-17　矩形無摩擦之渠道$(S_E = 0)$中穩態漸變流之自由水面曲線爲：

$$x = \frac{y}{S_0}\left[1 + \frac{1}{2}\left(\frac{y_C}{y}\right)^3\right] + 常數$$

7-18　相當寬之矩形渠道爲臨界坡度$(S_0 = S_C)$，由 Chezy 公式證明穩態漸變
流之自由水面爲一條水平線，亦即，$y = 常數$。

7-19 矩形水平渠道有一階梯高度爲Z，假設爲靜壓分佈，如圖P7-19，試證：

$$\left(\frac{y_3}{y_1}\right)^2 = 1 + 2\mathrm{Fr}_1^2\left(1 - \frac{y_1}{y_3}\right) + \frac{Z}{y_1}\left(\frac{Z}{y_1} + 1 - \sqrt{1 - 8\mathrm{Fr}_1^2}\right)$$

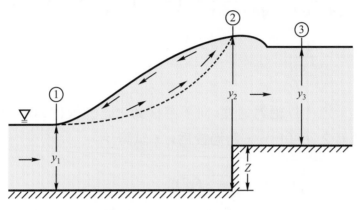

圖 P7-19　含階梯之水躍分析

7-20 說明明渠流水躍(Hydraulic Jumps)與可壓縮流之震波(Shock Waves)之類比。探討其發生之條件，說明類比之物理量。

7-21 下表爲矩形渠道水躍之記錄，試填入空白部份之數值：

V_1	y_1	q	Fr_1	y_2	V_2	Fr_2	E_L	水躍分類
	0.18			1.85				
			9				2.8	
		2					1.8	
				1.6	0.8			
12	0.4							

7-22 試證三角形寬頂堰(Triangular Broad Crested Weir)之流量爲

$$Q = \frac{16}{25}\,C_d \tan\theta\,\sqrt{\frac{2g}{5}}\,H^{5/2}$$

7-23 試證若以流量爲主要因變數，非穩態漸變流之St Venant方程式可寫爲

$$\frac{\partial Q}{\partial x} + \frac{\partial A}{\partial t} = 0$$

$$\frac{1}{gA}\frac{\partial Q}{\partial t} + \frac{2Q}{gA^2}\frac{\partial Q}{\partial x} + (1-\mathrm{Fr}^2)\frac{\partial y}{\partial x} = S_0 - S_E$$

其中 $\mathrm{Fr} = \dfrac{V}{\sqrt{\dfrac{gA}{T}}}$ 。

7-24 於矩形渠道中以絕對速度c向下游移動之正湧浪(Positive Surge)，湧浪通過前之深度爲y_1，通過後爲y_2，試證：

$$\frac{y_2}{y_1} = \frac{1}{2}(-1 + \sqrt{1 + 8Fa^2})$$

其中 $Fa^2 = \dfrac{(c-V_1)^2}{gy_1}$ ，爲湧浪通過前之渠道速度。

7-25 試撰寫一個BASIC，FORTRAN，C，PASCAL，MATLAB，MATHE-MATICA等程式計算穩穩態均勻流第 I 類問題中之流量與平均速度。

【已知】：y_0，n，S_0，幾何尺寸(使用變數：Y0，NN，S0，B 等)。

【計算】：A，P_W，R_H，$V = \dfrac{1}{n} R_H^{2/3} S_0^{1/2}$，$Q$。

【輸出】：V，Q(使用變數：VELO，Q)。

7-26 試撰寫一個 BASIC，FORTRAN，C，PASCAL，MATLAB，MATHE-MATICA等程式以標準四階Runge-Kutta法計算並繪出穩穩漸變流之自由水面：

$$\frac{dy}{dx} = F(y)$$

並以下列爲數值算例，如圖 P7-26：

梯形渠道 $B = 5\text{m}$，側邊坡度水平與垂直之比 $m = 2$，$S_0 = 0.0004$，$n = 0.0020$，$y_0 = 3\text{m}$，下游端之高程在坡底之上方 1.25m，$L = 4500\text{m}$。

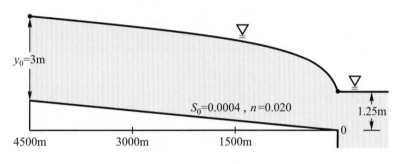

圖 P7-26　穩態漸變流分析

第八章

因次分析、動力相似與模型試驗

本章學習要點

　　本章主要簡介流體力學分析中重要之理念與方法，以決定流體運動問題中隱含之無因次參數，並進一步討論如何以縮尺模型進行流體力學試驗所需滿足之相似性原理及模型製作應考慮之要點。讀者應清楚了解因次分析，相似性與模型試驗之關係，完全掌握三種推求無因次參數之方法，以及各種無因次參數所代表之物理意義及對流場特性之影響等。

◢8-1 引　言

　　雖然科學家與工程師研究流體之運動時首先儘可能以數學解析的方法嘗試分析，然而仍然存在許許多多之情形無法單純由數學模式加以描述或求解，即使可以寫出統御方程式，流體動力學中之方程式常為聯立非線性者(例如：Navier-Stokes 方程式即是)，藉助計算流體力學(Computational Fluid Dynamics；CFD)之理念以數值方法處理是一種研究途徑，藉助模型試驗以實驗模擬探討則是另一技術。關於三種研究方法之比較已於第一章 1-7 節加以簡述。

　　實際上實驗是相當費時與昂貴的，面對眾多之影響參數，如何找出影響流體行為之參數群作為試驗研究之變數實屬重要且必要之工作，否則面對無數個變動的物理量，要一一試驗單獨觀察其影響將需相當大量之實驗次數。例如若一個問題包含 6 個物理量，每個物理量變動三個不同的值，總共需要 $3^6 = 729$ 次，如果找得到這些物理量之無因次參數群，例如僅有三組無因次參數群(每個無因次參數由二至數個物理量組成)，則實驗時僅需變動無因次參數即可，如此實驗次數僅需 $3^3 = 27$ 次即可。此外，研究無因次參數也可了解該參數值的大小對流場行為之影響。

　　另一方面，實際之實驗很少是能以原尺度原條件下進行的，常常是採用縮小比例尺之模型以模擬真實物體之行為，因此如何確保實驗結果能接近真實情況成為一個模型製作之重要問題。要求模型與實體滿足幾何、運動與動力相似之相似性定理提供一個研究者可供依循的方向。

　　本章將首先說明因次分析之觀念及重要性，接著簡介三種因次分析中找出無因次參數之方法，包括 Rayleigh 法，Buckingham Pi 法，Hunsaker & Rightmire 法，並舉例示範三種方法分析之過程與結果；其次介紹流體力學中常見之各種無因次參數及其物理意義，例如前幾章曾提及的雷諾數(Reynolds Number)，福祿數(Froude Number)，馬赫數(Mach Number)及其他。相似性定理與模型試驗等，最後以實例說明因次分析，相似定理與模型製作之應用。其中由微分方程式建立相似性有助於高等流體動力分析。

◢8-2　因次分析在流體力學上之重要性

1. **因次分析(Dimensional Analysis)之意義：**

　　　　將流體力學之公式或方程式化為無因次之型式以分析某一物理量之相對重要性程度進而簡化分析之一種技術。

2. **因次分析之功用與重要性：**

⑴ 檢查任一流體運動方程式之因次齊次性。

⑵ 推導以無因次參數表示之流體力學方程式，呈現該參數之相對重要性，協助掌握影響流體現象之重要效應或物理量。

⑶ 推展相似性原理以製作模型進行試驗，藉以分析複雜現象或提供理論比較研究。找出重要參數，刪除不重要之參數，減少實驗次數。

⑷ 推導流體問題隱含之未知新物理量。

⑸ 建立新理論與經驗公式。

⑹ 提供物理定律分析之三種功能：分類(Classification)，量測(Measurement)，簡化(Simplification)。

▲8-3 因次齊次性

1. **單位系統(System of Units)：**

任何物理問題中量度物理量之最基本單位稱爲**基本量(Fundamental or Primary Quantities)**。例如力學系統之質量(Mass)，長度(Length)，時間(Time)，力(Force)，溫度(Temperature)等[1]。其他可以用基本量表示之物理量稱爲**導出量(Derived or Secondary Quantities)**。例如面積爲長度之平方，速度爲長度除以時間等。

所有流體力學中使用之物理量可採用以下**兩種單位因次系統**表示：

(1) **MLT系統**：以質量(Mass)，長度(Length)，時間(Time)爲基本量。

(2) **FLT系統**：以力(Force)，長度(Length)，時間(Time)爲基本量。

兩者之互換可由Newton運動定律連接：

(1) FLT → MLT：

$$[F] = [m][a]$$

$$F = M\frac{L}{T^2} = MLT^{-2} \tag{8-1}$$

(2) MLT → FLT：

$$[m] = \frac{[F]}{[a]}$$

$$M = \frac{F}{\dfrac{L}{T^2}} = FL^{-1}T^2 \tag{8-2}$$

表 8-1 列出流體力學中常用物理量之 MLT 與 FLT 系統單位因次。

---

[1] 此處要留意的是，在國際單位制(SI)中，質量爲基本量，力爲導出量；在英美制(FPS)中，力爲基本量，質量爲導出量。選擇任一種系統都是可以的。

表 8-1　流體力學中常用物理量之 MLT 與 FLT 系統單位因次

物　理　量	符　號	MLT 系統	FLT 系統
長度(Length)	L	L	L
面積(Area)	A	L^2	L^2
體積(Volume)	$\forall$	L^3	L^3
速度(Velocity)	V	LT^{-1}	LT^{-1}
角速度(Angular Velocity)	ω	T^{-1}	T^{-1}
加速度(Acceleration)	α	T^{-2}	T^{-2}
頻率(Frequency)	f	T^{-1}	T^{-1}
密度(Density)	ρ	ML^{-3}	$FL^{-4}T^2$
質量(Mass)	m	M	$FL^{-1}T^2$
力(Force)	F	MLT^{-2}	F
壓力(Pressure)，應力(Stress)	$p，\sigma，\tau$	$ML^{-1}T^{-2}$	FL^{-2}
力矩(Torque，Moment)	$T，M$	ML^2T^{-2}	FL
動量(Momentum)	M	MLT^{-1}	FT
功(Work)，能量(Energy)	$W，E$	ML^2T^{-2}	FL
功率(Power)	P	ML^2T^{-3}	FLT^{-1}
比熱(Specific Heat)	$C_P，C_V$	$L^2T^{-2}\theta^{-1}$	$L^2T^{-2}\theta^{-1}$
熱導係數(Thermal Conductivity)	K	$MLT^{-3}\theta^{-1}$	$FT^{-1}\theta^{-1}$
溫度(Temperature)	T	θ	θ
動力滯度(Dynamic Viscosity)	μ	$ML^{-1}T^{-1}$	$FL^{-2}T$
運動滯度(Kinematic Viscosity)	v	L^2T^{-1}	L^2T^{-1}
流量(Discharge)	Q	L^3T^{-1}	L^3T^{-1}

表 8-1 (續)

物　理　量	符　號	MLT 系統	FLT 系統
表面張力(Surface Tension)	σ	MT^{-2}	FL^{-1}
容積彈性模數(Bulk Modulus)	E_K	$ML^{-1}T^{-2}$	FL^{-2}
重力加速度(Gravitational Acceleration)	g	LT^{-2}	LT^{-2}
聲速(Sound Speed)	a	LT^{-1}	LT^{-1}
波長(Wave Length)	λ	L	L
應變率(Strain Rate)	$\dot{\varepsilon}$	T^{-1}	T^{-1}
Manning 糙度係數	n	$L^{-1/3}T$	$L^{-1/3}T$

2.　**因次齊次性**：

物理問題變數之關係式中每一項均具有相同之因次，稱爲因次齊次性(Dimensional Homogeneity)。例如：

(1)　牛頓運動定律：

$$F = ma \tag{8-3}$$

式中左右兩邊每一項均爲力之單位(N 或 lb)。

(2)　質量守恆：

$$Q = V_1 A_1 = V_2 A_2 \tag{8-4}$$

式中每一項之單位均爲體積流率之單位(m³/sec 或 ft³/sec)。

(3)　Bernoulli 方程式：

$$\frac{p_1}{\gamma} + z_1 + \frac{V_1^2}{2g} = \frac{p_2}{\gamma} + z_2 + \frac{V_2^2}{2g} + h_L \tag{8-5}$$

式中每一項均爲高程(長度)之單位(m 或 ft)。

(4)　動量方程式：

$$\Sigma F_X = \rho Q (V_2 - V_1) \tag{8-6}$$

式中每一項均為力或動量改變率之單位(N 或 lb)。

國際單位制(SI)與英美制(FPS)之間的單位化算請參考工程靜力學基本課程。

由於每一項均具有同一因次，因此若以該因次遍除各項，將可得到無因次之表示式(Dimensionless Expressions)，此種過程稱為**無因次化(Nondimensionalization)**。以無因次化後之方程式分析求得無因次化之表示式，所得之結果將更具有一般性，而非僅適用於特定之案例。此外，將方程式無因次化也可找出物理問題中之重要參數並判斷其相對重要性，在工程近似分析中提供刪除參數簡化分析之目的，此部份將在下一節中說明。

【範例 8-1】　無因次化過程應用

如圖 8-1(a)所示為通過無限長圓柱二維不可壓縮非旋流流場(理想流體運動)，圓柱半徑為R，自由流流速(Freestream Velocity)為U_∞，(1)試求此一問題之速度勢能函數(Velocity Potential)$\Phi(r, \theta)$，流線函數(Stream Function)$\Psi(r, \theta)$，沿圓柱表面之流速分量$V_r(R, \theta)$，$V_\theta(R, \theta)$，壓力分佈$p(R, \theta)$，升力(Lift)L，阻力(Drag)D。(2)以無因次化之關係式求解(參見圖 8-1(b))。(3)討論兩者所得之結果。

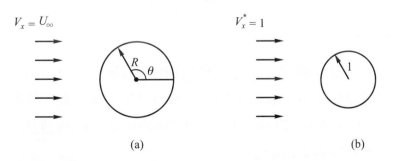

(a)　　　　　　　　　　　　(b)

圖 8-1　通過圓柱體二維不可壓縮非旋流分析：(a)原始問題(b)無因次化問題

解：(1)原始問題分析：

二維不可壓縮非旋流之速度勢能與流線函數，由第4-3節可知需滿足

$$\nabla^2 \Phi = \frac{\partial^2 \Phi}{\partial x^2} + \frac{\partial^2 \Phi}{\partial y^2} = \frac{\partial^2 \Phi}{\partial r^2} + \frac{1}{r} \frac{\partial \Phi}{\partial r} + \frac{1}{r^2} \frac{\partial^2 \Phi}{\partial \theta^2} = 0 \tag{8-7}$$

及

$$\nabla^2 \Psi = \frac{\partial^2 \Psi}{\partial x^2} + \frac{\partial^2 \Psi}{\partial y^2} = \frac{\partial^2 \Psi}{\partial y^2} + \frac{1}{r} \frac{\partial \Psi}{\partial r} + \frac{1}{r^2} \frac{\partial^2 \Psi}{\partial \theta^2} = 0 \tag{8-8}$$

邊界條件為在圓柱體表面上流體不穿透固體邊界(參見 5-2 節(5-4)式)：

$$V_n = V_r (R, \theta) = \frac{\partial \Phi}{\partial r} \bigg|_{r=R} = \left[\frac{1}{r} \frac{\partial \Psi}{\partial \theta} \right]\bigg|_{r=R} = 0 \tag{8-9}$$

及無窮遠條件

$$\begin{aligned}
V_X \big|_{r \to \infty} &= [V_r (r, \theta) \cos \theta - V_\theta (r, \theta) \sin \theta] \big|_{r \to \infty} \\
&= \left[\frac{\partial \Phi}{\partial r} \cos \theta - \frac{1}{r} \frac{\partial \Phi}{\partial \theta} \sin \theta \right]\bigg|_{r=\infty} \\
&= \left[\frac{1}{r} \frac{\partial \Psi}{\partial r} \cos \theta + \frac{\partial \Psi}{\partial r} \sin \theta \right]\bigg|_{r=\infty} \\
&= U_\infty \tag{8-10} \\
V_Y \big|_{r \to \infty} &= [V_r (r, \theta) \sin \theta + V_\theta (r, \theta) \cos \theta] \big|_{r \to \infty} \\
&= \left[\frac{\partial \Phi}{\partial r} \sin \theta + \frac{1}{r} \frac{\partial \Phi}{\partial \theta} \cos \theta \right]\bigg|_{r=\infty} \\
&= \left[\frac{1}{r} \frac{\partial \Psi}{\partial r} \sin \theta - \frac{\partial \Psi}{\partial r} \cos \theta \right]\bigg|_{r=\infty} \\
&= 0 \tag{8-11}
\end{aligned}$$

由於此為線性問題，適用重疊原理(Principle of Superposition)，由勢能場理論(Potential Field Theory)可知，滿足此一問題之勢能可由均勻流(Uniform Flow)與偶極流(Doublet Flow)兩種基本流場疊加而得，參見圖 8-2，因此

$$\Phi(r, \theta) = \Phi_{\text{UNITFORM}} + \Phi_{\text{DOUBLET}} = U_\infty\, r \cos \theta + U_\infty \frac{\kappa}{2\pi} \frac{\cos \theta}{r} \qquad (8\text{-}12)$$

及

$$\Psi(r, \theta) = \Psi_{\text{UNITFORM}} + \Psi_{\text{DOUBLET}} = U_\infty\, r \sin \theta - U_\infty \frac{\kappa}{2\pi} \frac{\sin \theta}{r} \qquad (8\text{-}13)$$

其中κ爲偶極之強度。

讀者可驗證(8-12)與(8-13)滿足(8-10)與(8-11)之無窮遠條件：

$$
\begin{aligned}
V_X \big|_{r \to \infty} &= [V_r\,(r, \theta) \cos \theta - V_\theta\,(r, \theta) \sin \theta]\,\big|_{r \to \theta} \\
&= \left[U_\infty\,(\cos^2 \theta + \sin^2 \theta) - U_\infty \frac{\kappa}{2\pi} \frac{1}{r^2}(\cos 2\theta) \right]\bigg|_{r = \infty} \\
&= U_\infty \qquad\qquad\qquad\qquad\qquad\qquad\qquad\qquad (8\text{-}14) \\
V_Y \big|_{r \to \infty} &= [V_r\,(r, \theta) \sin \theta + V_\theta\,(r, \theta) \cos \theta]\,\big|_{r \to \infty} \\
&= \left[-U_\infty \frac{\kappa}{2\pi} \frac{1}{r^2} \cos \theta \sin \theta \right]\bigg|_{r = \infty} \\
&= 0 \qquad\qquad\qquad\qquad\qquad\qquad\qquad\qquad\quad (8\text{-}15)
\end{aligned}
$$

由固體邊界條件(8-9)得

$$
\begin{aligned}
V_n = V_r\,(R, \theta) &= \frac{\partial \Phi}{\partial r}\bigg|_{r = R} = \left[\frac{1}{r} \frac{\partial \Psi}{\partial \theta} \right]\bigg|_{r = R} \\
&= U_\infty \cos \theta \left(1 - \frac{\kappa}{2\pi R^2} \right) \\
&= 0 \qquad\qquad\qquad\qquad\qquad\qquad\qquad\qquad (8\text{-}16)
\end{aligned}
$$

因此偶極強度爲$\kappa = 2\pi R^2$。(8-12)與(8-13)可改寫爲

$$\Phi(r, \theta) = U_\infty\, r \cos \theta + U_\infty\, R^2 \frac{\cos \theta}{r} \qquad (8\text{-}17)$$

及

$$\Psi(r, \theta) = U_\infty\, r \sin \theta + U_\infty\, R^2 \frac{\sin \theta}{r} \qquad (8\text{-}18)$$

圓柱表面之切向速度分量為

$$V_\theta (R,\theta) = \frac{1}{r} \frac{\partial \Phi}{\partial \theta} \bigg|_{r=R} = -\frac{\partial \Psi}{\partial r} \bigg|_{r=R} = -2U_\infty \sin \theta \qquad (8\text{-}19)$$

圓柱上之壓力分佈可由 Bernoulli 定理：

$$p + \frac{1}{2} \rho V^2 = p_\infty + \frac{1}{2} \rho U_\infty^2 \qquad (8\text{-}20)$$

若 $p_\infty = 0$，則

$$p(R,\theta) = \frac{1}{2} \rho U_\infty^2 \left[1 - \left(\frac{V}{U_\infty} \right)^2 \right] = \frac{1}{2} \rho U_\infty^2 \left[1 - \left(\frac{V_\theta}{U_\infty} \right)^2 \right]$$

$$= \frac{1}{2} \rho U_\infty^2 (1 - 4\sin^2 \theta) \qquad (8\text{-}21)$$

升力(Lift)為

$$L = -\int_0^{2\pi} p(R,\theta) R \sin \theta \, d\theta$$

$$= -\frac{1}{2} \rho U_\infty^2 R \int_0^{2\pi} (1 - 4\sin^2 \theta) \sin \theta \, d\theta$$

$$= 0 \qquad (8\text{-}22)$$

阻力(Drag)為

$$D = \int_0^{2\pi} p(R,\theta) R \cos \theta \, d\theta$$

$$= \frac{1}{2} \rho U_\infty^2 R \int_0^{2\pi} (1 - 4\sin^2 \theta) \cos \theta \, d\theta$$

$$= 0 \qquad (8\text{-}23)$$

(2)無因次化問題分析：

首先選擇合適之無因次參數：

$$x^* = \frac{x}{R}$$

$$y* = \frac{y}{R}$$

$$r* = \frac{r}{R}$$

$$V_r^* = \frac{V_r}{U_\infty}$$

$$V_\infty^* = \frac{V_\theta}{U_\infty}$$

$$\Phi* = \frac{\Phi}{U_\infty R}$$

$$\Psi* = \frac{\Psi}{U_\infty R}$$

$$C_P = \frac{p - p_\infty}{\rho\, U_\infty^2/2}$$

$$C_L = \frac{L}{\rho\, U_\infty^2\, R^2/2}$$

$$C_D = \frac{D}{\rho\, U_\infty^2\, R^2/2}$$

則(8-7)與(8-8)化爲

$$\nabla*^2 \Phi* = \frac{\partial^2 \Phi*}{\partial x*^2} + \frac{\partial^2 \Phi*}{\partial y*^2}$$

$$= \frac{\partial^2 \Phi*}{\partial r*^2} + \frac{1}{r*}\frac{\partial \Phi*}{\partial r*} + \frac{1}{r*^2}\frac{\partial^2 \Phi*}{\partial \theta^2} = 0 \qquad (8\text{-}24)$$

及

$$\nabla*^2 \Psi* = \frac{\partial^2 \Psi*}{\partial x*^2} + \frac{\partial^2 \Psi*}{\partial y*^2}$$

$$= \frac{\partial^2 \Psi*}{\partial r*^2} + \frac{1}{r*}\frac{\partial \Psi*}{\partial r*} + \frac{1}{r*^2}\frac{\partial^2 \Psi*}{\partial \theta^2} = 0 \qquad (8\text{-}25)$$

邊界條件中(8-9)式之無因次化表示式爲：

$$V_n^* = V_r^* (1, \theta) = \frac{\partial \Phi^*}{\partial r^*} \bigg|_{r^*=1} = \left[\frac{1}{r^*} \frac{\partial \Psi^*}{\partial \theta} \right]_{r^*=1} = 0 \qquad (8\text{-}26)$$

及無窮遠條件(8-10)(8-11)分別表示為

$$V_X^* \bigg|_{r^* \to \infty} = [V_r^* (r^*, \theta) \cos \theta - V_\theta^* (r^*, \theta) \sin \theta] \bigg|_{r^* \to \infty}$$

$$= \left[\frac{\partial \Phi^*}{\partial r^*} \cos \theta - \frac{1}{r^*} \frac{\partial \Phi^*}{\partial \theta} \sin \theta \right] \bigg|_{r^*=\infty}$$

$$= \left[\frac{1}{r^*} \frac{\partial \Psi^*}{\partial r^*} \cos \theta + \frac{\partial \Psi^*}{\partial r^*} \sin \theta \right] \bigg|_{r=\infty}$$

$$= 1 \qquad (8\text{-}27)$$

$$V_Y^* \bigg|_{r^* \to \infty} = [V_r^* (r^*, \theta) \sin \theta + V_\theta^* (r^*, \theta) \cos \theta] \bigg|_{r^* \to \infty}$$

$$= \left[\frac{\partial \Phi^*}{\partial r^*} \sin \theta + \frac{1}{r^*} \frac{\partial \Phi^*}{\partial \theta} \cos \theta \right] \bigg|_{r^*=\infty}$$

$$= \left[\frac{1}{r^*} \frac{\partial \Psi^*}{\partial r^*} \sin \theta - \frac{\partial \Psi^*}{\partial r^*} \cos \theta \right] \bigg|_{r^*=\infty}$$

$$= 0 \qquad (8\text{-}28)$$

滿足(8-24)至(8-28)之解為

$$\Phi^*(r^*, \theta) = r^* \cos \theta + \frac{\cos \theta}{r^*} \qquad (8\text{-}29)$$

及

$$\Psi^* (r^*, \theta) = r^* \sin \theta + \frac{\sin \theta}{r^*} \qquad (8\text{-}30)$$

圓柱表面之切向速度分量為

$$V_\theta^* (1, \theta) = \frac{1}{r^*} \frac{\partial \Phi^*}{\partial \theta} \bigg|_{r^*=1} = - \frac{\partial \Psi^*}{\partial r^*} \bigg|_{r^*=1} = - 2 \sin \theta \qquad (8\text{-}31)$$

圓柱上之壓力分佈用壓力係數(Pressure Coefficient)表示為

$$C_P (\theta) = [1 - V_\theta^{*2}] = (1 - 4 \sin^2 \theta) \qquad (8\text{-}32)$$

升力係數(Lift Coefficient)為

$$C_L = - \int_0^{2\pi} C_P(\theta) \sin\theta \, d\theta = \int_0^{2\pi} (1 - 4\sin^2\theta) \sin\theta \, d\theta = 0 \qquad (8\text{-}33)$$

阻力係數(Drag Coefficient)為

$$C_D = \int_0^{2\pi} C_P(\theta) \cos\theta \, d\theta = \int_0^{2\pi} (1 - 4\sin^2\theta) \cos\theta \, d\theta = 0 \qquad (8\text{-}34)$$

(3)討論：

兩者所得結果相同，無因次之表達方式較簡潔。由此例之分析可看出，通過無限長圓柱之不可壓縮非旋流不會產生升力及阻力。

▲8-4　因次分析之方法：Rayleigh法，Buckingham Pi法，Hunsaker & Rightmire法

本節主要是簡介三種找出物理問題無因次參數群(Dimensionless Group)之方法。首先需留意的是，因次分析僅能找出無因次參數間彼此群組之關係，至於實際之函數關係仍必須藉助於理論解析或實驗研究。

1. **Rayleigh 法：**

此法之理念為：

若物理問題之因變數(Dependent Variable)A可表為其他獨立變數(Independent Variables)A_1，A_2，…，A_N之乘積：

$$A = C A_1^\alpha A_2^\beta \dots A_N^\zeta \qquad (8\text{-}35)$$

其中C為無因次常數，則將每一變數表示成MLT或FLT之冪次乘積，方程式兩端必須相同，可以決定α，β，…，ζ之值，組合出無因次參數群。

此法適用於變數較少的情況，變數多時不容易找出無因次參數。

2. **Buckingham Pi 定理(Buckingham Pi Theorem)**：

本定理可敘述成[2]：

若一個物理問題具有 n 個變數，而有 m 個基本因次，則這些變數可表示成 $n-m$ 個無因次參數群之乘積。換言之，若變數之關係式為

$$F(A_1, A_2, \ldots, A_n) = 0 \tag{8-36}$$

則下列無因次方程式存在：

$$f(\Pi_1, \Pi_2, \ldots, \Pi_{n-m}) = 0 \tag{8-37}$$

使用本定理找出無因次群之步驟如下：

(1) 列出全部變數。

(2) 選擇一組基本因次(Fundamental or Primary Dimensions)：MLT 或 FLT。

(3) 將所有變數以基本因次表示。

(4) 選擇重複變數(Repeated Variables)，其個數等於基本因次之數目 (m)，且需涵蓋全部之基本因次。假設為 $A_1, A_2, \ldots, A_m$。

(5) 逐一將其他非重複變數(Unrepeated Variables)與重複變數之冪次乘積組成 $(n-m)$ 個無因次參數：

$$
\begin{aligned}
\Pi_1 &= A_1^{\alpha 1} A_2^{\beta 1} \cdots A_m^{\mu 1} A_{m+1} \\
\Pi_2 &= A_1^{\alpha 2} A_2^{\beta 2} \cdots A_m^{\mu 2} A_{m+2} \\
&\cdots \\
\Pi_{n-m} &= A_1^{\alpha_{n-m}} A_2^{\beta_{n-m}} \cdots A_m^{\mu_{n-m}} A_n
\end{aligned}
\tag{8-38}
$$

---

[2] 關於本定理之證明，有興趣之讀者可參考 Holt, M. "Dimensional Analysis" in Handbook of Fluid Dynamics (ed. by Streeter, V. L.), Vol. 15. 或 Sedov, L. I. "Similarity and Dimensional Methods in Mechanics," English translated by Holt, M., Academic Press, 1959.

⑹　由(8-38)方程式兩邊均爲無因次求出$(n-m)$個無因次參數。

⑺　檢核結果是否正確。

值得注意的是，只要重複變數涵蓋所有之基本因次即可，因此其選擇不是唯一的。雖然如此，即使其表示方式或許不同，但彼此之間可以互相化算組合，因此其實所得之無因次參數群之個數與群組是唯一的。

3. **Hunsaker & Rightmire 法**：

Hunsaker & Rightmire(1947)[3]曾提出一個簡潔推求無因次參數之方法，其理念如下：

> 若一個物理問題具有n個變數，而有m個基本因次，則這些變數可表示成$n-m$個無因次參數群之乘積。可選擇m個重複變數作爲基本量，將 MLT 或 FLT 表爲重複變數，則其他$n-m$個非重複變數可表爲基本因次之冪次乘積，亦爲重複變數之冪次乘積
>
> $$A_{m+1} = A_1^{\alpha 1} A_2^{\beta 1} \cdots A_m^{\mu 1}$$
> $$A_{m+2} = A_1^{\alpha 2} A_2^{\beta 2} \cdots A_m^{\mu 2} \qquad (8\text{-}39)$$
> $$\cdots$$
> $$A_n = A_1^{\alpha_{n-m}} A_2^{\beta_{n-m}} \cdots A_m^{\mu_{n-m}}$$
>
> 因而得到$n-m$無因次參數群：
>
> $$\Pi_1 = A_1^{\alpha 1} A_2^{\beta 1} \cdots A_m^{\mu 1} / A_{m+1}$$
> $$\Pi_2 = A_1^{\alpha 2} A_2^{\beta 2} \cdots A_m^{\mu 2} / A_{m+2} \qquad (8\text{-}40)$$
> $$\cdots$$
> $$\Pi_{n-m} = A_1^{\alpha_{n-m}} A_2^{\beta_{n-m}} \cdots A_m^{\mu_{n-m}} / A_n$$

---

[3]　Hunsaker, J. C. and B. G. Rightmire, "Engineering Applications of Fluid Mechanics," pp. 110-111, McGraw-Hill, 1947.

【範例 8-2】　僅含一個無因次參數

小圓球直徑為D，在動力滯度μ之流體中非常緩慢下降，其速度為V，忽略慣性效應(Inertia Effect)，試以三種因次分析之方法決定阻力F_D與速度之關係。

解：將所有變數以基本單位表示(採用FLT系統)：

$$[F_D] = F$$
$$[D] = [L]$$
$$[V] = [LT^{-1}]$$
$$[\mu] = [FL^{-2}T]$$

(1) **Rayleigh法**：

將F_D表為D，V，μ之冪次乘積：

$$F_D = C D^a V^b \mu^c$$

將方程式兩邊之因次展開：

$$F^1 L^0 T^0 = L^a (LT^{-1})^b (FL^{-2}T)^c = F^c L^{a+b-2c} T^{-b+c}$$

比較知

$$a = 1$$
$$b = 1$$
$$c = 1$$

因此

$$\frac{F_D}{DV\mu} = C$$

(2) **Buckingham Pi法**：

本題$n = 4$，$m = 3$，$n - m = 1$，因此將有3個重複變數，1個無因次參數。選擇D，V，μ為重複變數(已涵蓋FLT三基本因次)，將無因次參數表示成

$$\Pi_1 = D^a V^b \mu^c F_D$$

展開成FLT之冪次：

$$F^0 L^0 T^0 = (L)^a (L T^{-1})^b (F L^{-2} T)^c (F) = F^{c+1} L^{a+b-2c} T^{-b+c}$$

比較可知

$$c = -1$$

$$b = -1$$

$$a = -1$$

因此無因次參數爲

$$\Pi_1 = \frac{F_D}{D V \mu} = C$$

⑶ **Hunsaker & Rightmire 法**：

選擇 F_D，D，V 爲主要變數，將基本因次 FLT 表爲此三變數之關係：

$$F = [F_D]$$

$$L = [D]$$

$$T = [D V^{-1}]$$

因此

$$[\mu] = F L^{-2} T = [F_D][D]^{-2}[D V^{-1}] = [F_D][D]^{-1}[V]^{-1}$$

故知

$$\Pi_1 = \frac{F_D}{D V \mu} = C$$

 討　論

⑴　三者所得結果相同。

⑵　因次分析只能決定無參數之型式，無法決定 C 值。換言之，由因次分析可知阻力與速度成正比，與動力滯度成正比，與圓球直徑成正比，但比例常數卻必須經由理論或實驗決定。

⑶　此爲 Stokes 定律，僅適用於蠕流(Creeping Flow)之情形，即 Re $= \rho V D / \mu \ll 1$，由理論可推求 $C = 3\pi$，亦即

$$F_D = 3\pi V D \mu$$

或寫爲

$$C_D = \frac{F_D}{\frac{1}{2}\rho V^2 A} = \frac{F_D}{\frac{1}{2}\rho V^2 \pi R^2} = \frac{24}{\text{Re}}$$

【範例 8-3】 含兩個無因次參數

小圓球直徑為D，在密度為ρ，動力滯度為μ之流體中下降，其速度為V，考慮忽略慣性效應(Inertia Effect)，試以三種因次分析之方法決定無因次參數群。

解：將所有變數以基本單位表示(採用 FLT 系統)：

$$[F_D] = F$$

$$[D] = [L]$$

$$[V] = [LT^{-1}]$$

$$[\mu] = [FL^{-2} T]$$

$$[\rho] = [FL^{-4} T^2]$$

(1) **Rayleigh 法**：

將F_D表為D，V，μ，ρ之冪次乘積：

$$F_D = C D^a V^b \mu^c \rho^d$$

將方程式兩邊之因次展開：

$$F^1 L^0 T^0 = L^a (LT^{-1})^b (FL^{-2} T)^c (FL^{-4} T^2)^d = F^{c+d} L^{a+b-2c-4d} T^{-b+c+2d}$$

比較知

$$1 = c + d$$

$$0 = a + b - 2c - 4d$$

$$0 = -b + c + 2d$$

將a，b，c表為d：

$$c = 1 - d$$

$$b = c + 2d = 1 + d$$

$$a = -b + 2c + 4d = 1 + d$$

因此

$$F_D = C\,D^{1+d}\,V^{1+d}\,\mu^{1-d}\,\rho^d = C\,(D\,V\,\mu)(D\,V\,\rho\,\mu^{-1})^d = C\,(D\,V\,\mu)\left(\frac{\rho\,D\,V}{\mu}\right)^d$$

或寫為

$$\frac{F_D}{D\,V\,\mu} = C\left(\frac{\rho\,V\,D}{\mu}\right)^d$$

因此無因次參數群為

$$\Pi_1 = \frac{F_D}{D\,V\,\mu}$$

$$\Pi_2 = \frac{\rho\,V\,D}{\mu} = \mathrm{Re}$$

讀者可自行驗證，若將 a，b，d 表為 c，將得到另一組表示法：

$$F_D = C\,(\rho\,V^2\,D^2)\left(\frac{\mu}{\rho\,V\,D}\right)^c$$

及

$$\Pi_1^* = \frac{F_D}{\rho\,V^2\,D^2}$$

$$\Pi_2^* = \frac{\mu}{\rho\,V\,D} = \frac{1}{\mathrm{Re}}$$

且兩組表示法之轉換為

$$\Pi_1 = \frac{\Pi_1^*}{\Pi_2^*}$$

$$\Pi_2 = \frac{1}{\Pi_2^*}$$

(2) **Buckingham Pi 法**：

本題 $n=5$，$m=3$，$n-m=2$，因此將有 3 個重複變數 2 個無因次參數。

選擇 D，V，μ 為重複變數(已涵蓋 FLT 三基本因次)。

將第一個無因次參數表示成

$$\Pi_1 = D^{a1}\,V^{b1}\,\mu^{c1}\,F_D$$

展開成 FLT 之冪次：

$$F^0\,L^0\,T^0 = (L)^{a1}\,(LT^{-1})^{b1}\,(FL^{-2}\,T)^{c1}\,(F) = F^{c1+1}\,L^{a1+b1-2c1}\,T^{-b1+c1}$$

比較可知

$$c1 = -1$$

$$b1 = -1$$

$$a1 = -1$$

因此無因次參數爲

$$\Pi_1 = \frac{F_D}{D\,V\mu}$$

將第二個無因次參數表示成

$$\Pi_2 = D^{\,a2}\,V^{\,b2}\,\mu^{c2}\,\rho$$

展開成 FLT 之冪次：

$$F^{\,0}\,L^{0}\,T^{\,0} = (L)^{a2}\,(LT^{-2})^{b2}\,(F\,L^{-2}\,T)^{c2}\,(F\,L^{-4}\,T^{\,2})$$

$$= F^{\,c2+1}\,L^{a2+b2-2c2-4}\,T^{\,-b2+c2+2}$$

比較可知

$$c2 = -1$$

$$b2 = 1$$

$$a2 = 1$$

因此無因次參數爲

$$\Pi_2 = \frac{\rho\,V D}{\mu} = \mathrm{Re}$$

同理，若選擇 V，D，ρ 爲重複變數(也涵蓋 FLT 三基本因次)，將可得到兩個無因次參數分別爲(細節留給讀者驗證)：

$$\Pi_1^* = \frac{F_D}{\rho\,V^{\,2}D^{\,2}}$$

$$\Pi_2^* = \frac{\mu}{\rho\,V D} = \frac{1}{\mathrm{Re}}$$

(3) **Hunsaker & Rightmire 法**：

選擇 D，V，μ 爲主要變數，將基本因次 FLT 表爲此三變數之關係：

$$L = [D]$$

$$T = [D\,V^{-1}]$$

$$F = [\mu]L^{2}\,T^{-1} = [\mu][D]^{2}\,[D\,V^{-1}]^{-1} = [D\,V\mu]$$

因此

$$[F_D] = F = [D \, V \mu]$$

故知

$$\Pi_1 = \frac{F_D}{D \, V \mu}$$

另外

$$[\rho] = F \, L^{-4} \, T^2 = [D \, V \mu][D]^{-4}[D \, V^{-1}]^2 = D^{-1} \, V^{-1} \, \mu = \frac{\mu}{D \, V}$$

故知

$$\Pi_2 = \frac{\rho \, V D}{\mu} = \mathrm{Re}$$

類似的，若選擇D，V，ρ爲主要變數，將基本因次FLT表爲此三變數之關係：

$$L = [D]$$

$$T = [D \, V^{-1}]$$

$$F = [\rho]L^4 \, T^{-2} = [\rho][D]^4[D \, V^{-1}]^{-2} = [\rho \, V^2 D^2]$$

因此

$$[F_D] = F = [\rho \, V^2 D^2]$$

故知

$$\Pi_1^* = \frac{F_D}{\rho \, V^2 D^2}$$

另外

$$[\mu] = F \, L^{-2} \, T = [\rho \, V^2 D^2][D]^{-2}[D \, V^{-1}] = \rho \, V D$$

故知

$$\Pi_2^* = \frac{\mu}{\rho \, V D} = \frac{1}{\mathrm{Re}}$$

討　論

(1)　三者所得結果相同。

(2)　讀者可以驗證若選取F_D，D，V爲重複變數，將得到兩個無因次參數爲：

$$\Phi_1 = \frac{D\,V\,\mu}{F_D}$$

$$\Phi_2 = \frac{\rho\,V^2\,D^2}{F_D}$$

(3) 三種重複變數之選擇得到之兩種無因次參數比較如下：

	重複變數	無因次參數 1	無因次參數 2	關　　係　　式
1	V，D，μ	$\Pi_1 = \dfrac{F_D}{D\,V\,\mu}$	$\Pi_1 = \dfrac{\rho\,V\,D}{\mu} = \mathrm{Re}$	$\Pi_1 = \dfrac{\Pi_1^*}{\Pi_2^*} = \dfrac{1}{\Phi_1}$ $\Pi_2 = \dfrac{1}{\Pi_2^*} = \dfrac{\Phi_2}{\Phi_1}$
2	V，D，ρ	$\Pi_1^* = \dfrac{F_D}{\rho\,V^2\,D^2}$	$\Pi_2^* = \dfrac{\mu}{\rho\,V\,D} = \dfrac{1}{\mathrm{Re}}$	$\Pi_1^* = \dfrac{\Pi_1}{\Pi_2} = \dfrac{1}{\Phi_2}$ $\Pi_2^* = \dfrac{1}{\Pi_2} = \dfrac{\Phi_1}{\Phi_2}$
3	V，D，F_D	$\Phi_1 = \dfrac{D\,V\,\mu}{F_D}$	$\Phi_2 = \dfrac{\rho\,V^2\,D^2}{F_D}$	$\Phi_1 = \dfrac{1}{\Pi_1} = \dfrac{\Pi_2^*}{\Pi_1^*}$ $\Phi_2 = \dfrac{\Pi_2}{\Pi_1} = \dfrac{1}{\Pi_1^*}$

由上表最後一欄知，雖然有不同之選擇方式及不同之無因次參數表示方式，但彼此之間是可以互相化算的。並注意每一組無因次參數群中，非重複變數均出現在分子(如第一種選擇中之F_D及ρ，第二種選擇中之F_D及μ，第三種選擇中之μ及ρ)。

(4) 因次分析只能決定無因次參數之型式，無法決定其函數式。換言之，由因次分析可知無因次阻力與 Reynolds 數有關：

$$\frac{F_D}{\rho\,V^2\,D^2} = \phi\left(\frac{\rho\,V\,D}{\mu}\right) = \phi\,(\mathrm{Re})$$

但函數關係卻必須經由理論或實驗決定。

(5) Oseen(1910)延伸 Stokes 定律，推導圓球之阻力係數為

$$C_D = \frac{F_D}{\frac{1}{2}\rho\,V^2\,A} = \frac{F_D}{\frac{1}{2}\rho\,V^2\,\pi\,R^2} \approx \frac{24}{\mathrm{Re}}\left(1 + \frac{3}{16}\,\mathrm{Re}\right)$$

適用於 $0 < \mathrm{Re} = \rho V D / \mu \le 2$。

(6) 實驗上可改變參數 $\mathrm{Re} = \rho V D / \mu$(一般藉由改變速度)，量測 $F_D / \rho V^2 D^2$，將所得之結果表示成 C_D 與 Re 之關係圖。

◢8-5　流體力學中常見之無因次參數

除前幾章中出現之 Reynolds 數，Froude 數，Mach 數之外，流體力學問題中還有許多無因次參數，這些無因次參數均可由因次分析之技巧找出。表 8-2 中列出常見之無因次參數(依英文字母次序)、定義、物理意義、物理問題、命名等。

表 8-2　流體力學中常見之無因次參數

參　　數	定　　義	物 理 意 義	物 理 問 題	命名來源
(1) Cauchy 數	$C = \dfrac{F}{\rho^2 V^2 L}$	$\dfrac{外力}{壓功}$	彈性效應	
(2) 阻力係數(Drag Coefficient)	$C_D = \dfrac{D}{\frac{1}{2}\rho V^2 A}$	$\dfrac{阻力}{動壓力}$	空氣動力學 水動力學	
(3) Eckert 數	$\mathrm{Ec} = \dfrac{V^2}{c_P T_0}$	$\dfrac{動能}{焓}$	熱流	
(4) Euler 數	$\mathrm{Ca} = \dfrac{p - p_c}{\frac{1}{2}\rho V^2}$	$\dfrac{壓力差}{動壓}$	空蝕	Euler, Leonhard
(5) Froude 數	$\mathrm{Fr} = \dfrac{V}{\sqrt{gL}}$	$\dfrac{慣性力}{重力}$	自由表面流，渠流，表面波(重力效應)	Froude, William
(6) Grashof 數	$\mathrm{Gr} = \dfrac{\beta \rho^2 g L^3 \Delta T}{\mu^2}$	$\dfrac{浮力}{黏滯力}$	自然對流，輸送現象(自然對流重力效應)	
(7) Hartmann 數	$\mathrm{Ha} = BL\left(\dfrac{\sigma}{\eta}\right)^{1/2}$	$\dfrac{磁力}{黏滯力}$	磁流動力學	

表 8-2　（續）

參　數	定　義	物理意義	物理問題	命名來源
(8) Karman 數	$\text{Ka} = \dfrac{V}{V_a}$	$\dfrac{\text{速度}}{\text{Alfven 波傳速度}}$	磁流擾動	
(9) Knudsen 數	$K = \dfrac{l}{L}$	$\dfrac{\text{氣體平均自由路徑}}{\text{參考長度}}$	氣體動力學(聯體準則)	
(10) Lewis 數	$\text{Le} = \dfrac{\rho\, c_V D}{k}$	$\dfrac{\text{質量擴散率}}{\text{熱量擴散率}}$	質量輸送，熱流	
(11) 升力係數(Lift Coefficient)	$C_L = \dfrac{L}{\dfrac{1}{2}\rho\, V^2 A}$	$\dfrac{\text{升力}}{\text{動壓力}}$	空氣動力學水動力學	
(12) Mach 數	$M = \dfrac{V}{c}$	$\dfrac{\text{流速}}{\text{聲速}}$	可壓縮流(壓縮性效應)	Mach, Ernst
(13) 力矩係數(Moment Coefficient)	$C_M = \dfrac{M}{\dfrac{1}{2}\rho\, V^2 AL}$	$\dfrac{\text{力矩}}{\text{動壓力矩}}$	空氣動力學水動力學	
(14) Nusselt 數	$\text{Nu} = \dfrac{hL}{k}$	$\dfrac{\text{熱量交換}}{\text{熱量傳導}}$	熱傳導	
(15) Peclet 數	$\text{Pe} = \dfrac{c\,\rho\, V L}{k}$	$\dfrac{\text{質量傳導}}{\text{熱量傳導}}$	溫度場	
(16) Prandtl 數	$\text{Pr} = \dfrac{\mu\, c_P}{k}$	$\dfrac{\text{動量傳導}}{\text{熱量傳導}}$	熱對流	Prandtl, Ludwig
(17) 壓力係數(Pressure Coefficient)	$C_P = \dfrac{p - p_\infty}{\dfrac{1}{2}\rho\, V^2}$	$\dfrac{\text{靜壓力}}{\text{動壓力}}$	空氣動力學，水動力學	
(18) Rayleigh 數	$\text{Ra} = \dfrac{c_P\,\beta\,\rho^2\, g L^3\,\Delta T}{\mu}$	$\dfrac{\text{浮力}}{\text{熱擴散率}}$	自然對流，熱流	
(19) 相對糙度(Relative Roughness)	$\dfrac{\varepsilon}{L}$	$\dfrac{\text{壁面粗糙度}}{\text{參考長度}}$	管流，紊流	
(20) Reynolds 數	$\text{Re} = \dfrac{\rho\, V L}{\mu}$	$\dfrac{\text{慣性力}}{\text{黏滯力}}$	管流，渠流，層流，紊流，黏性流(黏滯性效應)	Reynolds, Osborne

表 8-2　(續)

參　　數	定　　義	物理意義	物理問題	命名來源
(21) Schimdt 數	$\mathrm{Sc}=\dfrac{\mu}{\rho D}$	$\dfrac{\text{黏滯擴散率}}{\text{質量擴散率}}$	質量輸送 對流效應	
(22)表面摩擦係數 (Skin-Friction Coefficient)	$C_f=\dfrac{\tau_W}{\frac{1}{2}\rho V^2}$	$\dfrac{\text{壁摩擦力}}{\text{動壓力}}$	壁紊流，邊界層流	
(23)比熱比(Specific Heat Ratio)	$k=\dfrac{c_P}{c_V}$	$\dfrac{\text{焓}}{\text{內能}}$	可壓縮流，熱力學	
(24) Stanton 數	$c_h=\dfrac{q_W}{\rho c_P V \Delta T}$	$\dfrac{\text{熱傳輸率}}{\text{溫差變化率}}$	邊界層熱流	
(25) Strouhal 數	$\mathrm{St}=\dfrac{\omega L}{V}$	$\dfrac{\text{振盪速度}}{\text{運動速度}}$	自激振動，規則流動	
(26) Weber 數	$\mathrm{We}=\dfrac{\rho V^2 L}{\sigma}$	$\dfrac{\text{慣性力}}{\text{表面張力}}$	自由表面流(毛細作用)	

將無因次參數之來源加以分類如下：

1. **來自方程式(守恆定律)**：
   (1) 連續方程式：無。
   (2) 能量方程式：Re，Pr，Ec。
   (3) 動量方程式：Re。
2. **來自邊界條件**：K，κ，Nu。
3. **來自自由表面**：Fr，We，Ca。

無因次參數之物理意義需仔細研究才能清楚看出，以下舉例說明。

【範例 8-4】

說明 Reynolds 數、Froude 數與 Mach 數之物理意義。

解：(1) **Reynolds 數**：

$$\text{Re} = \frac{\rho V L}{\mu} = \frac{(\rho V L)}{\mu} \frac{V}{V} \frac{L}{L} \frac{1}{\dfrac{L}{L}}$$

$$= \frac{(\rho V^2)(L^2)}{\left(\mu \dfrac{V}{L}\right)(L^2)} = \frac{[p][A]}{[\tau][A]} = \frac{慣性力}{黏滯力}$$

(2) **Froude 數**：

$$\text{Fr}^2 = \frac{V^2}{gL} = \frac{\rho}{\rho}\left(\frac{V^2}{gL}\right)\left(\frac{L^2}{L^2}\right) = \frac{[p][A]}{[m][\forall]} = \frac{慣性力}{重力}$$

(3) **Mach 數**：

$$M = \frac{V}{c} = \frac{V}{\sqrt{kRT}} = \sqrt{\frac{\rho V^2}{kp}} = \sqrt{\frac{(\rho V^2)(L^2)}{kp(L^2)}} = \sqrt{\frac{[p][A]}{[p][A]}} = \sqrt{\frac{慣性力}{壓縮力}}$$

慣性力為流體分子具有質量與加速度之效應，一般流動之流體均具有此效應，其餘黏滯性、重力、壓縮性之相對大小則視問題中Reynolds數，Froude數與Mach數之相對值而定。

◢8-6 相似性原理：幾何相似、運動相似、動力相似

模型(Models)意指一個足以預測某一物理系統原型(Prototype)特性之代表物，流體力學研究中廣泛採用各種工程模型(Engineering Models)，包括數學模型(Mathematical Models)、計算數值模型(Numerical Models)、實驗模型(Experimental Models)等。本節所探討的乃針對實體模型(Physical Models)與其原型(Prototype)之間相似性原理。

模型之尺寸一般均較原型小，例如水工試驗中之攔砂壩模型，風洞試驗中之飛機模型等；有時模型尺寸比原型大，例如鋼筆筆尖墨水流動之探討，微細血管管流之實驗研究等。

1. **相似性原理：**

模型與原型之間相似性定理可敘述如下：

> 若一個模型(Model)與原型(Prototype)具有幾何相似 (Geometric Similarity)，運動相似(Kinematic Similarity)、動力相似(Dynamic Similaity)，則兩者滿足相似性之條件，由模型所量測之無因次場量與原型之無因次場量相同。

由因此分析之觀點，若原型之無因次參數為

$$(\Pi_1)_P = \phi\left[(\Pi_2)_P, (\Pi_3)_P, \ldots, (\Pi_N)_P\right] \tag{8-41}$$

而一具有相同物理現象與特性之模型，其無因次參數應具有以下關係：

$$(\Pi_1)_m = \phi\left[(\Pi_2)_m, (\Pi_3)_m, \ldots, (\Pi_N)_m\right] \tag{8-42}$$

因此假設模型試驗之操作係控制在以下條件

$$(\Pi_2)_m = (\Pi_2)_P$$
$$(\Pi_3)_m = (\Pi_3)_P \tag{8-43}$$
$$\vdots$$
$$(\Pi_N)_m = (\Pi_N)_P$$

則有

$$(\Pi_1)_m = (\Pi_1)_P \tag{8-44}$$

意即模型所得之函數型式 ϕ 與無因次參數 Π_1 相同。

2. **幾何相似：**

模型與原型對應之長度比值相同稱為幾何相似(Geometric Similarity)。換言之，幾何相似確保模型與原型其物體與固體邊界形狀與尺寸比例相同。因此若長度比為

$$\frac{L_m}{L_P} = L_r \tag{8-45}$$

則面積與體積比爲

$$\frac{A_m}{A_P} = \frac{L_m^2}{L_P^2} = L_r^2$$

$$\frac{\forall_m}{\forall_P} = \frac{L_m^3}{L_P^3} = L_r^3 \tag{8-46}$$

3. **運動相似：**

幾何相似之模型與原型流場中各對應點之位移、速度與加速度比值相同稱爲運動相似(Kinematic Similarity)。因此若長度比值如(8-45)所示且速度比值爲

$$\frac{V_m}{V_P} = V_r \tag{8-47}$$

則時間比值爲

$$\frac{t_m}{t_P} = \frac{\dfrac{L_m}{V_m}}{\dfrac{L_P}{V_P}} = \frac{L_m}{L_P}\frac{V_P}{V_m} = L_r\frac{1}{V_r} = t_r \tag{8-48}$$

加速度比值爲

$$\frac{a_m}{a_P} = \frac{\dfrac{V_m}{t_m}}{\dfrac{V_P}{t_P}} = \frac{V_r}{t_r} = \frac{L_r}{t_r^2} = a_r \tag{8-49}$$

體積流率比值爲

$$\frac{Q_m}{Q_P} = \frac{\dfrac{L_m^3}{t_m}}{\dfrac{L_P^3}{t_P}} = \frac{L_r^3}{t_r} \tag{8-50}$$

4.　**動力相似：**

幾何相似與運動相似之模型與原型流場中各對應力之比值相同稱為動力相似(Dynamic Similarity)。

若各作用力為

黏滯力 $= F_V$

重力 $= F_G$

慣性力 $= F_I$

表面張力 $= F_S$

…

則嚴謹之動力相似應滿足

$$\frac{(F_V)_m}{(F_V)_P} = \frac{(F_G)_m}{(F_G)_P} = \frac{(F_I)_m}{(F_I)_P} = \frac{(F_S)_m}{(F_S)_P} = \cdots = 常數 \tag{8-51}$$

然而若某些作用力效應相對其他為低或不重要時，可加以忽略不計，如此所得之模型稱為似真模型(Distorted Models)，然而若其預測結果能成功表現原型之主要特性，亦屬可行。例如研討溢洪道頂端之流場，如圖 8-2(a)所示，原型中質點所受之力包括壓力(Pressure)，剪力(Shear Force)，重力(Gravitational Force)，慣性力(Inertia force)四項，則完全之動力相似將要求此一力平衡之多邊形相同，如圖 8-2 (b)所示；然而忽略剪力項之力三角形亦可得到相當接近之結果，參見圖 8-2(c)。事實上，在此種自由表面流中摩擦剪應力雖然存在，但一般而言其貢獻很小(參見第七章明渠流分析)。

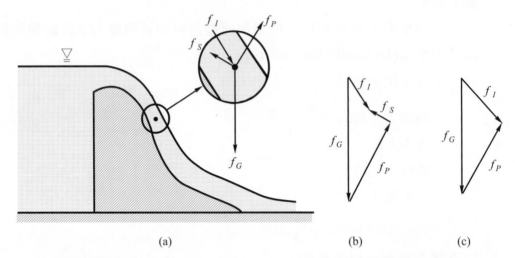

圖 8-2 溢洪道之動力相似(a)物理問題(b)完整之作用力(c)省略摩擦剪力

　　由於許多無因次參數代表某些作用力之比值，因此**無因次參數之大小可以視為各種作用力效應是否可以忽略或必須予以考慮之指標**。例如管流中 Reynolds 數在適中之範圍意謂著黏滯剪應力不可忽略，而緩慢之 Stokes 流中 Reynolds 數很小，黏滯效應大於慣性效應，則忽略慣性項可得到相當理想之近似結果。

◢8-7 由微分方程式建立相似性

　　動力相似及相關之無因次參數群亦可由物理系統之微分方程式無因次化過程中決定。因此相似性定理亦可敘述為：

> 　　若描述模型與原型之微分方程式及邊界條件等具有相同之無因次化型式，則兩者符合相似條件。

以不可壓縮流為例。$\rho = $ 常數，連續方程式為

$$\nabla \cdot \vec{V} = \frac{\partial u}{\partial x} + \frac{\partial v}{\partial y} + \frac{\partial w}{\partial z} = 0 \tag{8-52}$$

x方向之動量方程式(Navier-Stokes 方程式)為

$$\frac{D u}{D t} = - \frac{1}{\rho} \nabla p + g \nabla z + \frac{\mu}{\rho} \nabla^2 u \tag{8-53}$$

其中$\dfrac{D u}{D t} = \dfrac{\partial u}{\partial t} + u \dfrac{\partial u}{\partial x} + v \dfrac{\partial u}{\partial y} + w \dfrac{\partial u}{\partial z}$。引入無因次參數如下:

$$x^* = \frac{x}{L}$$

$$y^* = \frac{y}{L}$$

$$z^* = \frac{z}{L}$$

$$t^* = \frac{t}{\dfrac{L}{V_0}}$$

$$u^* = \frac{u}{V_0} \tag{8-54}$$

$$v^* = \frac{v}{V_0}$$

$$w^* = \frac{w}{V_0}$$

$$p^* = \frac{p}{\rho V_0^2}$$

則連續方程式化為無因次型式

$$\nabla^* \cdot \overrightarrow{V}^* = \frac{\partial u^*}{\partial x^*} + \frac{\partial v^*}{\partial y^*} + \frac{\partial w^*}{\partial z^*} = 0 \tag{8-55}$$

而無因次之動量方程式可寫為

$$\frac{D^* u^*}{D^* t^*} = - \nabla^* p^* + \frac{gL}{V_0^2} \nabla^* z^* + \frac{\mu}{\rho V_0 L} \nabla^{*2} u^* \tag{8-56}$$

或

$$\frac{D^* u^*}{D^* t^*} = -\nabla^* p^* + \frac{1}{Fr^2} \nabla^* z^* + \frac{1}{Re} \nabla^{*2} u^* \qquad (8\text{-}57)$$

其中 $\dfrac{D^* u^*}{D^* t^*} = \dfrac{\partial u^*}{\partial t^*} + u^* \dfrac{\partial u^*}{\partial x^*} + v^* \dfrac{\partial u^*}{\partial y^*} + w^* \dfrac{\partial u^*}{\partial z^*}$。

由(8-57)式可明顯看出影響此流場之兩個無因次參數為 Reynolds 數及 Froude數Fr。若兩幾何相似之系統其Reynolds數及Froude數相同,則(8-57) 式會得到相同之結果。因此對重力場中之不可壓縮流而言,動力相似之條件 為兩系統之 Reynolds 數與 Froude 數均相等。

其他情形如可壓縮流、熱流、質量輸送等問題相關之無因次化參數群亦 可由其相應之微分方程式之無因次化過程求得。

◢8-8 模型試驗

1. **模型比例:**

   由幾何相似之條件知,原型與模型之長度需滿足相同比例尺度, 定義模型對原型長度之比例為

   $$L_r = \frac{L_m}{L_P} \qquad (8\text{-}58)$$

   通常選用$L_r = \dfrac{1}{10}$。其他場量之比例也可設為V_r,ρ_r,μ_r。

2. **模型之自由度:**

   為同時符合物理系統原型與模型之間之所有動力相似,運動相似, 幾何相似,模型所具有可以調整控制之獨立比例量個數。

   (1) **Reynolds 數相似:**

   例如對忽略重力效應之不可壓縮黏性流而言,其動力相似要求 原型與模型之 Reynolds 數需相等:

   $$(Re)_m = \frac{\rho_m V_m L_m}{\mu_m} = \frac{\rho_P V_P L_P}{\mu_P} = (Re)_P \qquad (8\text{-}59)$$

由此知速度之比值爲

$$V_r = \frac{V_m}{V_P} = \left(\frac{\mu_m}{\mu_P}\right)\left(\frac{\rho_P}{\rho_m}\right)\left(\frac{L_P}{L_m}\right) = \mu_r \frac{1}{\rho_r} \frac{1}{L_r} \tag{8-60}$$

時間之比值爲

$$T_r = \frac{T_m}{T_P} = \frac{\dfrac{L_m}{V_m}}{\dfrac{L_P}{V_P}} = \frac{L_m}{L_P} \frac{1}{\dfrac{V_m}{V_P}} = \frac{L_r}{V_r} = \frac{\rho_r}{\mu_r} L_r^2 \tag{8-61}$$

作用力之比值

$$F_r = \frac{F_m}{F_P} = \frac{(\rho_m L_m^3)(L_m T_m^{-2})}{(\rho_P L_P^3)(L_P T_P^{-2})}$$

$$= \left(\frac{\rho_m}{\rho_P}\right)\left(\frac{L_m^4}{L_P^4}\right)\left(\frac{1}{\dfrac{T_m^2}{T_P^2}}\right) = \frac{\rho_r L_r^4}{T_r^2} = \frac{\mu_r^2}{\rho_r} \tag{8-62}$$

由此可看出對此一情形而言，有兩個自由度可以選擇；其一爲設定 L_r，其一爲設定試驗流體之物理性質 ρ_r，μ_r。

(2) **Froude 數相似：**

在明渠流中若僅有 Froude 數較爲重要，則動力相似要求原型與模型之 Froude 數相等：

$$(\mathrm{Fr})_m = \frac{V_m}{\sqrt{g_m L_m}} = \frac{V_P}{\sqrt{g_P L_P}} = (\mathrm{Fr})_P \tag{8-63}$$

一般而言，$g_m \approx g_P = g$，因此速度之比值爲

$$V_r = \frac{V_m}{V_P} = \sqrt{\frac{L_m}{L_P}} = \sqrt{L_r} \tag{8-64}$$

時間之比值爲

$$T_r = \frac{T_m}{T_P} = \frac{\dfrac{L_m}{V_m}}{\dfrac{L_P}{V_P}} = \frac{L_m}{L_P} \, \frac{1}{\dfrac{V_m}{V_P}} = \frac{L_r}{V_r} = \sqrt{L_r} \qquad (8\text{-}65)$$

作用力之比值

$$F_r = \frac{F_m}{F_P} = \frac{(\rho_m L_m^3)(L_m T_m^{-2})}{(\rho_P L_P^3)(L_P T_P^{-2})}$$

$$= \left(\frac{\rho_m}{\rho_P}\right)\left(\frac{L_m^4}{L_P^4}\right)\left(\frac{1}{\dfrac{T_m^2}{T_P^2}}\right) = \frac{\rho_r L_r^4}{T_r^2} = \rho_r L_r^3 \qquad (8\text{-}66)$$

因此仍然有兩自由度可以選擇，即尺度(L_r)及流體(ρ_r)。

(3) **Reynolds 數與 Froude 數相似：**

然而若一流體系統其動力相似同時要求 Reynolds 數及 Froude 數均相同；此時由(8-60)與(8-64)所得之速度比值應相同，亦即

$$\underbrace{u_r \frac{1}{\rho_r} \frac{1}{L_r}}_{\text{Reynolds}} = \underbrace{\sqrt{L_r}}_{\text{Froude}} \qquad (8\text{-}67)$$

故知長度比值與流體性質比質之關係為

$$L_r = \left(\frac{\mu_r}{\rho_r}\right)^{2/3} \qquad (8\text{-}68)$$

(8-68)說明兩者不是獨立之選擇，因此僅剩下一個自由度。若長度比$L_r = 1$(模型與原型尺度相同)，模型流體可選用與原型相同，但因比例尺接近原型而幾不可爲；若長度比$L_r \neq 1$(模型與原型尺度不同)，則模型流體必須選擇符合(8-68)物理性質之流體，實際應用上有很大之困難。所幸工程上許多流場中，相對而言有些Froude數比較重要(如明渠流)，有些 Reynolds 數影響較大(如氣流)，因此一般分析之模型具有兩個自由度以上。

⑷　**Reynolds 數與 Mach 數相似：**

　　同理高速氣體運動中，若同時要求Reynolds數與Mach數相同，亦將難以準備實驗條件(除非以$L_r = 1$之原型試驗)，此時通常僅要求Mach 數相似。

【範例 8-5】　Reynolds 數相似

　　直徑 1.5m 之圓管欲設計用以輸送 $Q = 2\text{m}^3/\text{sec}$，$v = 0.03$ stoke，$S = 0.9$ 之油，進行實驗研究之模型為直徑 15cm 之水(20℃，$v = 0.01$ stoke)，求模型中之流速與流量。

解： 原型中之流速為

$$V_P = \frac{Q_P}{\dfrac{\pi D_P^{\,2}}{4}} = \frac{2}{\dfrac{\pi(1.5)^2}{4}} = 1.1318\text{m/sec}$$

此為管流，一般乃要求 Reynolds 數相似，因此

$$\frac{V_m D_m}{v_m} = \frac{V_P D_P}{v_P}$$

故得模型中流速為

$$V_m = V_P \frac{D_P}{D_m}\frac{v_m}{v_P} = 1.1318\left(\frac{1.5}{0.15}\right)\left(\frac{0.01}{0.03}\right) = 3.7727\text{m/sec}$$

模型中流量為

$$Q_m = V_m A_m = V_m\left(\frac{\pi}{4}D_m^{\,2}\right) = 3.7727\left(\frac{\pi}{4}\right)(0.15)^2 = 0.06667\text{m}^3/\text{sec}$$

【範例 8-6】　Froude 數相似

　　一模型與原型之尺寸比值為 1：10，相似性由 Froude 數決定，求模型與原型流場對應點之速度比、時間比、加速度比、流量比。

解：模型與原型之 Froude 數相同

$$\frac{V_m}{\sqrt{gL_m}} = \frac{V_P}{\sqrt{gL_P}}$$

(1)速度比：

$$V_r = \frac{V_m}{V_P} = \sqrt{\frac{L_m}{L_P}} = \sqrt{L_r} = \sqrt{\frac{1}{10}} = 0.316$$

(2)時間比：

$$T_r = \frac{T_m}{T_P} = \frac{\dfrac{L_m}{V_m}}{\dfrac{L_P}{V_P}} = \frac{L_m}{L_P}\frac{1}{\dfrac{V_m}{V_P}} = \frac{L_r}{V_r} = \sqrt{L_r} = \sqrt{\frac{1}{10}} = 0.316$$

(3)加速度比：

$$a_r = \frac{a_m}{a_P} = \frac{\dfrac{V_m}{T_m}}{\dfrac{V_P}{T_P}} = \frac{V_r}{T_r} = \frac{0.316}{0.316} = 1$$

(4)流量比：

$$Q_r = \frac{Q_m}{Q_P} = \frac{(V_m)(L_m^2)}{(V_P)(L_P^2)} = V_r\,L_r^2 = \sqrt{\frac{1}{10}}\left(\frac{1}{10}\right)^2 = 0.00316$$

【範例 8-7】　Reynolds 數與 Mach 數相似

如圖 8-3 所示無限長圓柱，$D_2 = 9D_1$，較小圓柱流場之密度、速度、溫度為 ρ_1，V_1，T_1，較大圓柱流場之密度、速度、溫度為 $\rho_2 = \dfrac{1}{9}\rho_1$，$V_2 = 3V_1$，$T_2 = 9T_1$，假設黏滯度與聲速均與 $\sqrt{T}$ 成正比，相似性由 Reynolds 數與 Mach 數決定，試證明此兩流場滿足動力相似。

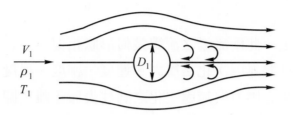

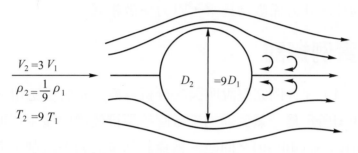

圖 8-3 高速氣流動力相似分析

解：黏滯度比

$$\frac{\mu_1}{\mu_2} = \sqrt{\frac{\theta_1}{\theta_2}} = \sqrt{\frac{1}{9}} = \frac{1}{3}$$

聲速比

$$\frac{c_1}{c_2} = \sqrt{\frac{\theta_1}{\theta_2}} = \sqrt{\frac{1}{9}} = \frac{1}{3}$$

Reynolds 數比

$$\frac{\mathrm{Re}_1}{\mathrm{Re}_2} = \frac{\dfrac{\rho_1 V_1 D_1}{\mu_1}}{\dfrac{\rho_2 V_2 D_2}{\mu_2}} = \frac{\rho_1}{\rho_2} \ \frac{V_1}{V_2} \ \frac{D_1}{D_2} \ \frac{\mu_2}{\mu_1} = \left(\frac{9}{1}\right)\left(\frac{1}{3}\right)\left(\frac{1}{9}\right)\left(\frac{3}{1}\right) = 1$$

Mach 數比

$$\frac{M_1}{M_2} = \frac{\dfrac{V_1}{c_1}}{\dfrac{V_2}{c_2}} = \frac{V_1}{V_2} \ \frac{c_2}{c_1} = \left(\frac{1}{3}\right)\left(\frac{3}{1}\right) = 1$$

兩者之幾何相似，無因次參數相同，故爲動力相似。

討 論

(1) 事實上，此兩流場之流線幾何形狀相似。

(2) 兩圓柱體無因次化之壓力、速度、密度、溫度等分佈相同。若將無因次化之壓力與無因次化之圓柱表面距離與關係曲線變化與數值將完全相同。

(3) 兩圓柱之升力係數均為零，阻力係數相同。

◢8-9 實例探討

以下以一個工程實例完整說明因次分析與模型試驗之應用。

如圖 8-4(a)所示為一氣流通過工廠圓柱型排煙煙囪產生週期性旋渦逸散(Periodic Vortex Shedding)之問題。為探討基本之物理機制，考慮規則完全筆直之圓柱體之情形，由於長度甚長，在地面邊界層之上方，氣流係以均勻之速度接近圓柱，且主要之流場行為與無限長圓柱之特性相近(不考慮頂端之三維效應與地面之壁效應)，此種規則旋渦稱為Karman旋渦，為流體經過鈍體(Blunt Bodies)後分離流(Separated Flow)在物體後方慣性效應與黏滯效應所造成旋渦規律性捲動散開之現象，在自然界中經過山峰之氣流造成規則旋捲之雲帶即為一例。為研究被動控制(Passive Control)此種旋渦散逸之作用，考慮在圓柱背風面安置一個長條型分流平板(Splitter Plate)，探討其寬度對旋渦散逸頻率(Vortex Shedding Frequency)與阻力(Drag)之影響，如圖 8-4(b)所示。考慮二維模式，原始之問題如圖8-4(c)所示，其圓柱直徑為$D_P = 1\text{m}$，分流板寬度為$S_P = 1\text{m}$，氣流流速為$V_P = 14\text{m/sec}$，流體為 20℃ 之空氣，密度為$\rho_P = 1.23\text{kg/m}^3$，動力滯度為$\mu_P = 1.8 \times 10^{-5}\text{kg/m} \cdot \text{s}$，聲速為$c_P = 343.6\text{m/sec}$。今欲設計模型實驗以研究不同分流板寬度與圓柱直徑比值對旋渦逸散頻率及阻力之影響。考慮之模型如圖 8-4(d)所示。我們將進行因次分析，並試著評估各種尺度選擇所需要之動力相似條件，以及在水槽(Water Tank)與風洞(Wind Tunnel)試驗之可行性等。

1. **因次分析：**

   觀察此一物理問題，流體爲氣流，且無自由表面流，重力對流場之影響很小，因此不考慮 Froude 數及 Weber 數相關之物理量。另一方面氣流之 Mach 數爲 $M_P = \dfrac{V_P}{c_P} = \dfrac{14}{343.6} = 0.041 \approx 0$，亦即流體之壓縮性效應很小，可視爲不可壓縮流。由以上考慮影響旋渦逸散頻率及阻力之物理量爲 D，S，V，ρ，μ，亦即

   $$\omega = f(D, S, V, \rho, \mu) \tag{8-69}$$
   $$F_D = g(D, S, V, \rho, \mu) \tag{8-70}$$

   其中各物理量之因次爲

   $$[\omega] = T^{-1}$$
   $$[F_D] = F$$
   $$[D] = L$$
   $$[S] = L$$
   $$[V] = LT^{-1}$$
   $$[\rho] = FL^{-4}T^2 = ML^{-3}$$
   $$[\mu] = FL^{-2}T = ML^{-1}T^{-1}$$

   對 (8-69) 及 (8-70) 兩式個別而言，問題包含 6 個變數，3 個基本因次 (FLT 或 MLT)，因此均有三個無因次參數。由 8-4 節之因次分析三種方法均可推導出 (細節留待讀者自證)：

   $$St = \frac{\omega D}{V} = \phi_1\left(\frac{S}{D}, \frac{\rho V D}{\mu}\right) = \phi_1\left(\frac{S}{D}, \mathrm{Re}\right) \tag{8-71}$$

   及

   $$\frac{1}{2}C_D = \frac{F_D}{\rho V^2 D} = \phi_2\left(\frac{S}{D}, \frac{\rho V D}{\mu}\right) = \phi_2\left(\frac{S}{D}, \mathrm{Re}\right) \tag{8-72}$$

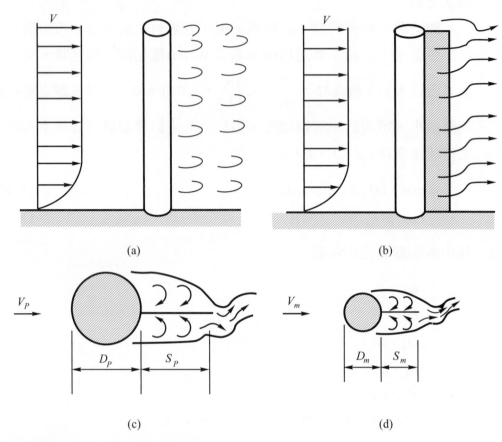

(a) 　　　　　　　　　　　　　　　　(b)

(c) 　　　　　　　　　　　　　　　　(d)

圖 8-4　有分流板圓柱旋渦逸散之研究(a)原始問題(b)設計問題(c)原型(d)模型

此處 $St = \omega D / V$ 稱為 Strouhal 數，$C_D = \dfrac{F_D}{\dfrac{1}{2}\rho V^2 D}$ 為單位長度之阻力係

數(Drag Coefficient)。

2. **動力相似與模型試驗分析：**

　　　觀察(8-71)與(8-72)可知欲進行模型試驗，必須要求模型與原型
滿足幾何相似

$$\frac{S_m}{D_m} = \frac{S_P}{D_P} \tag{8-73}$$

與 Reynolds 數相似

$$(\mathrm{Re})_m = \frac{\rho_m V_m D_m}{\mu_m} = \frac{\rho_P V_P D_P}{\mu_P} = (\mathrm{Re})_P \tag{8-74}$$

由此

$$V_r = \frac{V_m}{V_P} = \frac{\dfrac{\mu_m}{\mu_P}}{\left(\dfrac{\rho_m}{\rho_P}\right)\left(\dfrac{D_m}{D_P}\right)} = \frac{\mu_r}{\rho_r L_r} \tag{8-75}$$

因為只有要求試驗流場之 Reynolds 數與原來流場之 Reynolds 相等，因此有兩個自由度可以選擇：

(1) 尺度比例：考慮$L_r = \dfrac{D_m}{D_P}$之值分別為 $1:10$ ($D_m = 10\mathrm{cm}$)，$1:5$ ($D_m = 20\mathrm{cm}$)，$1:1$ ($D_m = D_P = 100\mathrm{cm}$)。

(2) 流體性質：考慮水槽試驗採用 20℃ 之水($\rho_m = 1000\mathrm{kg/m^3}$，$\mu_m = 1 \times 10^{-3}$ kg/m · s)或風洞試驗採用 20℃ 之空氣($\rho_m = \rho_P = 1.23\mathrm{kg/m^3}$，$\mu_m = \mu_P = 1.8 \times 10^{-5}\mathrm{kg/m \cdot s}$)。

茲比較分析列表如下：

設計自由度	$L_r = \dfrac{1}{10}$ ($D_m = 10\mathrm{cm}$，$S_m = 10\mathrm{cm}$)	$L_r = \dfrac{1}{5}$ ($D_m = 20\mathrm{cm}$，$S_m = 20\mathrm{cm}$)	$L_r = \dfrac{1}{1}$ ($D_m = 100\mathrm{cm}$，$S_m = 100\mathrm{cm}$)
水(水槽試驗) ($\rho_r = 813$，$\mu_r = 55.56$)	$V_r = 0.6834$ ($V_m = 9.5676\mathrm{m/sec}$ $= 34.44\mathrm{km/hr}$)	$V_r = 0.3415$ ($V_m = 4.781\mathrm{m/sec}$ $= 17.21\mathrm{km/hr}$)	$V_r = 0.06834$ ($V_m = 0.95676\mathrm{m/sec}$ $= 3.444\mathrm{km/hr}$)
空氣(風洞試驗) ($\rho_r = 1$，$\mu_r = 1$)	$V_r = 10$ ($V_m = 140\mathrm{m/sec}$ $= 504\mathrm{km/hr}$)	$V_r = 5$ $V_m = 70\mathrm{m/sec}$ $= 252\mathrm{km/hr}$	$V_r = 1$ $V_m = 14\mathrm{m/sec}$ $= 50.4\mathrm{km/hr}$

由此可知，對水槽試驗而言，模型尺寸愈小，所需之流速愈高，選擇$L_r = 1:5$ ($D_m = 20\mathrm{cm}$)之水槽是可行的考慮。對風洞試驗而言，試驗流體與原型流體相同，可選擇之模型尺度範圍較寬廣，模型可以做得較小，然而一般而言風洞試驗之成本較高。

以水槽試驗 $L_r = 5$ 為例，模型之直徑為

$$D_m = L_r D_P = \frac{1}{5}(1) = 0.20\text{m} = 20\text{cm}$$

模型上之分流板寬度為

$$S_m = L_r S_P = \frac{1}{5}(1) = 0.20\text{m} = 20\text{cm}$$

水流速度為

$$V_m = V_r V_P = \frac{\dfrac{\mu_m}{\mu_P}}{\left(\dfrac{\rho_m}{\rho_P}\right)\left(\dfrac{D_m}{D_P}\right)} V_P$$

$$= \frac{\dfrac{1 \times 10^{-3}}{1.8 \times 10^{-5}}}{\left(\dfrac{1000}{1.23}\right)\left(\dfrac{0.20}{1}\right)}(14) = 4.781\text{m/sec} = 17.21\text{km/hr}$$

若模型測得之旋渦逸散頻率為40Hz，則由原型與模型之Strouhal數相同

$$(\text{St})_m = \frac{\omega_m D_m}{V_m} = \frac{\omega_P D_P}{V_P} = (\text{St})_P \tag{8-76}$$

可求得原型之旋渦逸散頻率為

$$\omega_P = \frac{V_P}{V_m} \frac{D_m}{D_P} \omega_m = \frac{14}{4.781}\left(\frac{0.20}{1}\right)40 = 23.43\text{Hz}$$

若實驗測得之單位長度阻力為100N，則由模型與原型之無因次阻力相同

$$(2C_D)_m = \frac{(F_D)_m}{\rho_m V_m^2 D_m} = \frac{(F_D)_P}{\rho_P V_P^2 D_P} = (2C_D)_P \tag{8-77}$$

可得原型上之單位長度阻力為

$$(F_D)_P = \frac{\rho_P}{\rho_m}\left(\frac{V_P}{V_m}\right)^2\left(\frac{D_P}{D_m}\right)(F_D)_m$$

$$= \frac{1.23}{1000}\left(\frac{14}{4.781}\right)^2\left(\frac{1}{0.20}\right)(100)$$

$$= 5.273\text{N}$$

討　論

(1) 此例中若加上考慮圓柱表面之粗糙度(Roughness)，及分流板與圓柱水平距離d，則參數關係式寫為

$$\omega = f(D,S,\varepsilon,d,V,\rho,\mu) \tag{8-78}$$
$$F_D = g(D,S,\varepsilon,d,V,\rho,\mu) \tag{8-79}$$

且將增加兩個無因次參數$\dfrac{\varepsilon}{D}$，$\dfrac{d}{D}$。

(2) 實驗之結果亦可與計算流體力學(Computational Fluid Dynamics)之結果比較。

觀察實驗 8-1

(1)取水中之大中小三條魚，測量其長度與寬度之比例，比較三條魚之結果。若三種魚之阻力相同，則何種魚游得較快？(假設僅考慮Reynolds數相似)。

(2)在空氣中活動之動物，試著觀察體型尺度與速度之關係；試著觀察同尺度之兩棲類動物在水中與空氣中何者運動速度較快？

(3)依動力相似之觀念說明極微細之生物之運動速度極緩慢之原因。

[注意]：測量魚時小心抓好魚，也不要傷到魚鰭，魚身等；測完尺度後，儘快放回水中，以維繫其生命。

觀察實驗 8-2

⑴在清澈速度緩慢之水溝或淺溪旁找一個安全之位置。準備三隻長棒，
 A為圓形斷面之竹棒，B為方形斷面之木棒，C為三角形斷面之木棒。
 分別將其置入水中，觀察水流經過物體並在後方產生旋渦之情形，比
 較A，B，C三桿所觀察到之情形有何異同？

⑵對B，C兩種情形，轉動長桿調整入流角度，觀察有何變化？

⑶將AB，BC，CA，ABC等組合一起置於水中，觀察旋渦結構變化。

⑷如將長桿中沒水深度中一部份挖空，此種旋渦結構是否遭到破壞？

⑸討論此種情形與建築物受風力之流場有何關聯？

[注意]：觀測時小心安全。

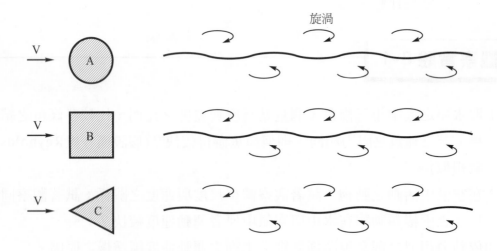

本章重點整理

1. 因次分析在流體力學分析與實驗上均很重要。

2. 因次分析中各物理量可表爲 FLT 或 MLT 兩種系統之因次表示方式。

3. 將數學模式無因次化分析之優點：

　(1)所得結果與單位無關。

　(2)有時可直接找出無因次參數群。

4. 建立無因次參數群之方法：

　(1) Rayleigh 法：適用於較少變數。

　(2) Buckingham Pi 定理：無因次參數之個數 $= n - m$。

　(3) Hunsaker & Rightmire 法。

　(4)將微分方程式及邊界條件等化爲無因次。

5. 因次分析只能找出無因次參數群，其函數關係仍需理論或實驗驗證。

6. 模型與原型需滿足：

　(1)幾何相似：長度比相同。

　(2)運動相似：速度比，加速度比，流量比相同。

　(3)動力相似：$\dfrac{(\text{Re})_m}{(\text{Re})_P} = \dfrac{(\text{Fr})_m}{(\text{Fr})_P} = \dfrac{(\text{M})_m}{(\text{M})_P} = \dfrac{(\text{We})_m}{(\text{We})_P} = \dfrac{(\text{St})_m}{(\text{St})_P} = \dfrac{(\text{C}_\text{D})_m}{(\text{C}_\text{D})_P} = \cdots = 1$。

7. 常用之流體試驗設備：

　(1)水槽(Water Tank)。

　(2)風洞(Wind Tunnel)。

◢學後評量

8-1 寫出以下定義：

(1)幾何相似。

(2)運動相似。

(3)動力相似。

(4) Reynolds 數。

(5) Froude 數。

(6) Mach 數。

(7) Weber 數。

(8)壓力係數。

(9)阻力係數。

8-2 試以 MLT 及 FLT 表示以下物理量之因次：體積流率、質量流率、重量流率、線動量、動量矩、表面張力、動壓力、能量水頭、壓降、聲速、焓。

8-3 (管流因次分析)：光滑管流中流場之變數有 h_L/l，Q，D，ρ，μ，g，若以 Q，ρ，μ 爲重複變數，試找出無因次參數群：(1) Rayleigh 法(2) Buckingham Pi 定理(3) Hunsaker & Rightmire 法。

8-4 (渠流因次分析)：水流過一堰，單位寬度之流量爲 q 與水位 H，長度 L，重力加速度 g，流體密度 ρ，黏滯度 μ 等有關，若以 ρ，g，L 爲重複變數，試找出無因次參數群：(1) Rayleigh 法(2) Buckingham Pi 定理(3) Hunsaker &Rightmire 法。

8-5 (潛沒體阻力因次分析)：一矩形薄板長度爲 a，寬度爲 b，垂直置於流速爲 V 之流體中，流體之密度爲 ρ，黏滯度爲 μ，若阻力寫爲

$$F_D = f(a, b, V, \rho, \mu)$$

試找出無因次參數群：(1)Rayleigh法(2)Buckingham Pi定理(3)Hunsaker &Rightmire 法。

8-6 (輪機機械因次分析)：影響輪機機械操作之主要變數包括：水頭上升 h_A，軸功率 $\dot{W}_S$，機械效率 η，影響因素爲 D，L，ε，Q，ω，ρ，μ，因此可寫爲

$$h_A = f(D, L, \varepsilon, Q, \omega, \rho, \mu)$$
$$\dot{W}_S = g(D, L, \varepsilon, Q, \omega, \rho, \mu)$$
$$\eta = h(D, L, \varepsilon, Q, \omega, \rho, \mu)$$

試找出無因次參數群：⑴Rayleigh法⑵Buckingham Pi定理⑶Hunsaker &Rightmire法。

8-7 (彈性管壁脈動因次分析)：動脈中脈搏波速 c 與動脈直徑 D，壁厚 d，彈性模數 E，血液密度 ρ，血液容積彈性模數 K 有關。試找出無因次參數群：⑴Rayleigh法⑵Buckingham Pi定理⑶Hunsaker & Rightmire法。

8-8 (動力相似)：考慮一塑膠球直徑 $D_1 = 0.6$cm，在密度爲 $\rho_1 = 1000$kg/m³，黏滯度爲 $\mu_1 = 0.89$g/cm·sec在水中以速率 $V_1 = 55$cm/sec等速下降；另一氦氣球直徑直徑 $D_2 = 100$cm，在密度爲 $\rho_2 = 1.23$kg/m³，黏滯度爲 $\mu_2 = 0.018$g/cm·sec在空氣中以速率 $V_2 = 5.4$cm/sec等速上升。

⑴計算兩者之Reynolds數，判別是否滿足Reynolds相似？

⑵若測定出小塑膠球之阻力爲 $(F_D)_1 = 0.020$gW，試計算阻力係數 $\dfrac{F_D}{\dfrac{1}{2}\rho V^2 D^2}$，並由動力相似推測氦氣球在空氣中之阻力。

8-9 (微分方程式之無因次化)：不可壓縮流場中靠近高溫垂直板平板之自由對流(Free Convection)問題之統御方程式爲：

$$\frac{\partial u}{\partial x} + \frac{\partial v}{\partial y} = 0$$

$$u\frac{\partial u}{\partial x} + v\frac{\partial u}{\partial y} = g\beta(\theta - \theta_1) + v\left(\frac{\partial^2 u}{\partial x^2} + \frac{\partial^2 u}{\partial y^2}\right)$$

$$\rho c_P\left(u\frac{\partial \theta}{\partial x} + v\frac{\partial \theta}{\partial y}\right) = k\left(\frac{\partial^2 \theta}{\partial x^2} + \frac{\partial^2 \theta}{\partial y^2}\right)$$

引入以下無因次變數

$$x^+ = \frac{x}{L}$$

$$y^+ = \frac{y}{A^{1/4}}$$

$$u^+ = \frac{u}{\sqrt{B}}$$

$$v^+ = \frac{v}{\sqrt{B}}$$

$$\theta^+ = \frac{\theta - \theta_1}{\theta_0 - \theta_1}$$

其中 $A = \dfrac{\mu\,k\,L}{\rho^2\,\beta\,g(\theta_0 - \theta_1)}$，$B = \dfrac{\beta\,g(\theta_0 - \theta_1)k\,L}{c_P\,\mu}$，找出無因次參數群。

8-10 (微分方程式之無因次化)：無限長小板(Infinite Panel)上流過高速氣流所產生動態不穩定之現象稱為小板顫振(Panel Flutter)，為典型之空氣彈性問題(Aeroelastic Problem)之一。如圖 P8-10 所示，平板之運動方程式為

$$D\,\frac{\partial^4 w}{\partial x^4} + m\,\frac{\partial^2 w}{\partial t^2} = -\,\Delta p\,(x\,,\,t)$$

其中 $w(x\,,\,t)$ 為平板之垂直位移，$D = E\,h^3/12(1 - v^2)$ 為平板之彎曲剛度(Bending Rigidity)，$m = \rho_s\,h$ 為平板之單位面積質量，$\Delta p(x\,,t)$ 為由平板變形產生之氣動壓力。由線性化活塞理論(Linearized Piston Theory)，在高 Mach 數下，

$$\Delta p(x\,,\,t) = \frac{\rho_\infty\,U_\infty^2}{M}\left[\frac{\partial w}{\partial x} + \frac{1}{U_\infty}\,\frac{\partial w}{\partial t}\right]$$

試設適當之無因次變數，將方程式無因次化，找出無因次參數群。

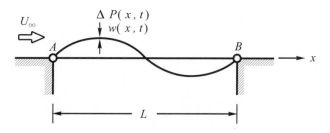

圖 P8-10　小板顫振氣彈問題之無因次化

8-11　如圖P8-11所示為一大型展覽會之展示看板，承受速度為V陣風壓力，頂部位移為δ_H，空氣密度為ρ，黏滯度為μ，支柱之長度L，彈性模數E，慣性矩為I，(1)進行因次分析，建立無因次參數群(2)欲進行模型試驗，選擇 1:10 之模型，採用相同材質，相同大氣條件，若實際陣風為$V_P = 70\text{km/hr}$，求風洞試驗所需之速度？

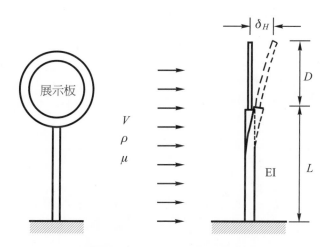

圖 P8-11　看板模型試驗分析

8-12　一深水探測船，長度為 2m，移動速度為 3.5m/sec，一幾何相似之模型長度為 40cm，在速度為 35m/sec 中測試。若模型量得之阻力為 40N，試推求原型之阻力。(水之密度為1000kg/m^3，黏滯度為1×10^{-3} Pa·sec，空氣之密度為1.17kg/m^3，黏滯度為1.9×10^{-5}Pa·sec)。

附　錄

附錄A　單位換算表、水之物理性質、空氣之物理性質、標準大氣之物理性質

A-1　單位轉換表

物　理　量	轉　換　關　係
長度	1 ft = 0.3048 m 1 in = $\frac{1}{12}$ ft = 0.0254 m 1 mile = 1.609 km
質量	1 1slug = 14.59 kg 1 lbm = 0.4536 kg
力	1 lb = 4.448 N
壓力	1 psi = 6895 Pa
密度	1 slug/ft^3 = 515.4 kg/m^3
功	1 lb-ft = 1.356 N-m
能	1 Btu = 1055 J 1 Cal = 4.186 J
功率	1 hp = 745.7 W 1 ft-lb/sec = 1.356W
動力黏滯度	1 lb-sec/ft^2 = 47.88N-sec/m^2
運動黏滯度	1 ft^2/sec = 0.0929m^2/sec

A-2　水之物理性質(SI制)

溫度 (℃)	密度 ρ (kg/m³)	單位重 r (kN/m³)	動力滯度 μ (N·sec/m²)	運動滯度 v (m²/sec)	表面張力 σ (N/m)	蒸氣壓力 p_V (Pa)	容積彈性模數K (Pa)	聲速 c (m/sec)
0	999.9	9.806	1.787E-3	1.787E-6	7.56E-2	6.11E+2	204E7	1403
5	1000	9.807	1.519E-3	1.519E-6	7.49E-2	8.72E+2	206E7	1427
10	999.7	9.804	1.307E-3	1.307E-6	7.42E-2	1.23E+3	211E7	1447
20	998.2	9.789	1.002E-3	1.004E-6	7.28E-2	2.34E+3	220E7	1481
30	995.7	9.765	7.975E-4	8.009E-7	7.12E-2	4.24E+3	223E7	1507
40	992.2	9.731	6.529E-4	6.580E-7	6.96E-2	7.38E+3	227E7	1526
50	988.1	9.690	5.468E-4	5.534E-7	6.79E-2	1.23E+4	230E7	1541
60	983.2	9.642	4.665E-4	4.745E-7	6.62E-2	1.99E+4	228E7	1552
70	977.8	9.589	4.042E-4	4.134E-7	6.44E-2	3.12E+4	225E7	1555
80	971.8	9.530	3.547E-4	3.650E-7	6.26E-2	4.73E+4	221E7	1555
90	965.3	9.467	3.147E-4	3.260E-7	6.08E-2	7.01E+4	216E7	1550
100	958.4	9.399	2.818E-4	2.940E-7	5.89E-2	1.01E+5	207E7	1543

A-3　標準大氣壓下空氣之物理性質(SI制)

溫度 (℃)	密度 ρ (kg/m³)	單位重 r (N/m³)	動力滯度 μ (N·sec/m²)	運動滯度 v (m²/sec)	比熱比值 $k=\dfrac{c_P}{c_V}$	聲速 c (m/sec)
−40	1.514	14.85	1.57E-5	1.04E-5	1.401	306.2
−20	1.395	13.68	1.63E-5	1.17E-5	1.401	319.1
0	1.292	12.67	1.71E-5	1.32E-5	1.401	331.4
5	1.269	12.45	1.73E-5	1.36E-5	1.401	334.4
10	1.247	12.23	1.76E-5	1.41E-5	1.401	337.4
15	1.225	12.01	1.80E-5	1.47E-5	1.401	340.4
20	1.204	11.81	1.82E-5	1.51E-5	1.401	343.3
25	1.184	11.61	1.85E-5	1.56E-5	1.401	346.3
30	1.165	11.43	1.86E-5	1.60E-5	1.400	349.1
40	1.127	11.05	1.87E-5	1.66E-5	1.400	354.7
50	1.109	10.88	1.95E-5	1.76E-5	1.400	360.3
60	1.060	10.40	1.97E-5	1.86E-5	1.399	365.7
70	1.029	10.09	2.03E-5	1.97E-5	1.399	371.2
80	0.9996	9.803	2.07E-5	2.07E-5	1.399	376.6
90	0.9721	9.533	2.14E-5	2.20E-5	1.398	381.7
100	0.9461	9.278	2.17E-5	2.29E-5	1.397	386.9
200	0.7461	7.317	2.53E-5	3.39E-5	1.390	434.5
300	0.6159	6.040	2.98E-5	4.84E-5	1.379	476.3
400	0.5243	5.142	3.32E-5	6.34E-5	1.368	514.1
500	0.4565	4.477	3.64E-5	7.97E-5	1.357	548.8
1000	0.2772	2.719	5.04E-5	1.82E-4	1.321	694.8

A-4　標準大氣性質(SI制)

高程	溫度 (℃)	重力加速度 g (m/sec^2)	壓力 p (N/m^2)	密度 ρ (kg/m^3)	動力滯度 μ (N·sec/m^2)	運動滯度 v (m^2/sec)
− 1000	21.50	9.810	1.139E+5	1.347E+0	1.821E-5	1.352E-5
0	15.00	9.807	1.013E+5	1.225E+0	1.789E-5	1.460E-5
1000	8.50	9.804	8.988E+4	1.112E+0	1.758E-5	1.581E-5
2000	2.00	9.801	7.950E+4	1.007E+0	1.726E-5	1.714E-5
3000	− 4.49	9.797	7.012E+4	9.093E-1	1.694E-5	1.863E-5
4000	− 10.98	9.794	6.166E+4	8.194E-1	1.661E-5	2.027E-5
5000	− 17.47	9.791	5.405E+4	7.364E-1	1.628E-5	2.211E-5
6000	− 23.96	9.788	4.722E+4	6.601E-1	1.595E-5	2.416E-5
7000	− 30.45	9.785	4.111E+4	5.900E-1	1.561E-5	2.646E-5
8000	− 36.94	9.782	3.565E+4	5.258E-1	1.527E-5	2.904E-5
9000	− 43.42	9.779	3.080E+4	4.671E-1	1.493E-5	3.196E-5
10000	− 49.90	9.776	2.650E+4	4.135E-1	1.458E-5	3.526E-5
15000	− 56.50	9.761	1.211E+4	1.948E-1	1.422E-5	7.300E-5
20000	− 56.50	9.745	5.529E+3	8.891E-2	1.422E-5	1.599E-4
25000	− 51.60	9.730	2.549E+3	4.008E-2	1.448E-5	3.620E-4
30000	− 46.64	9.715	1.197E+3	1.841E-2	1.475E-5	8.012E-4
40000	− 22.80	9.684	2.871E+2	3.996E-3	1.601E-5	4.007E-3
50000	− 2.50	9.654	7.978E+1	1.027E-3	1.704E-5	1.659E-2
60000	− 26.13	9.624	2.196E+1	3.097E-4	1.584E-5	5.115E-2
70000	− 53.57	9.594	5.221E+0	8.283E-5	1.438E-5	1.736E-1
80000	− 74.51	9.564	1.052E+0	1.846E-5	1.321E-5	7.156E-1

附錄B　管流設計之 Moody 圖

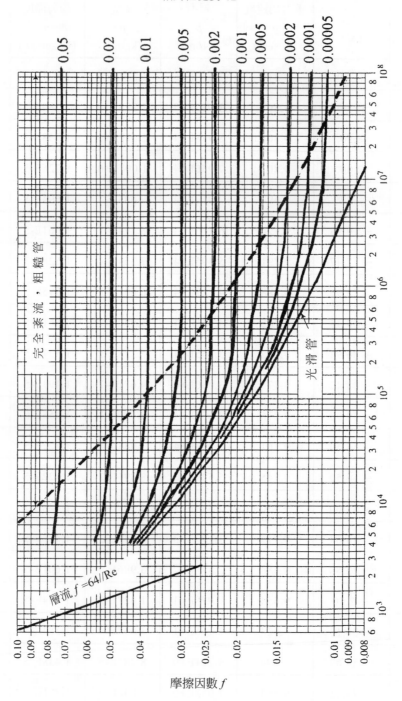

附錄 C　管流設計之 Hazen-Williams 諾模圖

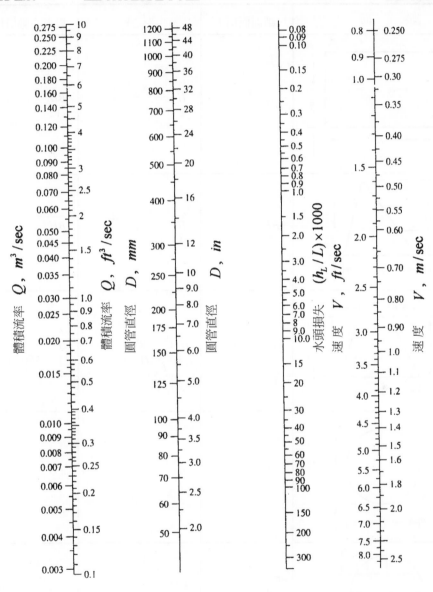

附錄 D　面積之性質

斷　面		斷面面積A	形心$\bar{y}$	對形心軸慣性矩$\bar{I}_c$
矩形		BH	$\dfrac{H}{2}$	$\dfrac{BH^3}{12}$
三角形		$\dfrac{BH}{2}$	$\dfrac{H}{3}$	$\dfrac{BH^3}{36}$
梯形		$\dfrac{H(C+B)}{2}$	$\dfrac{H(C+2B)}{3(C+B)}$	$\dfrac{H^3(C^2+4CB+B^2)}{36(C+B)}$
圓形		$\dfrac{\pi D^2}{4}$	$\dfrac{D}{2}$	$\dfrac{\pi D^4}{64}$
半圓形		$\dfrac{\pi D^2}{8}$	$0.212D$	$(6.86\times10^{-3})D^4$
1/4 圓形		$\dfrac{\pi D^2}{16}$ $\dfrac{\pi R^2}{4}$	$0.212D$ $0.424R$	$(3.43\times10^{-3})D^4$ $(5.49\times10^{-2})R^4$

附錄 E　體積之性質

形　　狀	體　　積	體　　心
矩形體	BHC	$\dfrac{B}{2},\dfrac{H}{2},\dfrac{C}{2}$
金字塔	$\dfrac{BCH}{3}$	$\dfrac{H}{4}$
圓柱體	$\dfrac{\pi D^2 H}{4}$	$\dfrac{H}{2}$
圓球	$\dfrac{\pi D^3}{6}$	$\dfrac{D}{2}$

(續前表)

形　狀	體　積	體　心
半球	$\dfrac{\pi D^3}{12}$	$\dfrac{3D}{16}$
圓錐	$\dfrac{\pi D^2 H}{12}$	$\dfrac{H}{4}$

進階參考書目

　　流體力學範圍涵蓋甚廣，探討課題既枝繁葉茂，研究方法亦日新月異，謹依類別條列數本各相關主題之進階參考書目，以供有興趣之讀者進一步閱讀查考。爲方便尋找，各主題下係依作者之字母順序排列。

1. 　流體力學概論、理論流體力學：

(1)　Batchelor, G. K., *An Introduction to Fluid Dynamics*, Cambridge University Press, 1967。

(2)　Campbell, R. G., *Foundations of Fluid Flow Theory*, Addison-Wesley Publishing Co., Inc., 1973。

(3)　Currie, I. G., *Fundamental Mechanisms of Fluids*, McGraw-Hill Book Co., 1974。

(4)　Daugherty, R. L. and J. B. Franzini, *Fluid Mechanics with Engineering Applications*, McGraw-Hill Book Co., 1985。

(5)　Evett, J. B. and Liu, C., 2500 *Solved Problems in Fluid Mechanics and Hydraulics*, McGraw-Hill Book Co., 1989。

(6)　方富民，*流體力學*，大中國圖書公司，1996。

(7)　Fox, R. W. and Mcdonald, A. T., *Introduction to Fluid Mechanics*, John-Wiley &Sons, 1985。

(8)　Goldstein, S., *Lectures in Fluid Mechanics*, Interscience, 1960。

(9)　Goldstein, S., *Modern Developments in Fluid Dynamics*, Dover Publications, 1965。

⑩　Janna, W. S., *Introduction to Fluid Mechanics*, PWS Publishers, 1987。

⑪　Kaufmann, W., *Fluid Mechanics*, McGraw-Hill Book Co., 1963。

⑫　盧衍棋，*流體力學(上)(下)*，東華書局，1973。

⑬　Mott, R. L., *Applied Fluid Mechanics*, Prentice Hall, Inc., 1994。

⑭　Owczarek, J. A., *Introduction to Fluid Mechanics*, International Textbook Co., 1968。

⑮　Pao, R. H. F., *Fluid Dynamics*, Charles E. Merrill Books Inc., 1967。

⑯　Panton, R.L., *Incompressible Flow*, John-Wiley & Sons, Inc., 1984。

⑰　Paterson, A. R., *A First Course in Fluid Dynamics*, Cambridge University Press, 1983。

⑱　Prandtl, L. and O. G. Tietjens, *Applied Hydro- and Aero-dynamics*, Dover Publications, Inc., 1957。

⑲　Roberson, J. A. and C. T. Cowe, *Engineering Fluid Mechanics*, 1985。

⑳　Shames, I. H., *Mechanics of Fluids*, McGraw-Hill Book Co., 1982。

㉑　徐世大，盧衍棋，*流體力學*，中國工程師學會，1982。

㉒　Spurk, J., *Fluid Mechanics*, Springer-Verlag, 1997。

㉓　Streeter, V. L., *Fluid Mechanics*, McGraw-Hill Book Co., 1979。

㉔　Streeter, V. L., *Handdbook of Fluid Dynamics*, McGraw-Hill Book Co., 1961。

㉕　Streeter, V. L. and Wylie, E. B., *Fluid Mechanics*, McGraw-Hill Book Co., 1985。

㉖　Subramanya, K., *Theory and Applications of Fluid Mechanics*, Tata McGraw-Hill Co., 1993。

㉗　Tritton, D. J., *Physical Fluid Dynamics*, Van Nostrand Reinhold, 1977。

㉘　Vennard, J. K. and R. L. Streeter, *Elementary Fluid Mechanics*, John-Wiley &Sons, 1982。

㉙　Warsi, Z. U. A., *Fluid Dynamics : Theoretical and Computational Approaches*,CRC Press, Inc., 1993。

(30)　White, F. M., *Fluid Mechanics*, McGraw-Hill Book Co., 1986。

(31)　Yih, C., *Fluid Mechanics*, McGraw-Hill Book Co., 1969。

(32)　Young, D. F., B. R. Munson and T. H. Okiishi, *A Brief Introduction to Fluid Mechanics*, John-Wiley & Sons。

2.　水力學(含渠流、自由表面流、滲流、水文學)：

(1)　Chow, V. T., *Open Channel Hydraulics*, McGraw-Hill Book Co., 1959。

(2)　Drazin, P. G. and W. H. Reid, *Hydrodynamic Stability*, Cambridge University Press, 1981。

(3)　Dryden, H. L., F. D. Munaghan and H. Bateman, *Hydrodynamics*, Dover Publications, Inc.。

(4)　Harr, M. E., *Groundwater and Seepage*, McGraw-Hill Book Co., 1962。

(5)　Henderson, F. M., *Open Channel Flow*, The Macmillan Company, 1966。

(6)　黃膽鋒，*水力學*，專上圖書有限公司，1979。

(7)　黃依典，*工程水力學*，文笙書局，1982。

(8)　Lamb, H., *Hydrodynamics*, Cambridge University Press, 1932。

(9)　Landau, L. D. and E. M. Lifschitz, *Lecture of Theoretical Physics*, Vol. 5：Hydrodynamics, Academy-Verlag, 1974。

(10)　Linsley, R. K., M. A. Kohler and J. L. H. Paulhus, *Applied Hydrology*, McGraw-Hill Book Co., 1949。

(11)　Linsley, R. K. and J. B. Franzini, *Water Resources Engineering*, McGraw-Hill, 1979。

(12)　Mei, C. C., *The Applied Dynamics of Ocean Surface Waves*, 1983。

(13)　Milne-Thompson, L. M., *Theoretical Hydrodynamics*, Macmillan & Co., 1949。

(14)　Morris, H. M., *Applied Hydraulics in Engineering*, The Ronald Press Co., 1963。

(15) Polubarinova-Kochina, P. Ya., *Theory of Groundwater Movement*, Princeton University Press, 1962。

(16) Potter, M. C. and J. F. Foss, *Fluid Mechanics*, Ronald Press, 1975。

(17) Rouse, H., *Engineering Hydraulics*, John-Wiley & Sons, 1953。

(18) Rouse, H. and S. Ince, *History of Hydraulics*, Institute of Hydraulic Research,University of Iowa, 1957。

(19) Russell, G. E., *Hydraulics*, H. Holt and Co., 1942。

(20) Sarpkaya, T. and M. Isaacson, *Mechanics of Wave Forces on Off-Shore Structures*, Van Nostrand Reinhold, 1981。

(21) Sellin, R. H. J., *Flow in Channels*, Gordon and Breach Science Publishers, 1970。

(22) Subramanya, K., *Flow in Open Channels*, Tata McGraw-Hill, 1989。

(23) 易任，渠道水力學，東華書局，1984。

3.　空氣動力學、氣體動力學：

(1) Abbott, I. H. and A. E. von Doenhoff, *Theory of Wing Sections*, Dover Publicatins,Inc., 1959。

(2) Anderson, J. D. Jr., *Introduction to Flight*, McGraw-Hill Book Co., 1978。

(3) Anderson, J. D. Jr., *Fundamentals of Aerodynamics*, McGraw-Hil Book Co., 1984。

(4) Anderson, J. D. Jr., *Modern Compressible Flow : with Historical Perspective*, McGraw-Hill Book Co., 1982。

(5) Ashley, H. and Landahl, M., *Aerodynamics of Wings and Bodies*, Addison-Wesley Publishing Co., Inc., 1965。

(6) Bertin, J. J. and M. L. Smith, *Aerodynamics for Engineer*, Prentice-Hall, Inc., 1979。

(7) Chapman, S. and T. G. Cowling, *The Mathematical Theory of Non-Uniform Gases*,Cambridge University Press, 1970。

(8) Cherni, G. G., *Introduction to Hypersonic Flow*, Academic Press, 1961。

(9) Clancy, L. J., *Aerodynamics*, John-Wiley & Sons, Inc., 1975。

(10) Courant, R. and K. O. Friedrichs, *Supersonic Flow and Shock Waves*,Interscience Publishers, 1948。

(11) Emmons, H. W., *Fundamentals of Gas Dynamics*, Princeton University Press, 1958。

(12) Hayes, W. D. and R. F. Probstein, *Hypersonic Flow Theory*, Academic Press, 1966。

(13) Houghton, E. L. and N. B. Carruthers, *Aerodynamics for Engineering Students*, 1982。

(14) John, J. E. A., *Gas Dynamics*, Allyn abd Bacon, Inc., 1969。

(15) Jones, R. T. and D. Cohen, *High Speed Wing Theory*, Princeton Aeronautical Paperbacks, 1960。

(16) Karamcheti, K., *Principles of Ideal Fluid Dynamics*, John-Wiley & Sons, Inc., 1966。

(17) Katz, J. and A. Plotkin, *Low-Speed Aerodynamics : From Wing Theory to Panel Methods*, McGraw-Hill, Inc., 1991。

(18) Kuethe a. M. and J. D. Schetzer, *Foundations of Aerodynamics*, John-Wiley &Sons, Inc., 1973。

(19) Lan, C-T, E., *Applied Airfoil and Wing Theory*, Cheng Chung Book Company, 1988。

(20) Liepmann, H. W. and Roshko, A., *Elements of Gasdynamics*, John-Wiley & Sons,Inc., 1957。

(21) Milne-Thompson, L. M., *Theoretical Aerodynamics*, Dover Publications, Inc., 1958。

(22) Moran, J. *An Introduction to Theoretical and Computational Aerodynamics*, 1984。

(23) Owczarek, J. A., *Fundamentals of Gas Dynamics*, International Textbook Company, 1964。

(24) Schlichting, H. and E. Truckenbrodt, *Aerodynamics of the Airplane*, McGraw-Hill, 1979。

(25) Thwaites, B. (ed.) *Incompressible Aerodynamics*, Oxford University Press, 1960。

(26) Truitt, R. W., *Hypersonic Aerodynamics*, The Ronald Press Co., 1959。

(27) von Mises, R., H. Geiringer and G. S. S. Ludford, *Mathematical Theory of Compressible Fluid Flow*, Applied Physics Laboratory, John Hopkins University, 1958。

4.　黏性流體力學、邊界層流、流場分離、磨潤：

(1) Bird, R. B., *Transport Phenomena*, John Wiley & Sons, 1960。

(2) Bird, R. B., R. C. Armstrong and O. Hassager, *Dynamics of Polymeric Liquids*, John Wiley & Sons, 1977。

(3) Cameron, A., *Principles of Lubrication*, Longmans Green & Co., 1966。

(4) Cebeci, T. and P. Bradshaw, *Momentum Transfer in Boundary Layers*, Hemisphere Publishing Co., 1977。

(5) Chang, P. K., *Control of Flow Separation*, Hemsphere Publishing Co., 1976。

(6) Happel, J. and H. Brenner, *Low Reynolds Number Hydrodynamics*, Pentice-Hall, 1965。

(7) Hoerner, S. F., *Fluid-Dynamic Drag*, Hoerner Fluid Dynamics, 1964。

(8) Ladyzhenskaya, O. A., *The Mathematical Theory of Viscous Incompressible Flow*, Gordon and Breach, 1963。

(9) Moore, F. K. (ed.) *Theory of Laminar Flows*, Princeton University Press, 1964。

(10) Pinkus, O. and B. Sternlicht, *Theory of Hydrodynamic Lubrication*, McGraw-Hill Book Co., 1961。

(11) Rosenhead, L. (ed.) *Laminar Boundary Layer*, Oxford University Press, 1963。

(12) Schlichting, H., *Boundary Layer Theory*, Tanslated by Kestin, J., McGraw-Hill Book Co., 1979。

(13) Sherman, F. S., *Viscous Flow*, McGraw-Hill, Inc., 1990。

(14) Telionlis, D. P., *Unsteady Viscous Flow*, Springer-Verlag, 1981。

(15) Tennekes, H. and J. L. Lumley, *Introduction to Turbulence*, MIT Press, 1972。

(16) Townsend, A. A., *The Structure of Turbulent Shear Flow*, Cambridge University Press, 1976。

(17) Truesdell, C. A., *Kinematics of Vorticity*, University of Indiana Press, 1954。

(18) White, F. M., *Viscous Fluid Flow*, McGraw-Hill Book, Co., 1974。

5. 實驗方法、因次分析、模型試驗：

(1) Bradshaw, P., *An Introduction to Turbulence and Its Measurement*, Pergamon Press, 1971。

(2) Langhaar, H. L., *Dimensional Analysis and Theory of Models*, John Wiley & Sons, 1957。

(3) Markland, E., *A First Course in Hydraulics*, 1994。

(4) National Committee for Fluid Mechanics Films, *Illustrated Experiments in Fluid Mechanics*, (Preface by Shapiro, A. H.), Education Development Center, Inc., 1972。

(5) Raghunath, H. M., *Dimensional Analysis and Hydraulic Modal Testing*, Asia Publishing House, 1967。

(6) Van Dyke, M., *An Album of Fluid Motions*, The Parabolic Press, 1982。

(7) William, H. R. Jr. and A. Pope, *Low-Speed Wind Tunnel Testing*, John-Wiley &Sons, Inc., 1984。

(8) Wolfgang, M., *Flow Visualization*, Academic Press, 1974。

6.　計算流體力學、數值方法：

(1)　Anderson, D. A., J. C. Tannehill and R. H. Pletcher, *Computational Fluid Mechanics and Heat Transfer*, McGraw-Hill Book Co., 1984。

(2)　Book, D. L. (ed.), *Finite-Difference Techniques for Vectorized Fluid Dynamics Calculations*, 1981。

(3)　Bradshaw, P., T. Cebeci and J. Whitelaw, *Engineeing Calculation Methods for Turbulent Flow*, Academic Press, 1981。

(4)　Brebbia, C. A., J. C. F. Telles and L. C. Wrobel, *Boundary Element Techniques : Theory and Applications in Engineering*, Springer-Verlag, 1984。

(5)　Carey, G. F. and J. T. Oden, *The Texas Finite Element Series Vol. VI : Finite Elements : Fluid Mechanics*, Prentice-Hall, Inc., 1986。

(6)　Chow, C. Y., *An Introduction to Computational Fluid Dynamics*, John-Wiley &Sons, Inc., 1979。

(7)　Chung, T. J., *Finite Element Analysis in Fluid Dynamics*, McGraw-Hill,, Inc., 1978。

(8)　Connor, J. J. and Brebbia, C. A., *Finite Element Techniques for Fluid Flow*, Newes-Butterworths, 1976。

(9)　Ferziger, J. H. and M. Peric, *Computational Methods for Fluid Dynamics*,Springer-Verlag, 1996。

(10)　Holt, M., *Numerical Methods in Fluid Dynamics*, Springer-Verlag, Inc., 1977。

(11)　Moran, J. *An Introduction to Theoretical and Computational Aerodynamics*, 1984。

(12)　Peyret, R. and Taylor, T. D., *Computational Methods for Fluid Flow*, Springer-Verlag, Inc., 1983。

(13)　Pozrikidis, C., *Introduction to Theoretical and Computational Fluid Dynamics*, Oxford University Press, Inc., 1997。

⒁　Reddy, J. N. and Gartling, D. K., *The Finite Element Method in Heat Transfer and Fluid Dynamics*, CRC Press, Inc., 1994。

⒂　Roache, P. J., *Computational Fluid Dynamics*, Hermosa Publishers, 1972。

⒃　Thomasset, F., *Implementation of Finite Element Methods for Navier-Stokes Equations*, 1981。

⒄　Thompson, J. F., Z. U. A. Warsi and C. W. Mastin, *Numerical Grid Generation*, North-Holland, 1985。

⒅　Wendt, J. F. (ed.) *Computational Fluid Dynamics*, Springer-Verlag, 1996。

7.　數學方法：

⑴　Aris, R., *Vector Tensors, and the Basic Equations of Fluid Mechanics*, Prentice-Hall, Inc., 1962。

⑵　Bender, C. M. and S. A. Orszag, *Advanced Mathematical Methods for Scientists and Engineers*, McGraw-Hill, Inc., 1978。

⑶　Courant, R. and D. Hilbert, *Methods of Mathematical Physics*, Vol. 1, 2,Interscience, 1953。

⑷　Davies, G. A. O., *Mathematical Methods in Engineering*, John-Wiley & Sons, Inc.,1984。

⑸　Karamcheti, K., *Vector Analysis and Cartesian Tensors with Selected Applications*, 1967。

⑹　Kevorkian, J. and Cole, J. D., *Perturbation Methods in Applied Mathematics*, 1981。

⑺　Morse, P. M. and Feshbach, H., *Methods of Theoretical Physics*, McGraw-Hill,Inc., 1953。

⑻　Nayfeh, A. H., *Introduction to Perturbation Techniques*, 1981。

(9) Nayfeh, A. H. and B. Balachandran, *Applied Nonlinear Dynamics*：
Analytical,Computational and Experimental Methods, John-Wiley
& Sons, Inc., 1995。

(10) Sedov, L. I., *Similarity and Dimensional Methods in Mechanics*,
Academic Press, 1959。

(11) 譚建國，*高等工程數學*，1982。

(12) Tayler, A. B., *Mathematical Models in Applied Mechanics, Oxford
University Press*, 1986。

(13) Thompson, J. M. T., Instabilities and Catastrophes in Science and
Engineering,1982。

(14) Van Dyke, M., *Perturbation Methods in Fluid Mechanics*, 1984。

8. 熱力學、熱流：

(1) Black, W. Z. and J. G. Hatley, *Thermodynamics*, Harper & Row,
Publishers, Inc.,1985。

(2) Cebeci, T. and Bradshaw, P., *Physical and Computational Aspects
of Convective Heat Transfer*, Springer-Verlag, 1984。

(3) Kestin, J., A *Course in Thermodynamics*, Vol. I and II, Hemisphere
Publishing Co.,1979。

(4) Moran, M. J. and H. N. Shapiro, *Fundamentals of Engineering
Thermodynamics*, John-Wiley & Sons, 1993。

(5) Özisik, M. N., *Basic Heat Transfer*, McGraw-Hill Book, Inc., 1977。

(6) Reynolds, W. C. and H. C. Perkins, *Engineering Thermodynamics*,
McGraw-Hill Book Co., 1977。

(7) Sears, F. W., *An Introduction to Thermodynamics*：*The Kinetic
Theory of Gases and Statistic Mechanics*, Addison-Wiley Publishing
Co., Inc., 1959。

(8) Shapiro, A. H., *The Dynamics and Thermodynamics of Compressible
Fluid Flow*, Vol. 1 and 2, The Ronald Press Co., 1953。

(9) Van Wylen, G. J. and E. Sonntag, *Fundamentals of Classical Thermodynamics*, John-Wiley & Sons, Inc., 1973。

9. 工程聲學：

(1) Blake, W. K., *Mechanics of Flow-Induced Sound and Vibration, Vol. I : General Concepts and Elementary Sources*, Academic Press, Inc., 1986。

(2) Blake, W. K., *Mechanics of Flow-Induced Sound and Vibration, Vol. II : Complex Flow-Structure Interactions*, Academic Press, Inc., 1986。

(3) Dowling, A. P. and J. E. F. Williams, *Sound and Sources of Sound*, Ellis Horwood Limited, 1983。

(4) Goldstein, M. E., *Aeroacoustics*, MvGraw-Hill International Book Co., 1976。

(5) Hassall, J. R. and K. Zaveri, *Acoustic Noise Measurements*, Brüel & Kjær, 1988。

(6) Kinsler, L. E., A. R. Frey, A. B. Coppens and J. V. Sanders, *Fundamentals of Acoustics*, 1982。

(7) Lord, H., W. S. Gateley and H. A. Evensen, *Noise Control for Engineers*, McGaw-Hill, Inc., 1980。

(8) Swedish Workers Protection Fund, Noise Control : *Principles and Practice*, Brüel & Kjær。

(9) White, R. G. and J. G. Walker (ed.), *Noise and Vibration*, Ellis Horwood Limited, 1982。

10. 空氣彈性力學、流體與結構交互作用：

(1) Bisplinghoff, R. L., H. Ashley and R. L. Halfman, *Aeroelasticity*, Addison-Wesley, 1957。

(2)　Bisplinghoff, R. L. and H. Ashley, *Principles of Aeroelasticity*, John-Wiley &Sons, Inc., 1962。

(3)　Bolotin, V. V., *Nonconservative Problems of the Theory of Elastic Stability*, Translated by T. K. Lusher, G. Herrmann, Pergamon Press, 1963。

(4)　Dowell, E. H., *Aeroelasticity of Plates and Shells*, Noordhoff International Publishing, 1975。

(5)　Dowell, E. H., H. C. Curtiss, Jr., R. H. Scanlan and F. Sisto, *A Modern Course in Aeroelasticity*, Sijthoff & Noordhoff, 1978。

(6)　Dowell, E. H. and M. Ilgamov, *Studies in Nolinear Aeroelasticity*, Springer-Verlag,Inc., 1988。

(7)　Hoblit, F. M., *Gust Loads on Aircraft : Concepts and Applications*, AIAA Education Series, AIAA, Inc., 1988。

(8)　Ito, M., M. Matsumoto and N. Shiraishi, *Bluff Body Aerodynamics and Its Applications*, Elsevier Science Publishers, 1990。

(9)　Scruton, C., *An Introduction to Wind Effects on Structures*, Oxford University Press, 1981。

(10)　Simiu, E. and R. H. Scanlan, *Wind Effects on Structures : An Introduction to Wind Engineering*, John-Wiley & Sons, Inc., 1986。

◢學後評量解答

第一章

1-5　(1)$\tau = 78.54\text{Pa}$

(2)$\tau = 55.53\text{Pa}$

(3)$\tau = 0$

1-6　(1)$\mu = 3.27\text{Pa} \times \text{Sec}$

(2)$v = 0.0041\text{m}^2/\text{sec} = 41\ \text{stoke}$

1-7　(1)空氣氣泡 $\triangle P = \dfrac{2\sigma_a}{R} = 29.2\text{Pa}$

(2)肥皂氣泡 $\triangle P = \dfrac{4\sigma_s}{R} 70.4\text{Pa}$

1-8　$t = -71℃$

1-9　(1)$E = 2.985 \times 10^{10}\text{Pa}$

(2)$C = 1481.50\text{m/sec}$

第二章

2-3　(1)$P_A = -12164.4\text{Pa}$(錶示)

(2)$F_O = 1.023 \times 10^5\text{N}$

2-4　(1)$P_B = 24799.68\text{Pa}$(錶示)

(2)$P_A = 43497.54\text{Pa}$(錶示)

2-5　(1)$F \geq 139.65\text{N}$

2-6　(1)$F = 3.48 \times 10^5\text{N}$

(2)距離 A 點 2.440m

(3)$H = 281790\text{N}$

2-7　(1)$F_H = 34531.2\text{N}$，$F_V = 38114.9\text{N}$，$F = 51431.0\text{N}$，$\phi = 47.83°$

(2)$F_H = 80049.6\text{N}$，$F_V = 88112.9\text{N}$，$F = 119045.5\text{N}$，$\phi = 47.75°$

2-8　$T = 564.05\text{N}$

2-9　(1)俯仰$\overline{(MG)}_{YZ} = 18.29\text{m} > 0$(穩定)

(2)滾轉$\overline{(MG)}_{XZ} = 0.5\text{m} > 0$(穩定)

2-10　$\dfrac{a}{h} \geq \sqrt{6s(1-s)}$

2-11　(1)向上加速$F = 24.62\text{kN/m}$

　　　　(2)向下加速$F = 14.62\text{kN/m}$

2-12　ag=HEAD2-12

　　　　(1)斜率$m = \tan\theta = -0.16$，$\theta = -9.09°$

　　　　(2)$P_A = 22.76\text{KPa}$(錶示)，$P_B = 16.48\text{KPa}$(錶示)

2-13　(1)方程式：$z = \dfrac{w^2}{2g}r^2$

　　　　(2)垂直距離：$z = 0.8155^{\text{m}}$

　　　　(3)管底壓力$P_C = 16991.42\text{Pa}$(錶示)

　　　　(4)中點壓力$P_B = 500.06\text{Pa}$(錶示)

2-14　提示：等溫過程$\rho = \dfrac{\rho_0}{p_0}p$，$dp = \dfrac{\partial p}{\partial x}dx + \dfrac{\partial p}{\partial z}dz$

$$= \dfrac{\gamma_0}{p_0}p\left[\dfrac{a_x}{g}dx + \left(1 + \dfrac{a_z}{g}dz\right)\right]$$

　　　　積分並代$(x,z) = (0,0)$；$p = p_0$，$\gamma = \gamma_0$得證。

2-15　提示：等溫過程$\rho = \dfrac{\rho_0}{p_0}p$，$dp = \dfrac{\partial p}{\partial r}ar + \dfrac{\partial p}{\partial z}dz = \dfrac{\gamma_0}{p_0}p\left(\dfrac{w^2 r}{g}dr - dz\right)$

　　　　積分並代$(r,z) = (0,0)$；$p = p_0$，$\gamma = \gamma_0$得證

第三章

3-2　提示：由$\vec{V} = (Vr, V_\theta, Vz)$及$\vec{a} = \dfrac{d\vec{V}}{dt}$並利用$\dfrac{\partial \vec{e}_r}{\partial t} = \vec{w} \times \vec{e}_r = \dfrac{V_\theta}{r}\vec{e}_\theta$

3-4　(1)$\Psi(x,y) = xy^2 - \dfrac{1}{3}x^3 - k^2 x$

　　　　(2)$\Psi(2,1) = -\dfrac{8}{3}(k=1)$

3-5　(1)$\bigtriangledown \times \vec{V} = 0$，非旋流，$\Phi(x,y) = \dfrac{1}{3}xy^3 + x^2 - y^2 - \dfrac{1}{3}x^3 y$

　　　　(2)$\bigtriangledown \times \vec{V} \neq 0$，旋流

　　　　(3)$\bigtriangledown \times \vec{V} = 0$，非旋流，$\Phi(x, y) = \dfrac{1}{2}x^2 y - \dfrac{1}{6}y^3$

3-6　(1)位變加速度：$-\dfrac{4t^2}{L}\left(1 - \dfrac{x}{2L}\right)^3$；時變加速度：$2\left(1 - \dfrac{x}{2L}\right)^2$

　　　　總加速度：$a_x = 2\left(1 - \dfrac{x}{2L}\right)^2 - \dfrac{4t^2}{L}\left(1 - \dfrac{x}{2L}\right)^3$

　　　　(2)$t = 3\text{sec}$，$x = 0.5\text{m}, L = 0.8\text{m}$時；$a_x = -13.68\text{m/sec}^2$

(3)一維非穩態非均勻內部流

3-7　(1)$\vec{V}=(V_x,V_y)=(V_0\cos\alpha_0,V_0\sin\alpha_0-gt)$

(2)$y=x\tan\alpha_0-\dfrac{1}{2}\dfrac{gx^2}{V_o^2\cos^2\alpha_0}$為軌跡方程式

3-8　(1)$\vec{a}=(a_r,a_0)=(-2.25,0)$(指向中心)

第四章

4-1　$Vc=0.8125\text{m/sec}$ ，$Qc=1.021\times10_3\text{m}^3/\text{sec}$ ，$Mc=1.021\text{kg/sec}$ ，

$\dot{m}_c=1.021\text{kg/sec}$ ，$\dot{W}c=10.016\text{N/sec}.$

4-2　(1) 0

(2)$(0，0，0)$

4-3　(1)由 $\nabla\cdot\vec{V}=0$，不可壓縮

(2)由 $\dfrac{\partial\Psi}{\gamma y}=U$ ，$\dfrac{\partial\Psi}{\gamma x}=-V$ 積分得 $\Psi(x,y)$ 為橢圓。

(3)由 $\nabla^2\Psi\neq0$ 或 $\nabla\times\vec{V}\neq0$ 證得為旋流。

4-4　(1)$\dfrac{\partial\rho}{\partial\gamma}+\dfrac{\partial(\rho V_r)}{\partial\gamma}+\dfrac{1}{\gamma}\dfrac{\partial(\rho V_\theta)}{\partial\theta}+\dfrac{\partial(\rho V_z)}{\partial Z}+\dfrac{\rho V_\gamma}{\gamma}=0$

(2)$\nabla\cdot\vec{V}=0$，滿足連續方程式。

(3)$\theta=\phi_{cc}\vec{V}\cdot d\vec{A}=8\pi=$常數

4-5　(1)$\dfrac{\partial Z}{\partial t}+\dfrac{\partial}{\gamma x}(ZV)=0$

4-6　(1)$\sqrt{a}ve=v_{max}\dfrac{2n^2}{(n+1)(2n+1)}$ ；若 $\eta=7$，則 $Vave=0.817v_{max}$

(2)$\beta=\dfrac{(n+1)(2n+1)^2}{4(n+2)\eta^2}$ ；若 $n=7$；則 $\beta=1.02$

(3)$\alpha=\dfrac{(n+1)^3(2n+1)^3}{4n^4(n+3)(2n+3)}$ ；若 $n=7$，則 $\alpha=1.06$

4-7　(1)$Q=-\text{bh}/6$

(2)$Vave=-1/6$

(3)$\beta = 4.8$

(4)$\alpha = 3.343$

4-8　(1)$p_1 = 1.01 \times 10^5 \mathrm{Pa}$（錶示）

(2)$p_1 = 1.53 \times 10^5 \mathrm{Pa}$（錶示）

4-9　(1)水流由②流至①

(2)$\triangle \mathrm{H}_{12} = 4.788\mathrm{m}$

(3)$\mathrm{EGL} = 17.415$，22.203

$\mathrm{HEL} = 17.096$，22.140

4-10　$\mathrm{F} = 339.52\mathrm{N}$（向左）

4-11　$27\mathrm{mm}$

4-12　提示：由 X 方向動量方程式

$$\Sigma F_X = -D = \int_o^\delta \rho u(ubdy) - \int_o^\delta \rho u(Ubdy)$$

4-13　(1)$W = 15.92\mathrm{rad/sec} = 152\mathrm{rpm}$

(2)$T = 15.9 N-m$

第五章

5-1　(1)$v = 3.145\mathrm{m^3/sec}$

5-2　(1)$Pa = -78489.2\mathrm{Pa}$（錶示），$V_2 = 11.72\mathrm{m/sec}$

5-3　(1)$Z_1 = 02.231m$，$Z_2 = 8.15m$

5-4　(1)$Q = 0.302\mathrm{m^3/sec}$　（$V_1 = 2.40m/sec$，$V_2 = 9.61m/sec$）

5-5　(1)$q = 3.38\mathrm{m^2/sec}$，$\sqrt{2} = 8.447\mathrm{m/sec}$

5-6　(1)$\dfrac{Q}{l} = 7.33 \times 10^{-7}\mathrm{m^2/sec}(\mathrm{Re} = 0.0375 << 1)$

5-7　(1)$Z_{YX} = 3.6192\mathrm{N/m^2}$，$\mathrm{T} = 1.164 \times 10^{-3}\mathrm{N-m}$

5-8　提示：$\mu \dfrac{d^2 U}{dy^2} = \dfrac{\partial \rho}{\gamma x}$，$U(y=0) = U$，$v(y=h) = 0$積分得 $\mathrm{u}(\mathrm{y})$

利用$Q = \int_0^b u(y)dy$求出 Q

5-9　$U_1(Z) = \left(\dfrac{\partial \rho}{\gamma x} \right)\left[\dfrac{1}{2\mu_1}Z^2 - \dfrac{h}{2\mu_1}\left(\dfrac{\mu_1 + 3\mu_2}{\mu_1 + \mu_2} \right)Z + h^2\dfrac{\mu_2 - \mu_1}{\mu_2 + \mu_1}\dfrac{1}{\mu_1} \right]$

（上層）$(h \le Z \le 2h)$

$$U_2(Z) = \left(\frac{\partial \rho}{\partial x}\right)\left[\frac{1}{2\mu_2}Z^2 - \frac{h}{2\mu_2}\left(\frac{\mu_1 - 3\mu_2}{\mu_1 + \mu - 2}\right)Z\right]（下層）(0 \le Z \le h)$$

5-10 提示：由 $Z_0 = \mu\dfrac{d\mu}{dy} = \gamma s \sin\theta = \gamma(d-y)\sin\theta\sin\theta$ 及 $\mu(y=0)=0$ 解之，

並代入 $g = \displaystyle\int_0^a \mu(y)dy = \int_0^a \mu(s)ds$

5-11 $T_0 = 364.9°K = 91.9℃$ ；$\rho_0 = 151903\,Pa$（絕對）；$\rho_0 = 1.451\,kg/m^3$

第六章

6-5 (1)圓管：紊流(Re = 7674)　f ≈ 0.21，h_L = 85.38m

(2)方管：臨界區(Re = 3837 無法估計

(3)三角管：臨界區(Re = 2206)無法估計

6-6 (1)圓管：紊流(Re = 5489085)，f = 0.0144，$h_L = 270.21m$

(2)方管：紊流(Re = 274453)，f = 0.0165，$h_L = 619.24m$

(3)三角管：紊流(Re = 158451)，f = 0.0186，$h_L = 1209.10m$

6-7 (1)$(h_L)_{12} = 0.875m$

(2)$(h_L)_{14} = 2.329m$

(3) EGL：1.5m，0.625m，5.477m，4.023m

　　HGL：1.5m，0.459m，5.311m，3.5m

6-8 (1) H = 3.851m

(2)$\triangle h = 10.045m$，$\rho = 9344.6$w-m/sec = 12.53hp

(3) EGL：3.851m，3.699m，13.663m，4.972m

　　HGL：3.851m，3.520m，13.484m，4.793m

　（註：Re = 474444，$\varepsilon = 4.5\times10^{-5}$，f = 0.0154）

6-9 $h_L = 21.27m$

　（註：$V = 3.4$m/sec，Re = 389060，$\dfrac{\varepsilon}{D} = 4.5\times10^{-4}$，f = 0.018）

6-10 Q = 0.23 m³/sec

6-11 Q = 0.038m³/sec，Q = 0.021m³/sec，$Q_2 = 0.017$m³/sec

6-12 $\triangle Q = 0.1$m³/sec = 26.53%

6-13 $Q_1 = 0.0354$m³/sec，$Q_2 = 0.0150$m³/sec，$Q_3 = 0.0199$m³/sec

$$H_J = 116.46\text{m}$$

6-14　　$Q_{AB} = 19.674\text{m}^3/\text{sec}$　(A→B)

$Q_{BC} = 25.326\text{m}^3/\text{sec}$　(C→B)

$Q_{CA} = 6.024\text{m}^3/\text{sec}$　(C→A)

$Q_{AD} = 6.350\text{m}^3/\text{sec}$　(A→D)

$Q_{DC} = 8.650\text{m}^3/\text{sec}$　(C→D)

6-15　　(1)快速關閉

(2)$\sigma_C = 1.31 \times 10^7 \text{Pa}$

$$h_L = \frac{2fQ^2}{\pi^2 g}\left(\frac{L}{D_1 - D_2}\right)\left(\frac{1}{D_1 4} - \frac{1}{D_2 4}\right)$$

6-16　　提示：$D(x) = D_1 - \dfrac{(D_1 - D_2)}{L}x$代入$dh_L = f\dfrac{dx}{D(x)}\dfrac{V^2}{2g} = \dfrac{8f}{\pi^2 g}\dfrac{Q^2}{D^5(x)}dx$積分

6-17　　$$h_C = H - \frac{8f}{\pi^2 g D^5}\left\{L_1 Q_B^2 + \frac{1}{g_0}\left[Q_B^3 - (Q_B - g_0 L_2)^3\right]\right\}$$

提示：B 點右方 $Q(x) = Q_B - g_0 x$代入$dh_L = \dfrac{8fQ^2}{\pi^2 g D^5}dx$積分得$(dh_L)_{BC}$

又$(dh_L)_{AB} - \dfrac{8fL_1}{\pi^2 g b^5}Q_B^2$，$h_C = H - (h_L)_{AB} - (h_L)_{BC}$

第七章

7-2　　(1) $d = 1.63\text{m}$

(2) $V = 5.43\text{m/sec}$

(3) $F_r = 0.74$，前後傳播。

7-3　　$(\text{Vcr})_{日球} = \left(\dfrac{1}{\sqrt{6}}\right)(\text{Vcr})_{地球}$

7-4　　提示：由連續方程式及動量方程式，e 處相對壓力為震。

7-5　　(1)$E = y = 0.319/y^2$

(2)$y_1 = 0.388\text{m}$，$y_2 = \tilde{y}_1 = 2.45\text{m}$。

7-6　　提示：①利用能量方程式

②利用連續方程式及比能、臨界水深

③利用比能

(1)矩形：$V = Q/By$

(2)三角形：$V = mQ/y^2$

7-8　(1)$Q = 8.288 m^3/sec$

(2)$Q = 0.706 m^3/sec$

7-9　(1)$Z_0 = 8.83 Pa$

(2)$n = 0.019$

7-10　$S_0 = 3.955 \times 10^{-3}$（提示：先求出 V）

7-11　提示：將 A，P_W，R_H表成 m，y_0之關係，利用 manning 公式

$$Qn/\sqrt{S_0} = AR_M^{2/3}$$

7-12　(1)部份面積法$8.87 m^3/sec$

(2)等效條數法$Q = 8.89 m^3/sec$

7-16　提示：設$T = 1$，$A = y$，$Q = Vy$，$R_H = y$，$V = C\sqrt{yse}$，

$S_E = q^2/c^2y^3$，$S_0 = 0$ 代入微分方程式。

7-17　提示：設$T = 1$，$A = y$，$Q = Vy$，$R_H = y$，$S_E = 0$，$q^2 = gy_c^3$代入微分

方程式

7-18　提示：$\dfrac{dy}{dx} = 0$

7-19　提示：取 1-3 控制體積，由 1-3 之間連續方程式及動量方程式並

代入 1-2 之間水躍關係式

7-21　(1) $V_1 = 10.12 m/sec$，$q = 1.8216 m^3/sec$，$Fr_1 = 7.614$

$V_2 = 0.985 m/sec$，$Fr_2 = 0.231$，$E_L = 3.50m$，穩定水躍

(2) $V_1 = 8.78 m/sec$，$y_1 = 0.097m$，$q = 0.852 m^3/sec$，$y_2 = 1.187m$

$V_2 = 0.718 m/sec$，$Fr_2 = 0.21$，穩定水躍

(3) $V_1 = 8.097 m/sec$，$y_1 = 0.247m$，$Fr_1 = 5.2$，$y_2 = 1.697m$

$V_2 = 1.179 m/sec$，$Fr_2 = 0.289$，穩定水躍

(4) $V_1 = 10.579 m/sec$，$y-1 = 0.121m$，$Fr-1 = 9.71$

$q = 1.28 m^3/sec$，$Fr_2 = 0.202$，$E_L = 4.18m$；強水躍

(5) $q = 4.8 m^3/sec$，$Fr_1 = 6.058$，$y_2 = 3.233m$，$V_2 = 1.485 m/sec$

$Fr_2 = 0.264$，$E_L = 4.396m$穩定水躍

7-22 提示：臨界水深：$E = H = \dfrac{5}{4} y_C$ ， $Vc = \dfrac{1}{2}\sqrt{gy_c}$ ， $Q = \int V_c dA$

7-24 提示：由連續方程式及動量方程式

第八章

8-3 $\pi_1 = \dfrac{h_L}{L}$ ， $\pi_2 = \dfrac{D\mu}{Q\rho}$ ， $\pi_3 = \dfrac{gQ^3\rho^5}{\mu^5}$

8-4 $\pi_1 = \dfrac{q}{\sqrt{gL^3}}$ ， $\pi_2 = \dfrac{\mu}{\rho\sqrt{gL^3}}$ ， $\pi_3 = \dfrac{H}{L}$

8-5 $\pi_1 = \dfrac{F_o}{\rho V^2 b^2}$ ， $\pi_2 = \dfrac{a}{b}$ ， $\pi_3 = \dfrac{\mu}{\rho V b}$

8-6 $(1)\dfrac{hA}{D} = f\left(\dfrac{L}{D} , \dfrac{\varepsilon}{D} , \dfrac{Q}{\omega D^3} , \dfrac{\mu}{\rho\omega D^5}\right)$

$(2)\dfrac{\dot{W}s}{\rho\omega^3 D^5} = g\left(\dfrac{L}{D} , \dfrac{\varepsilon}{D} , \dfrac{Q}{\omega D^3} , \dfrac{\mu}{\rho\omega D^5}\right)$

$(3)\eta = h\left(\dfrac{L}{D} , \dfrac{\varepsilon}{D} , \dfrac{Q}{\omega D^3} , \dfrac{\mu}{\rho\omega D^5}\right)$

8-7 $\pi_1 = \dfrac{C}{\sqrt{E/g}}$ ， $\pi_2 = \dfrac{d}{b}$ ， $\pi_3 = \dfrac{K}{E}$

8-8 $(1)(Re)_1 = 37.08$ ， $(Re)_2 = 36.9$ ，動力相似

$(2)F2 = 6.52 \times 10^{-6} kgW$

8-9 Reyndds 數：$Re = \dfrac{B^{\frac{1}{2}}}{U}$ ；Prandtl 數：$Pr = \dfrac{C_P\mu}{k}$

Peclet 數：$Pe = RePr = \dfrac{\rho C_P B^{\frac{1}{2}} L}{k}$

8-10 約化頻率：$\widetilde{W} = \dfrac{WL}{U_\infty} = \dfrac{1}{St}$ ；無因次動壓力 $\tilde{q} = \dfrac{\rho_\infty U_\infty^2 L^3}{DM_\infty^2}$

無因次方程式：$\dfrac{\partial^4 \widetilde{W}}{\partial \tilde{X}^4} + \left(\dfrac{1}{\widetilde{W}_r}\right)^2 \dfrac{\partial^2 \widetilde{W}}{\partial \tilde{t}^2} = -\tilde{q}\left(\dfrac{\partial \widetilde{W}}{\partial \tilde{X}} + \dfrac{\partial \widetilde{W}}{\partial \tilde{t}}\right)$

8-11 $(1)\pi_1 = \dfrac{\delta_H}{L}$ ， $\pi_2 = \dfrac{D}{L}$ ， $\pi_3 = \dfrac{E}{\rho V^2}$ ， $\pi_4 = \dfrac{I}{L_4}$ ， $\pi_5 = \dfrac{\mu}{\rho V D}$

$(2)V_m = 194.44 m/sec \fallingdotseq 0.58M$（次音速風洞）

8-12 $F_P = 1.053 kN$

（註：$\rho_r = 0.095$ ， $\rho_m = 8.12\rho_a$ ， $F_r = \rho_r V_r^2 L_r^2 = 0.038$）

國家圖書館出版品預行編目資料

流體力學–原理與應用 / 黃立政 編著. –
–四版. – –新北市:
　　全華圖書，2020.09
　　　面 ； 公分
　　ISBN 978-986-503-489-4 (平裝)
　　1. 流體力學
332.6　　　　　　　　　　　　109014026

流體力學–原理與應用 (第四版)

作者 / 黃立政

執行編輯 / 林昱先

發行人 / 陳本源

出版者 / 全華圖書股份有限公司

郵政帳號 / 0100836-1 號

印刷者 / 宏懋打字印刷股份有限公司

圖書編號 / 0342303

四版一刷 / 2020 年 9 月

定價 / 新台幣 520 元

ISBN / 978-986-503-489-4 (平裝)

全華圖書 / www.chwa.com.tw

全華網路書店 Open Tech / www.opentech.com.tw

若您對書籍內容、排版印刷有任何問題，歡迎來信指導 book@chwa.com.tw

臺北總公司(北區營業處)
地址：23671 新北市土城區忠義路 21 號
電話：(02) 2262-5666
傳真：(02) 6637-3695、6637-3696

中區營業處
地址：40256 臺中市南區樹義一巷 26 號
電話：(04) 2261-8485
傳真：(04) 3600-9806(高中職)
　　　(04) 3601-8600(大專)

南區營業處
地址：80769 高雄市三民區應安街 12 號
電話：(07) 381-1377
傳真：(07) 862-5562